高等院校土木与建筑专业

房 屋 建 筑 构 造

（第 4 版）

杨金铎　主编

中国建材工业出版社

图书在版编目（CIP）数据

房屋建筑构造 / 杨金铎主编. --4 版. --北京：中国建材工业出版社，2021.1（2024.1重印）
ISBN 978-7-5160-3068-4

Ⅰ. ①房… Ⅱ. ①杨… Ⅲ. ①建筑构造－高等学校－教材 Ⅳ. ①TU22

中国版本图书馆 CIP 数据核字(2020)第 179592 号

房屋建筑构造（第 4 版）
Fangwu Jianzhu Gouzao（Di-si Ban）
杨金铎　主编
出版发行：中国建材工业出版社
地　　址：北京市海淀区三里河路 11 号
邮　　编：100831
经　　销：全国各地新华书店
印　　刷：北京雁林吉兆印刷有限公司
开　　本：787mm×1092mm　　1/16
印　　张：26
字　　数：600 千字
版　　次：2021 年 1 月第 4 版
印　　次：2024 年 1 月第 2 次
定　　价：**78.00 元**

前　　言

　　《房屋建筑构造》（第 4 版）依据高等院校建筑学专业、土木工程专业的教学大纲和一级注册建筑师的考试大纲编写。全书包含基本知识、砌体结构建筑构造、框架结构建筑构造、高层民用建筑构造、民用建筑工业化和装配式混凝土建筑、民用建筑设计基本知识、工业建筑建筑构造七大组成部分。本书依据现行国家规范和现行行业标准编写。全书文字简洁、论述清楚、插图准确，具有"全面性、适用性、资料性"的特点，是一本内容翔实并与当前建筑实际结合紧密的土建专业书籍。

　　本书第一版于 1997 年问世，本书出版后深受读者欢迎，并多次加印。2008年四川汶川地震以后，住房城乡建设部对建筑抗震设计规范进行了大面积修改，抗震构造做法也发生大量改变，更由于新型建筑材料的大量涌现，致使建筑构造做法发生了很多变化，因此本书进行了修订，于 2011 年出版了第 2 版。随后由于本书引用的众多建筑规范、技术规程、行业标准先后进行了修订，其中《屋面工程技术规范》《建筑地面设计规范》《建筑模数协调标准》《公共建筑节能设计标准》、特别是《建筑设计防火规范》与《高层民用建筑设计防火规范》于2014 年合并称为《建筑设计防火规范》，导致本书必须进行修订，于 2015 年出版了第 3 版。近年来，由于建筑技术的不断更新，新规范、新标准、新规程的修改与实施，特别是《民用建筑设计通则》修订后更名为《民用建筑统一技术措施》以及《建筑抗震设计规范》的局部修订、《建筑设计防火规范》的局部修订，出版了 2018 年版，《老年人居住建筑设计规范》也用《老年人照料设施建筑设计标准》替代，《轻骨料混凝土技术规程》与《轻骨料混凝土结构技术规程》合并，并更名为《轻骨料混凝土应用技术规程》。还由于《建筑内部装修设计防火规范》《外墙外保温工程技术标准》的修订和新编规范《温和地区居住建筑节能设计标准》《金属面夹芯板应用技术标准》等的应用，致使本书"第 3 版"又明显滞后，本着全面反映"新规范、新规程、新材料、新构造"的编书理念，2021 年再一次对本书进行了修订。"第 4 版"中增加了温和地区居住建筑节能、金属面夹芯板构造、钢结构防火构造、钢框架建筑构造、装配式混凝土建筑等内容，使本书更加贴近工程实际，反映建筑工程现状。

　　本书可作为高等院校建筑学专业、土木工程专业、环境工程专业、建筑经济专业以及社会办学的土木建筑专业和高等职业教育的房屋建筑专业的"建筑构造"或"房屋建筑学"课程教材使用，亦可作为一级注册建筑师考试的"建筑材料与构造"考试的复习资料。参加本书搜集资料和编写的有汪裕生、杨洪波、杨红、胡国齐等同志。本书在修改过程中汲取了一些读者的意见与建议，特此致谢。

作者　杨金铎

2020 年 11 月

目　　录

第一章 基本知识

第一节 建筑物的分类

《民用建筑设计术语标准》GB/T 50504—2009 指出：用建筑材料构筑的空间和实体，供人们居住和进行各种活动的场所叫"建筑物"；为某种使用目的而建造的、人们不直接在其内部进行生产和生活活动的工程实体或附属建筑设施叫作"构筑物"，如烟囱、水塔、支架、水池等。

一、按使用性质划分

建筑物的使用性质体现在功能使用要求的不同，通常划分为以下三种类型：

1. 民用建筑

民用建筑指的是供人们工作、学习、居住、生活等类型的建筑，分为：

1）居住建筑：供人们居住使用的建筑。包括：

（1）住宅：供家庭居住使用的建筑；

（2）宿舍：有集中管理且供单身人士使用的居住建筑；

（3）别墅：一般指带有私家花园的底层独立式住宅；

（4）酒店式公寓：提供酒店式管理服务的住宅；

（5）老年人住宅：供老年人居住使用的，并配置无障碍设施的专用住宅；

（6）商住楼：下部商业用与上部住宅组成的建筑。

2）公共建筑：供人们进行各种公共活动的建筑。包括：

（1）教育建筑：学校、幼儿园等；

（2）办公科院建筑：办公楼、实验楼等；

（3）商业金融建筑：商店、菜市场、银行等；

（4）文化娱乐、文物、园林建筑：文化宫、剧院、电影院、博物馆、档案馆、美术馆、展览馆、纪念性建筑、园林小品等；

（5）医疗卫生建筑：医院、急救中心、门诊部等；

（6）体育建筑：体育场、体育馆、游泳馆等；

（7）交通建筑：航空港、铁路客运站、长途汽车客运站、港口客运站等；

（8）民政、宗教、司法建筑：养老院、检察院、道观、清真寺、派出所等；

（9）广播电视、邮政电信建筑：电台、电视台、邮政局、电信局等。

2. 工业建筑

工业建筑指的是以工业性生产为主要使用功能的建筑。包括：

1）单层工业建筑：主要用于重工业类的生产企业，如机床厂等；

2）多层工业建筑：主要用于轻工业类的生产企业，如印刷厂等；

3）混合层次的工业建筑：指一座工业建筑既有多层部分，又有单层部分。主要用于化工类的生产企业，如化工厂等。

3. 农业建筑

农业建筑指的是以农业性生产为主要使用功能的建筑。如种子库、拖拉机站等。

二、按结构类型划分

结构类型指的是建筑承重构件选用的材料、制作方式、传力途径的不同而划分的建筑，一般包括以下几种类型：

1. 砌体结构

《砌体结构设计规范》GB 50003—2011 指出：砌体结构指的是由块体材料和砂浆砌筑而成的墙、柱作为建筑物主要受力构件的结构。包括砖砌体、砌块砌体和石砌体几种类型。通俗解释为：砌体结构的竖向承重构件采用的是各种砌块材料砌筑的墙和柱，水平承重构件采用的是钢筋混凝土制作的楼板和屋面板（可以现场浇筑或加工场预制）。砌体结构包含多层砌体房屋和底部框架-抗震墙砌体两大类型。砌体结构的曾用名为"混合结构"。

1）允许建造高度

《建筑抗震设计规范》GB 50011—2010（2016 年版）指出：砌体结构的允许建造高度和建造层数与抗震设防烈度和设计基本地震加速度有关。具体数值见表1-1。

表1-1　砌体结构房屋的层数和总高度限值（m）

房屋类别		最小抗震墙厚度（mm）	烈度和设计基本地震加速度											
			6		7				8				9	
			0.05g		0.10g		0.15g		0.05g		0.10g		0.15g	
			高度	层数	高度	层数	高度	层数	高度	层数	高度	层数	高度	层数
多层砌体房屋	普通砖	240	21	7	21	7	21	7	18	6	15	5	12	4
	多孔砖	240	21	7	21	7	18	6	18	6	15	5	9	3
	多孔砖	190	21	7	18	6	15	5	15	5	12	4	—	—
	小砌块	190	21	7	21	7	18	6	18	6	15	5	9	3
底部框架-抗震墙砌体房屋	普通砖	240	22	7	22	7	19	6	16	5				
	多孔砖	240												
	多孔砖	190	22	7	16	6	16	5	13	4				
	小砌块	190	22	7	22	7	19	6	16	5				

注：1. 房屋总高度指的是室外地面到主要屋面板板顶或檐口的高度。半地下室从地下室室内地面算起，地下室和嵌固条件好的半地下室应允许从室外地面算起；对带阁楼的坡屋面应算到山尖墙的1/2高度处；

2. 室内外高差大于 0.6m 时，建筑总高度允许比表中数值适当增加，但增加量应少于 1.0m；

3. 乙类的多层砌体房屋仍按本地区设防烈度选择，其层数应减少1层且总高应降低3m；不应采用底部框架－抗震墙砌体房屋（乙类房屋指的是地震时使用功能不能中断或需要尽快恢复的生命线相关建筑，以及地震时可能导致大量人员伤亡等重大灾害后果、需要提高设防标准的建筑，属于重点设防类）；

4. 表中小砌块砌体房屋不包括配筋混凝土空心砌块砌体房屋；

5. 表中抗震墙指的是承重墙；

6. 表中"g"指的是设计基本地震加速度。

2）构造要求

（1）多等砌体房屋的层高，不应超过 3.60m；底部框架-抗震墙房屋的底部，层高不应超过 4.50m；当底层采用约束砌体抗震墙时，底部的层高不应超过 4.20m。

　　注：当使用功能确有需要时，采用约束砌体等加强措施的普通砖房屋，层高不应超过 3.60m。

　　（2）横墙较少的多层砌体房屋，总高度应比表 1-1 的规定数值降低 3.00m，层数应减少 1 层；各层横墙很少的多层砌体房屋，还应再减少 1 层。

　　注：横墙较少是指同一楼层内开间大于 4.20m 的房间占该楼层总面积的 40% 以上；其中，开间不大于 4.20m 的房间占该楼层总面积不到 20% 且开间大于 4.80m 的房间占该楼层总面积的 50% 以上为横墙很少。这种情况多出现于医院、教学楼等建筑中。

　　（3）烈度为 6、7 度时，横墙较少的丙类多层砌体房屋，当按规定采取加强措施并满足抗震承载力要求时，其高度和层数允许按表 1-1 的规定采用。

　　注：丙类房屋指的是遭遇地震后，损失较少的一般性房屋，属于标准设防类建筑。

　　（4）采用蒸压灰砂砖和蒸压粉煤灰砖砌体的房屋，当砌体的抗剪强度仅达到烧结普通砖（黏土砖）砌体的 70% 时，房屋的层数应比普通砖房屋减少 1 层，层高应减少 3.00m。当砌体的抗剪强度达到烧结普通砖（黏土砖）砌体的取值时，房屋层数和总高度的要求同普通砖房屋。

　　2. 钢筋混凝土结构

　　钢筋混凝土结构包括框架结构、框架-抗震墙结构、抗震墙结构、筒体结构、板柱-抗震墙结构五种类型。现浇钢筋混凝土结构的允许建造高度应按《建筑抗震设计规范》GB 50011—2010（2016 年版）的规定执行（表 1-2）。现浇钢筋混凝土结构的抗震等级与建筑物的设防类别、烈度、结构类型和房屋高度有关。《建筑抗震设计规范》GB 50011—2010（2016 年版）规定的丙类房屋的抗震等级见表 1-3。

表 1-2　现浇钢筋混凝土结构的允许建造高度

结构类型		烈度				
		6	7	8（0.2g）	8（0.3g）	9
框架		60	50	40	35	24
框架-抗震墙		130	120	100	80	50
抗震墙		140	120	100	80	60
部分框支抗震墙		120	100	80	50	不应采用
筒体	框架-核心筒	150	130	100	90	70
	筒中筒	180	150	120	100	80
板柱-抗震墙		80	70	55	40	不应采用

　　注：1. 房屋高度指室外地面到主要屋面板板顶的高度（不包括局部突出屋顶部分）；

　　　　2. 框架-核心筒结构指周边稀柱框架与核心筒组成的结构；

　　　　3. 部分框支抗震墙结构指首层或底部为框支层的结构，不包括仅个别框支墙的情况；

　　　　4. 表中框架，不包括异型柱框架；

　　　　5. 板柱-抗震墙结构指板柱、框架和抗震墙组成的抗侧力体系的结构；

　　　　6. 乙类建筑可按本地区抗震设防烈度确定其适用的最大高度；

　　　　7. 超过表内高度的房屋，应进行专门研究和论证，采取有效的加强措施。

表1-3 丙类建筑现浇钢筋混凝土房屋的抗震等级

结构类型			设防烈度								
			6		7			8			9
框架结构	高度（m）		≤24 / >24		≤24 / >24			≤24 / >24			≤24
	框架		四 / 三		三 / 二			二 / 一			一
	大跨度框架		三		二			一			一
框架-抗震墙结构	高度（m）		≤60 / >60		≤24 / 25~60 / >60			≤24 / 25~60 / >60			≤24 / 25~50
	框架		四 / 三		四 / 三 / 二			三 / 二 / 一			二 / 一
	抗震墙		三		三 / 二			二 / 一			一
抗震墙结构	高度（m）		≤80 / >80		≤24 / 25~80 / >80			≤24 / 25~80 / >60			≤24 / 25~60
	抗震墙		四 / 三		四 / 三 / 二			三 / 二 / 一			二 / 一
部分框支抗震墙结构	高度（m）		≤80 / >80		≤24 / 25~80 / >80			≤24 / 25~80			
	抗震墙	一般部位	四		四			三			
		加强部位	三		三			二			
	框支承框架		二		二			一			
框架核心筒结构	框架		三		二			一			一
	核心筒		二		二			一			一
筒中筒结构	外筒		三		二			一			一
	内筒		三		二			一			一
板柱-抗震墙结构	高度（m）		≤35 / >35		≤35 / >35			≤35 / >35			
	框架、板柱的柱		三 / 二		二 / 二			二 / 一			
	抗震墙		二 / 二		二 / 二			二 / 一			

注：大跨度框架指跨度不小于18m的框架。

3. 钢结构

钢结构包括框架结构、框架-中心支撑结构、框架-偏心支撑结构、筒体结构四种类型，主要应用于高层建筑中。钢结构的适用最大高度应按《高层民用建筑钢结构技术规程》JGJ 99—2015的规定执行（表1-4）。

表1-4 高层民用建筑钢结构适用的最大高度（m）

结构体系	6度，7度 (0.10g)	7度 (0.15g)	8度		9度 (0.40g)	非抗震设计
			(0.20g)	(0.30g)		
框架	110	90	90	70	50	110
框架-中心支撑	220	200	180	150	120	240
框架-偏心支撑 框架-屈曲约束支撑 框架-延性墙板	240	220	200	180	160	260
筒体（框筒、筒中筒、桁架筒、束筒）巨型框架	300	280	260	240	180	360

注：1. 房屋高度指室外地面到主要屋面板板顶的高度（不包括局部突出屋顶部分）；
2. 超过表内高度的房屋，应进行专门研究和论证，采取有效的加强措施；
3. 表内筒体不包括混凝土筒；
4. 框架柱包括全钢柱和钢管混凝土柱；
5. 甲类建筑，6、7、8度时宜按本地区设防烈度提高1度后应符合本表要求，9度时应专门研究。

注释：

1. 丙类建筑指一般性建筑。

2. 抗震设防标准将建筑设防等级分为 4 级，分别是：

1）标准设防类：通俗解释为 8 度区按 8 度设防标准进行设防。

2）重点设防类：通俗解释为 8 度区按 9 度设防标准进行设防，指特殊建筑。

3）特殊设防类：通俗解释为 9 度区以上的建筑，按特殊设防标准进行设防。

4）适度设防类：指低于 8 度区的建筑，若设防时，标准不应低于 6 度。

提示：详细解释可查阅本书相关内容。

4. 特种结构

特种结构又称空间结构。其包括悬索结构、网架结构、壳体结构、充气薄膜结构等类型。一般用于跨度在 30m 及以上的大跨度空间结构中。

三、按建筑层数或建筑总高度划分

建筑层数是房屋的实有层数，一般多与建筑总高度共同考虑。

1.《民用建筑设计统一标准》GB 50352—2019 规定：

（1）低层（多层）民用建筑：建筑高度不大于 27.00m 的住宅建筑；建筑高度不大于 24.00m 的公共建筑以及建筑高度大于 24.00m 的单层公共建筑；

（2）高层民用建筑：建筑高度大于 27.00m 的住宅建筑；建筑高度大于 24.00m 的非单层，且建筑高度不大于 100.00m 的公共建筑；

（3）超高层民用建筑：建筑高度大于 100.00m 的建筑。

2. 联合国的建议

联合国教科文卫组织所属高层建筑委员会在 1974 年针对当时世界高层建筑的发展情况，建议把高层建筑划分为 4 种类型：

1）低高层建筑：层数为 9～16 层，建筑总高度为 50m 以下；

2）中高层建筑：层数为 17～25 层，建筑总高度为 50～75m；

3）高高层建筑：层数为 26～40 层，建筑总高度可达 100m；

4）超高层建筑：层数为 40 层以上，建筑总高度为 100m 以上。

四、按施工方法划分

施工方法是指在建房屋时所采用的方法，一般分为以下几种类型：

1. 现浇、现砌式

主要构件均在施工现场砌筑（如砖墙等）或浇筑（如钢筋混凝土构件等）。

2. 预制、装配式

主要构件均在加工厂预制，在施工现场进行装配组装。

3. 部分现浇、部分装配式

一部分构件在施工现场砌筑或浇筑（大多为竖向构件），一部分构件为预制吊装（大部分为水平构件）。

第二节　影响建筑构造的因素和设计的原则

一、影响建筑构造的有关因素

影响建筑构造的因素很多，大体分为以下五个方面：

1. 荷载的影响

作用在建筑上的外力称为"荷载"。荷载按其永久程度分为恒载（如建筑物自重等）和活载（如使用荷载等）；按其方向分为竖直荷载（如自重引起的荷载）和水平荷载（如风荷载、地震荷载等）。

荷载直接影响建筑构件的结构选型和建筑构件的尺度大小。在进行建筑结构设计时应以《建筑设计荷载规范》GB 50009—2012 为准。

2. 自然因素的影响

自然因素的影响是指风吹、日晒、雨淋、积雪、冰冻、地下水、地震等不利因素给建筑物带来的影响。为防止上述自然因素对建筑物的不利影响和保障建筑物的正常使用，建筑设计时，应采用相应的防潮、防水、隔热、保温、隔汽、防温度变形、抗震等构造措施。

建筑防震设计必须满足《建筑抗震设计规范》GB 50011—2010（2016 年版）的规定。

3. 人为因素的影响

人为因素指的是火灾、机械振动、噪声、化学腐蚀等影响。在进行构造设计时，必须采取相应的防护措施。

建筑防火设计必须满足《建筑防火设计规范》GB 50016—2014（2018 年版）的规定。

4. 建筑技术条件的影响

建筑技术条件是指建筑材料、建筑结构、建筑施工等方面。随着这些技术的发展与变化，建筑构造也在改变。如钢筋混凝土材料的广泛采用改变了砌体结构、木结构的一些传统做法，新的构造做法也在不断涌现。

5. 建筑标准的影响

建筑标准一般指装修标准、设备标准、造价标准等方面。造价标准高的建筑一般均对装修档次高、设备相对齐全、建筑外观有明确要求。不难看出，建筑材料的选用、建筑造型和细部处理均与建筑造价有密切关系。依据建筑的不同要求，合理选用建筑材料、确定建筑设备档次、采用合理的结构做法，使建筑标准达到合理化。

二、建筑构造的设计原则

1. 坚固适用

合理选择结构方案、确定构造做法是保证建筑坚固适用，保证建筑有足够的强度和整体刚度，安全可靠、经久耐用的关键。

2. 技术先进

合理选择结构方案和合理确定构造做法，注意因地制宜，就地取材，引入先进技术，不脱离生产实际。

3. 经济合理

建筑构造应考虑经济合理，注意节约建筑材料。特别是钢材、水泥、木材等"三大材料"，使造价尽量降低。

4. 美观大方

建筑设计方针中明确提出"适用、经济、在可能的条件下注意美观"的辩证关系，建筑构造设计时也应遵循上述原则。

第三节　建筑物的等级划分

一、耐久等级

建筑物的耐久等级指的是建筑设计的使用年限。建筑设计使用年限的长短取决于建筑物的使用性质和重要性，其影响因素主要是结构选材和结构体系。

1.《民用建筑设计统一标准》GB 50352—2019 对建筑物设计使用年限做了明确的规定（表1-5）。

表1-5　设计使用年限分类

类别	设计使用年限（年）	示例
1	5	临时性建筑
2	25	易于替换结构构件的建筑
3	50	普通建筑和构筑物
4	100	纪念性建筑和特别重要的建筑

注：此表的依据是《建筑结构可靠性设计统一标准》GB 50068—2018，并与其协调一致。

2. 常用建筑的设计使用年限

（1）《住宅建筑规范》GB 50368—2005 规定：住宅结构的设计使用年限应不少于 50 年，安全等级不应低于二级。

（2）《电影院建筑设计规范》JGJ 58—2008 规定：电影院建筑的等级及设计使用年限详见表1-6。

表1-6　电影院建筑的等级及设计使用年限

等级	设计使用年限	耐火等级
特级、甲级、乙级	50 年	不宜低于二级
丙级	25 年	不宜低于二级

（3）《办公建筑设计标准》JGJ/T 67—2019 规定：办公建筑等级及设计使用年限详见表1-7。

表1-7　办公建筑的分类、设计使用年限及耐火等级

类别	示例	设计使用年限	耐火等级
A 类	特别重要办公建筑	100 年或 50 年	一级
B 类	重要办公建筑	50 年	一级
C 类	普通办公建筑	50 年或 25 年	不低于二级

（4）《体育建筑设计规范》JGJ 31—2003 规定：体育建筑的等级及设计使用年限详见表1-8。

表1-8　体育建筑的等级及设计使用年限

等级	设计使用年限	耐火等级
特级	>100年	不应低于一级
甲级	50～100年	不应低于二级
乙级	50～100年	不应低于二级
丙级	25～50年	不应低于二级

（5）《人民防空地下室设计规范》GB 50038—2005 规定：

防空地下室结构的设计使用年限应按50年采用。当上部建筑结构的设计使用年限大于50年时，防空地下室结构的设计使用年限应与上部建筑结构相同。

3. 建筑结构的设计使用年限

《建筑结构可靠性设计统一标准》GB 50068—2018 规定：

（1）建筑结构的设计基准期

建筑结构的设计基准期应为50年。

（2）建筑结构的设计使用年限应符合表1-9的规定。

表1-9　建筑结构的设计使用年限

类别	设计使用年限（年）	类别	设计使用年限（年）
临时性建筑结构	5	普通房屋和构筑物	50
易于替换的结构构件	25	标志性建筑和特别重要的建筑结构	100

4. 建筑结构的安全等级

建筑结构设计时，应根据结构破坏可能产生的后果，即危及人的生命、造成经济损失、对社会或环境产生影响等的严重性，采用不同的安全等级。建筑结构安全等级的划分应符合表1-10的规定。

表1-10　建筑结构安全等级的划分

安全等级	破坏后果
一级	很严重：对人的生命、经济、社会或破坏影响很大
二级	严重：对人的生命、经济、社会或破坏影响较大
三级	不严重：对人的生命、经济、社会或破坏影响较小

二、耐火等级

1. 耐火极限的定义

耐火等级取决于房屋主要构件的耐火极限和燃烧性能。耐火极限指的是在标准耐火试验条件下，建筑构件、建筑配件或建筑结构从受火到火的作用起，到失掉稳定性或隔热性为止的时间，单位为h（小时）。

2. 建筑结构材料的防火分类

1）不燃性材料：指在空气中受到火烧或高温作用时，不起火、不燃烧、不炭化的材料，如砖、石、金属材料和其他无机材料。用不燃烧性材料制作的建筑构件通常称为"不燃性构件"。

2）难燃性材料：指在空气中受到火烧或高温作用时，难起火、难燃烧、难炭化的材料，当火源移走后，燃烧或微燃立即停止的材料。如刨花板和经过防火处理的有机材料。用难燃烧性材料制作的建筑构件通常称为"难燃性构件"。

3）可燃性材料：指在空气中受到火烧或高温作用时，立即起火燃烧且火源移走后仍能继续燃烧或微燃的材料，如木材、纸张等材料。用可燃性材料制作的建筑构件通常称为"可燃性构件"。

3. 民用建筑的防火分类

《建筑设计防火规范》GB 50016—2014（2018 年版）规定：民用建筑按其建造层数分为单层（多层）民用建筑和高层民用建筑；按其使用性质分为住宅建筑和公共建筑。高层公共建筑又根据其建造高度、楼层建筑面积和建筑的重要程度分为一类高层建筑和二类高层建筑。其具体划分可见表 1-11。

表 1-11　民用建筑的防火分类

名称	高层民用建筑		单层、多层民用建筑
	一类	二类	
住宅建筑	建筑高度大于 54m 的住宅建筑（包括设置商业服务网点的住宅建筑）	建筑高度大于 27m，但不大于 54m 的住宅建筑（包括设置商业服务网点的住宅建筑）	建筑高度不大于 27m 的住宅建筑（包括设置商业服务网点的住宅建筑）
公共建筑	1. 建筑高度大于 50m 的公共建筑； 2. 建筑高度 24m 以上部分任一楼层建筑面积大于 1000m² 的商店、展览、电信、邮政、财贸金融建筑和其他多种功能组合的建筑； 3. 医疗建筑、重要公共建筑、独立建造的老年人照料设施； 4. 省级及以上广播电视和防灾指挥调度建筑、网局级和省级电力调度建筑； 5. 藏书超过 100 万册的图书馆、书库	除一类高层公共建筑外的其他高层公共建筑	1. 建筑高度大于 24m 的单层公共建筑； 2. 建筑高度不大于 24m 的其他公共建筑

注：1. 表中未列入的建筑，其类别应根据本表类比确定；

2. 宿舍、公寓等非住宅类居住建筑的防火要求，应符合本规范有关公共建筑的规定；

3. 裙房的防火要求，应符合有关高层民用建筑的规定。

4. 民用建筑的耐火等级

《建筑设计防火规范》GB 50016—2014（2018 年版）规定：民用建筑的耐火等级的确定因素应根据建造高度、使用功能、重要性和火灾的扑救难度分为一级、二级、三级、四级。

1）地下、半地下建筑（室）和一类高层的耐火等级不应低于一级；

2）单层、多层重要公共建筑和二类高层的耐火等级不应低于二级。

5. 民用建筑构件的燃烧性能和耐火极限

《建筑设计防火规范》GB 50016—2014（2018 年版）规定：非木结构类的民用建筑构件不同耐火等级建筑相应构件的燃烧性能和耐火极限不应低于表 1-12 的规定。

表 1-12　非木结构类的民用建筑构件不同耐火等级建筑相应构件的燃烧性能和耐火极限（h）

构件名称		耐火等级			
		一级	二级	三级	四级
墙	防火墙	不燃性 3.00	不燃性 3.00	不燃性 3.00	不燃性 3.00
	承重墙	不燃性 3.00	不燃性 2.50	不燃性 2.00	难燃性 0.50
	非承重外墙	不燃性 1.00	不燃性 1.00	不燃性 0.50	可燃性
	楼梯间和前室的墙、电梯井的墙、住宅建筑单元之间的墙和分户墙	不燃性 2.00	不燃性 2.00	不燃性 1.50	难燃性 0.50
	疏散走道两侧的隔墙	不燃性 1.00	不燃性 1.00	不燃性 0.50	难燃性 0.25
	房间隔墙	不燃性 0.75	不燃性 0.50	难燃性 0.50	难燃性 0.25
柱		不燃性 3.00	不燃性 2.50	不燃性 2.00	难燃性 0.50
梁		不燃性 2.00	不燃性 1.50	不燃性 1.00	难燃性 0.50
楼板		不燃性 1.50	不燃性 1.00	不燃性 0.50	可燃性
屋顶承重构件		不燃性 1.50	不燃性 1.00	可燃性 0.50	可燃性
疏散楼梯		不燃性 1.50	不燃性 1.00	不燃性 0.50	可燃性
吊顶（包括吊顶格栅）		不燃性 0.25	难燃性 0.25	难燃性 0.15	可燃性

注：1. 以木柱承重且墙体采用不燃材料的建筑，其耐火等级应按四级确定；
　　2. 住宅建筑构件的耐火极限和燃烧性能按《住宅建筑规范》GB 50368—2005 的规定执行。

6. 特定的民用建筑构件的耐火极限

1）楼板

（1）建筑高度大于 100m 的民用建筑，其楼板的耐火极限不应低于 2.00h。

（2）二级耐火等级多层住宅建筑内采用预应力钢筋混凝土的楼板，其耐火极限不应低于 0.75h。

2）屋面板

（1）一级耐火等级建筑的上人平屋顶，其屋面板的耐火极限不应低于 1.50h。

（2）二级耐火等级建筑的上人平屋顶，其屋面板的耐火极限不应低于 1.00h。

（3）一、二级耐火等级建筑的屋面板应采用不燃材料。

3）房间隔墙

二级耐火等级建筑内采用难燃性墙体的房间隔墙，其耐火极限不应低于 0.75h；当房间的建筑面积不大于 100m² 时，房间隔墙可采用耐火极限不低于 0.50h 的难燃性墙体或耐火极限不低于 0.30h 的不燃性墙体。

4）金属面夹芯板

建筑中用于非承重外墙、房间隔墙和屋面板的金属面夹芯板材，其面板为彩色涂层钢板、铝合金板、不锈钢板等；其芯材应为不燃材料，包括模塑聚苯乙烯泡沫塑料、挤塑聚苯乙烯泡沫塑料、硬质聚氨酯泡沫塑料、岩棉、玻璃棉等。

5）吊顶

（1）二级耐火等级建筑内采用不燃性材料的吊顶，其耐火极限不限。

（2）三级耐火等级的医疗建筑、中小学校的教学建筑、老年人照料设施建筑及托儿所、幼儿园的儿童用房和儿童游乐厅等儿童活动场所的吊顶，其耐火极限不应低于 0.25h。

（3）二、三级耐火等级建筑内门厅、走道的吊顶应采用不燃材料。

7. 民用建筑的允许建造高度、层数或防火分区的建筑面积

1）《建筑设计防火规范》GB 50016—2014（2018 年版）规定：不同耐火等级建筑的允许建筑高度或层数、防火分区最大允许建筑面积应符合表 1-13 的规定。

表 1-13　不同耐火等级建筑的允许建筑高度或层数、防火分区最大允许建筑面积

名称	耐火等级	建筑高度或层数	防火分区的允许最大建筑面积（m²）	备注
高层民用建筑	一、二级	详表 1-11 的规定	1500	对于、体育馆、剧场的观众厅，防火分区的最大允许建筑面积可适当增加
单层、多层民用建筑	一、二级	详表 1-11 的规定	2500	—
	三级	5 层	1200	
	四级	2 层	600	
地下或半地下建筑（室）	一级	—	500	设备用房的防火分区最大允许建筑面积不应大于 1000m²

注：1. 表中规定的防火分区最大允许建筑面积，当建筑内设置自动灭火系统时，可按本表的规定增加 1.0 倍；局部设置时，防火分区的增加面积可按该局部面积的 1.0 倍计算；

2. 裙房与高层建筑主体之间设置防火墙时，裙房的防火分区可按单、多层建筑的要求确定。

2）独立建造的一、二级耐火等级老年人照料设施的建筑高度不宜大于 32m，不应大于 54m；独立建造的三级耐火等级老年人照料设施，不应超过 2 层。

3）当建筑物内设置自动扶梯、敞开楼梯等上下层相连通的开口时，其防火分区面积应按上下层相连通的面积叠加计算。当相连通楼层的建筑面积之和大于上表的规定时，应划分防火分区。

建筑内设置中庭时，其防火分区的建筑面积应按上、下层相连通的建筑面积叠加计算；

当叠加计算后的建筑面积大于上表的规定时，应符合下列规定：

（1）与周围连通空间应进行防火分隔；采用防火隔墙时，耐火极限不应低于1.00h；采用防火玻璃墙时，其耐火隔热性和耐火完整性不应低于1.00h；采用耐火完整性不低于1.00h的非隔热性防火玻璃墙时，应设置自动喷水灭火系统进行保护；采用防火卷帘时，其耐火极限不应低于3.00h，并应符合本规范"防火卷帘"的相关规定；与中庭相连通的门、窗，应采用火灾时能自动关闭的甲级防火门、窗；

（2）高层建筑内的中庭回廊应设置自动喷水灭火系统和火灾自动报警系统；

（3）中庭应设置排烟措施；

（4）中庭内不应布置可燃物。

4）防火分区之间应采用防火墙分隔。确有困难时，可采用防火卷帘等防火分隔设施分隔。当采用防火卷帘时应符合本规范"防火卷帘"的有关规定。

5）一、二级耐火等级建筑内的商店营业厅、展览厅，当设置自动灭火系统和火灾自动报警系统并采用不燃或难燃装修材料时，其每个防火分区的允许建筑面积应符合下列规定：

（1）设置在高层建筑内时，不应大于4000m²；

（2）设置在单层建筑内或仅设置在多层建筑的首层内时，不应大于10000m²；

（3）设置在地下或半地下时，不应大于2000m²。

8. 民用建筑构件的燃烧性能和耐火极限

1）《建筑设计防火规范》GB 50016—2014（2018年版）规定：各类非木结构构件的燃烧性能和耐火极限（摘编）见表1-14。

表1-14　各类非木结构构件的燃烧性能和耐火极限

序号	构件名称		构件厚度或截面最小尺寸（mm）	耐火极限（h）	燃烧性能
（一）承重墙					
1	普通黏土砖、硅酸盐砖、混凝土、钢筋混凝土实体墙		120	2.50	不燃性
			180	3.50	不燃性
			240	5.50	不燃性
			370	10.50	不燃性
2	加气混凝土砌块墙		100	2.00	不燃性
3	轻质混凝土砌块、天然石材的墙		120	1.50	不燃性
			240	3.50	不燃性
			370	5.50	不燃性
（二）非承重墙					
1. 普通黏土砖墙	不包括双面抹灰		60	1.50	不燃性
			120	3.00	不燃性
	包括双面抹灰（15mm厚）		150	4.50	不燃性
			180	5.00	不燃性
			240	8.00	不燃性

序号	构件名称	构件厚度或截面 最小尺寸（mm）	耐火极限 （h）	燃烧性能
2. 轻质混凝土墙	加气混凝土砌块墙	75	2.50	不燃性
		100	6.00	不燃性
		200	8.00	不燃性
	钢筋加气混凝土垂直墙板墙	150	3.00	不燃性
	粉煤灰加气混凝土砌块墙	100	3.40	不燃性
	充气混凝土砌块墙	150	7.50	不燃性
3. 钢龙骨两面钉纸面石膏板隔墙，单位（mm）	20+46(空)+12	78	0.33	不燃性
	2×12+70(空)+2×12	118	1.20	不燃性
	2×12+70(空)+3×12	130	1.25	不燃性
	2×12+75(填岩棉，表观密度为100kg/m³)+2×12	123	1.50	不燃性
	12+75(填50玻璃棉)+12	99	0.50	不燃性
	2×12+75(其中50玻璃棉)+2×12	123	1.00	不燃性
	3×12+75(其中50玻璃棉)+3×12	147	1.50	不燃性
	12+75(空)+12	99	0.52	不燃性
	12+75(其中50厚岩棉)+12	99	0.90	不燃性
	15+9.5+75+15	114.5	1.50	不燃性
4. 轻钢龙骨两面钉耐火纸面石膏板隔墙，单位（mm）	3×12+100(岩棉)+2×12	160	2.00	不燃性
	3×15+100(其中50厚岩棉)+2×12	169	2.95	不燃性
	3×15+100(其中80厚岩棉)+2×15	175	2.82	不燃性
	3×15+150(其中100厚岩棉)+3×15	240	4.00	不燃性
	9.5+3×12+100(空)+100(其中80厚岩棉)+2×12+9.5+12	291	3.00	不燃性
5. 混凝土砌块墙	轻骨料小型空心砌块	规格尺寸为330×140	1.98	不燃性
		规格尺寸为330×190	1.25	不燃性
	轻骨料（陶粒）混凝土砌块	规格尺寸为330×240	2.92	不燃性
		规格尺寸为330×290	4.00	不燃性
	轻骨料小型空心砌块（实体墙体）	规格尺寸为330×190	4.00	不燃性
	普通混凝土承重空心砌块	规格尺寸为330×140	1.65	不燃性
		规格尺寸为330×190	1.93	不燃性
		规格尺寸为330×290	4.00	不燃性
（三）柱				
1. 钢筋混凝土矩形柱	截面尺寸（mm）	200×200	1.40	不燃性
		240×240	2.00	不燃性
		300×300	3.00	不燃性
		300×500	3.50	不燃性
		370×370	5.00	不燃性

序号	构件名称		构件厚度或截面最小尺寸（mm）	耐火极限（h）	燃烧性能
2. 普通黏土砖柱	截面尺寸（mm）		370×370	5.00	不燃性
3. 钢筋混凝土圆柱	直径（mm）		300	3.00	不燃性
			450	4.00	不燃性
4. 有保护层的钢柱	保护层为金属网抹 M5 砂浆，厚度（mm）		25	0.80	不燃性
			50	1.30	不燃性
	保护层为加气混凝土，厚度（mm）		40	1.00	不燃性
			50	1.40	不燃性
			70	2.00	不燃性
			80	2.33	不燃性
	保护层为 C20 混凝土，厚度（mm）		25	0.80	不燃性
			50	2.00	不燃性
			100	2.85	不燃性
	保护层为普通黏土砖，厚度（mm）		120	2.85	不燃性
	保护层为陶粒混凝土，厚度（mm）		80	3.00	不燃性
	保护层为薄涂型钢结构防火涂料，厚度（mm）		5.5	1.00	不燃性
			7.0	1.50	不燃性
	保护层为厚涂型钢结构防火涂料，厚度（mm）		30	2.00	不燃性
			50	3.00	不燃性
（四）梁					
简支的钢筋混凝土梁	非预应力钢筋，保护层厚度（mm）		20	1.75	不燃性
			25	2.00	不燃性
			30	2.30	不燃性
			40	2.90	不燃性
	预应力钢筋或高强度钢丝，保护层厚度（mm）		25	1.00	不燃性
			30	1.20	不燃性
			40	1.50	不燃性
			50	2.00	不燃性
	有保护层的钢梁		15mm 厚 LG 防火隔热涂料保护层	1.50	不燃性
			20mm 厚 LY 防火隔热涂料保护层	2.30	不燃性
（五）楼板和屋顶承重构件					
1. 非预应力简支钢筋混凝土圆孔空心楼板	保护层厚度（mm）		10	0.90	不燃性
			20	1.25	不燃性
			30	1.50	不燃性

序号	构件名称	构件厚度或截面最小尺寸（mm）	耐火极限（h）	燃烧性能
2. 预应力简支钢筋混凝土圆孔空心楼板	保护层厚度（mm）	10	0.40	不燃性
		20	0.70	不燃性
		30	0.85	不燃性
3. 四边简支的钢筋混凝土楼板	保护层厚度、板厚（mm）	10、70	1.40	不燃性
		15、80	1.45	不燃性
		20、80	1.50	不燃性
		30、90	1.85	不燃性
4. 现浇的整体式梁板	保护层厚度、板厚（mm）	10、100	2.00	不燃性
		15、100	2.00	不燃性
		20、100	2.10	不燃性
		30、100	2.15	不燃性
5. 屋面板	钢筋加气混凝土屋面板，保护层厚度10mm	—	1.25	不燃性
	钢筋充气混凝土屋面板，保护层厚度10mm	—	1.60	不燃性
	钢筋混凝土方孔屋面板，保护层厚度10mm	—	1.20	不燃性
	预应力钢筋混凝土槽形屋面板，保护层厚度10mm	—	0.50	不燃性
	预应力钢筋混凝土槽瓦，保护层厚度10mm	—	0.50	不燃性
	轻型纤维石膏板屋面板	—	0.60	不燃性
（六）吊顶				
1. 钢吊顶格栅	钢丝网（板）抹灰	15	0.25	不燃性
	钉石棉板	10	0.85	不燃性
	钉双层石膏板	10	0.30	不燃性
	挂石棉型硅酸钙板	10	0.30	不燃性
2. 夹芯板	双面单层彩钢面岩棉夹芯板，中间填表观密度为120kg/m³的岩棉	50	0.30	不燃性
		100	0.50	不燃性
3. 钢龙骨，单面钉防火板，填表观密度100kg/m³的岩棉，（mm）	9＋75（岩棉）	84	0.50	不燃性
	12＋100（岩棉）	112	0.75	不燃性
	2×9＋100（岩棉）	118	0.90	不燃性
4. 钢龙骨单面钉纸面石膏板（mm），填充材料同上	12＋2填缝料＋60（空）	74	0.10	不燃性
	12＋1填缝料＋12＋1填缝料＋60（空）	86	0.40	不燃性

序号	构件名称	构件厚度或截面最小尺寸（mm）	耐火极限（h）	燃烧性能
5. 钢龙骨单面钉防火纸面石膏板（mm），填充材料同上	12＋50（填60kg/m³的岩棉）	62	0.20	不燃性
	15＋1填缝料＋15＋1填缝料＋60（空）	92	0.50	不燃性
（七）防火门				
1. 木质防火门	木质面板或木质面板内设防火板 1. 门扇内填充珍珠岩； 2. 门扇内填充氯化镁、氧化镁	（丙级）40～50厚	0.50	难燃性
		（乙级）45～50厚	1.00	难燃性
		（甲级）50～90厚	1.50	难燃性
2. 钢木质防火门	1. 木质面板 1) 钢质或钢木质复合门框、木质骨架，迎/背火面一面或两面设防火板，或钢板。门扇内填充珍珠岩，或氯化镁、氧化镁； 2) 木质门框、木质骨架，迎/背火面一面或两面设防火板，或不设防火板。门扇内填充珍珠岩，或氯化镁、氧化镁 2. 钢质面板 钢质或钢木质复合门框、钢质或木质骨架，迎/背火面一面或两面设防火板，或不设防火板。门扇内填充珍珠岩或氯化镁、氧化镁	（丙级）40～50厚	0.50	难燃性
		（乙级）45～50厚	1.00	难燃性
		（甲级）50～90厚	1.50	难燃性
3. 钢质防火门	钢质门框、钢质面板、钢质骨架，迎/背火面一面或两面设防火板，或不设防火板。门扇内填充珍珠岩或氯化镁、氧化镁	（丙级）40～50厚	0.50	不燃性
		（乙级）45～70厚	1.00	不燃性
		（甲级）50～90厚	1.50	不燃性
（八）防火窗				
1. 钢质防火窗	窗框钢质，窗扇钢质，窗框填充水泥砂浆，窗扇内填充珍珠岩，或氧化镁、氯化镁或防火板	25～30厚	1.00	不燃性
		30～38厚	1.50	不燃性
2. 木质防火窗	窗框、窗扇均为木质，或均为防火板和木质复合。窗框无填充材料，窗扇迎/背火面外设防火板和木质面板或为阻燃实木	25～30厚	1.00	难燃性
		30～38厚	1.50	难燃性
3. 钢木复合防火窗	窗框钢质，窗扇木质，窗框填充水泥砂浆，窗扇迎/背火面外设防火板和木质面板或为阻燃实木	25～30厚	1.00	难燃性
		30～38厚	1.50	难燃性

序号	构件名称	构件厚度或截面 最小尺寸（mm）	耐火极限 （h）	燃烧性能
	（九）防火卷帘			
1	钢质普通型防火卷帘（帘板为单层）	—	1.50～ 3.00	不燃性
2	钢制复合型防火卷帘（帘板为双层）	—	2.00～ 4.00	不燃性
3	无机复合防火卷帘（采用多种无机材料 复合而成）	—	3.00～ 4.00	不燃性
4	无机复合轻质防火卷帘（双层、不需水 幕保护）	—	4.00	不燃性

注：1. 确定墙体的耐火极限不考虑墙上有无洞孔；

　　2. 墙的总厚度包括抹灰粉刷层；

　　3. 中间尺寸的构件，其耐火极限建议经试验确定，亦可按插入法计算；

　　4. 计算保护层时，应包括抹灰粉刷层在内；

　　5. 现浇的无梁楼板按简支板数据采用；

　　6. 无防火保护层的钢梁、钢柱、钢楼板和钢屋架，其耐火极限可按0.25h确定；

　　7. 人孔盖板的耐火极限可参照防火门确定；

　　8. 防火门和防火窗中的"木质"均为经阻燃处理。

2）阅读上表时应掌握的规律

（1）基本规律

基本规律是竖向构件强于水平构件；水平构件强于平面构件（如一级耐火，柱、墙为3.00h，梁为2.00h，楼板为1.50h）。与结构设计"强柱弱梁""强剪弱弯"的要求基本相同。

（2）选用规律

① 能满足结构受力要求的，建筑防火基本没有问题（如240mm砖墙是砌体结构墙体的常用厚度，在一级耐火时，240mm墙体的耐火极限规定是3.00h，而墙的实际耐火极限是5.50h）。

② 重型材料优于轻型材料（如120mm砖墙的耐火极限2.50h，而120mm轻骨料混凝土条板隔墙的耐火极限只有2.00h）。

③ 非预应力钢筋混凝土构件优于预应力钢筋混凝土构件（如非预应力钢筋混凝土圆孔板的耐火极限是0.90～1.50h，而预应力钢筋混凝土圆孔板的耐火极限是0.40～0.85h）。

④ 同一种材料、同一种厚度应用在承重构件时与应用在非承重构件时的区别，如100mm厚的加气混凝土砌块，用在承重构件时的耐火极限是2.00h，用在非承重构件时的是6.00h。

（3）常用构件的耐火极限

① 轻钢龙骨纸面石膏板隔墙：12mm＋46（空）mm＋12mm的构造，其耐火极限只有0.33h，是所有材料中最低的；若想提高上述材料的耐火极限可以选用双层石膏板或在空气

层中填矿棉等防火材料解决。

②钢筋混凝土结构：钢筋混凝土结构的耐火极限与保护层的厚度有关，如：100mm的现浇钢筋混凝土结构的耐火极限，保护层在10mm时耐火极限为2.00h；20mm时为2.10h；30mm时为2.15h。

③钢结构：无保护层的钢结构耐火极限只有0.25h，要提高钢结构的耐火极限必须加设保护层（保护层可以选用防火涂料、M5砂浆、C20混凝土、加气混凝土、普通砖等材料）。

④防火门：防火门分为甲级（1.50h）、乙级（1.00h）、丙级（0.50h）三种。材质有木质防火门、钢木质防火门、钢质防火门等类型。

⑤防火窗：防火窗分为甲级（1.50h）、乙级（1.00h）、丙级（0.50h）三种。材质有钢制防火窗、木质防火窗、钢木复合防火窗等类型。

三、装修材料的耐火等级

1. 装修材料的分类

《建筑内部装修设计防火规范》GB 50222—2017规定：装修材料按其使用部位和功能，可划分为顶棚装修材料、墙面装修材料、地面装修材料、隔断装修材料、固定家具、装饰织物、其他装修装饰材料七类。

注：1. 装饰织物系指窗帘、帷幕、床罩、家具包布等；
    2. 其他装饰装修材料系指楼梯扶手、挂镜线、踢脚板、窗帘盒、暖气罩等。

2. 装修材料的燃烧性能

装修材料按其燃烧性能划分为4级，具体划分见表1-15。

表1-15 装修材料的燃烧性能

等级	装修材料燃烧性能	等级	装修材料燃烧性能
A	不燃性	B_2	可燃性
B_1	难燃性	B_3	易燃性

3. 装修材料的燃烧性能分类实例

《建筑内部装修设计防火规范》GB 50222—2017规定的常用建筑内部装修材料燃烧性能等级划分举例，见表1-16。

表1-16 常用建筑内部装修材料燃烧性能等级划分举例

材料类别	级别	材料举例
各部位材料	A	花岗石、大理石、水磨石、水泥制品、混凝土制品、石膏板、石灰制品、黏土制品、玻璃、瓷砖、马赛克、钢铁、铝、铜合金、天然石材、金属复合板、玻镁板、硅酸钙板等
顶棚材料	B_1	纸面石膏板、纤维石膏板、水泥刨花板、矿棉板、玻璃棉装饰吸声板、珍珠岩装饰吸声板、难燃胶合板、难燃中密度纤维板、岩棉装饰板、难燃木材、铝箔复合材料、难燃酚醛胶合板、铝箔玻璃钢复合材料、复合铝箔玻璃棉板等
墙面材料	B_1	纸面石膏板、纤维石膏板、水泥刨花板、矿棉板、玻璃棉板、珍珠岩板、难燃胶合板、难燃中密度纤维板、防火塑料装饰板、难燃双面刨花板、多彩涂料、难燃墙纸、难燃墙布、难燃仿花岗岩装饰板、氯氧镁水泥装配式墙板、难燃玻璃钢平板、难燃PVC塑料护墙板、阻燃模压木质复合板材、彩色阻燃人造板、难燃玻璃钢、复合铝箔玻璃棉板等

材料类别	级别	材料举例
墙面材料	B$_2$	各类天然木材、木制人造板、竹材、纸制装饰板、装饰微薄木贴面板、印刷木纹人造板、塑料贴面装饰板、聚酯装饰板、复塑装饰板、塑纤板、胶合板、塑料壁纸、无纺贴墙布、墙布、复合壁纸、天然材料壁纸、人造革、实木饰面装饰板、胶合竹夹板等
地面材料	B$_1$	硬 PVC 塑料地板、水泥刨花板、水泥木丝板、氯丁橡胶地板、难燃羊毛地毯等
	B$_2$	半硬质 PVC 塑料地板、PVC 卷材地板等
装饰织物	B$_1$	经阻燃处理的各类难燃织物等
	B$_2$	纯毛装饰布、经阻燃处理的其他织物等
其他装饰材料	B$_1$	难燃聚氯乙烯塑料、难燃酚醛塑料、聚四氟乙烯塑料、难燃脲醛塑料、硅树脂塑料装饰型材、经阻燃处理的各类织物等
	B$_2$	经阻燃处理的聚乙烯、聚丙烯、聚氨酯、聚苯乙烯、玻璃钢、化纤织物、木制品等

4. 可以提高装修材料的燃烧性能等级的构造

1）安装在金属龙骨上的燃烧性能达到 B$_1$ 级的纸面石膏板、矿棉吸声板可作为 A 级装修材料使用。

2）单位面积质量小于 300g/m^2 的纸质、布质壁纸，当直接粘贴在 A 级基材上时，可作为 B$_1$ 级装修材料使用。

3）施涂于 A 级基材上的无机装修涂料，可作为 A 级装修材料使用；施涂于 A 级基材上，湿涂覆比小于 1.5kg/m^2，且涂层干膜厚度不大于 1.0mm 的有机装修涂料，可作为 B$_1$ 级装修材料使用。

5. 特殊场所的防火要求

1）建筑内部装修不应擅自减少、改动、拆除、遮挡消防设施、疏散指示标志、安全出口、疏散走道、防火分区和防烟分区等。

3）建筑内部消火栓箱门不应被装饰物遮掩，消火栓箱门四周的装修材料颜色应与消火栓门的颜色有明显区别或在消火栓箱门表面设置发光标志。

3）疏散走道和安全出口的顶棚、墙面不应采用影响安全疏散的镜面反光材料。

4）地上建筑的水平疏散走道和安全出口的门厅，其顶棚应采用 A 级装修材料，其他部位应采用不低于 B$_1$ 级的装修材料；地下民用建筑的疏散走道和安全出口的门厅，其顶棚、墙面和地面均应采用 A 级装修材料。

5）疏散楼梯间和前室的顶棚、墙面和地面均应采用 A 级装修材料。

6）建筑物内设有上下层相连通的中庭、走马廊、开敞楼梯、自动扶梯时，其连通部位的顶棚、墙面应采用 A 级装修材料，其他部位应采用不低于 B$_1$ 级的装修材料。

7）建筑内部变形缝（包括沉降缝、伸缩缝、抗震缝等）两侧基层的表面装修应采用不低于 B$_1$ 级的装修材料。

8）无窗房间内部装修材料的燃烧性能等级除 A 级外，应在单层、多层民用建筑；高层民用建筑；地下民用建筑内部各部位装修材料的燃烧性能等级规定的基础上提高一级。

9）消防水泵房、机械加压送风排烟机房、固定灭火系统钢瓶间、配电室、变压器室、发电机房、通风和空调机房等，其内部所有装修均应采用 A 级装修材料。

10）消防控制室等重要房间，其顶棚和墙面应采用 A 级装修材料，地面及其他装修应采用不低于 B_1 级的装修材料。

11）建筑物内的厨房，其顶棚、墙面、地面均应采用 A 级装修材料。

12）经常使用明火器具的餐厅，科研试验室，其装修材料的燃烧性能等级除 A 级外，应在单层、多层民用建筑；高层民用建筑；地下民用建筑内部各部位装修材料的燃烧性能等级规定的基础上提高一级。

13）民用建筑内的库房或贮藏间，其内部所有装修除应符合相应场所规定外，且应采用不低于 B_1 级的装修材料。

14）展览性场所装修设计应符合下列规定：

（1）展台材料应采用不低于 B_1 级的装修材料。

（2）在展厅设置电加热设备的餐饮操作区内，与电加热设备贴邻的墙面、操作台均应采用 A 级装修材料。

（3）展台与卤钨灯等高温照明灯具贴邻部位的材料应采用 A 级装修材料。

15）住宅建筑装修设计尚应符合下列规定：

（1）不应改动住宅内部的烟道、风道。

（2）厨房内的固定厨柜宜采用不低于 B_1 级的装修材料。

（3）卫生间顶棚宜采用 A 级装修材料。

（4）阳台装修宜采用不低于 B_1 级的装修材料。

16）照明灯具及电气设备、线路的高温部位，当靠近非 A 级装修材料或构件时，应采取隔热、散热等防火保护措施，与窗帘、帷幕、幕布、软包等装修材料的距离不应小于500mm；灯饰应采用不低于 B_1 级的材料。

17）建筑内部的配电箱、控制面板、接线盒、开关、插座等不应直接安装在低于 B_1 级的装修材料上；用于顶棚和墙面装修的木质类板材，当内部含有电器、电线等物体时，应采用不低于 B_1 级的材料。

18）当室内顶棚、墙面、地面和隔断装修材料内部安装电加热供暖系统时，室内采用的装修材料和绝热材料的燃烧性能等级应为 A 级。当室内顶棚、墙面、地面和隔断装修材料内部安装水暖（或蒸汽）供暖系统时，其顶棚采用的装修材料和绝热材料的燃烧性能等级应为 A 级，其他部位的装修材料和绝热材料的燃烧性能等级不应低于 B_1 级，且尚应符合有关公共场所的规定。

19）建筑内部不宜设置采用 B_1 级的装饰材料制成的壁挂、布艺等，当需要设置时，不应靠近电气线路、火源或热源，或采取隔离措施。

6. 单层、多层民用建筑各部位的燃烧性能

1）《建筑内部装修设计防火规范》GB 50222—2017 规定：单层、多层民用建筑内部各部位装修材料的燃烧性能等级，不应低于表 1-17 的规定。

表 1-17　单层、多层民用建筑内部各部位装修材料的燃烧性能等级

序号	建筑物及场所	建筑规模、性质	装修材料燃烧性能等级							
			顶棚	墙面	地面	隔断	固定家具	窗帘	帷幕	其他装修装饰材料
								装饰织物		
1	候机楼的候机大厅、贵宾候机室、售票厅、商店、餐饮场所等	—	A	A	B_1	B_1	B_1	B_1	—	B_1
2	汽车站、火车站、轮船客运站的候车（船）室、商店、餐饮场所等	建筑面积>10000m²	A	A	B_1	B_1	B_1	B_1		B_2
		建筑面积≤10000m²	A	B_1	B_1	B_1	B_1	B_1		B_2
3	观众厅、会议厅、多功能厅、等候厅等	每个厅建筑面积>400m²	A	A	B_1	B_1	B_1	B_1	B_1	B_1
		每个厅建筑面积≤400m²	A	B_1	B_1	B_1	B_2	B_1	B_1	B_2
4	体育馆	>3000 座位	A	A	B_1	B_1	B_1	B_1	B_1	B_2
		≤3000 座位	A	B_1	B_1	B_1	B_2	B_2	B_1	B_2
5	商店的营业厅	每层建筑面积>1500m²或总面积>3000m²	A	B_1	B_1	B_1	B_1	B_1		B_2
		每层建筑面积≤1500m²或总面积≤3000m²	A	B_1	B_1	B_1	B_2	B_1		B_2
6	宾馆、饭店的客房及公共活动用房等	设置送回风道（管）的集中空气调节系统	A	B_1	B_1	B_1	B_2	B_2		B_2
		其他	B_1	B_1	B_2	B_2	B_2	B_2		B_2
7	养老院、托儿所、幼儿园的居住及活动场所	—	A	A	B_1	B_1	B_2	B_1		B_2
8	医院的病房区、诊疗区、手术区	—	A	A	B_1	B_1	B_2	B_1		B_2
9	教学场所、教学实验场所	—	A	B_1	B_2	B_2	B_2	B_2	B_2	B_2
10	纪念馆、展览馆、博物馆、图书馆、档案馆、资料馆等的公众活动场所	—	A	B_1	B_1	B_1	B_2	B_1	—	B_2
11	存放文物、纪念展览物品、重要图书、档案、资料的场所	—	A	A	B_1	B_1	B_2	B_1		B_2
12	歌舞、娱乐、游艺场所	—	A	B_1	B_1	B_1	B_1	B_1	B_1	B_1
13	A、B 级电子信息系统机房及装有重要机器、仪器的房间	—	A	A	B_1	B_1	B_1	B_1	B_1	B_1

序号	建筑物及场所	建筑规模、性质	装修材料燃烧性能等级							
			顶棚	墙面	地面	隔断	固定家具	窗帘	帷幕	其他装修装饰材料
								装饰织物		
14	餐饮场所	营业面积＞100m²	A	B₁	B₁	B₁	B₂	B₁	—	B₂
		营业面积≤100m²	B₁	B₁	B₁	B₂	B₂	B₂	—	B₂
15	办公场所	设置送回风道（管）的集中空气调节系统	A	B₁	B₁	B₁	B₁	B₁	—	B₁
		其他	B₁	B₁	B₂	B₂	B₂	—	—	—
16	其他公共场所	—	B₁	B₁	B₂	B₂	B₂	—	—	—
17	住宅	—	B₁	B₁	B₁	B₁	B₂	B₂	—	B₂

2）除"特殊场所"中规定的场所外和单层、多层民用建筑中存放文物、纪念展览物品、重要图书、档案、资料的场所、歌舞、娱乐、游艺场所和A、B级电子信息系统机房及装有重要机器、仪器的单层、多层民用建筑内面积小于100m²的房间，当采用耐火极限不低于2.00h的防火隔墙和甲级防火门、窗与其他部位分隔时，其装修材料的燃烧性能等级可在表1-17规定的基础上降低一级。

3）除"特殊场所"中规定的场所外和单层、多层民用建筑存放文物、纪念展览物品、重要图书、档案、资料的场所、歌舞、娱乐、游艺场所和A、B级电子信息系统机房及装有重要机器、仪器的房间外，当单层、多层民用建筑需做内部装修的空间内装有自动灭火系统时，除顶棚外，其内部装修材料的燃烧性能等级可在表1-17规定的基础上降低一级；当同时装有火灾自动报警装置和自动灭火系统时，其装修材料的燃烧性能等级可在表1-17规定的基础上降低一级。

7. 高层民用建筑各部位的燃烧性能

1）《建筑内部装修设计防火规范》GB 50222—2017规定：高层民用建筑内部各部位装修材料的燃烧性能等级，不应低于表1-18的规定。

表1-18　高层民用建筑内部各部位装修材料的燃烧性能等级

序号	建筑物及场所	建筑规模、性质	装修材料燃烧性能等级								
			顶棚	墙面	地面	隔断	固定家具	窗帘	帷幕	床罩	家具包布	其他装修装饰材料
								装饰织物				
1	候机楼的候机大厅、贵宾候机室、售票厅、商店、餐饮场所等	—	A	A	B₁	B₁	B₁	B₁	—			B₁
2	汽车站、火车站、轮船客运站的候车（船）室、商店、餐饮场所等	建筑面积＞10000m²	A	A	B₁	B₁	B₁	B₁				B₂
		建筑面积≤10000m²	A	A	B₁	B₂	B₂	B₁				B₂

22

序号	建筑物及场所	建筑规模、性质	装修材料燃烧性能等级									
			顶棚	墙面	地面	隔断	固定家具	装饰织物				其他装修装饰材料
								窗帘	帷幕	床罩	家具包布	
3	观众厅、会议厅、多功能厅、等候厅等	每个厅建筑面积＞400m²	A	A	B_1	B_1	B_1	B_1	B_1	—	B_1	B_1
		每个厅建筑面积≤400m²	A	B_1	B_1	B_1	B_2	B_1	B_1	—	B_1	B_1
4	商店的营业厅	每层建筑面积＞1500m²或总面积＞3000m²	A	B_1	B_1	B_1	B_1	B_1	B_1	—	B_2	B_1
		每层建筑面积≤1500m²或总面积≤3000m²	A	B_1	B_1	B_1	B_1	B_1	—	—	B_2	B_2
5	宾馆、饭店的客房及公共活动用房等	一类建筑	A	B_1	B_1	B_1	B_2	B_1	—	B_1	B_2	B_1
		二类建筑	A	B_1	B_1	B_1	B_2	B_2	—	B_2	B_2	B_2
6	养老院、托儿所、幼儿园的居住及活动场所	—	A	A	B_1	B_1	B_2	B_1	—	B_2	B_1	B_1
7	医院的病房区、诊疗区、手术区	—	A	A	B_1	B_1	B_2	B_1	—	B_2	B_2	B_2
8	教学场所、教学实验场所	—	A	B_1	B_2	B_2	B_2	B_1	—	—	B_2	B_2
9	纪念馆、展览馆、博物馆、图书馆、档案管、资料馆等的公共活动场所	一类建筑	A	B_1	B_1	B_1	B_2	B_1	—	—	B_1	B_1
		二类建筑	A	B_1	B_1	B_1	B_2	B_2	—	—	B_2	B_2
10	存放文物、纪念展览物品、重要图书、档案、资料的场所	—	A	A	B_1	B_1	B_2	B_1	—	—	B_1	B_1
11	歌舞、娱乐、游艺场所	—	A	B_1	B_1	B_1	B_1	B_1	B_1	B_1	B_1	B_1
12	A、B级电子信息系统机房及装有重要机器、仪器的房间	—	A	A	B_1	B_1	B_2	B_1	—	—	B_1	B_1
13	餐饮场所	—	A	B_1	B_1	B_1	B_2	B_1	—	—	B_1	B_2
14	办公场所	一类建筑	A	B_1	B_1	B_1	B_2	B_1	—	—	B_1	B_1
		二类建筑	A	B_1	B_1	B_2	B_2	B_1	—	—	B_2	B_2
15	电信楼、财贸金融楼、邮政楼、广播电视楼、电力调度楼、防灾指挥调度楼	一类建筑	A	A	B_1	B_1	B_2	B_1	—	—	B_2	B_1
		二类建筑	A	B_1	B_2	B_2	B_2	B_1	—	—	B_2	B_2
16	其他公共场所	—	A	B_1	B_1	B_1	B_2	B_1	—	B_2	B_2	B_2
17	住宅	—	A	B_1	B_1	B_1	B_2	B_1	—	B_1	B_2	B_1

2）除"特殊场所"中规定的场所外和高层民用建筑表 1-18 中存放文物、纪念展览物品、重要图书、档案、资料的场所、歌舞、娱乐、游艺场所和 A、B 级电子信息系统机房及装有重要机器、仪器的房间外，高层民用建筑的裙房内面积小于 500m² 的房间，当设有自动灭火系统，并且采用耐火极限不低于 2.00h 的防火隔墙和甲级防火门、窗与其他部位分隔时，顶棚、墙面、地面装修材料的燃烧性能等级可在表 1-18 规定的基础上降低一级。

3）除"特殊场所"中规定的场所外和高层民用建筑表 1-18 中存放文物、纪念展览物品、重要图书、档案、资料的场所、歌舞、娱乐、游艺场所和 A、B 级电子信息系统机房及装有重要机器、仪器的房间外，以及大于 400m² 的观众厅、会议厅和 100m 以上的高层民用建筑外，当设有火灾自动报警装置和自动灭火系统时，除顶棚外，其内部装修材料的燃烧性能等级可在表 1-18 规定的基础上降低一级。

4）电视塔等特殊高层建筑的内部装修，装饰织物应不低于 B₁ 级，其他均应采用 A 级装修材料。

8. 地下民用建筑各部位的燃烧性能

1）《建筑内部装修设计防火规范》GB 50222—2017 规定：地下民用建筑内部各部位装修材料的燃烧性能等级，不应低于表 1-19 的规定。

表 1-19　地下民用建筑内部各部位装修材料的燃烧性能等级

序号	建筑物及场所	装修材料燃烧性能等级						
		顶棚	墙面	地面	隔断	固定家具	装饰织物	其他装修装饰材料
1	观众厅、会议厅、多功能厅、等候厅、商店的营业厅	A	A	A	B₁	B₁	B₁	B₂
2	宾馆、饭店的客房及公共活动用房等	A	B₁	B₁	B₁	B₁	B₁	B₂
3	医院的诊疗区、手术区	A	B₁	B₁	B₁	B₁	B₁	B₂
4	教学场所、教学实验场所	A	A	B₁	B₂	B₂	B₁	B₂
5	纪念馆、展览馆、博物馆、图书馆、档案馆、资料馆等的公众活动场所	A	A	B₁	B₁	B₁	B₁	B₁
6	存放文物、纪念展览物品、重要图书、档案、资料的场所	A	A	A	A	A	B₁	B₁
7	歌舞、娱乐、游艺场所	A	A	B₁	B₁	B₁	B₁	B₁
8	A、B 级电子信息系统机房及装有重要机器、仪器的房间	A	A	B₁	B₁	B₁	B₁	B₁
9	餐饮场所	A	A	A	B₁	B₁	B₁	B₂
10	办公场所	A	B₁	B₁	B₂	B₂	B₁	B₂
11	其他公共场所	A	B₁	B₁	B₂	B₂	B₂	B₂
12	汽车库、修车库	A	A	B₁	A	A	—	—

注：地下民用建筑系指单层、多层、高层民用建筑的地下部分，单独建造在地下的民用建筑以及平战结合的地下人防工程。

2）除"特殊场所"中规定的场所和单层、多层民用建筑表 1-19 中序号为存放文物、纪念展览物品、重要图书、档案、资料的场所、歌舞、娱乐、游艺场所和 A、B 级电子信息系统机房及装有重要机器、仪器的房间外，单独建造的地下民用建筑的地上部分，其门厅、休息室、办公室等内部装修材料的燃烧性能等级可在表 1-19 的基础上降低一级。

四、钢结构的防火

1. 钢结构防火的基本要求

1）钢结构构件的设计耐火极限应根据耐火等级，按《建筑设计防火规范》GB 50016—2014（2018 年版）的规定确定。柱间支撑的设计耐火极限应与柱相同，楼盖支撑的设计耐火极限应与梁相同，屋盖支撑和系杆的设计耐火极限应与屋顶承重构件相同。

2）钢结构节点的耐火极限经验算低于设计耐火极限时，应采取防火保护措施。

3）钢结构节点的防火保护应与被连接构件中防火保护要求最高者相同。

4）钢结构的防火设计文件应注明建筑的耐火等级、构件的设计耐火极限、构件的防火保护措施、防火材料的性能要求及设计指标。

5）当施工所用防火保护材料的等效传热系数与设计文件要求不一致时，应根据防火保护层的等效热阻相等的原则确定保护层的施用厚度，并应经设计单位认可。对于非膨胀型钢结构涂料、防火板，可按本规范附录"防火保护层的施用厚度"确定施用厚度；对于膨胀型防火涂料，可根据涂层的等效热阻直接确定其施用厚度。

2. 钢结构的耐火等级和耐火极限

《建筑钢结构防火技术规范》GB 51249—2017 规定的钢结构的耐火等级分为四级。其构件的设计耐火极限见表 1-20。

表 1-20　构件的设计耐火极限 （h）

构件类型	建筑耐火等级					
	一级	二级	三级		四级	
柱、柱间支撑	3.00	2.50	2.00		0.50	
楼面梁、楼面桁架、楼盖支撑	2.00	1.50	1.00		0.50	
楼板	1.50	1.00	厂房、仓库	民用建筑	厂房、仓库	民用建筑
			0.75	0.50	0.50	不要求
屋顶承重构件、屋盖支撑、系杆	1.50	1.00	厂房、仓库	民用建筑	不要求	不要求
			0.50	不要求		
上人平屋面板	1.50	1.00	不要求		不要求	
疏散楼梯	1.50	1.00	厂房、仓库	民用建筑	不要求	
			0.75	0.50		

注：建筑物中的墙等其他建筑构件的设计耐火极限应符合《建筑设计防火规范》GB 50016—2014（2018 年版）的规定。

3. 钢结构的防火保护措施

《建筑钢结构防火技术规范》GB 51249—2017 规定的防火保护措施有以下几种：

1）保护措施的类型

（1）喷涂（抹涂）防火涂料；

（2）包覆防火板；

（3）包覆柔性毡状隔热材料；

（4）外包混凝土、金属网抹砂浆或建筑砌体；

（5）复合防火保护。

2）保护方法的特点与适应范围

钢结构防火保护方法的特点与适应范围见表1-21。

表1-21　钢结构防火保护方法的特点与适应范围

序号	方法		特点及适应范围	
1	喷涂防火涂料	a. 膨胀型（薄型、超薄型）	重量轻、施工简便、适用于任何形状、任何部位的构件，应用广，但对涂覆的基底和环境条件要求严。用于室外、半室外钢结构时，应选择合适的产品	宜用于设计耐火极限要求低于1.50h的钢构件和要求外观好、有装饰要求的外露钢结构
		b. 非膨胀型（厚型）		耐久性好、防火保护效果好
2	包覆防火板		预制性好、完整性优，性能稳定，表面平整，光洁，装饰性好，施工不受环境条件限制，特别适用于交叉作业和不允许湿法施工的场合	
3	包覆柔性毡状隔热材料		隔热性好，施工简便，造价较高，适用于室内不易受机械伤害和免受水浸的部位	
4	外包混凝土、砂浆或砌筑砖砌体		保护层强度高，耐冲击，占用空间较大，在钢梁和斜撑上施工难度大，适用于容易碰撞、无护面板的钢柱防火保护	
5	复合防火保护	1（b）＋2	有良好的隔热性和完整性、装饰性，适用于耐火性能要求高，并有较高装饰要求的钢柱、钢梁	
		1（b）＋3		

五、建筑工程的抗震设防类别和设防标准

1. 基本规定

1）抗震设防烈度

《建筑抗震设计规范》GB 50011—2010（2016年版）规定：按国家规定的权限批准作为一个地区抗震设防依据的地震烈度。一般情况下，取50年内超越概率10%的地震烈度。

2）设计基本抗震加速度

《建筑抗震设计规范》GB 50011—2010（2016年版）规定：50年设计基准期超越概率10%的地震加速度的设计取值。

3）设计地震分组

相关资料表明：设计地震分组是用来表征地震震级及震中距离影响的一个参量，用来替代原有的"设计近震和远震"，它是一个与场地特征周期与峰值加速度有关的参量。设计地震分组共分为三组，第一组为近震区、第二组为中远震区、第三组为远震区。

2. 抗震设防烈度、设计基本地震加速度和设计地震分组的关系

《建筑抗震设计规范》GB 50011—2010（2016年版）规定：抗震设防烈度（烈度）和设计基本地震加速度值（加速度）的对应关系见表1-22；北京市的抗震设防烈度（烈度）、设计基本地震加速度值（加速度）和设计地震分组（分组）的对应关系见表1-23。

表 1-22　抗震设防烈度与设计基本地震加速度值的对应关系

抗震设防烈度	6	7	8	9
设计基本地震加速度	0.05g	0.10（0.15）g	0.20（0.30）g	0.40g

注：g 为重力加速度。

表 1-23　北京市抗震设防烈度、设计基本地震加速度和设计地震分组的对应关系

烈度	加速度	分组	所属县级城镇
8 度	0.20g	第二组	东城区、西城区、朝阳区、丰台区、石景山区、海淀区、门头沟区、房山区、通州区、顺义区、昌平区、大兴区、怀柔区、平谷区、密云区、延庆区

3. 抗震设防类别

《建筑工程抗震设防分类标准》GB 50223—2008 规定：抗震设防类别是根据遭遇地震后，可造成人员伤亡、直接和间接经济损失、社会影响的程度及其在抗震救灾中的作用等因素，对各类建筑所做的设防类别划分。

1）特殊设防类（甲类）：指使用上有特殊功能，涉及国家公共安全的重大建筑工程和地震时可能发生严重次生灾害等特别重大灾害后果，需要进行特殊设防的建筑。

2）重点设防类（乙类）：指地震时使用功能不能中断或需尽快恢复的生命线相关建筑，以及地震时可能导致大量人员伤亡等重大灾害后果，需要提高设防标准的建筑。

3）标准设防类（丙类）：指大量的除（1）、（2）、（4）款以外按标准要求进行设防的建筑。

4）适度设防类（丁类）：指使用上人员稀少且震损不致产生次生灾害，允许在一定条件下适度降低要求的建筑。

4. 抗震设防标准

《建筑工程抗震设防分类标准》GB 50223—2008 规定：抗震设防标准是衡量设防高低的尺度，由抗震设防烈度和设计地震动参数及建筑抗震设防类别而确定的。

1）标准设防类：应按本地区抗震设防标准烈度确定其抗震措施和地震作用，涉及在遭遇高于当地抗震设防烈度的预估罕遇地震影响时不致倒塌或发生生命安全的严重破坏的抗震设防目标。如居住建筑。

2）重点设防类：应按高于本地区抗震设防烈度一度的要求加强其抗震措施；但抗震设防烈度为 9 度时应按比 9 度更高的要求采取抗震措施。地基基础的抗震措施，应符合有关规定。同时，应按本地区抗震设防烈度确定其地震作用。如幼儿园、中小学校教学用房、宿舍、食堂、电影院、剧场、礼堂、报告厅等均属于重点设防类。

3）特殊设防类：应按高于本地区抗震设防烈度一度的要求加强其抗震措施；但抗震设防烈度为 9 度时应按比 9 度更高的要求采取抗震措施。同时，应按标准的地震安全性评价的结果且高于本地区抗震设防烈度的要求确定其地震作用。如国家级的电力调度中心、国家级卫星地球站上行站等均属于特殊设防类。

4）适度设防类：允许按比本地区抗震设防烈度的要求适当降低其抗震措施，但抗震设防烈度为 6 度时不应降低。一般情况下，仍应按本地区抗震设防烈度确定其地震作用。如仓库类等人员活动少、无次生灾害的建筑。

注：地震作用在现行国家标准《建筑抗震设计规范》GB 50011—2010（2016 年版）中的解释为：地震作用包括水平地震作用、竖向地震作用以及由水平地震作用引起的扭转影响等。

第四节　建筑模数协调标准

一、基本规定

《民用建筑设计统一标准》GB 50352—2019 规定：

1. 建筑设计应符合《建筑模数协调标准》GB/T 50002—2013 的规定。

2. 建筑平面的柱网、开间、进深、层高、门窗洞口等主要定位线尺寸，应为基本的模数的倍数，并应符合下列规定：

1）平面的开间进深、柱网或跨度、门窗洞口宽度等主要定位尺寸，宜采用水平扩大模数数列 $2nM$、$3nM$（n 为自然数）；

2）层高和门窗洞口高度等主要标注尺寸，宜采用竖向扩大模数数列 nM（n 为自然数）。

二、规范的规定

《建筑模数协调标准》GB/T 50002—2013 规定：为了实现建筑设计、制造、施工安装的互相协调；合理对建筑各部位尺寸进行分割，确定各部位的尺寸和边界条件；优选某种类型的标准化方式，使得标准化部件的种类最优；有利于部件的互换性；有利于建筑部件的定位和安装，协调建筑部件与功能空间之间的尺寸关系而制定的标准。它包括以下内容：

1. 基本模数

它是建筑模数协调标准中的基本数值，用 M 表示，1M＝100mm。主要应用于建筑物的高度、层高和门窗洞口高度。

2. 导出模数

1）扩大模数：它是导出模数的一种。扩大模数是基本模数的倍数。扩大方式为：2M（200mm）、3M（300mm）、6M（600mm）、9M（900mm）、12M（1200mm）……主要应用于开间或柱距、进深或跨度，梁、板、隔墙和门窗洞口宽度等分部件的截面尺寸，其数列应为 $2nM$、$3nM$（n 为自然数）。

2）分模数：它是导出模数的另一种。分模数是基本模数的分倍数。分解方式为：M/10、M/5、M/2。主要用于构造节点和分部件的接口尺寸。

3. 部件优先尺寸的应用

部件优先尺寸指的是从模数数列中选出的模数尺寸或扩大模数尺寸。

1）承重墙和外围护墙厚度的优选尺寸系列宜根据 1M 的倍数及其与 M/2 的组合确定，宜为 150mm、200mm、250mm、300mm。

2）内隔墙和管道井墙厚度的优选尺寸系列宜根据分倍数及 1M 的组合确定，宜为 50mm、100mm、150mm。

3）层高和室内净高的优先尺寸系列宜为 $n×M$。

4）柱、梁截面的优先尺寸系列宜根据 1M 的倍数与 M/2 的组合确定。

5）门窗洞口的水平、垂直方向定位优先尺寸系列宜为 $n×M$。

4. 四种尺寸

1）标志尺寸

符合模数数列的规定，用以标注建筑物的定位线或基准面之间的垂直距离以及建筑部件、有关设备安装基准之间的尺寸。

2）制作尺寸

制作部件或分部件所依据的设计尺寸。

3）实际尺寸

部件、分部件等生产制作后的实际测得的尺寸。

4）技术尺寸

模数尺寸条件下，非模数尺寸或生产过程中出现误差时所需要的技术处理尺寸。

5. 部件的三种定位方法

为满足部件受力合理、生产简便、优化尺寸、减少部件种类的需要和满足部件的互换、位置可变以及符合模数的要求，定位方法可从以下三种中选用：

1）中心线定位法（图 1-1）

2）界面定位法（图 1-2）

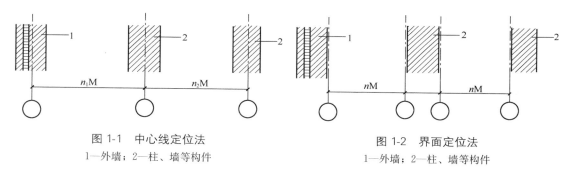

图 1-1　中心线定位法
1—外墙；2—柱、墙等构件

图 1-2　界面定位法
1—外墙；2—柱、墙等构件

3）混合定位法（中心线定位与界面定位的混合法）

三、当前并行的其他模数制

1. 俄罗斯制

基本模数为 125mm，我国现行的烧结普通砖的尺寸 240mm×115mm×53mm 就采用了这种模数。

2. 英制

基本模数为 4 吋（1 吋＝25.4mm），主要用于门窗小五金、水暖器材的规格等处。

第五节　建筑标准化

建筑标准化是建筑工业化的重要组成部分，建筑标准化是建筑工业化的前提与基础。

建筑标准化一般包括两项内容：第一项是建筑设计方面的有关规范、标准、措施等技术经济方面；第二项是标准设计，包括构件、配件的标准设计、建筑物的标准设计和工业化建筑体系等方面。

一、标准构件与标准配件

标准构件指的是房屋的受力构件，包括楼板、梁、楼梯等；标准配件指的是房屋的非受力构件，包括门窗、装修做法等。标准构件与标准配件一般由国家或地方设计部门进行编制，审核通过后提供给设计人员选用和为预制加工提供依据。标准构件的代号是"G"、标准配件的代号是"J"。如北京地区的门窗过梁，其代号是京 92G21；木门窗的代号是 88J13-1 等。

二、标准设计

标准设计包括整栋房屋标准设计和单元标准设计两个部分。标准设计一般由国家或地方设计院进行编制，供建设单位选用。房屋标准设计一般只进行地上部分，地下部分（如基础、地下室）由于建造地点的差异，需通过勘测部门提供勘测资料后，由选用房屋标准设计的单位另行设计。

单元标准设计一般是平面设计的一个组成部分，可以设计若干个不同类型。选用时可以是若干同一单元的拼装组合，也可以是不同单元的拼装组合。

标准设计在大量性建造的房屋中应用比较广泛，如住宅等建筑。

三、工业化建筑体系

为了适应建筑工业化的要求，除考虑将房屋的构件、配件及水电设备等进行定型化，还应该对构件生产、运输、吊装、施工组织管理等统一设计、统一规划，这就是工业化建筑体系最明显的特征。北京地区的大模板住宅建筑体系、装配式大板住宅建筑体系就属于工业化建筑体系。

工业化建筑体系分为两种：

1. 通用建筑体系：以构件定型为主，各体系之间的构件、配件可以互换，灵活性比较突出。

2. 专用建筑体系：以房屋定型为主，构件、配件不能互换。

第六节　民用建筑的常用术语

一、常用术语

《民用建筑设计术语标准》GB/T 50504—2009 指出的常用术语是学好建筑构造必须了解的基础知识，必须予以注意。

1. 横向：指建筑平面图中的宽度方向，也就是建筑物的宽度方向。

2. 纵向：指建筑平面图中的长度方向，也就是建筑物的长度方向。

3. 横向轴线：沿建筑物宽度方向设置的轴线。用以确定墙体、柱、梁、基础的定位。其编号方法采用阿拉伯数字注写在轴线圆内。

4. 纵向轴线：沿建筑物长度方向设置的轴线。用以确定墙体、柱、梁、基础的定位。其编号方法采用汉语拼音字母注写在轴线圆内。为避免产生误差，汉语拼音字母中的 I、O、Z 不得使用。

5. 开间（柱距）：民用建筑的开间和工业建筑中的柱距均指的是两条横向轴线之间的距离。

6. 进深（跨度）：民用建筑的进深和工业建筑中的跨度均指的是两条纵向轴线之间的距离。

7. 相对标高：以建筑物首层地坪作为零点的标高，用±0.000 表示，单位是"m"。

8. 绝对标高：又称为"高程"或"海拔标高"，是全国统一的标高。其零点在青岛附近的黄海海平面。举世文明的珠穆朗玛峰顶部的岩石高程为8848.86m，艾丁湖洼地的高程为－154.31m。

9. 层高：指建筑物的层间高度。计算方法是：首层层高是首层地坪至上层的楼层地坪；一般楼层为本层楼层地坪至上层的楼层地坪；顶层层高为顶层的楼层地坪至屋顶板表面（结构面）的距离。

《民用建筑设计术语标准》GB/T 50504—2009对层高的解释是：建筑物各楼层之间以楼、地面面层（完成面）计算的垂直距离。对于平屋面，屋顶层的层高是指该层楼面面层（完成面）至平屋面的结构面层（上表面）的高度；对于坡屋面，屋顶层的层高是指该层楼面面层（完成面）至坡屋面的结构面层（上表面）与外墙外皮延长线的交点计算的垂直距离。

10. 净高：指房间的净空高度。计算方法是：本层地面至顶板或吊顶下表面的高度，意即层高减去楼地面厚度、楼板厚度和顶棚厚度。

《民用建筑设计术语标准》GB/T 50504—2009对净高的解释是：从楼、地面面层（完成面）至顶棚或楼盖、屋盖底面之间的有效使用空间的垂直距离。

11. 建筑总高度：指室外地坪至檐口顶部的总高度（注：建筑的顶部，对于平屋顶是指屋顶板的结构上表面；对于坡屋顶是屋架底部与屋脊顶点的1/2高度处）。

12. 建筑面积：单位为平方米（m^2）。计算方法是：建筑物的横向外包尺寸与纵向外包尺寸（有外保温材料的墙体，应从保温材料的外皮计起）的乘积。若计算建筑总面积时，应再乘以层数。建筑面积由使用面积、交通面积和结构面积三部分组成。

《民用建筑设计术语标准》GB/T 50504—2009对建筑面积的解释是：建筑物（包括墙体）所形成的楼、地面面积。

13. 净面积：房间中扣除墙厚（不包括装修）的开间尺寸与扣除墙厚（不包括装修）的进深尺寸的乘积，单位为平方米（m^2）。

14. 使用面积：指主要使用房间和辅助使用房间的净面积。建筑装修应计算在使用面积中。

《民用建筑设计术语标准》GB/T 50504—2009对使用面积的解释是：建筑面积中扣除公共交通面积、结构面积等，留下的可供使用的面积。

15. 交通面积：指建筑物中走道、楼梯、电梯、自动扶梯、自动人行道等交通设施所占用的面积。

16. 结构面积：指建筑物中承重墙体、柱子等所占的面积（不包括墙、柱的装修）。

二、常用单位

民用建筑设计的常用单位多为非国际单位制，它与国际单位制的关系，见表1-24。

表1-24　非国际单位制与国际单位制的对应关系

量的名称	非国际单位制单位		国际单位制单位	
	名称	符号	名称	符号
力	千克力	kgf	牛顿	N
力矩	千克力米	kgf·m	牛顿米	N·m

量的名称	非国际单位制单位		国际单位制单位	
	名称	符号	名称	符号
力偶距	千克力二次方米	kgf·m²	牛顿二次方米	N·m²
重力密度	千克力每立方米	kgf/m³	牛顿每立方米	N·m³
压强	千克力每平方米	kgf/m²	帕斯卡	Pa
压力、强度	千克力每平方厘米 千克力每平方毫米	kgf/cm² kgf/mm²	帕斯卡 帕斯卡	Pa Pa

注：1kgf＝9.80665N，即 1kgf 约等于 10N。

第七节　绿色建筑简介

一、绿色建筑的定义

《绿色建筑评价标准》GB/T 50378—2019 中指出：绿色建筑是指在全寿命期内，节约资源、保护环境、减少污染，为人们提供健康、适用、高效的使用空间，最大限度地实现人与自然和谐共生的高质量建筑。

二、绿色建筑的评价原则

1. 绿色建筑的评价应以单栋建筑或建筑群为评价对象。评价对象应落实并深化法定规划及相关专项规划提出的绿色发展要求；涉及系统性、整体性的指标，应基于建筑所属工程项目的总体进行评价。

2. 绿色建筑评价应在建筑工程竣工后进行。在建筑工程施工图设计完成后，可进行预评价。

3. 申请评价方应对参评建筑进行全寿命期技术和经济分析，选用适宜技术、设备和材料，对规划、设计、施工、运行阶段进行全过程控制，并应在评价时提交相应分析、测试报告和相关文件。申请评价方法应对所提交资料的真实性和完整性负责。

4. 评价机构应按对申请评价方提交的分析、测试报告和相关文件进行审查，出具评价报告，确定等级。

5. 申请绿色金融服务的建筑项目，应对节能措施、节水措施、建筑能耗和碳排放等进行计算和说明，并应形成专项报告。

三、绿色建筑的评价内容

1. 绿色建筑评价指标体系由安全耐久、健康舒适、生活便利、资源节约、环境宜居 5 类指标组成，且每类指标均包括控制项和评分项；评价指标体系还统一设置加分项。

2. 评价项的评定结果应为达标或不达标；评分项和加分项的评定结果应为分值。

3. 对于多功能的综合性单体建筑，应按《绿色建筑评价标准》GB/T 50378—2019 全部评价条文逐条对适用的区域进行评价，确定各评价条文的得分。

4. 绿色建筑评价的分值设定应符合表 1-25 的规定。

表 1-25　绿色建筑的评价内容与分值

	控制项基础分值	评价内容与评分项的满分值					提高与创新加分项满分值
		安全耐久	健康舒适	生活便利	资源节约	环境宜居	
预评价分值	400	100	100	70	200	100	100
评价分值	400	100	100	100	200	100	100

注：预评价时，本标准物业管理、绿色施工管理部分不得分。

5. 绿色建筑划分应为基本级、一星级、二星级、三星级 4 个等级。

6. 当满足全部控制项要求时，绿色建筑等级应为基本级。

7. 绿色建筑星级等级应按下列规定确定：

1）一星级、二星级、三星级 3 个等级的绿色建筑均应满足本标准全部控制项的要求，且每类指标的评分项得分不应小于其评分项满分值的 30%；

2）一星级、二星级、三星级 3 个等级的绿色建筑均应进行全装修，全装修工程质量、选用材料及产品质量应符合国家现行有关标准的规定；

3）当总得分分别达到 60 分、70 分、85 分且应满足表 1-26 的要求时，绿色建筑等级分别为一星级、二星级、三星级。

表 1-26　一星级、二星级、三星级绿色建筑的技术要求

项目、等级	一星级	二星级	三星级
围护结构热工性能的提高比率，或建筑供暖空调负荷降低比率	围护结构提高 5%，或负荷降低 5%	围护结构提高 10%，或负荷降低 10%	围护结构提高 15%，或负荷降低 15%
严寒和寒冷地区住宅建筑外窗传热系数减低比率	5%	10%	20%
节水器具用水效率等级	3 级	2 级	
住宅建筑隔声性能		室外与卧室之间、分户墙（楼板）两侧卧室之间的空气声隔声性能以及卧室楼板的撞击声隔声性能达到低限标准限值和高要求标准限值的平均值	室外与卧室之间、分户墙（楼板）两侧卧室之间的空气声隔声性能以及卧室楼板的撞击声隔声性能达到高要求标准限值
室内主要空气污染物浓度降低比率	10%	20%	
外窗气密性能	符合国家现行相关节能标准的规定，且外窗洞口与外窗本体的结合部位应严密		

注：1. 围护结构热工性能的提高基准、严寒和寒冷地区住宅建筑外窗传热系数降低基准均为国家现行相关标准节能设计标准的要求；

2. 住宅建筑隔声性能对应的标准为《民用建筑隔声设计规范》GB 50118—2010；

3. 室内主要空气污染物包括氨、甲醛、苯、总挥发性有机物、氡、可吸入颗粒物等，其浓度降低基准为《室内空气质量标准》GB/T 18883—2002 的有关要求。

第八节　智能建筑简介

依据《智能建筑设计标准》GB 50314—2015 规定（摘编）：

一、智能建筑简介

智能建筑是以建筑物为平台，基于对各类智能化信息的综合应用，集架构、系统、应用、管理及优化组合于一体，具有感知、传输、记忆、推理、判断和决策的综合智慧能力，形成以人、建筑、环境互为协调的整合体，为人们提供安全、高效、便利及可持续发展功能环境的建筑。

二、智能建筑应达到的目标

智能建筑应以建造绿色建筑为目标，努力做到功能适用、技术先进、安全高效、经济合理、管理严密等诸方面。

智能建筑设计适用于新建、扩建和改建的住宅、办公、旅馆、文化、博物馆、观演、会展、教育、金融、交通、医疗、体育、商店等民用建筑及通用工业建筑的智能化系统工程，以及多功能组合的综合体建筑智能化系统工程设计。

智能建筑设计应增强建筑物的科技功能和提升智能化系统的技术功能，具有适用性、开放性、可维护性和可扩展性。

三、智能建筑包括的内容

《智能建筑设计标准》GB 50314—2015 规定，智能建筑包括以下内容：

1. 工程架构

以建筑物的应用需求为依据，通过对智能化系统工程的设施、业务及管理等应用功能进行层次化结构规划，从而构成由若干智能化设施组合而成的架构形式。

2. 智能化应用系统

以信息设施系统和建筑设备管理系统等智能化系统为基础，为满足建筑物的各类专业化业务、规范化运营及管理的需要，由多种类信息设施、操作程序和相关应用设备等组合而成的系统。

3. 智能化集成系统

为实现建筑物的运营及管理目标，基于统一的信息平台，以多种类智能化信息集成方式，形成的具有信息汇集、资源共享、协同运行、优化管理等综合应用功能的系统。

4. 信息设施系统

为满足建筑物的应用与管理对信息通信的需求，将各类具有接收、交换、传输、处理、存储和显示等功能的信息系统整合，形成建筑物公共通信服务综合基础条件的系统。

5. 建筑设备管理系统

对建筑设备监控系统和公共安全系统等实施综合管理的系统。

6. 公共安全系统

为维护公共安全，运用现代科学技术，具有以应对危害社会安全的各类突发事件而构建的综合技术防范或安全保障体系综合功能的系统。

7. 应急响应系统

为应对各类突发公共安全事件，提高应急响应速度和决策指挥能力，有效预防、控制和消除突发公共安全事件的危害，具有应急技术体系和响应处置功能的应急响应保障机制或履行协调指挥职能的系统。

8. 机房工程

为提供机房内各智能化系统的设备和装置的安置和运行条件，以确保各智能化系统安全、可靠和高效地运行与便于维护的建筑功能环境而实施的综合工程。

四、各类智能建筑应满足的设计要求

各类智能建筑应满足的设计要求见表1-27。

表 1-27   各类智能建筑应满足的设计要求

建筑类别	内容	建筑智能化应符合的规定
住宅建筑	—	1. 应适应生态、环保、健康的绿色居住要求； 2. 应营造以人为本、安全、便利的家居环境； 3. 应满足住宅建筑业的规范化运营管理的需求
办公建筑	通用办公 行政办公	1. 应满足办公业务信息化的应用技术； 2. 应具有高效办公环境的基础保障； 3. 应满足办公建筑物业务规范化运营管理的需求
旅馆建筑	—	1. 应满足旅馆业务经营的需求； 2. 应提升旅馆经营及服务的质量； 3. 应满足旅馆建筑物业务规范化运营管理的需求
文化建筑	图书馆 档案馆 文化馆	1. 应适应文献资料信息的采集、加工、利用和安全防护等要求； 2. 应满足为读者、公众提供文化学习和文化服务的能力； 3. 应满足文化建筑物业务规范化运营管理的需求
博物馆建筑	—	1. 应适应对文献和文物的展示、查阅、陈列、学研等应用要求； 2. 应满足博览物品向公众展示信息化的发展； 3. 应满足博物馆建筑物业务规范化运营管理的需求
观演建筑	剧场 电影院 广播电视	1. 应适应观演业务信息化运行的要求； 2. 应具备观演建筑业务设施基础保障的条件； 3. 应满足观演建筑物业务规范化运营管理的需求
会展建筑	—	1. 应适应对展区和展物的布置及展示、会务及交流等的需求； 2. 应适应信息化综合服务功能的发展； 3. 应满足观演建筑物业务规范化运营管理的需求
教育建筑	—	1. 应适应教育建筑教学业务的需求； 2. 应适应教学和科研的信息化发展； 3. 应满足教育建筑物业务规范化运营管理的需求
金融建筑	—	1. 应适应金融业务的需求； 2. 应为金融业务运行提供基础保障； 3. 应满足金融建筑物业务规范化运营管理的需求
交通建筑	机场航站楼 铁路客运站 轨道交通站 汽车客运站	1. 应适应交通业务的需求； 2. 应为交通运营业务环境设施提供基础保障； 3. 应满足现代交通建筑物业务规范化运营管理的需求

建筑类别	内容	建筑智能化应符合的规定
医疗建筑	综合医院 疗养院	1. 应适应医疗业务信息化的需求； 2. 应向医患者提供就医环境的技术保障； 3. 应满足医疗建筑物业务规范化运营管理的需求
体育建筑	—	1. 应适应体育赛事信息化的需求； 2. 应具备体育赛事和其他多功能使用环境设施的基础保障； 3. 应满足体育建筑物业务规范化运营管理的需求
商业建筑	—	1. 应适应商店经营和服务的需求； 2. 应满足商业经营及服务质量的需求； 3. 应满足商业建筑物业务规范化运营管理的需求
通用工业建筑	—	1. 应满足通用工业建筑实现安全、节能、环保和降低生产成本目标需求； 2. 应向生产组织、业务管理等提供保障业务信息化流程所需的基础条件； 3. 应实施对通用要求能源供给、作业环境支撑设施的智能化监控及建筑物业规范化运营管理

复 习 思 考 题

1. 简述建筑物的分类。
2. 影响建筑构造的有关因素有哪些？
3. 建筑构造的设计原则包括哪些内容？
4. 简述建筑物的等级划分。
5. 《建筑模数协调统一标准》的相关内容。
6. 常用的建筑名词与术语有哪些。
7. 大量性建造的房屋，其耐久等级与耐火等级各有哪几级？
8. 如何区分标志尺寸、构造尺寸、实际尺寸和技术尺寸？
9. 建筑结构材料按耐火性能如何分类？
10. 建筑装修材料按耐火性能如何分类？
11. 简述绿色建筑的定义与基本要求。
12. 简述智能建筑的定义与基本要求。

第二章　砌体结构建筑构造

由图 2-1 中可以看到砌体结构房屋的主要组成部分，包括：

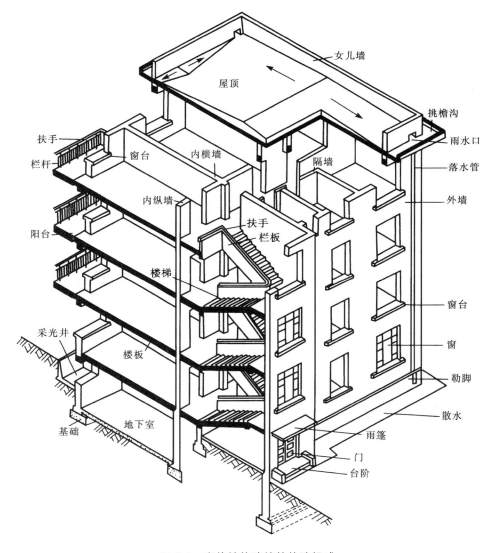

图 2-1　砌体结构建筑的构造组成

一、基础

基础是建筑底部的承重构件，它承受建筑物的全部荷载，并将这些荷载下传给地基。

二、墙体

墙体是建筑物的竖向承重、围护和分隔构件。承重作用主要是墙体承受屋顶、楼层的荷载，并将这些荷载传递给基础。围护作用主要指与空气直接接触的外墙，起到保温、隔热、隔声、防水等作用，并抵御各种自然因素对房屋的影响。分隔作用主要指分隔空间的非承重墙体。

三、楼板

楼板是建筑物的水平承重构件。楼板由楼板层和楼面两部分组成。它承受家具、设备和人体的重量，并传给承重墙体。

四、楼梯

楼梯是楼层建筑的垂直交通设施，属于承重构件，供人们上下楼层和紧急疏散时使用。

五、屋顶

屋顶是建筑物的顶部构件，由屋面板（屋架）和屋面面层两部分组成。屋面板（屋架）起承重作用，并下传给墙体。屋面面层起到围护作用。屋顶是建筑物顶部抵御雨、雪、保温、隔热的构件。

六、门窗

门窗属于非承重构件。门是供出入建筑物和房间的配件，窗是建筑物的采光和通风的配件。

砌体结构除上述的 6 大组成部分外，随建筑使用性质的不同，还会有一些附属部分，如阳台、雨罩、空调室外机搁板、台阶、坡道、烟风道等。

总之，房屋的构造组成包括承重结构部分和围护结构部分。建筑构造课程主要介绍的是建筑的围护结构部分。

第一节　地基和基础的构造

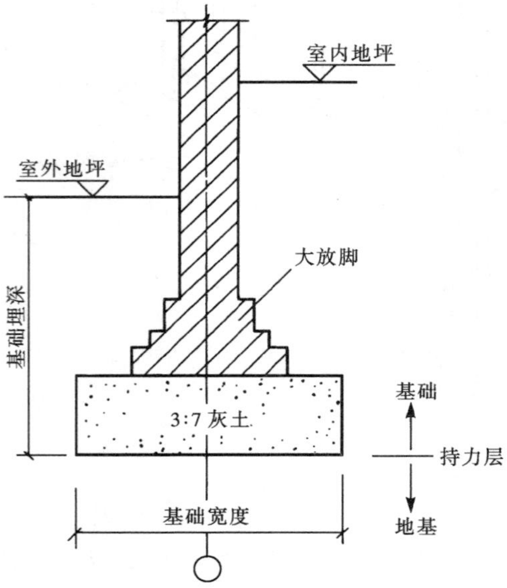

图 2-2　地基和基础的组成

一、地基和基础的概念

图 2-2 是应用于砌体结构的条形基础的构造图，主要介绍了地基和基础的定义和一些相关的构造问题。

1. 地基

地基是基础下部的土层或岩体，作用是承受建筑物通过基础传下来的荷载。

2. 基础

《民用建筑设计术语标准》GB/T 50504—2009 的解释是：建筑物与地基接触并把上部荷载传递给地基的部件。

3. 持力层

地基与基础的分界线。持力层的上部是基础，下部是地基。

4. 基础埋深

室外设计地坪至基础底部的高度尺寸。

建筑结构设计的重要数据之一，确定依据是勘测部门提供的数据。

5. 基础宽度

基础底面的最大宽度，由计算确定。

6. 大放脚

墙体在基础中加大、加厚的部分。采用烧结普通砖、天然石材、混凝土、灰土等刚性材料制作的基础，必须做大放脚。

7. 灰土垫层

基础墙下部的土层，它是基础构造的一部分。灰土垫层是众多构造做法的一种。一般采用 3 : 7 配制，其中 3 为熟石灰、7 为优质素土。

二、地基基础的设计等级

《建筑地基基础设计规范》GB 50007—2011 规定：地基基础设计应根据地基复杂程度、建筑物规模、功能特点以及由于地基问题可能造成建筑物破坏或影响正常使用的程度分为 3 个设计等级，详见表 2-1。

表 2-1　地基基础设计等级

设计等级	建筑和地基类型
甲级	重要的工业与民用建筑
	30 层以上的高层建筑
	体形复杂、层数相差超过 10 层的高低层连成一体的建筑
	大面积的多层地下建筑物（如地下车库、商场、运动场等）
	对地形变形有特殊要求的建筑物
	复杂地质条件下的坡上建筑物（包括高边坡）
	对原有工程影响较大的新建建筑物
	场地和地基条件复杂的一般建筑物
	位于复杂地质条件下及软土地区的 2 层及 2 层以上地下室的基坑工程
	开挖深度大于 15m 的基坑工程
	周边环境条件复杂、环境保护要求高的基坑工程
乙级	除甲级、丙级以外的工业与民用建筑
	除甲级、丙级以外的基坑工程
丙级	场地和地基条件简单、荷载分布均匀的 7 层及 7 层以下民用建筑及一般工业建筑、次要的轻型建筑物
	非软土地区且场地地质条件简单、基坑周边环境条件简单、环境保护要求不高且开挖深度小于 5.0m 的基坑工程

三、地基的有关问题

1. 建筑地基岩土的分类

《建筑地基基础设计规范》GB 50007—2011 规定：可以作为建筑地基的岩土有岩石、碎石土、砂土、粉土、黏性土和人工填土 6 大类。

1）岩石

（1）岩石的坚硬程度

岩石的坚硬程度应根据岩块的饱和单轴抗压强度 f_{rk} 区分，详见表 2-2。

表 2-2 岩石的坚硬程度的划分

坚硬程度类别	坚硬岩	较硬岩	较软岩	软岩	极软岩
饱和单轴抗压强度标准值 f_{rk}（MPa）	$f_{rk}>60$	$60 \geqslant f_{rk}>30$	$30 \geqslant f_{rk}>15$	$15 \geqslant f_{rk}>5$	$f_{rk} \leqslant 5$

（2）承载力标准值

岩石承载力标准值为 200～4000kPa。

2）碎石土

（1）碎石土的分类

碎石土的分类见表 2-3。

表 2-3 碎石土的分类

名称	颗粒形状	粒组含量
漂石	圆形及亚圆形为主	粒径大于 200mm 的颗粒含量超过权重 50%
块石	棱角形为主	
卵石	圆形及亚圆形为主	粒径大于 20mm 的颗粒含量超过权重 50%
碎石	棱角形为主	
圆砾	圆形及亚圆形为主	粒径大于 2mm 的颗粒含量超过权重 50%
角砾	棱角形为主	

（2）碎石土的承载力标准值

碎石土承载力的标准值为 200～1000kPa。

3）砂土

（1）砂土的分类

砂土的分类见表 2-4。

表 2-4 砂土的分类

土的名称	粒组含量
砾砂	粒径大于 2mm 的颗粒含量占全重的 25%～50%
粗砂	粒径大于 0.5mm 的颗粒含量占全重的 50%
中砂	粒径大于 0.25mm 的颗粒含量占全重的 50%
细砂	粒径大于 0.075mm 的颗粒含量占全重的 85%
粉砂	粒径大于 0.075mm 的颗粒含量占全重的 50%

（2）砂土的承载力标准值

砂土承载力的标准值为 140～500kPa。

4）粉土

（1）粉土的定义

粉土是介于砂土与黏性土之间，塑性指数 I_p 小于或等于 10 且粒径大于 0.075mm 的颗粒含量不超过全重 50% 的土。

（2）粉土的承载力标准值

粉土的承载力标准值为 105～410kPa。

5）黏性土

（1）黏性土的定义

黏性土为塑性指数 I_p 大于 10 的土。

（2）黏性土的分类

黏性土的分类见表 2-5。

表 2-5　黏性土的分类

塑性指数 I_p	土的名称	塑性指数 I_p	土的名称
$I_p>17$	黏土	$10<I_p\leqslant17$	粉质黏土

（3）黏性土的承载力标准值

黏性土的承载力的标准值为 105～475kPa。

6）人工填土

（1）人工填土的定义

人工填土根据其组成和成因，可分为素填土、压实填土、杂填土、冲填土。素填土为由碎石土、砂土、粉土、黏性土等组成的填土。经过压实或夯实的素填土为压实填土。杂填土为含有建筑垃圾、工业废料、生活垃圾等杂物的填土。冲填土为由水力冲填泥砂形成的填土。

（2）人工填土的承载力标准值

人工填土的承载力的标准值为 65～160kPa。作地基时必须经过加固处理，提高承载力以后才可以使用。

7）其他土层

（1）膨胀土

膨胀土为土中黏粒成分主要由亲水性矿物组成，同时具有显著的吸水膨胀和失水收缩特性，其自由膨胀率大于或等于 40％的黏性土。这种土不适合作为地基的土层。

（2）湿陷性土

湿陷性土为在一定压力浸水后产生附加沉降，其湿陷系数大于或等于 0.015 的土。这种土不适合作为地基的土层。

2. 建筑地基应满足的要求

1）强度要求

建筑地基应具有足够的承载力，应优先选用天然地基。通长承载力的标准值为 20kPa 时即为达标。

2）变形要求

建筑地基应具有均匀的压缩量，以保证有均匀的下沉。若地基有可能产生不均匀下沉时，应通过设置沉降缝来解决。

3）稳定要求

建筑地基应具有防止产生滑坡、倾斜的能力。必要时（特别是有较大高差时）应通过加设挡土墙进行处理。

3. 建筑地基的种类

1）天然地基

天然地基是指土层是具有足够的承载力，不需要经过人工加固处理，即可直接在其上部建造房屋的土层。天然地基的土层分布及承载力大小由勘测部门实测后提供。

2）人工地基

天然土层的承载力较差或虽然天然土层土质较好，但上部荷载过大时，为使地基有足够的承载力，均应对地基进行加固处理，经过加固处理的土层叫人工地基。

人工地基的加固处理方法通常有以下几种：

（1）夯实法

利用重锤（夯实）、碾压（压路机碾实）和振动法将土层进行加固。这种方法简单易行，便于操作，是经常使用的方法。

（2）换土法

当地基土为淤泥、冲击土、杂填土及其他高压缩性土层时，应将弱质土层取出，然后回填中砂、粗砂、碎石、级配砂石等空隙大、压缩量低、无侵蚀性的材料。换土范围应由计算或勘测部门确定。

（3）打桩法

当建筑荷载较大、层数较多、地基土质又较差时，可采用桩基进行处理。桩基的作用通常有提高承载力（如钢筋混凝土桩等）和加密土壤（如灰土桩等）两大方面。经常见到的作法有：支承桩、钻孔桩、振动装、爆扩桩等。桩由承台（桩与基础接触的部分）和桩身两大部分组成（图2-3）。

① 支承桩（预制桩、柱桩）：一般采用钢筋混凝土制作，通过打桩机打入天然土层中的坚实部位。这种桩的断面尺寸一般为300mm×300mm～600×600mm，长度由计算确定，一般为6～12m之间。桩端有金属桩靴，以方便打入土中（图2-4）。

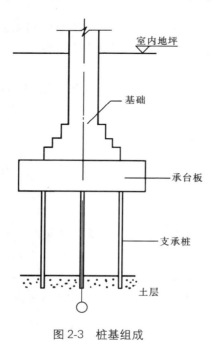

图2-3 桩基组成

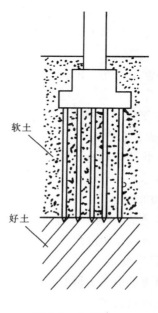

图2-4 支承桩

② 钻孔桩：利用钻孔机钻孔，钻孔直径一般为 300～500mm，孔长一般不超过 12m。然后放入钢筋骨架，浇筑混凝土形成钢筋混凝土钻孔桩。若在孔洞内填入砂石称为砂石桩、若填入 3∶7 灰土称为灰土桩。还可填入碎石等材料（图 2-5）。

③ 振动桩：先用打桩机把钢管打入地下，进行扩孔，然后取出钢管，在留下的孔洞中放入钢筋骨架，并浇筑混凝土形成振动桩。

④ 爆扩桩：这种桩由钻孔、引爆、浇筑混凝土而成。引爆的作用是将桩端扩大，以提高承载力（图 2-6）。

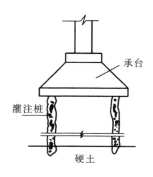

图 2-5　钻孔桩

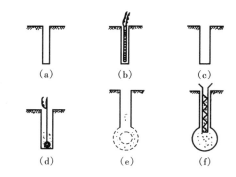

图 2-6　爆扩桩
（a）钻成约 50mm 的导孔；（b）放下炸药管；（c）爆扩成孔清除松土；（d）放下炸药包填入 50%桩头混凝土；（e）爆成桩头；（f）放钢筋骨架浇筑混凝土

四、基础埋深的确定

1. 确定原则

《建筑地基基础设计规范》GB 50007—2011 规定的确定基础埋深原则为：

1）建筑物的用途、有无地下室、设备基础和地下设施，基础的形式和构造；

2）作用在地基上的荷载大小和性质；

3）工程地质和水文地质条件；

4）相邻建筑物的基础埋深（图 2-7）；

5）地基土的冻胀和融陷的影响。

2. 构造要求

1）在满足地基稳定和变形要求的前提下，当上层地基的承载力大于下层土时，宜利用上层土作持力层。除岩石地基外，基础埋深不宜小于 0.50m。

2）高层建筑基础的埋深应满足地基承载力、变形和稳定性要求。位于岩石地基上的高层建筑，其基础埋深应满足抗滑稳定性要求。

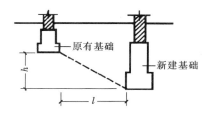

$h/l \leqslant 0.5 \sim 1$ 或 $l = (1.5 \sim 2.0)\ h$

h—新建与原有建筑物基础底面标高之差
l—新建与原有建筑物基础边缘的最小距离

图 2-7　相邻基础的关系

3）在抗震设防区，除岩石地基外，天然地基上的箱形和筏形基础，其埋置深度不宜小于建筑物高度的 1/15；桩箱（利用桩支撑的箱形基础）或桩筏（利用桩支撑的筏形基础）基础的埋置深度（不计桩长）不宜小于建筑物高度的 1/18。

4）基础宜埋置在地下水位以上，当必须埋在地下水位以下时，应采取地基土在施工时不受扰动的措施。当基础埋深在易风化的岩层上，施工时应在基坑开挖后立即铺筑垫层。

5）当存在相邻建筑物时，新建建筑物的基础埋深不宜大于原有建筑基础埋深。当新建建筑物的基础埋深大于原有建筑基础埋深时，两基础间应保持一定净距，其数值应根据建筑荷载大小、基础形式和土质情况确定。

6）冻土地区的基础埋置深度应按规范有关规定执行。

3. 深基础与浅基础的区别

基础埋深大于或等于 5m 或基础埋深大于或等于基础宽度的 4 倍时，叫作深基础。基础埋深小于 5m 或基础埋深小于基础宽度的 4 倍时，叫作浅基础。

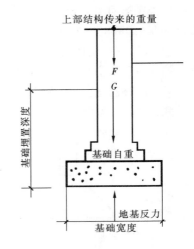

图 2-8 基础宽度的确定

五、基础宽度的确定

1. 基础宽度的确定因素

基础宽度由计算确定。

确定因素包括：基础以上（室外地坪以上）墙体和楼层传下来的全部荷载；基础埋置深度范围内的基础自重和附土层重；地基承载力的标准值。图 2-8 所示为基础宽度确定的示意图。

2. 常用基础宽度的参考数值

1）砌体结构房屋承重墙下条形基础（表 2-6）

表 2-6　砌体结构房屋承重墙下条形基础（m）

房屋层数	地基承载力（kN/m²）						
	80	100	120	140	160	180	200
1 层	0.70	0.70	0.70	0.70	0.70	0.70	0.70
2 层	1.20	0.85	0.70	0.70	0.70	0.70	0.70
3 层	1.80	1.30	1.00	0.85	0.70	0.70	0.70
4 层	—	1.70	1.35	1.10	1.00	0.80	0.70
5 层	—	—	1.70	1.40	1.20	1.00	0.90
6 层	—	—	—	1.65	1.40	1.20	1.10

注：1. 上表适用于层高为 3.00m、开间为 3.00～3.60m 的一般建筑（如住宅、中小学等）；
　　2. 上表的基础埋深取值为 1.50m。若埋深大于 1.50m、地基承载力≤120kN/m² 时，基础宽度应适当增加。

2）砌体结构房屋非承重墙下条形基础（表 2-7）

表 2-7　砌体结构房屋非承重墙下条形基础（m）

房屋层数	地基承载力（kN/m²）						
	80	100	120	140	160	180	200
1 层	0.70	0.70	0.70	0.70	0.70	0.70	0.70
2 层	1.20	0.70	0.70	0.70	0.70	0.70	0.70
3 层	1.30	0.90	0.70	0.70	0.70	0.70	0.70
4 层	—	1.25	1.00	0.80	0.70	0.70	0.70
5 层	—	—	1.20	1.00	0.85	0.70	0.70
6 层	—	—	—	1.20	1.20	0.90	0.80

注：1. 上表所列墙厚为 360mm、双面抹灰、无门窗洞口；
　　2. 若墙厚为 240mm，基础宽度可相应减少 20%；
　　3. 若墙上有门窗洞口，基础宽度可相应减少 20%。

3）任何情况下的基础宽度均不得小于 0.70m。

六、基础的类型与构造要求

1. 基础的类型

《建筑地基基础设计规范》GB 50007—2011 规定的类型有无筋扩展基础、扩展基础、柱下条形基础、筏形基础、桩基础、岩石锚杆基础等 6 大类型。

无筋扩展基础和扩展基础、柱下条形基础一般适用于单层和多层民用建筑；

筏形基础、桩基础主要适用于高层民用建筑；

岩石锚杆基础主要适用于特殊建筑的基础。

2. 无筋扩展基础

1）定义

无筋扩展基础（又称为：刚性基础）指的是采用烧结普通砖、灰土、混凝土、三合土等材料制作的基础。这种基础的特点是适合于受压，而不适合于受弯、受拉、抗剪。制作时必需采用"大放脚"的构造形式。

"大放脚"指的是基础底部的加宽、加大的部分。加宽、加大的原则是压力向下传递时的角度"压力分布角"，又称为"刚性条件"。一般通过台阶的宽高比来体现。

2）台阶宽高比的允许值

《建筑地基基础设计规范》GB 50007—2011 规定的无筋扩展基础台阶宽高比的允许值见表 2-8。

表 2-8　无筋扩展基础台阶宽高比的允许值

基础材料	质量要求	台阶宽高比的允许值		
		$P_k \leqslant 100$	$100 < P_k \leqslant 200$	$200 < P_k \leqslant 300$
混凝土基础	C15 混凝土	1：1.00	1：1.00	1：1.00
毛石混凝土基础	C15 混凝土	1：1.00	1：1.25	1：1.50
砖基础	砖不低于 MU10、砂浆不低于 M5	1：1.50	1：1.50	1：1.50
毛石基础	砂浆不低于 M5	1：1.25	1：1.50	—
灰土基础	体积比为 3：7 或 2：8 的灰土，其最小密度：粉土 1550kg/m³，粉质黏土 1500kg/m³，黏土 1450kg/m³	1：1.25	1：1.50	—
三合土基础	体积比 1：2：4～1：3：6（石灰：砂：骨料），每层约虚铺 220mm，夯实至 150mm	1：1.50	1：2.00	—

注：1. P_k 为标准组合时基础底面处的平均压力（kPa）；
　　2. 阶梯形毛石基础的每阶伸出宽度，不应大于 200mm；
　　3. 当基础由不同材料共同组成时，应对接触部分做抗压强度验算；
　　4. 混凝土基础单侧扩展范围内基础底面处的平均压力值超过 300kPa 时，尚应进行抗剪强度验算；对基底反力集中于立柱附近的岩石地基，应进行局部受压承载力验算。

图 2-9 所示为无筋扩展基础的构造示意图。

3）无筋扩展基础不同材料的构造要求

（1）灰土：宽高比比值为 1：1.5，灰土高度常用 300mm 和 450mm 两种。300mm 用于

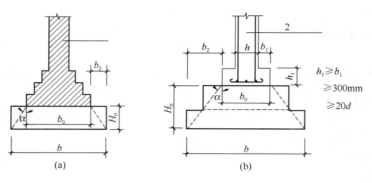

图 2-9 无筋扩展基础构造示意

（a）砖基础；（b）柱基础

3 层及以下的建筑物，450mm 用于 4 层及以上的建筑物。

（2）混凝土：宽高比比值为 1:1，压力分布角为 45°。常用的宽高尺寸均为 350～400mm。

（3）烧结普通砖：宽高比比值为 1:1.5。当压力分布角约为 33.5°时，考虑到砖的尺寸，一般采用宽度为 60mm，高度采用先二皮砖（120mm）、后一皮砖（60mm）的做法，用于一般建筑的基础。当压力分布角约为 26°34′时采用宽度为 60mm、高度为 120mm 的做法，主要用于有地基梁的基础。

（4）毛石：宽高比值与混凝土的宽高比值相同。

（5）三合土：石灰：砂：骨料的体积比为 1:2:4～1:3:6 的组合材料。三合土每层虚铺为 220mm，夯实至 150mm。

4）无筋扩展基础的构造要点及应用

（1）灰土基础：灰土基础适用于 6 层及 6 层以下、地下水位较低的砌体结构中。灰土结构具有施工简便、造价低廉、就地取材等特点，但耐水性能、抗冻性能较差，地下水位较高和潮湿环境不宜采用。

（2）烧结普通砖基础

① 纯砖基础：采用烧结普通砖单独制作。烧结普通砖的最低强度为 MU10，砂浆的最低强度等级为 M5（图 2-10）。

② 灰土砖基础：基础的下半部采用灰土，基础的上半部采用烧结普通砖做成。两种材料可以组合的原因是两种材料的宽高比相同，均为 1:1.5。采用灰土砖基础可以节约用砖量（图 2-11）。

（3）毛石基础：毛石指的是开采下来未经修饰的石块，采用强度等级为 M5 的砂浆砌筑石材。毛石基础的台阶宽度和台阶高度均不应小于 100mm。为便于砌筑上部

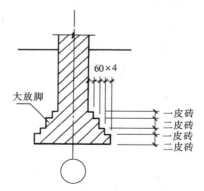

图 2-10 烧结普通砖基础

墙体，加强整体性，一般在基础顶部加铺一层 60mm 的 C10 混凝土找平层。这种做法可以就地取材，特别适用在山区建筑中使用（图 2-12）。

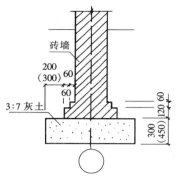

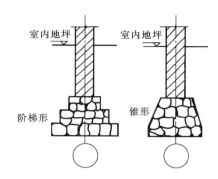

图 2-11　灰土砖基础　　　　　　　图 2-12　毛石基础

（4）三合土基础：夯实的三合土在最后一层时，宜浇筑石灰浆。这种做法在我国南方地区应用较多，建造层数应不高于 4 层（图 2-13）。

（5）混凝土基础：又称为"素混凝土基础"。采用强度等级不低于 C15 的混凝土浇筑。特点是整体性好、耐潮湿、施工方便。混凝土基础的宽度一般为 300～500mm。混凝土基础有阶梯形和锥形两种类型（图 2-14）。

（6）毛石混凝土基础：在体积较大的混凝土基础中加入 20%～30% 的毛石，形成毛石混凝土基础。这样做的目的是节约混凝土的用量（图 2-15）。

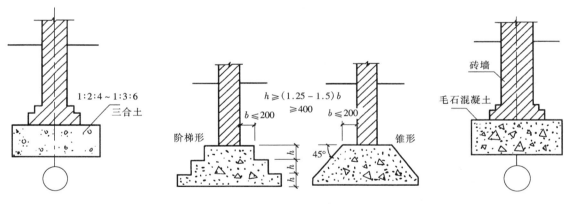

图 2-13　三合土基础　　　　　图 2-14　混凝土基础　　　　图 2-15　毛石混凝土基础

3. 扩展基础（钢筋混凝土基础）

1）定义

《建筑地基基础设计规范》GB 50007—2011 对扩展基础的定义是：为扩散上部结构传来的荷载，使作用在基底的压应力满足地基承载力的设计要求，且基础内部的应力满足材料强度的设计要求，通过向侧边扩展一定底面积的基础。

通俗来讲，扩展基础是采用钢筋与混凝土共同制作的钢筋混凝土基础。有锥形和阶梯形两种形式。锥形钢筋混凝土基础见图 2-16。

2）构造要点

（1）锥形基础的边缘高度不宜小于 200mm，且两个方向的坡度不宜大于 1：3；阶梯形

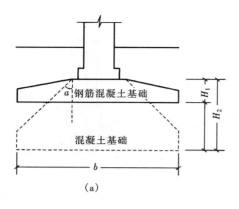
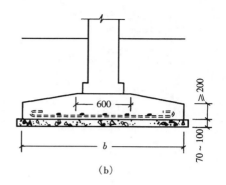

（a）　　　　　　　　　　　　　　　　　（b）

图 2-16　锥形钢筋混凝土基础

（a）混凝土基础与钢筋混凝土基础的埋深变化；（b）锥形钢筋混凝土基础的构成

基础的每阶高度，宜为 300～500mm。

（2）垫层的厚度不宜小于 70mm，垫层混凝土强度等级不宜低于 C10。

（3）扩展基础的受力钢筋最小配筋率不应小于 0.15%，板底受力钢筋的最小直径不应小于 10mm，间距不应大于 200mm，也不应小于 100mm。墙下钢筋混凝土条形基础纵向分布钢筋的直径不应小于 8mm，间距不应大于 300mm；每延米分布钢筋的面积不应小于受力钢筋面积的 15%。当有垫层时钢筋保护层的厚度不应小于 40mm；无垫层时不应大于 70mm。

（4）混凝土强度等级不应低于 C20。

（5）当柱下钢筋混凝土独立基础的边长和墙下钢筋混凝土条形基础的宽度大于或等于 2.50m 时，板底受力钢筋的长边可取边长或宽度的 0.9 倍，并宜交错布置。见图 2-17、图 2-18。

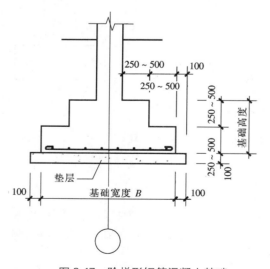
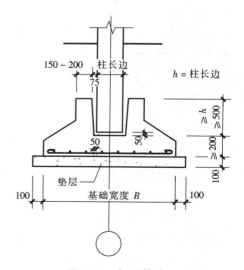

图 2-17　阶梯形钢筋混凝土基础　　　　　　　图 2-18　杯形基础

（6）钢筋混凝土条形基础底板在 T 形及十字形交接处，底板横向受力钢筋仅沿一个主要受力方向通常布置，另一方向横向受力钢筋可布置到主要受力方向底板宽度 1/4 处。在拐角处底板横向受力钢筋应沿两个方向布置（图 2-19）。

4. 其他类型的基础

1）板式基础

板式基础又称为"筏形基础"，它是连片的钢筋混凝土基础，一般用于荷载相对集中、地基承载力较差的多层建筑和高层建筑中（图 2-20）。

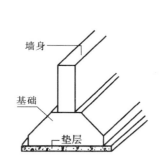

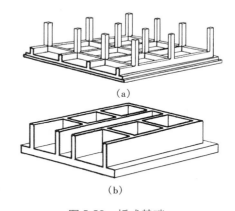

图 2-19　墙下钢筋混凝土基础　　　　图 2-20　板式基础
（a）框架结构板式基础；（b）剪力墙结构板式基础

2）箱形基础

箱型基础的外部由底板、侧墙和顶板组成，内部由分层的水平板和分隔房间的墙板构成。适用于基础埋深较深、并设有地下室的建筑中。这种基础的整体性较强，能够承受较大的弯矩。箱型基础是有地下室的高层建筑的首选（图 2-21）。

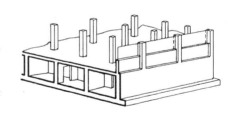

图 2-21　箱形基础

七、基础管沟

为建筑物内采暖设备管线穿行需要而专门设置的管沟称为"暖气管沟"。暖气管沟在进入建筑物之前称为"室外管沟"，进入建筑物以后称为"室内管沟"。图 2-22 所示为管沟构造示意。

1. 管沟的类型

1）沿墙管沟

暖气管线在进入建筑物之后一般沿建筑物外墙或内墙布置。室内管沟的一侧是建筑物的内、外墙，另一侧是专门设置的管沟墙，上面铺设钢筋混凝土沟盖板形成管沟。管沟的宽度一般为 1000～1600mm，深度为 1000～1700mm 之间。沟盖板表面标高略低于室内地坪标高，在建筑的转角部位或其他适当部位设置管沟检查孔，为进入管沟提供方便（图 2-23）。

2）室外管沟

暖气管线在进入建筑物之前，应在室外管沟中运行。室外管沟的特点是由两道管沟墙支承钢筋混凝土沟盖板。这种管沟应特别注意防冻及上部车辆的通行。当有汽车通行时，沟盖板应选择承载能力较强的板型（图 2-24）。

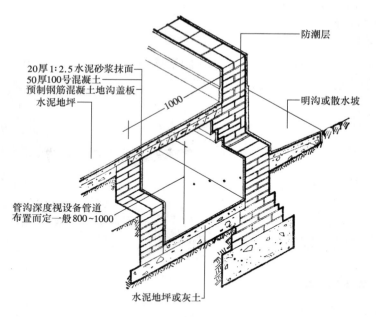

图 2-22　管沟构造示意图

图中标注：
- 防潮层
- 20厚1:2.5水泥砂浆抹面
- 50厚100号混凝土
- 预制钢筋混凝土地沟盖板
- 水泥地坪
- 1000
- 明沟或散水坡
- 管沟深度视设备管道布置而定一般800~1000
- 水泥地坪或灰土

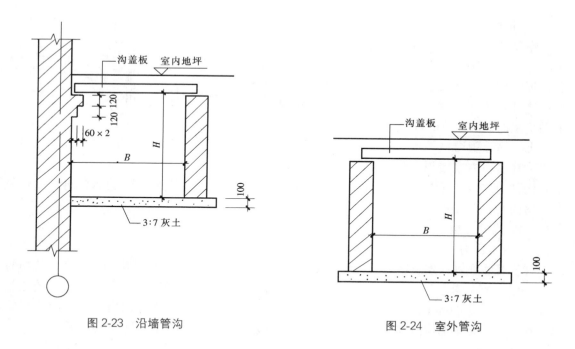

图 2-23　沿墙管沟

图 2-24　室外管沟

3）过门管沟

这是一种小型管沟。当暖气的回水管线走在地上，遇到门口时应转入地下通过。这种管沟称为过门管沟。这种管沟的断面尺寸为 400mm×400mm，上部铺设小型沟盖板（图 2-25）。

2. 管沟的选用与构造

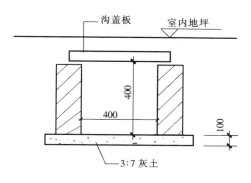

图 2-25　过门管沟

1）管沟墙的厚度

管沟墙的厚度、高度、砂浆强度等级与沟的深度有关，具体数值详见表 2-9。

表 2-9　管沟墙的厚度、高度、砂浆强度等级

管沟高度（mm）	室内管沟		室外不过车管沟		室外过车管沟		备注
	墙厚（mm）	砂浆强度等级	墙厚（mm）	砂浆强度等级	墙厚（mm）	砂浆强度等级	
$H \leqslant 1000$	240	M2.5	240	M2.5	240	M5.0	
$H \leqslant 1200$	240	M2.5	240	M2.5	365	M5.0	砖的强度等级均为 $\geqslant$MU7.5
$H \leqslant 1400$	365	M2.5	365	M2.5	365	M5.0	
$H \leqslant 1700$	—	—	365	M5.0	365	M5.0	

2）沟盖板

沟盖板的规格尺寸及适用范围见表 2-10。

表 2-10　沟盖板的规格尺寸及适用范围

代号	形状特点	长度（mm）	宽度（mm）	厚度（mm）	应用范围
GB10.1	平板型	1200	600	60	室内管沟
GB12.1		1400	600	60	
GB16.1		1800	600	80	
GB12.2	平板型	1400	600	100	室内及室外不过车管沟
GB16.2		1800	600	100	
GB12.3	双坡板型	1400	600	基本板厚 120 坡高 70	室外过车管沟
GB16.3		1800	600		

注：1. GB 表示沟盖板；10 表示管沟宽度为 1000mm；1 表示板型为平板型；

　　2. 沟盖板在管沟墙上的支承长度为 100mm。

3）管沟穿墙洞口

暖气管线进入建筑物时应从预留洞口进入，预留洞口的顶部应加设过梁或砌筑砖券（图 2-26）。

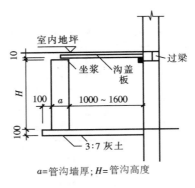

a=管沟墙厚；H=管沟高度

图 2-26　管沟穿墙洞口

复习思考题

1. 什么是地基？什么是基础？
2. 简述天然地基与人工地基的区别。
3. 简述基础埋深的确定原则。
4. 简述刚性基础（无筋扩展基础）与柔性基础（钢筋混凝土基础）的区别。
5. 什么是深基础？什么是浅基础？
6. 简述基础管沟的常用做法与构件组成。

第二节　墙体的构造（一）基本规定

一、概述

在砌体结构中，墙体是承重构件、围护构件和分隔构件。墙体的重量约占建筑物总重量的 40%～45%，墙体的造价约占建筑总造价的 30%～40%。在其他类型结构（如框架结构）中，墙体一般是围护构件和分隔构件，占的造价比重亦较大。

1. 墙体的作用

1）承重作用

砌体结构中墙体要承受屋顶、楼板层的荷载及墙体自重，还要承受人体和设备等活动荷载。此外，风荷载、地震荷载等也由墙体来承受。

2）围护作用

框架结构的外墙只起围护作用，抵御风、雨、雪、冰雹、噪声的侵袭，以及夏季太阳能的辐射和冬季减少室内热量的流失。

3）分隔作用

建筑中的隔墙主要作用是分隔空间和阻止噪声的干扰。

2. 墙体应满足的要求

1）具有足够的强度和稳定性。

2）具有足够的热工性能，包括保温、隔热、节能等方面。

3）具有满足要求的隔声性能。

4）具有满足要求的防火性能。

5）具有满足要求的防水性能。

6）具有满足装饰、装修的功能需求。

7）具有满足建筑工业化发展的要求。

二、墙体的分类

1. 按墙体使用的材料分

1）砖墙

《砌体结构设计规范》GB 50003—2011 规定的墙体材料有：

（1）烧结砖

烧结砖包括烧结普通砖和烧结多孔砖两大类型。烧结砖使用的材料包括黏土、煤矸石、页岩、粉煤灰等。

烧结普通砖为实心砖，基本规格为 240mm×115mm×53mm。强度代号为 MU，强度等级有 MU30、MU25、MU20、MU15、MU10 等 5 种。用于砌体结构时最低强度等级为MU10。烧结普通砖可用于承重结构（承重墙）和自承重结构（隔墙）。

烧结多孔砖的孔洞率不少于 35%，基本规格为 240mm×115mm×90mm。强度代号为MU，强度等级有 MU30、MU25、MU20、MU15、MU10 等 5 种。用于砌体结构的最低强度等级为 MU10。烧结多孔砖主要用于承重部位。

（2）蒸压砖

蒸压砖包括蒸压灰砂普通砖和蒸压粉煤灰普通砖两大类型。蒸压砖使用的材料包括石灰、砂、粉煤灰等。

蒸压灰砂普通砖和蒸压粉煤灰普通砖均为实心砖，基本规格为 240mm×115mm×53mm。强度代号为 MU，强度等级有 MU25、MU20、MU15 等 3 种。用于砌体结构的最低强度等级为 MU15。蒸压灰砂普通砖可用于承重结构和自承重结构。

（3）空心砖

空心砖包括黏土空心砖和蒸压焦砟空心砖两大类型。空心砖的基本规格均大于实心砖的尺寸。强度代号为 MU，强度等级有 MU10、MU7.5、MU5、MU3.5 等 4 种。用于砌体结构的最低强度等级为 MU7.5。空心砖主要用于自承重结构。

（4）混凝土砖

混凝土砖包括混凝土普通砖和混凝土多孔砖两大类型。

混凝土砖以水泥为胶凝材料、以砂、石等为主要集料，加水搅拌，养护制成的墙体材料。

混凝土普通砖的基本尺寸为 240mm×115mm×53mm。强度代号为 MU，强度等级有MU30、MU25、MU20、MU15 等 4 种。用于砌体结构的最低强度等级为 MU15。

混凝土多孔砖的基本尺寸为 240mm×115mm×90mm、240mm×190mm×90mm、190mm×190mm×90mm。强度代号为 MU，强度等级有 MU30、MU25、MU20、MU15等 4 种。用于砌体结构的最低强度等级为 MU15。混凝土砖可用于承重结构和自承重结构。

2）砌块墙

砌块墙的砌块包括混凝土小型空心砌块、轻骨料混凝土砌块和蒸压加气混凝土砌块等类型。

（1）混凝土小型空心砌块（简称：混凝土砌块或砌块）

① 组成：以水泥、矿物掺合料、轻骨料（或部分轻骨料）、水等为原材料，经搅拌、压振成型、养护等工艺制成。

② 主规格尺寸：390mm×190mm×190mm，空心率为 25％～50％。

③ 强度等级：现行行业标准《混凝土小型空心砌块技术规程》JGJ/T 14—2011 规定：普通混凝土小型空心砌块的强度等级不应低于 MU7.5，砌筑砂浆的强度等级不应低于 M7.5。

④ 应用：8 度设防时允许建造高度为 18m，建造层数为 6 层。

（2）轻骨料混凝土砌块

① 组成：采用陶粒、焦砟等轻骨料制作的砌块。

② 强度等级：强度等级为 MU10、MU7.5，MU5 和 MU3.5。用于砌体结构的最低强度等级为 MU3.5。

（3）蒸压加气混凝土砌块

《蒸压加气混凝土砌块应用技术规程》JGJ/T 17—2008 规定：

① 蒸压加气混凝土砌块可以用作承重墙体、非承重墙体和保温隔热材料。加气混凝土配筋板可以用作隔墙外，还可以用作屋面板、外墙板和楼板。

② 强度代号与强度等级：强度代号为 A，有 A5.0 和 A7.5 两种。用于承重墙时的最低强度等级为 A5.0。

③ 砌筑要求：蒸压加气混凝土砌块应采用专用砂浆砌筑，专用砂浆代号为 A5.0。

④ 禁用部位：

A. 防潮层以下的外墙；

B. 长期处于浸水和化学侵蚀的环境；

C. 承重制品表面温度经常处于 80℃以上的部位。

⑤ 允许建造层数和高度（表 2-11）。

表 2-11　允许建造层数和高度

强度等级	抗震设防烈度		
	6 度	7 度	8 度
A5.0	5 层（16m）	5 层（16m）	4 层（13m）
A7.5	6 层（19m）	6 层（19m）	5 层（16m）

注：用于房屋承重砌块的最小厚度不宜小于 250mm。

⑥ 密度与强度的关系（表 2-12）。

表 2-12　密度与强度的关系

干体积密度级别		B03	B04	B05	B06	B07	B08
干体积密度 （kg/m³）	优等品	≤300	≤400	≤500	≤600	≤700	≤800
	合格品	325	425	525	625	725	825
强度级别	优等品	A1.0	A2.0	A3.5	A5.0	A7.5	A10.0
	合格品			A2.5	A3.5	A5.0	A7.5

注：1. 用于非承重墙，宜以 B05 级、B06 级、A2.5 级、A3.5 级为主；

　　2. 用于承重墙，宜以 A5.0 级为主；

　　3. 用于保温材料时，宜采用密度级别为 B03、B04 级产品。

3）石材墙

石材的强度等级有 MU100、MU80、MU60、MU50、MU40、MU30 和 MU20。用于砌体结构的最低强度等级为 MU30。

4）各类墙体的砌筑砂浆

（1）用于地上部位时，应采用混合砂浆；用于地下部位时，应采用水泥砂浆。

（2）砂浆的基本代号为 M，不同材料砌筑砂浆的代号应特别注意（表 2-13）附加小号的标注。

表 2-13　各类墙体采用的砂浆品种和最低强度等级

墙体类型	代号	强度等级范围	最低强度等级
烧结普通砖、烧结多孔砖、空心砖、毛石	M	M15、M10、M7.5、M5.0、M2.5	M5.0
混凝土普通砖、混凝土多孔砖、单排孔混凝土砌块、煤矸石混凝土砌块、双排孔或多排孔轻骨料混凝土砌块	Mb	Mb20、Mb15、Mb10、Mb7.5、Mb5.0	Mb5.0
蒸压灰砂普通砖、蒸压粉煤灰普通砖	Ms	Ms15、Ms10、Ms7.5、Ms5.0	Ms5.0
蒸压加气混凝土砌块	Ma	Ma7.5、Ma5.0	Ma5.0

5）板材墙

板材墙有用于承重墙的钢筋混凝土等重质板材和用于隔墙的加气混凝土、泰柏板等轻质板材等。

2. 按墙体所在位置分

墙体所在位置一般分为内墙和外墙两大部分。每个部分又有纵向和横向，因而形成"纵向外墙"（檐墙）、"横向外墙"（山墙）、"纵向内墙"、"横向内墙"四种墙体类型。

3. 按承重方式分

1）横墙承重

楼面和使用荷载主要传给横向外墙和横向内墙。多用于住宅、宿舍等横墙较多的建筑中。

2）纵墙承重

楼面和使用荷载主要传给纵向外墙和纵向内墙。多用于中小学等纵墙较多的建筑中。

3）混合承重

楼面和使用荷载分别传给纵向墙和横向墙。多用于中间有走道或一侧有走廊的建筑（如办公楼）中（图 2-27）。

4. 按受力特点分

1）承重墙

这种墙体承受屋顶和楼板等构件传下来的垂直荷载和风力、地震力等水平荷载。由于承重墙所处的位置不同，又分为承重内墙和承重外墙。承重墙承受荷载后要传递给基础。承重墙的最大特点是底部必须做基础。

2）承自重墙

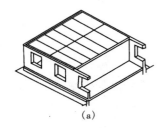 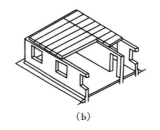 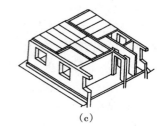

图 2-27　墙体的承重方式

（a）横墙承重；（b）纵墙承重；（c）混合承重

这种墙体只承受自重，不承受屋顶和楼板等构件传下来的垂直荷载。承自重墙的底部也应做基础。

5. 按功能分

1）围护墙

围护墙又称为填充墙。它起着防风、雨、雪的侵袭，功能上起到保温、隔热、隔声、防水等作用。砌体结构的外墙是围护墙，墙下应做条形基础；框架结构的外墙也是围护墙，墙体荷载由承重梁承托，并传给框架柱，最终传给基础。

2）隔墙

隔墙的主要作用是分隔空间。它必须满足隔声的要求。隔墙的荷载多由楼板（底层为地面）承托，隔墙的底部不设置基础。

6. 按构造做法分

1）实心墙

采用单一材料（烧结普通砖、烧结多孔砖、石材、混凝土砖等）或复合材料（钢筋混凝土与加气混凝土分层复合、实心砖与焦渣砖分层复合等）制作的不留空隙的墙体。

2）多孔砖、空心砖墙

采用多孔砖砌筑的墙体。多孔砖的表观密度为 1350kg/m³（普通砖的表观密度为 1800kg/m³）（图 2-28）。由于多孔砖有竖向空隙，墙体的保温能力有所提高，据分析，190mm 的保温性能相当于 240mm 实心墙的能力。这种墙体主要应用于框架结构的外围护墙和内分隔墙。目前应用较为广泛的焦渣空心保温砖就是最好的墙体材料。

3）空斗墙

空斗墙是一种传统的做法。它是利用烧结普通砖，采用特殊的砌筑方法（水平与竖直交叉砌筑）砌成的墙体。竖直方向砌筑的叫"斗砖"，水平方向砌筑的叫"眠砖"。这种墙体对抗震不利，抗震设防地区不应采用（图 2-29）。

4）复合墙

两种或两种以上材料组合在一起的墙体。多用于居住建筑的保温墙体。墙体的结构部分采用重质材料（烧结黏土砖、钢筋混凝土板材等）、墙体的保温部分采用轻质材料（如聚苯乙烯泡模塑料板 EPS、XPS；硬泡聚氨酯 PU、泡沫塑料、泡沫混凝土等）。保温材料在承重材料的外侧时称为"外保温"；保温材料在承重材料的内侧时称为"内保温"；保温材料在两层承重材料的中间时称为"夹层保温"。结构层的厚度，采用烧结黏土砖时，一般取 240mm；采用钢筋混凝土板材时，一般取 200mm。保温层的厚度随地区的不同由计算确定，北京地区一般取 50～110mm。若采用空气间层时，其厚度一般为 20mm（图 2-30）。

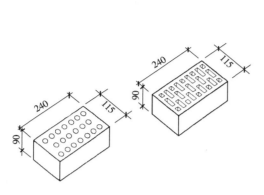

图 2-28　多孔砖的外观

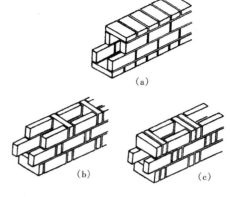

图 2-29　空斗墙的外观

（a）有眠空斗墙；（b）无眠空斗墙（1）；

（c）无眠空斗墙（2）

7. 墙体厚度的确定

1）实心砖墙

我国目前采用的墙体厚度是以烧结黏土砖为基数确定的。烧结黏土砖的尺寸是 240mm×115mm×53mm。连同 10mm 灰缝在内，形成长度∶宽度∶厚度＝4∶2∶1 的关系。同时在 1m 长的墙体中有 4 个长度、8 个宽度、16 个厚度。因此在 1m³ 的砌体中砖的用量为 4×8×16＝512 块。砂浆用量为 0.26m³。

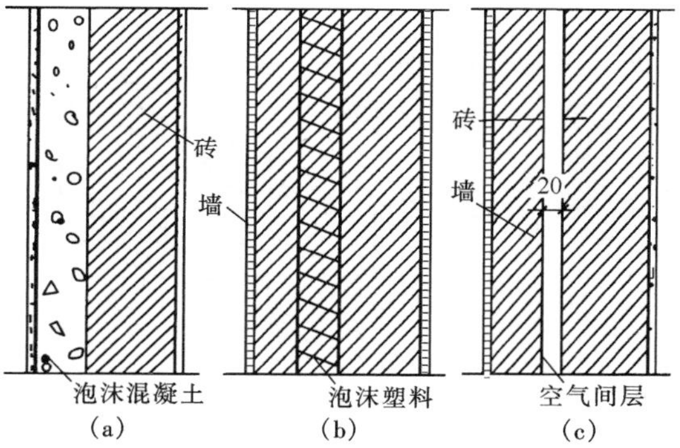

现行墙体厚度有：

图 2-30　复合墙的构造

（a）保温层在外侧；（b）夹芯构造；（c）空气间层构造

（1）半砖墙：图纸标注为 120mm，实际尺寸为 115mm。

（2）一砖墙：图纸标注为 240mm，实际尺寸为 240mm。

（3）一砖半墙：图纸标注为 360mm（亦有标注为 370mm），实际尺寸为 365mm。

（4）二砖墙：图纸标注为 490mm（亦有标注为 500mm），实际尺寸为 490mm。

（5）3/4 砖墙：图纸标注为 180mm，实际尺寸为 178mm。

值得关注的是，上述墙厚的确定方法并不是采用《建筑模数协调标准》GB/T 50002—2013 规定的模数尺寸，而是采用 125mm 制（俄罗斯制）。

2）其他墙体

下述墙体的墙体厚度应采用《建筑模数协调标准》GB/T 50002—2013 规定的分模数尺寸：

（1）钢筋混凝土板墙的厚度，用于承重墙时，墙体厚度为 160～180mm。用于隔墙时为 50mm。

（2）加气混凝土墙体用于外围护墙时常用200～250mm，用于隔墙时常用100～150mm。

（3）混凝土小型砌块的墙厚与砌块的尺寸有关。用于外墙时取190mm（图纸标注为200mm），用于内墙时取90mm（图纸标注为100mm）。

8. 墙体的砌筑方法

墙体的砌筑是指在建筑施工时墙体材料的排列组合。墙体砌筑的原则是"横平竖直、砂浆饱满、错缝搭接、避免通缝"，以保证砌体的强度和稳定性。

目前常用的墙体砌筑方式有：一顺一丁式、全顺式、顺丁相间式、多顺一丁式（图2-31）。

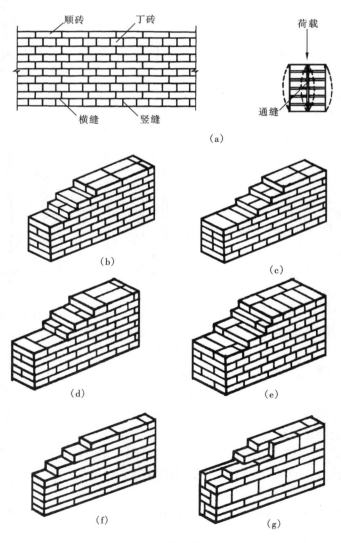

图 2-31 墙体的砌筑

（a）砖缝形式；（b）一顺一丁式；（c）多顺一丁式；（d）顺丁相间式；

（e）365mm墙体砌法；（f）115mm墙体砌法；（g）178mm墙体砌法

三、墙体应满足的要求

1. 结构要求

1）强度

砖墙的抗压强度等级取决于材料（砖和砂浆）自身的强度和墙体的厚度，一般通过验算的方法进行。烧结普通砖砌体的抗压强度设计值见表 2-14。

表 2-14　烧结普通砖砌体的抗压强度设计值

砖强度等级	砂浆强度等级					砂浆强度
	M15	M10	M7.5	M5	M2.5	0
MU30	3.94	3.27	2.93	2.59	2.26	1.15
MU25	3.60	2.98	2.88	2.37	2.06	1.05
MU20	3.22	2.67	2.39	2.12	1.84	0.94
MU15	2.70	2.31	2.07	1.83	1.60	0.82
MU10	—	1.89	1.69	1.50	1.30	0.67

提高受压强度的方法有以下两种：

（1）加大构件截面面积或加大墙厚。这种方法虽可取，但不一定经常采用。工程实践表明，240mm 厚的墙体可以保证 20m（相当于住宅六层的高度）高建筑的承载要求。

（2）提高砌体抗压强度的设计值。这种方法主要采用同一砌体厚度、在不同部位通过调整砖和砂浆强度等级的方法来达到承载要求。

2）稳定性

砖墙的稳定性一般采用验算高厚比的方法进行。墙、柱的高厚比允许值见表 2-15。

表 2-15　墙、柱的高厚比允许值

砂浆强度等级	墙	柱	砂浆强度等级	墙	柱
M2.5	22	15	≥M7.5	26	17
M5.0	24	16	—	—	—

注：1. 毛石墙、柱允许高厚比应按表中数值降低 20%；

　　2. 组合砖砌体构件的允许高厚比，可按表中数值提高 20%，但不得大于 28；

　　3. 验算施工阶段砂浆尚未硬化的新砌砌体高厚比时，允许高厚比对墙取 14，对柱取 11。

砂浆强度等级愈高，则允许高厚比值愈大。提高砖墙稳定性的措施可以降低墙体高度或加大墙厚来解决。

2. 保温与隔热要求

保温与隔热是热工要求的主要组成部分，通风、遮阳亦属于热工内容。

1）建筑气候分区及对建筑的基本要求

《民用建筑设计统一标准》GB 50352—2019 规定的建筑气候分区和对建筑的基本要求见表 2-16。

表 2-16　建筑气候分区和对建筑的基本要求

建筑气候区划名称代号		热工区划名称	建筑气候区划主要指标	建筑基本要求
Ⅰ	ⅠA ⅠB ⅠC ⅠD	严寒地区	1月平均气温≤−10℃ 7月平均气温≤25℃ 7月平均相对湿度≥50%	1. 建筑物必须满足冬季保温、防寒、防冻等要求； 2. ⅠA、ⅠB区应防止冻土、积雪对建筑物的危害； 3. ⅠB、ⅠC、ⅠD区的西部，建筑物应防冰雹、防风沙
Ⅱ	ⅡA ⅡB	寒冷地区	1月平均气温−10～0℃ 7月平均气温18～28℃	1. 建筑物应满足冬季保温、防寒、防冻等要求，夏季部分地区应兼顾防热； 2. ⅡA区建筑物应防热、防潮、防暴风雨，沿海地带应防盐雾侵蚀
Ⅲ	ⅢA ⅢB ⅢC	夏热冬冷地区	1月平均气温0～10℃ 7月平均气温25～30℃	1. 建筑物应满足夏季防热、遮阳、通风降温要求，并应兼顾冬季防寒； 2. 建筑物应满足防雨、防潮、防洪、防雷电等要求； 3. ⅢA区应防台风、暴雨袭击及盐雾侵蚀； 4. ⅢB、Ⅲc区北部冬季积雪地区建筑物的屋面应有防积雪危害等措施
Ⅳ	ⅣA ⅣB	夏热冬暖地区	1月平均气温>10℃ 7月平均气温25～29℃	1. 建筑物必须满足夏季遮阳、通风、防热要求； 2. 建筑物应防暴雨、防潮、防洪、防雷电； 3. ⅣA区应防台风、暴雨袭击及盐雾侵蚀
Ⅴ	ⅤA ⅤB	温和地区	1月平均气温0～13℃ 7月平均气温18～25℃	1. 建筑物应满足防雨和通风要求； 2. ⅤA区建筑物应注意防寒，ⅤB区建筑物应特别注意防雷电
Ⅵ	ⅥA ⅥB	严寒地区	1月平均气温0～−22℃ 7月平均气温<18℃	1. 建筑物应充分满足保温、防寒、防冻的要求； 2. ⅥA、ⅥB区应防冻土对建筑物地基及地下管道的影响，并应特别注意防风沙； 3. ⅥC区的东部，建筑物应防雷电
	ⅥC	寒冷地区		
Ⅶ	ⅦA ⅦB ⅦC	严寒地区	1月平均气温−5～−20℃ 7月平均气温≥18℃ 7月平均相对湿度<50%	1. 建筑物必须充分满足保温、防寒、防冻的要求； 2. 除ⅦD区外，应防冻土对建筑物地基及地下管道的危害； 3. ⅦB区建筑物应特别注意积雪的危害； 4. ⅦC区建筑物应特别注意防风沙，夏季兼顾隔热； 5. ⅦD区建筑物注意夏季防热，对吐鲁番盆地应特别注意隔热、降温
	ⅦD	寒冷地区		

《民用建筑热工设计规范》GB 50176—2016 规定：墙体的保温主要体现在阻止热量的传出和防止墙体表面与墙体内部产生凝结水的能力两大方面。具体措施为：

（1）提高墙体热阻值的措施

① 采用轻质高效保温材料与砖、混凝土、钢筋混凝土、砌块等主墙材料组成复合保温墙体构造；

② 采用导热系数低的新型墙体材料；

③ 采用带有封闭空气间层的复合墙体构造设计。

（2）外墙宜采用热惰性大的材料和构造，提高墙体热稳定性的措施

① 采用内侧为重质材料的复合保温墙体；

② 采用蓄热性能好的墙体材料或相变材料复合在墙体内侧。

3）隔热设计要求

《民用建筑热工设计规范》GB 50176—2016 规定：墙体的隔热措施主要体现在自然通风、环境绿化、隔热措施、建筑遮阳、材料选择与建筑构造等方面。其中包括：

（1）宜采用浅色外饰面。

（2）可采用通风墙、干挂通风幕墙等。

（3）设置封闭间层时，可在空气间层平行墙面的两个表面涂刷热反射涂料、贴热反射膜或铝箔。当采用单面热反射隔热措施时，热反射隔热层应设置在空气温度较高一侧。

（4）采用复合墙构造时，墙体外侧宜采用轻质材料，内侧宜采用重质材料。

（5）可采用墙面垂直绿化及淋水被动蒸发墙面等。

（6）宜提高围护结构的热惰性指标 D 值。

（7）西向墙体可采用高蓄热材料与低热传导材料组合的复合墙体构造。

3. 节能设计要求

节能是我国的一项基本国策，建筑节能是节能的一个重要方面。建筑节能指的是建筑规划、设计、施工和使用维护过程中，在满足规定的建筑功能和室内环境质量的前提下，通过采取技术措施和管理手段，实现提高能源利用效率、减低运行能耗的活动。建筑节能依据所在地区（严寒和寒冷地区、夏热冬冷地区、夏热冬暖地区、温和地区）的不同、建筑类型（居住建筑和公共建筑）的不同，采取的措施也不尽相同，归纳起来主要包括以下几个方面：

1）控制建筑布局和建筑朝向

建筑布局指的是在进行规划设计时，应充分考虑建筑节能。建筑朝向在采暖地区，冬季应充分利用日照，夏季应考虑通风，一般以南北向为主。在非采暖地区应避免太阳能辐射，充分考虑自然通风。

2）控制体形系数

体形系数指的是建筑物与室外大气接触的外表面积与其所包围的体积比值。外表面积中，不包括地面和不供暖楼梯间等公共空间内墙及户门的面积。不同地区的体形系数也不相同。控制体形系数是保证建筑外表面面积在规定的范围内，以达到减少散热和控制太阳日晒的要求。

3）控制窗墙面积比

窗墙面积比指的是窗户（含阳台门）洞口面积与房间立面单元面积（即建筑层高与开间定位线围成的面积）之比。严寒和寒冷地区北向窗口的窗墙面积比最小，南向窗口的窗墙面积则最大，目的在于减少通过窗口散失热量和避免冷空气侵入。温和地区的东、西向窗口窗墙面积比最小，南、北向的窗墙面积比则稍大，这样做可以减少日晒的影响。

4）建筑遮阳系数

建筑遮阳系数指的是在给定条件下，太阳辐射透过玻璃、门窗或玻璃幕墙构件所形成的室内得热量，与相同条件下透过标准玻璃（3mm透明玻璃）所形成的太阳辐射得热量之比。夏热冬冷地区、夏热冬暖地区和温和地区均应考虑建筑遮阳，避免过多的日晒。

5）太阳得热系数

透光围护结构太阳得热系数指的是通过玻璃、门窗或透光幕墙成为室内得热量的太阳辐射部分与投射到玻璃、门窗或透光幕墙构件上的太阳辐射照度的比值。也称"太阳能总透射比"。夏热冬暖地区的夏季应予考虑。

6）被动式太阳房的应用

在温和地区对冬季日照率不小于70%，且冬季月均太阳辐射量不少于400MJ/m²的地区，应采用被动式太阳房利用设计；对冬季日照率大于55%但小于70%，且冬季月均太阳辐射量不少于350MJ/m²的地区，宜进行被动式太阳房利用设计。

被动式太阳房是通过建筑朝向和周围环境的合理布置、内部空间和外部形体的处理及建筑材料和结构的匹配选择，使其在冬季能集取、蓄存和分配太阳热能的一种建筑物。

被动式太阳房主要在温和地区采用。

7）自然通风设计

依靠室外风力造成的风压和室内外空气温差造成的热压，促使室内外空气流动与交换的通风方式。自然通风设计在温和地区必须考虑。

8）特殊构造的采用

特殊构造包括严寒和寒冷地区凸窗的设置与应用、门窗边缘及阳台保温的处理、封闭阳台加做门窗等措施；夏热冬冷地区屋顶绿化、限制外窗开窗率是主要方面；夏热冬暖地区的屋面蓄水、屋面遮阳、屋顶种植等构造做法；温和地区的通风屋顶、被动式太阳房的利用等。

不同地区居住建筑的节能和公共建筑的节能的详细内容，可查阅"二维码"资料部分。

4. 传热系数与热阻的关系

1）传热系数

传热系数 K 表示围护结构的不同厚度、不同材料的传热性能。单位是 $[W/(m^2 \cdot K)]$。

传热系数 K 与材料的导热系数 λ 正比，与材料的厚度 δ 成反比，意即 $K = \lambda/\delta$（材料的导热系数/结构厚度）。

2）热阻

热阻 R 表示围护结构阻止热流传播的能力，单位为 $(m^2 \cdot K)/W$。意即 $R = \delta/\lambda$（结构厚度/材料的导热系数）。

3）传热系数与热阻的关系

传热系数 K 与热阻 R 呈互为倒数的关系。意即 $K = 1/R$ 或 $R = 1/K$。

4）实例分析

问：370mm 厚烧结普通砖墙和 200mm 厚加气混凝土墙哪一种做法传热系数小？

答：由《民用建筑热工设计规范》GB 50176—2016 得知：烧结普通砖墙的导热系数 $\lambda = 0.81$、墙体厚度 $\delta = 0.37$；加气混凝土的导热系数 $\lambda = 0.14$、墙体厚度 $\delta = 0.20$；计算结果烧结普通砖墙的传热系数为 $K = 4.70$；加气混凝土的传热系数为 $K = 1.43$；结论为加气混凝土墙传热系数小。

5. 窗户面积和窗户层数的确定

1）依据窗墙面积比决定窗洞口大小

窗墙面积比又称为开窗率。指的是窗户洞口面积与房间立面单元面积的比值。建筑外窗面积一般占外墙总面积的 30% 左右，开窗过大，对节能明显不利。窗的传热系数是墙体传热系数的 5～6 倍，限制窗墙面积比是十分必要的。

北京地区寒冷 B 区（2B 区），居住建筑的外窗（包括阳台门玻璃）的传热系数 K 为 $\leqslant 3.00[W/(m^2 \cdot K)]$，换算成为热阻 R 为 $\geqslant 0.33[(m^2 \cdot K)/W]$。窗的传热系数是墙体的 3.7 倍左右，可见合理确定窗墙面积比是十分必要的。

地区不同、建筑朝向不同，窗墙面积比的数值也不同。严寒、寒冷地区一般南向窗的窗墙面积比要比东、西向窗，特别是北向窗的窗墙面积比大，目的是在冬季争取更多的阳光；夏热冬冷、夏热冬暖地区的东、西向窗的窗墙面积比要小于南、北向窗，这样做可以避免更多的日晒。

2）合理选择窗型

目前，窗的类型很多，但达到热工规范规定标准的窗型却很少。只有双层玻璃塑钢窗和铝塑复合窗（又称断桥铝合金窗）可以满足规定的传热系数（热阻）要求。表 2-17 介绍的目前常见窗型的热阻数值可供参考。

表 2-17　常见窗型的热阻数值 $R[(m^2 \cdot K)/W]$

窗和阳台门的类型	热阻值 R	窗和阳台门的类型	热阻值 R
单层木窗	0.172	中空玻璃铝合金窗	0.315
双层木窗	0.344	单层玻璃塑钢窗	0.285
单层钢窗	0.156	双层玻璃塑钢窗	0.400
双层钢窗	0.307	商店橱窗	0.215
单玻铝合金窗	0.149	断桥铝合金窗	0.560

3）《热工规范》的规定

《民用建筑热工设计规范》GB 50176—2016 规定：

北京地区属于寒冷 B 区，外墙窗型应采用木窗、塑料窗、铝木复合门窗、铝塑复合门窗、钢塑复合门窗和隔热铝合金等保温性能好的门窗。

6. 围护结构的蒸汽渗透

围护结构在内表面或外表面产生凝结水的现象是由于水蒸汽表面或渗透遇冷后而产生的。

由于冬季室内空气温度和绝对湿度都大于室外，此时在围护结构两侧存在着水蒸气分压力差。水蒸气分子由压力高的一侧向压力低的一侧扩散，这种现象称为"蒸汽渗透"。

建筑材料遇水后，导热系数会增大，保温能力会降低。为防止凝结水的产生，一般采取控制室内相对湿度和提高围护结构热阻的办法解决。

室内相对湿度 Φ 是空气中的水蒸气分压力与最大水蒸气分压力的比值。一般以 30%～40% 为极限，住宅建筑的相对湿度以 40%～50% 为佳。

7. 围护结构的保温构造

1）保温构造做法的选择

墙体的保温构造做法依据保温材料与结构材料的位置分为"外保温"、"内保温"和"夹层保温"三种做法。依据构造做法的不同分为"单一材料保温"、"复合材料保温"和"空气间层保温"等做法。

我国重点推广的是复合材料外保温的做法。这种做法的特点是：结构材料与保温材料分别设置。结构材料选用重型材料（烧结普通砖、钢筋混凝土板材等）、保温材料选用轻型材料（矿棉、岩棉、膨胀型聚苯乙烯泡沫塑料、挤塑型聚苯乙烯泡沫塑料等）。

外保温做法的优点是：

（1）外保温材料对主体结构材料有保护作用。指的是室外气候条件引起墙体内部的温度变化发生在保温层内，使结构材料内部的应力减小，寿命延长；

（2）有利于消除或减弱"热桥"的影响；

（3）主体结构在室内一侧，由于主体结构材料的蓄热能力较强，对房间的热稳定有利，可避免室温出现较大波动；

（4）我国的房屋，特别是住宅，大多进行"二次装修"，由于保温层在墙体外侧，装修对保温层做法影响较小；

（5）由于保温层材料在墙体外侧，外保温做法与内保温做法对比，房间使用面积可以增加 $1.8\%\sim1.8\%$。

2）《建筑设计防火规范》GB 50016—2014（2018 年版）规定的防火材料选用要点是：

（1）建筑的内、外保温系统，宜采用燃烧性能为 A 级的保温材料，不宜采用 B_2 级保温材料，严禁采用 B_3 级保温材料；设置保温系统的基层墙体或屋面板的耐火极限应符合本规范的有关规定。

（2）建筑外墙采用内保温系统时，保温系统应符合下列规定：

① 对于人员密集场所，用火、燃油、燃气等具有火灾危险性的场所以及各类建筑内的疏散楼梯间、避难走道、避难间、避难层等场所或部位，应采用燃烧性能为 A 级的保温材料。

② 对于其他场所，应采用低烟、低毒且燃烧性能不低于 B_1 级的保温材料。

③ 保温系统应采用不燃材料做保护层。采用燃烧性能为 B_1 级的保温材料时，保护层的厚度不应小于 10mm。

（3）建筑外墙采用保温材料与两侧墙体构成无空腔复合保温结构体系时，该结构体的耐火极限应符合本规范的有关规定。当保温材料的燃烧性能为 B_1、B_2 级时，保温材料两侧的墙体应采用不燃材料且厚度均不应小于 50mm。

（4）设置人员密集场所的建筑，其外墙保温材料的燃烧性能应为 A 级。

除（3）规定的情况外，下列老年人照料设施的内、外墙体和屋面保温材料应采用燃烧性能为 A 级的保温材料。

① 独立建造的老年人照料设施。

② 与其他建筑组合建造且老年人照料设施部分的总建筑面积大于 $500m^2$ 的老年人照料设施。

（5）与基层墙体、装饰层之间无空腔的建筑外墙外保温系统，其保温材料应符合下列规定：

① 住宅建筑

A. 建筑高度大于 100m 时，保温材料的燃烧性能应为 A 级；

B. 建筑高度大于 27m，但不大于 100m 时，保温材料的燃烧性能不应低于 B_1 级；

C. 建筑高度不大于 27m 时，保温材料的燃烧性能不应低于 B_2 级。

② 除住宅建筑和设置人员密集场所的建筑外，其他建筑：

A. 建筑高度大于 50m 时，保温材料的燃烧性能应为 A 级；

B. 建筑高度大于 24m，但不大于 50m 时，保温材料的燃烧性能不应低于 B_1 级；

C. 建筑高度不大于 24m 时，保温材料的燃烧性能不应低于 B_2 级。

（6）除设置人员密集场所的建筑外，与基层墙体、装饰层之间有空腔的建筑外墙外保温系统，其保温材料应符合下列规定：

① 建筑高度大于 24m 时，保温材料的燃烧性能应为 A 级；

② 建筑高度不大于 24m 时，保温材料的燃烧性能不应低于 B_1 级。

（7）除上述（3）规定的情况外，当建筑的外墙外保温系统按本节规定采用燃烧性能为 B_1、B_2 级的保温材料时，应符合下列规定：

① 除采用 B_1 级保温材料且建筑高度不大于 24m 的公共建筑或采用 B_1 级保温材料且建筑高度不大于 27m 的住宅建筑外，建筑外墙上的门、窗的耐火完整性不应低于 0.50h；

② 应在保温系统中每层设置水平防火隔离带。防火隔离带应采用 A 级的材料，防火隔离带的高度不应小于 300mm。

（8）建筑的外墙外保温系统应采用不燃材料在其表面设置防护层，防护层应将保温材料完全包覆。除上述（3）规定的情况外，当按本节规定采用 B_1、B_2 级的保温材料时，保护层的厚度首层不应小于 15mm，其他层不应小于 5mm。

（9）建筑外墙外保温系统与基层墙体、装饰层之间的空腔，应在每层楼板处采用防火封堵材料封堵。

（10）建筑的屋面外保温系统，当屋面板的耐火极限不低于 1.00h 时，保温材料的燃烧性能不应低于 B_2 级。采用 B_1、B_2 级保温材料的外保温系统应采用不燃材料作保护层，保护层的厚度不应小于 10mm。

当建筑的屋面和外墙系统均采用 B_1、B_2 级保温材料时，屋面与外墙之间应采用宽度不小于 500mm 的不燃材料设置防火隔离带进行分隔。

（11）电气线路不应穿越或敷设在燃烧性能为 B_1 或 B_2 级的保温材料中；确需穿越或敷设时，应采取穿金属管并在金属管周围采用不燃材料进行防火隔离等防火保护措施。设置开关、插座等电器配件的部位周围应采用不然隔热材料进行防火隔离等防火保护措施。

（12）建筑外墙的装饰层应采用燃烧性能为 A 级的材料，但建筑高度不大于 50m 时，可采用 B_1 级材料。

3）常用的外墙保温材料

（1）A 级保温材料：具有密度小、导热能力差、承载能力高、施工方便、经济耐用等特点。如：矿棉、岩棉、石棉水泥砂浆等。

（2）B_1 级保温材料：这些材料大多在有机保温材料中添加大量的阻燃剂。如：膨胀型聚苯乙烯泡沫塑料板、挤塑型聚苯乙烯泡沫塑料板等。

（3）B_2 级保温材料：一般是在有机材料中填加适量的阻燃剂。

（4）常用保温、隔热材料的表观密度、导热系数与燃烧性能等级

《轻型模块化钢结构组合房屋技术标准》JGJ/T 466—2019 中归纳的资料见表 2-18。

表 2-18 常用保温、隔热材料的热工性能与燃烧性能

类别	材料名称	表观密度 (kg/m³)	导热系数 [W/(m·k)]	燃烧性能等级
常用材料	膨胀聚苯乙烯泡沫板（EPS）	18～22	≤0.041	B₁、B₂
	挤塑聚苯乙烯泡沫（XPS）	≥25	≤0.030	B₁、B₂
	硬质聚氨酯泡沫（PU）	35～65	≤0.041	B₁、B₂
	酚醛树脂泡沫（PF）	50～80	≤0.025	B₁
	矿棉、岩棉	80～200	0.045	A
	玻璃棉毡	≥16	0.050	A
	木材	500～700	0.170～0.30	B₂
	石膏板	1050	0.330	B₂
	水泥纤维板	1000	0.340	B₂
	石棉水泥砂浆	1700	0.37	A
	保温砂浆	800	0.29	—
	封闭空气层	—	0.024	—
构造措施	铝箔反射材料	辐射反射率＞85%		
	通风双层屋面、墙面	表面温度可增加 10～15℃		

4）外墙外保温的构造做法

（1）《外墙外保温工程技术规程》JGJ 144—2019 规定：外墙外保温的基层为各种砌体墙体或钢筋混凝土墙体。保温层为模塑型聚苯乙烯泡沫塑料板（EPS 板）、挤塑型聚苯乙烯泡沫塑料板（XPS 板）、胶粉聚苯颗粒保温浆料、EPS 钢筋网架板、硬泡聚氨酯板（PUR/PIR 板）。

（2）外保温工程应满足的基本要求：

① 外保温工程应能适应基层墙体的正常变形而不产生裂缝和空鼓。

② 外保温工程应能承受自重、风荷载和室外气候的长期反复作用且不产生有害的变形和破坏。

③ 外保温工程在正常使用中或地震时不应发生脱落。

④ 外保温工程应具有防止火焰沿外墙面蔓延的能力。

⑤ 外保温工程应具有防止水渗透性能。

⑥ 外保温复合墙体的保温、隔热和防潮性能应符合现行国家规范《民用建筑热工设计规范》GB 50176—2016 的规定。

⑦ 外保温工程各组成部分应具有物理—化学稳定性。所有组成材料应彼此相容并具有防腐性。在可能受到生物侵害（鼠害、虫害等）时，外保温工程还应具有防生物侵害性能。

⑧ 在正确使用和正常维护的条件下，外保温工程的使用年限不应少于 25 年。

（3）外墙外保温的六种构造做法

① 做法一：粘贴保温板薄抹灰外保温系统

A. 构造要点

粘贴保温板薄抹灰外保温系统应由黏结层、保温层、抹面层和饰面层构成。黏结层材料应为胶粘剂；保温层材料可为 EPS 板、XPS 板和 PUR 板或 PIR 板；抹面层材料应为抹面胶浆，抹面胶浆中满铺玻纤网；饰面层可为涂料或饰面砂浆，见图 2-32。

B. 构造要求

a. 当粘贴保温板薄抹灰外保温系统做找平层时，找平层应与基层墙体黏结牢固，不得有脱层、空鼓、裂缝，面层不得有粉化、起皮、爆灰等现象。

b. 保温板应采用点框粘法或条粘法固定在基层墙体上，EPS 板与基层墙体的有效粘贴面积不得小于保温板面积的 40%，并宜使用锚栓辅助固定。EPS 板和 PUR 板或 PIR 板与基层墙体有效粘贴面积不得小于保温板面积的 50%，并应使用锚栓辅助固定。

c. 受负风压作用较大的部位宜增加锚栓辅助固定。

d. 保温板宽度不宜大于 1200mm，高度不宜大于 600mm。

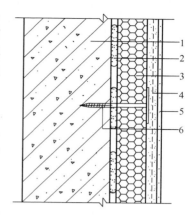

图 2-32　粘贴保温板薄抹灰外保温系统

1—基层墙体；2—胶粘剂；3—保温板；4—抹面胶浆复合玻纤网；5—饰面层；6—锚栓

e. 保温板应按顺砌方式粘贴，竖缝应逐行错缝。保温板应粘贴牢固，不得有松动。

f. EPS 板内外表面应做界面处理。

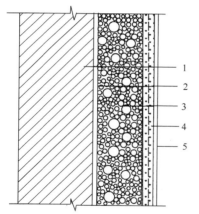

图 2-33　胶粉聚苯颗粒保温浆料外保温系统

1—基层墙体；2—界面砂浆；3—保温浆料；4—抗裂胶浆复合玻纤网；5—饰面层

g. 墙角处保温板应交错互锁。门窗洞口四角处保温板不得拼接，应采用整块保温板切割成形。

② 做法二：胶粉聚苯颗粒保温浆料外保温系统

A. 构造要点

胶粉聚苯颗粒保温浆料外保温系统应由界面层、保温层、抹面层和饰面层构成。界面层材料应为界面砂浆；保温层材料应为胶粉聚苯颗粒保温浆料，经现场拌合均匀抹在基层砌体上；抹面层材料应为抹面胶浆，中间满铺玻纤网；饰面层可为涂料或饰面砂浆，见图 2-33。

B. 构造要求

a. 胶粉聚苯颗粒保温浆料保温层设计厚度不宜超过 100mm。

b. 胶粉聚苯颗粒保温浆料宜分遍抹灰，每遍间隔应在前一遍保温浆料终凝后进行，每遍抹灰厚度不宜超过 20mm。第一遍抹灰应压实，最后一遍应找平，并应搓平。

③ 做法三：EPS 板现浇混凝土外保温系统

A. 构造要点

EPS 板现浇混凝土外保温系统应以现浇混凝土外墙作为基层墙体，EPS 板为保温层，EPS 板内表面（与现浇混凝土接触的表面）开有凹槽，内外表面均应满涂界面砂浆。施工时应将 EPS 板置于外模板内侧，并安装辅助固定件。EPS 板表面应做抹面胶浆抹面层，抹面层中满铺玻纤网；饰面层可为涂料或饰面砂浆，见图 2-34。

B. 构造要求

a. 进场前 EPS 板内外表面应预喷刷界面砂浆。

b. EPS 板宽度宜为 1200mm，高度宜为建筑物层高。

c. 辅助固定件每 m² 宜设 2～3 个。

d. 水平分隔缝宜按楼层设置。垂直分隔缝宜按墙面面积设置，在板式建筑中不宜大于 30m²，在塔式建筑中宜留在阴角部位。

e. 宜采用钢制大模板施工。

f. 混凝土墙外侧钢筋保护层厚度应符合设计要求。

g. 混凝土一次浇注高度不宜大于 1m。混凝土应振捣密实均匀，墙面及接槎处应光滑、平整。

h. 混凝土结构验收后，保温层中的穿墙螺栓孔洞应使用保温材料填塞，EPS 板缺损或表面不平整处宜使用胶粉聚苯颗粒保温浆料修补和找平。

④ 做法四：EPS 板钢丝网架现浇混凝土外保温系统

A. 构造要点

EPS 板钢丝网架现浇混凝土外保温系统应以现浇混凝土外墙作为基层墙体，EPS 钢丝网架板为保温层，钢丝网架板中的 EPS 板外侧开有凹槽。施工时应将钢丝网架板置于外墙外模板内侧，并在 EPS 板上安装辅助固定件，钢丝网架板表面应涂抹掺外加剂的水泥砂浆抹面层，外表可做饰面层，见图 2-35。

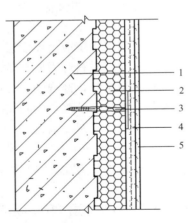

图 2-34　EPS 板现浇混凝土
外保温系统

1—现浇混凝土外墙；2—EPS 板；
3—辅助固定件；4—抹面胶浆复
合玻纤网；5—饰面层

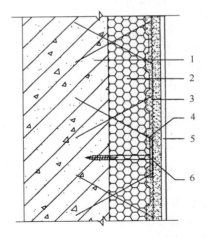

图 2-35　EPS 钢丝网架现浇
混凝土外保温系统

1—现浇混凝土外墙；2—EPS 钢丝网架板；
3—掺外加剂的水泥砂浆抹面层；4—钢丝网架；
5—饰面层；6—辅助固定件

B. 构造要求

a. EPS 钢丝网架板每 m² 应斜插腹丝 100 根，钢丝均应采用低碳热镀锌钢丝，板两面应预喷刷界面砂浆。EPS 钢丝网架板质量应符合表 2-19 的规定外，还应符合《外墙外保温系统用钢丝网架模塑聚苯乙烯板》GB 26540—2011 的规定。

表 2-19　EPS 钢丝网架板的质量要求

项目	质量要求
外观	界面砂浆涂敷均匀，与钢丝和 EPS 板附着牢固
焊点质量	斜丝脱焊点不超过 3%
钢丝接头	穿透 EPS 板挑头 ≥30mm
EPS 板对接	板长 3000mm 范围内 EPS 板对接不得多于 2 处，且对接处需用胶粘剂粘牢

b. EPS 钢丝网架板应进行热阻检验。

c. EPS 钢丝网架板厚度、每 m^2 腹丝数量和表面荷载值应符合设计要求。EPS 钢丝网架板构造设计和施工安装应注意现浇混凝土侧压力影响，抹面层应均匀平整且厚度不宜大于 25mm，钢丝网应完全包覆于抹面层中。

d. 进场前 EPS 钢丝网架板内外表面及钢丝网架上均应预喷刷界面砂浆。

e. 应采用钢制大模板施工，EPS 钢丝网架板和辅助固定件安装位置应准确。混凝土墙外侧钢筋保护层厚度应符合设计要求。

f. 辅助固定件每 m^2 不应少于 4 个，锚固深度不得小于 50mm。

g. EPS 钢丝网架板竖缝处应连接牢固。阳角及门窗洞口等处应附加钢丝角网，附加的钢丝角网应与原钢丝网架绑扎牢固。

h. 在每层层间宜留水平分隔缝，分隔缝宽度为 15～20mm。分隔缝处的钢丝网和 EPS 板应断开，抹灰前应嵌入塑料分隔条或泡沫塑料棒，外表应用建筑密封膏嵌缝。垂直分隔缝宜按墙面面积设置，在板式建筑中不宜大于 30m^2，在塔式建筑中宜留在阴角部位。

i. 混凝土一次浇筑高度不宜大于 1m，混凝土应振捣密实均匀，墙面及接槎处应光滑、平整。

j. 混凝土结构验收后，保温层中的穿墙螺栓孔洞应使用保温材料填塞，EPS 钢丝网架板缺损或表面不平整处宜使用胶粉聚苯颗粒保温浆料修补或找平。

⑤ 做法五：胶粉聚苯颗粒浆料贴砌 EPS 板外保温系统

A. 构造要点

胶粉聚苯颗粒浆料贴砌 EPS 板外保温系统应由界面砂浆层，胶粉聚苯颗粒贴砌浆料层、EPS 板保温层、抹面层和饰面层构成。抹面层中应满铺玻纤网，饰面层可为涂料或饰面砂浆，见图 2-36。

B. 构造要求

a. 进场前 EPS 板内外表面应预喷刷界面砂浆。

b. 单块 EPS 板面积不宜大于 0.30m^2。EPS 板与基层墙体的黏结面上宜开设凹槽。

c. 贴砌浆料性能应符合相关规定。

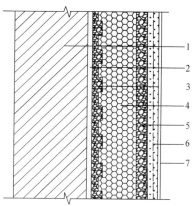

图 2-36　胶粉聚苯颗粒浆料贴砌 EPS 板外保温系统

1—基层墙体；2—界面砂浆；3—胶粉聚苯颗粒贴砌浆料；4—EPS 板；5—胶粉聚苯颗粒贴砌浆料；6—抹面胶浆复合玻纤网；7—饰面层

d. 胶粉聚苯颗粒浆料贴砌 EPS 板外保温系统的施工应符合下列规定：

（a）基层墙体表面应涂刷界面砂浆；

（b）EPS 板应使用贴砌浆料砌筑在基层墙体上，EPS 板之间的灰缝宽度宜为 10mm，灰缝中的贴砌浆料应饱满；

（c）按顺砌方式贴砌 EPS 板，竖缝应逐行错缝，墙角处排板应交错互锁，门窗洞口四角处 EPS 板不得拼接，应采用整块 EPS 板切割成形，EPS 板接缝应离开角部至少 200mm；

（d）EPS 板贴砌完成 24h 之后，应采用胶粉聚苯颗粒贴砌浆料进行找平，找平层厚度不宜小于 15mm。

（e）找平层施工完成后 24h 之后，应进行抹面层施工。

⑥ 做法六：现场喷涂硬泡聚氨酯外保温系统

A. 构造要点

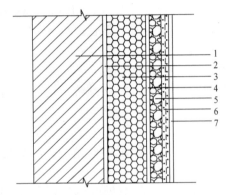

图 2-37 现场喷涂硬泡聚氨酯外保温系统
1—基层墙体；2—界面层；3—喷涂 PUR；
4—界面砂浆；5—找平层；6—抹面胶浆
复合玻纤网；7—饰面层

现场喷涂硬泡聚氨酯外保温系统应由界面层、现场喷涂硬泡聚氨酯保温层、界面砂浆层、找平层、抹面层和饰面层组成。抹面层中应满铺玻纤网，饰面层可为涂料或饰面砂浆。见图 2-37。

B. 构造要求

a. 喷涂硬泡聚氨酯时，施工环境温度不宜低于 10℃，风力不宜大于 3 级，空气相对湿度宜小于 85%，不应在雨天、雪天施工。当喷涂硬泡聚氨酯施工中途下雨、下雪时，作业面应采取遮盖措施。

b. 喷涂时应采取遮挡或保护措施，应避免建筑物的其他部位和施工现场周围环境受污染，并应对施工人员进行劳动保护。

c. 阴阳角及不同材料的基层墙体交接处应采取适当方式喷涂硬泡聚氨酯，保温层应连续不留缝。

d. 硬泡聚氨酯的喷涂厚度每遍不宜大于 15mm。当需进行多层喷涂作业时，应在已喷涂完毕的硬泡聚氨酯保温层表面不粘手后进行下一层喷涂。当日的施工作业面应当日连续喷涂完毕。

e. 喷涂过程中应保持硬泡聚氨酯保温层表面平整度，喷涂完毕后保温层平整度偏差不宜大于 6mm。应及时抽样检验硬泡聚氨酯保温层的厚度，最小厚度不得小于设计厚度。

f. 硬泡聚氨酯保温层的性能应符合相关规定。

g. 应在硬泡聚氨酯喷涂完工 24h 后进行下道工序施工。硬泡聚氨酯保温层的表面找平宜采用轻质保温浆料。

4）防火隔离带的构造

《建筑外墙外保温防火隔离带技术规程》JGJ 289—2012 规定：防火隔离带是设置在可燃、难燃保温材料外墙外保温工程中，按水平方向分布，采用不燃烧材料制成，以阻止火灾沿外墙面或在外墙外保温系统内蔓延的防火构造。

（1）防火隔离带的基本规定

① 防火隔离带应与基层墙体可靠连接，应能适应外保温的正常变形而不产生渗透、裂缝和空鼓；应能承受自重、风荷载和室外气候的反复作用而不产生破坏。

② 建筑外墙外保温防火隔离带保温材料的燃烧性能等级应为 A 级。

③ 防火隔离带的材料包括岩棉、发泡水泥板、泡沫玻璃板等。设置在薄抹灰外墙外保温系统中粘贴保温板防火隔离带，宜选用岩棉防火隔离带。

（2）防火隔离带的设计与构造

① 防火隔离带的宽度不应小于 300mm。

② 防火隔离带的厚度宜与外墙外保温系统厚度相同。

③ 防火隔离带保温板应与基层墙体全面积粘贴。

④ 防火隔离带应使用锚栓辅助链接，锚栓应压住底层玻璃纤维网布。锚栓间距不应大于 600mm；锚栓距离保温板端部不应小于 100mm；每块保温板上螺栓数量不应少于 1 个。当采用岩棉带时，锚栓扩压盘直径不应小于 100mm。

⑤ 防火隔离带和外墙外保温系统应使用相同的抹面胶浆，且抹面胶浆应将保温材料和螺栓完全覆盖。

⑥ 防火隔离带应设置在门窗洞口上部，且防火隔离带下边距洞口上沿不应超过 500mm。

防火隔离带的构造见图 2-38。

4. 抗震要求

抗震设防以"烈度"为单位。北京地区的设防烈度为 8 度。设防烈度与地震震级的关系是：$M = 0.58I + 1.5$（M 表示震级、I 表示震中烈度）。经计算 8 度设防相当于震级 6.14。砌体结构的抗震构造包括以下内容：

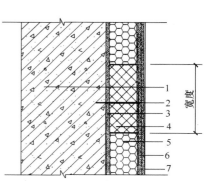

图 2-38 防火隔离带的构造
1—基层墙体；2—锚栓；3—胶粘剂；4—防火隔离带保温板；5—外保温系统的保温材料；6—抹面胶浆＋玻璃纤维网布；7—饰面材料

1）一般规定

《建筑抗震设计规范》GB 50011—2010（2016 年版）规定：

（1）限制房屋总高度和建造层数

砌体结构房屋总高度和建造层数与抗震设防烈度和设计基本地震加速度有关，具体数值应以表 1-1 为准。

（2）限制建筑体形高宽比

限制建筑体形高宽比的目的在于减少过大的侧移，保证建筑的稳定。砌体结构房屋总高度与总宽度的最大限值，应符合表 2-20 的规定。

表 2-20　房屋最大高宽比

烈度	6	7	8	9
最大高宽比	2.5	2.5	2.0	1.5

注：1. 单面走廊房屋的总宽度不包括走廊宽度；

　　2. 建筑平面接近正方形时，其高宽比宜适当减小。

（3）多层砖砌体房屋的结构体系，应符合下列要求：

① 应优先采用横墙承重或纵横墙共同承重的结构体系，不应采用砌体墙和混凝土墙混

合承重的结构体系。

② 纵横向砌体抗震墙的布置应符合下列要求：

A. 宜均匀对称，沿平面内宜对齐，沿竖向应上下连续；且纵横墙体的数量不宜相差过大。

B. 平面轮廓凹凸尺寸，不应超过典型尺寸的 50％；当超过典型尺寸的 25％时，房屋转角处应采取加强措施。

C. 楼板局部大洞口的尺寸不宜超过楼板宽度的 30％，且不应在墙体两侧同时开洞。

D. 房屋错层的楼板高差超过 500mm 时，应按两层计算；错层部位的墙体应采取加强措施。

E. 同一轴线的窗间墙宽度宜均匀，墙面洞口的面积，6、7 度时不宜大于墙体面积的 55％，8、9 度时不宜大于 50％。

F. 在房屋宽度方向的中部应设置内纵墙，其累计长度不宜小于房屋总长度的 60％（高宽比大于 4 的墙段不计入）。

③ 房屋有下列情况之一时宜设置防震缝，缝的两侧均应设置墙体，砌体结构的防震缝的宽应根据烈度和房屋高度确定，可采用 70～100mm：

A. 房屋立面高差在 6m 以上。

B. 房屋有错层，且楼板高差大于层高的 1/4；

C. 各部分的结构刚度、质量截然不同。

④ 楼梯间不宜设置在房屋的尽端或转角处。

⑤ 不应在房屋转角处设置转角窗。

⑥ 横墙较少、跨度较大的房屋，宜采用现浇钢筋混凝土楼盖和屋盖。

（4）限制抗震横墙的最大间距

砌体结构抗震横墙的最大间距不应超过表 2-21 的规定。

表 2-21　房屋抗震横墙的最大间距（m）

房屋类别		烈度			
		6	7	8	9
多层砌体房屋	现浇或装配整体式钢筋混凝土楼、屋盖	15	15	11	7
	装配式钢筋混凝土楼、屋盖	11	11	9	4
	木屋盖	9	9	4	—
底部框架-抗震墙砌体房屋	上部各层	同多层砌体房屋			
	底层或底部两层	18	15	11	—

注：1. 多层砖砌体房屋的顶层，除木屋盖外的最大横墙间距应允许适当放宽，应采取相应的加强措施；

2. 多孔砖抗震横墙厚度为 190mm 时，最大横墙间距应比表中数值减少 3.00m。

（5）多层砖砌体房屋中砌体墙段的局部尺寸限值

多层砖砌体房屋中砌体墙段的局部尺寸限值应符合表 2-22 的规定。

表 2-22　多层砖砌体房屋墙段局部尺寸的限值（m）

部位	6 度	7 度	8 度	9 度
承重窗间墙最小宽度	1.0	1.0	1.2	1.5
承重外墙尽端至门窗洞边的最小距离	1.0	1.0	1.2	1.5
非承重外墙尽端至门窗洞边的最小距离	1.0	1.0	1.0	1.0
内墙阳角至门窗洞边的最小距离	1.0	1.0	1.5	2.0
无锚固女儿墙（非出入口处）的最大高度	0.5	0.5	0.5	0.0

注：1. 局部尺寸不足时，应采取局部加强措施弥补，且最小宽度不得小于 1/4 层高和表列数值的 80%；

2. 出入口处的女儿墙应有锚固。

（6）其他结构要求

① 楼盖和屋盖

A. 现浇钢筋混凝土楼板或屋面板伸进纵、横墙内的长度，均不应小于 120mm。

B. 装配式钢筋混凝土楼板或屋面板，当圈梁未设在板的同一标高时，板端伸进外墙的长度不应小于 120mm，伸进内墙的长度不应小于 100mm 或采用硬架支模连接，在梁上不应小于 80mm 或采用硬架支模连接。

C. 当板的跨度大于 4.80m 并与外墙平行时，靠外墙的预制板侧边应与墙或圈梁拉结。

D. 房屋端部大房间的楼盖，6 度时房屋的屋盖和 7～9 度时房屋的楼、屋盖，当圈梁设在板底时，钢筋混凝土预制板应互相拉结，并应与梁、墙或圈梁拉结。

② 楼梯间

A. 顶层楼梯间横墙和外墙应沿墙高每隔 500mm 设 2ϕ6 通长钢筋和 ϕ4 分布短钢筋平面内点焊组成的拉结网片或 ϕ4 点焊网片；7～9 度时其他各层楼梯间墙体应在休息平台或楼层半高处设置 60mm 厚、纵向钢筋不应少于 2ϕ10 钢筋混凝土带或配筋砖带，配筋砖带不少于 3 皮，每皮的配筋不少于 2ϕ6，砂浆强度等级不应低于 M7.5，且不低于同层墙体的砂浆强度等级。

B. 楼梯间及门厅内墙阳角的大梁支承长度不应小于 500mm，并应与圈梁连接。

C. 装配式楼梯段应与平台板的梁可靠连接，8、9 度时不应采取装配式楼梯段；不应采用墙中悬挑式或踏步竖肋插入墙体的楼梯，不应采用无筋砖砌栏板。

D. 突出屋顶的楼梯间、电梯间，构造柱应伸向顶部，并与顶部圈梁连接，所有墙体应沿墙高每隔 500mm 设 2ϕ6 通长钢筋和 ϕ4 分布短筋平面内点焊组成的拉结网片或 ϕ4 点焊网片。

③ 其他

A. 门窗洞口处不应采用无筋砖过梁；过梁的支承长度：6～8 度时不应小于 240mm，9 度时不应小于 360mm。

B. 预制阳台，6、7 度时应与圈梁和楼板的现浇板带可靠连接，8、9 度时不应采用预制阳台。

C. 后砌的非承重砌体隔墙、烟道、风道、垃圾道均应有可靠拉结。

D. 同一结构单元的基础（或桩承台），宜采用同一类型的基础，底面宜埋置在同一标高上，否则应增设基础圈梁并应按1：2的台阶逐步放坡。

E. 坡屋顶房屋的屋架应与顶层圈梁可靠连接，檩条或屋面板应与墙、屋架可靠连接，房屋出入口处的檐口瓦应与屋面构件锚固。采用硬山搁檩时，顶层内纵墙顶宜增砌支承山墙的踏步式墙垛，并设置构造柱。

F. 6、7度时长度大于7.20m的大房间，以及8、9度时外墙转角及内外墙交接处，应沿墙高每隔500mm配置2φ6通长钢筋和φ4分布短筋平面内点焊组成的拉结网片或φ4点焊网片。

2）增设圈梁

圈梁的作用有三个：一是增强楼层平面的整体刚度；二是防止地基的不均匀下沉；三是与构造柱一起形成骨架，提高砌体结构的抗震能力。圈梁应采用钢筋混凝土制作，并应在现场浇筑。

《建筑抗震设计规范》GB 50011—2010（2016年版）规定：

（1）圈梁的设置原则

① 装配式钢筋混凝土楼盖、屋盖或木屋盖的砖房，横墙承重时应按表2-23的要求设置圈梁，纵墙承重时，抗震横墙上的圈梁间距应比表2-23内的要求适当加密。

表2-23　多层砖砌体房屋现浇钢筋混凝土圈梁的设置要求

墙体类别		烈度		
		6、7	8	9
圈梁设置	外墙和内纵墙	屋盖处及每层楼盖处	屋盖处及每层楼盖处	屋盖处及每层楼盖处
	内横墙	同上；屋盖处间距不应大于4.50m；楼盖处间距不应大于7.20m；构造柱对应部位	同上；各层所有横墙，且间距不应大于4.50m；构造柱对应部位	同上；各层所有横墙
配筋	最小纵筋	4φ10	4φ12	4φ14
	箍筋最大间距（mm）	250	200	150

② 现浇或装配整体式钢筋混凝土楼盖、屋盖与墙体有可靠连接的房屋，可以不设圈梁，但楼板沿抗震墙体周边应加设配筋并应与相应的构造柱钢筋有可靠连接。

（2）圈梁的构造要求

① 圈梁应闭合，遇有洞口，圈梁应上下搭接。圈梁宜与预制板设置在同一标高处或紧靠板底。

② 圈梁在表2-23内只有轴线（无横墙）时，应利用梁或板缝中配筋替代圈梁。

③ 圈梁的截面高度不应小于120mm，基础圈梁的截面高度不应小于180mm、配筋不应少于4φ12。

④ 圈梁的截面宽度不应小于240mm。

⑤ 现浇钢筋混凝土圈梁在墙身上的位置应考虑充分发挥作用并满足最小断面尺寸。外墙圈梁一般与楼板相平，内墙圈梁一般在板下。

⑥ 现浇钢筋混凝土圈梁被门窗洞口截断时，应在洞口部位增设相同截面的附加圈梁。附加圈梁与圈梁的搭接长度不应小于其垂直间距的两倍，并不应小于 1m。

现浇钢筋混凝土圈梁的构造如图 2-39 所示。

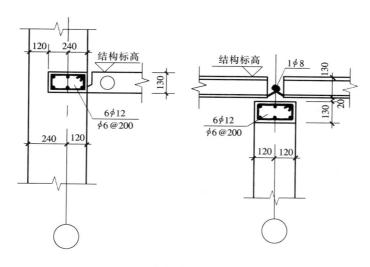

图 2-39 现浇钢筋混凝土圈梁的构造

3）增设构造柱

构造柱的作用是与圈梁一起形成封闭骨架，提高砌体结构的抗震能力。构造柱应采用现浇钢筋混凝土柱。

《建筑抗震设计规范》GB 50011—2010（2016 年版）规定：

（1）构造柱的设置原则

① 构造柱的设置部位，应以表 2-24 为准。

表 2-24 多层砖砌体房屋构造柱设置要求

房屋层数				设置部位	
6 度	7 度	8 度	9 度		
四、五	三、四	二、三		楼、电梯间四角；楼梯斜梯段上下端对应的墙体处；外墙四角和对应转角；错层部位横墙与外纵墙交接处；大房间内外墙交接处；较大洞口两侧	隔 12m 或单元横墙与外纵墙交接处
					楼梯间对应的另一侧内横墙与外纵墙交接处
六	五	四	二		隔开间横墙（轴线）与外墙交接处；山墙与内纵墙交接处
七	≥六	≥五	≥三		内墙（轴线）与外墙交接处；内墙的局部较小墙垛处；内纵墙与横墙（轴线）交接处

注：较大洞口，内墙指大于 2.10m 的洞口；外墙在内外墙交接处已设置构造柱时允许适当放宽，但洞侧墙体应加强。

② 外廊式和单面走廊式的多层房屋，应根据房屋增加一层的层数，按表 2-24 的要求设

75

置构造柱，且单面走廊两侧的纵墙均应按外墙处理。

③ 横墙较少的房屋，应根据房屋增加一层的层数，按表 2-24 的要求设置构造柱；当横墙较少的房屋为外廊式或单面走廊时，应按（②）款要求设置构造柱；但 6 度不超过 4 层、7 度不超过 3 层和 8 度不超过 2 层时应按增加二层的层数对待。

④ 各层横墙很少的房屋，应按增加二层的层数设置构造柱。

⑤ 采用蒸养灰砂砖和蒸养粉煤灰砖砌体的房屋，当砌体的抗剪强度仅达到烧结普通砖的 70％时，应按增加一层的层数按①～④款要求设置构造柱；但 6 度不超过 4 层、7 度不超过 3 层和 8 度不超过 2 层时，应按增加二层的层数对待。

（2）构造柱的构造要求（图 2-40）

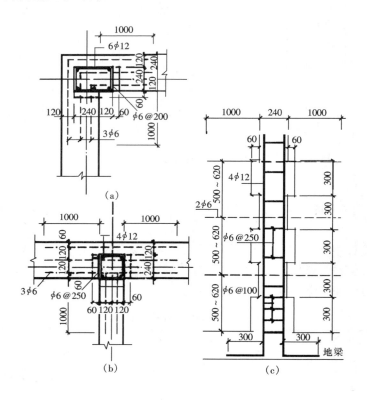

图 2-40　钢筋混凝土构造柱的构造

① 构造柱最小截面可采用 180mm×240mm（墙厚 190mm 时为 180mm×190mm），纵向钢筋宜采用 4ϕ12，箍筋间距不宜大于 250mm，且在上下端应适当加密；6、7 度时超过 6 层、8 度时超过 5 层和 9 度时，构造柱纵向钢筋宜采用 4ϕ14，箍筋间距不宜大于 200mm；房屋四角的构造柱应适当加大截面及增加配筋。

② 构造柱与墙体连接处应砌成马牙槎，沿墙高每隔 500mm 设 2ϕ6 水平钢筋和 ϕ4 分布短筋平面内点焊组成的拉结网片或 ϕ4 点焊钢筋网片，每边深入墙内不宜小于 1.00m。6、7 度时底部 1/3 楼层，8 度时底部 1/2 楼层，9 度时全部楼层，相邻构造柱的墙体应沿墙高每隔 500mm 设置 2ϕ6 通长水平钢筋和 ϕ4 分布短筋组成的拉结网片，并锚入构造柱内。

③ 构造柱与圈梁连接处，构造柱的纵筋应在圈梁纵筋内侧穿过，保证构造柱纵筋上下贯通。

④ 构造柱可不单独设置基础，但应深入室外地面下 500mm 或与埋深小于 500mm 的基础圈梁相连。

⑤ 房屋高度和层数接近房屋的层数和总高度限值时，纵、横墙内构造柱间距还应符合下列要求：

A. 横墙内的构造柱间距不宜大于层高的 2 倍；下部 1/3 楼层的构造柱间距应适当减小。

B. 当外纵墙开间大于 3.90m 时，应另设加强措施，内纵墙的构造柱间距不宜大于 4.20m。

（3）构造柱的施工要求

① 构造柱施工时，应先放构造柱的钢筋骨架，再砌砖墙，最后浇筑混凝土，这样做可使构造柱与两侧墙体拉结牢固、节省模板。

② 构造柱两侧的墙体应做到"五进五出"，即每 300mm 高伸出 60mm，每 300mm 高再收回 60mm。墙厚为 360mm 时，外侧形成 120mm 厚的保护墙。

③ 每层楼板的上下端和地梁上部、顶板下部的各 500mm 处为构造柱的箍筋加密区，加密区的箍筋间距为 100mm。

4）建筑非结构构件

（1）女儿墙

①《建筑抗震设计规范》GB 50011—2010（2016 年版）规定：

砌体女儿墙在人流出入口和通道处应与主体结构锚固；非出入口处无锚固女儿墙高度，6～8 度时不宜超过 0.50m，9 度时应有锚固。防震缝处女儿墙应留有足够的宽度，缝两侧的自由端应予以加强。女儿墙的顶部应做压顶，压顶的厚度不得小于 60mm。女儿墙的中部应设置构造柱，其断面随女儿墙厚度不同而变化，最小断面不应小于 190mm×190mm。

②《砌体结构设计规范》GB 50003—2011 规定：

顶层墙体及女儿墙的砂浆强度等级，采用烧结普通砖、烧结多孔砖、蒸压灰砂普通砖、蒸压粉煤灰普通砖时，应不低于 M7.5（普通砂浆）或 Ms7.5（专用砂浆）；采用混凝土普通砖、混凝土多孔砖、单排孔混凝土砌块、煤矸石混凝土砌块时，应不低于 Mb7.5。女儿墙中构造柱的最大间距为 4.00m。构造柱应伸至女儿墙顶并与现浇钢筋混凝土压顶整浇在一起。

③《非结构构件抗震设计规范》JGJ 339—2015 规定：

A. 不应采用无锚固的砖砌漏空女儿墙。

B. 非出入口无锚固砌体女儿墙的最大高度，6～8 度时不宜超过 0.50m；超过 0.50m 时、人流出入口、通道处或 9 度时，出屋面砌体女儿墙应设置构造柱与主体结构锚固，构造柱间距宜为 2.00～2.50m。

C. 砌体女儿墙内不宜埋设灯杆、旗杆、大型广告牌等构件。

D. 因屋面板插入墙内而削弱女儿墙根部时应加强女儿墙与主体结构的连接。

E. 砖砌女儿墙顶部应采用现浇的通长钢筋混凝土压顶。

F. 女儿墙在变形缝处应留有足够的宽度，缝两侧的女儿墙自由端应予以加强。

G. 高层建筑的女儿墙，不得采用砖砌女儿墙。

H. 屋面防水卷材不应削弱女儿墙、雨篷等构件与主体结构的连接。

（2）雨篷

《非结构构件抗震设计规范》JGJ 339—2015 规定：

① 9 度时，不宜采用长悬臂雨篷。

② 悬臂雨篷或仅用柱支承的单层雨篷，应与主体结构有可靠的连接。

（3）后砌砖墙和非承重构件

①《建筑抗震设计规范》GB 50011—2010（2016 年版）规定：

A. 后砌的非承重隔墙应沿墙高每隔 500～600mm 配置 2φ6 拉结钢筋与承重墙或柱拉结，每边伸入墙内不应少于 500mm，8、9 度时，长度大于 5.00m 的后砌隔墙，墙顶还应与楼板或梁拉结，独立柱肢端部及大门洞边宜设钢筋混凝土构造柱。

B. 烟道、通风道、垃圾道等不应削弱墙体，当墙体被削弱时，应对墙体采取加强措施；不宜采用无竖向配筋的附墙烟囱或出屋面的烟囱。

C. 不应采用无锚固的钢筋混凝土预制挑檐。

②《非结构构件抗震设计规范》JGJ 339—2015 规定：

A. 非承重外墙尽端至门窗洞边的最小距离不应小于 1.00m，否则应在洞边设置构造柱。

B. 后砌的非承重隔墙应沿墙高每隔 500～600mm 配置 2φ6 拉结钢筋与承重墙或柱拉结，每边伸入墙内不应少于 500mm，8、9 度时，长度大于 5.00m 的后砌隔墙，墙顶尚应与楼板或梁拉结，独立柱肢端部及大门洞边宜设钢筋混凝土构造柱。

C. 烟道、通风道、垃圾道等不宜削弱墙体；当墙体被削弱时，应对墙体采取加强措施；不宜采用无竖向配筋的附墙烟囱。

（4）其他

《非结构构件抗震设计规范》JGJ 339—2015 规定：

① 不应采用无锚固的钢筋混凝土预制挑檐。

② 外廊的栏板应避免采用自重较大的材料砌筑，且应加强与主体结构的连接。

③ 不应采用无竖向配筋的出屋面砌体烟囱。

5. 隔声减噪要求

隔声包括隔除固体噪声和空气噪声，减噪表示通过采取相应的构造措施，减少噪声对人们的影响。这里以住宅建筑和学校建筑为例进行分析介绍。

1）隔声减噪的等级标准（表 2-25）

表 2-25　隔声减噪的等级标准

特级	一级	二级	三级
特殊标准	较高标准	一般标准	最低标准

2）噪声的声源

噪声的声源包括街道噪声、工厂噪声、建筑物室内噪声等方面，具体数值可见表 2-26。

表 2-26　各种场所的室外噪声

噪声生源名称	至声源距离（m）	噪声级（dB）	噪声生源名称	至声源距离（m）	噪声级（dB）
安静的街道	10	60	建筑物内高声谈话	5	70～80
汽车鸣喇叭	15	75	室内若干人高声谈话	5	80
街道上鸣高音喇叭	10	85～90	室内一般谈话	5	60～70
工厂汽笛	20	105	室内关门声	5	75
锻压钢板	5	115	机车汽笛声	10～15	100～105
铆工车间	—	120	—	—	—

3）隔声标准

（1）必须了解的专业术语

《民用建筑隔声设计规范》GB 50118—2010 规定的建筑隔声术语有：

① A 声级：用 A 计权网络测得的声压级。

② 单值评价量：按照《建筑隔声评价标准》GB/T 50121—2005 规定的方法，综合考虑了关注对象在 100～3150Hz 中心频率范围内各 1/3 倍频程（或 125～2000Hz 中心频率范围内各 1/1 倍频程）的隔声性能后，所确定的单一隔声参数。单位为分贝，dB。

③ 计权隔声量：代号为 R_w，表征建筑构件空气隔声性能的单值评价量。计权隔声量宜在实验室测得。

④ 计权标准化声压级差：代号为 $D_{nT,w}$，以接收室的混响时间作为修正参数而得到的两个房间之间空气声隔声性能的单值评价量。

⑤ 计权规范化撞击声压级：代号为 $L_{n,w}$，以接收室的吸声量为修正系数而得到的楼板或楼板构造撞击声隔声性能的单值评价量。

⑥ 计权标准化撞击声压级：代号为 $L'_{nT,w}$，以接收室的混响时间作为修正系数而得到的楼板或楼板构造撞击声隔声性能的单值评价量。

⑦ 频谱修正量：频谱修正量是因隔声频道不同以及声源空间的噪声频道不同，所需加到空气声隔声单值评价量上的修正值。当声源空间的噪声呈粉红噪声频率特性或交通噪声频率特性时，计算得到的频谱修正量分别是粉红噪声频谱修正量（代号为 C）和交通噪声频谱修正量（代号为 C_{tr}）。

⑧ 降噪系数：代号为 NRC，通过对中心频率在 200～2500Hz 范围内各 1/3 倍频程的无规入射吸声系数测量值进行计算，所得到的材料吸声特性的单一值。

（2）室内允许噪声级

《民用建筑设计统一标准》GB 50352—2019 规定：民用建筑各类主要功能房间的室内允许噪声级、围护结构（外墙、隔墙、楼板和门窗）的空气声隔声标准以及楼板的撞击声隔声标准的规定（表 2-27、表 2-28）。

① 住宅

A. 一般标准住宅的卧室、起居室（厅）内的噪声级，应符合表 2-27 的规定。

表 2-27　卧室、起居室（厅）内的允许噪声级

房间名称	允许噪声级（A 声级，dB）	
	昼间	夜间
卧室	≤45	≤37
起居室（厅）	≤45	

B. 高要求住宅的卧室、起居室（厅）内的噪声级，应符合表 2-28 的规定。

表 2-28　高要求住宅卧室、起居室（厅）内的允许噪声级

房间名称	允许噪声级（A 声级，dB）	
	昼间	夜间
卧室	≤40	≤30
起居室（厅）	≤40	

② 学校

学校建筑中各种教学用房及辅助用房内的噪声级，应符合表 2-29 的规定。

表 2-29　学校建筑中各种教学用房及辅助用房内的噪声级（A 声级、dB）

主要教学用房名称	允许噪声级	辅助教学用房名称	允许噪声级
语言教室、阅览室	≤40	健身房	≤50
普通教室、实验室、计算机房	≤45	教师办公室、休息室、会议室	≤45
音乐教室、琴房	≤45	教学楼中封闭的走廊、楼梯间	≤50
舞蹈教室	≤50		

（3）空气声隔声标准

《民用建筑隔声设计规范》GB 50018—2010 规定：

① 住宅

住宅建筑中各种分户构件的空气声隔声标准，应符合表 2-30 的规定。

表 2-30　分户构件空气声隔声标准

构件名称	空气声隔声单值评价量＋频谱修正量（dB）	
分户墙、分户楼板	计权隔声量（R_w）＋粉红噪声频谱修正量（C）	＞45
分隔住宅和非居住用途空间的楼板	计权隔声量（R_w）＋交通噪声频谱修正量（C_{tr}）	＞51
分户墙、分户楼板	计权隔声量（R_w）＋粉红噪声频谱修正量（C）	＞50

② 学校

教学用房隔墙、楼板的空气声隔声性能，应符合表 2-31 的规定。

表 2-31　教学用房隔墙、楼板的空气声隔声标准（dB）

构件名称	空气声隔声单值评价量＋频谱修正量	
语言教室、阅览室的隔墙与楼板	计权隔声量（R_w）＋粉红噪声频谱修正量（C）	＞50
普通教室与各种产生噪声的房间之间的隔墙与楼板	计权隔声量（R_w）＋粉红噪声频谱修正量（C）	＞50

构件名称	空气声隔声单值评价量＋频谱修正量	
普通教室之间的隔墙与楼板	计权隔声量（R_w）＋粉红噪声频谱修正量（C）	＞45
音乐教室、琴房之间的隔墙与楼板	计权隔声量（R_w）＋粉红噪声频谱修正量（C）	＞45

（4）撞击声隔声标准

《民用建筑隔声设计规范》GB 50018—2010 规定：

① 住宅

住宅卧室、起居室（厅）的分户楼板的撞击声隔声性能，应符合表 2-32 的规定。

表 2-32　分户楼板的撞击声隔声标准

构件名称	撞击声隔声单值评价量（dB）	
卧室、起居室（厅）的分户楼板（一般标准）	计权规范化撞击声压级 $L_{n.w}$（实验室测量）	＜75
	计权标准化撞击声压级 $L'_{nT.w}$（现场测量）	≤75
卧室、起居室（厅）的分户楼板（高标准）	计权规范化撞击声压级 $L_{n.w}$（实验室测量）	＜65
	计权标准化撞击声压级 $L'_{nT.w}$（现场测量）	≤65

② 学校

学校教学用房楼板的撞击声隔声标准，应符合表 2-33 的规定。

表 2-33　学校教学用房楼板的撞击声隔声标准（dB）

构件名称	撞击声隔声单值评价量	
	计权规范化撞击声压级 $L_{n.w}$（实验室测量）	计权标准化撞击声压级 $L'_{nT.w}$（现场测量）
语言教室、阅览室与上层房间之间的楼板	＜65	≤65
普通教室、实验室、计算机房与上层产生噪声房间之间的楼板	＜65	≤65
音乐教室、琴房之间的楼板	＜65	≤65
普通教室之间的楼板	＜75	≤75

注：当确有困难时，可允许普通教室之间楼板的撞击声隔声单值评价量小于等于 85dB，但在楼板结构上应预留改善的可能条件。

4）隔声减噪设计的有关规定

民用建筑隔声减噪设计的有关规定：

（1）对于结构整体性较强的民用建筑，应对附着于墙体和楼板的传声源部件采取防止结构声传播的措施。

（2）有噪声和振动设备的用房应采用隔声、隔振和噪声的措施，并应对设备和管道采取减振、消声处理；平面布置中，不宜将有噪声和振动的设备用房设在主要用房的直接上层或相邻布置，当设在同一楼层时，应分区布置。

（3）安静要求较高的房间内设置吊顶时，应将隔墙砌至梁、板底面；采用轻质隔墙时，其隔声性能应符合有关隔声标准的规定。

（4）隔声减噪的方法

① 实体结构的隔声

构件的材料密度越大、越密实，隔声效果越明显。双面抹灰的 1/4 砖墙，空气隔声量平均值为 32dB；双面抹灰的的 12 砖墙，空气隔声量平均值为 45dB；双面抹灰的一砖墙，空气隔声量平均值为 48dB（注：一砖墙的隔声量已基本满足一般房间的隔声要求）。

② 采用隔声材料隔声

隔声材料指的是玻璃棉毡、轻质纤维等材料。一般应放在靠近噪声源一侧。

③ 采用空气层隔声

设有空气间层的墙体可以提高隔声效果，空气间层的厚度通常为 80~100mm。

图 2-41 介绍了常用的隔声构造做法。

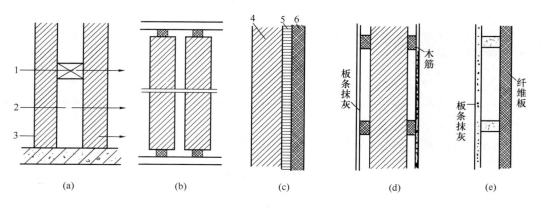

图 2-41　墙体的隔声构造

（a）双层墙隔声；（b）隔声墙垫；（c）弹性隔声层；（d）双面空气间层；（e）中空隔声层
1—声桥；2—空气层；3—弹性隔声层；4—墙体；5—弹性层；6—中空隔声层

5）墙体隔声性能的具体数值

相关技术资料介绍的墙体构造的隔声性能（表 2-34）。

表 2-34　墙体构造的隔声性能

构造做法名称	面密度（kg/m²）	空气声隔声（dB）
240mm 厚砖墙、双面抹灰	500	48~53
140mm 厚振动砖墙板	300	48~50
140~180mm 厚钢筋混凝土大板	250~400	46~50
200mm 厚加气混凝土板双面抹灰	220	47~48
3~4 层纸面石膏板组合墙	60	45~49
20mm×20mm 双层碳化石灰板喷浆	130	45
板条墙	90	45~47
140~180mm 厚钢筋混凝土空心大板	200~240	43~47
石膏板与其他板材的复合墙体	65~69	44~47
200~240mm 厚焦渣或粉煤灰墙双面抹灰	—	44~47
120mm 厚砖墙、双面抹灰	280	43~47

构造做法名称	面密度（kg/m²）	空气声隔声（dB）
200mm 混凝土空心砌块、双面抹灰	200～285	43～47
石膏龙骨 4 层石膏板（板竖向排列）	60	45～47
石膏龙骨 4 层石膏板（板横向排列）	60	41
抽空石膏条板，双面抹灰	110	42
120～150mm 厚加气混凝土，双面抹灰	150～165	40～45
80～90mm 厚石膏复合填矿渣棉板	32	37～41
复合板与加气混凝土组合墙体	70	38～39
100mm 厚石膏蜂窝板加贴石膏板一层	44	35
20mm×60mm 双面珍珠岩石膏板	70	30～35
80～90mm 厚双层纸面石膏板（木龙骨）	25	31～44
90mm 单层碳化石灰板	65	32
80mm 双层水泥刨花板	45	50
90mm 单层珍珠岩石膏板	35	24

6. 防水要求

1) 外墙面防水

（1）基本要求

① 建筑外墙防水应具有阻止雨水、雪水侵入墙体的基本功能，并应具有抗冻融、耐高低温、承受风荷载等性能。

② 建筑外墙节点构造防水设计应包括门窗洞口、雨篷、阳台、变形缝、伸出外墙管道、女儿墙压顶、外墙预埋件、预制构件等交接部位的防水设防。

③ 建筑外墙的防水层应设置在迎水面。

④ 不同材料的交接处应采用每边不少于 150mm 的耐碱玻纤网格布或热镀锌电焊网作抗裂增强处理。

（2）建筑外墙防水的设置原则

《建筑外墙防水工程技术规程》JGJ/T 235—2011 规定：

① 整体防水

在正常使用和合理维护的前提下，下列情况之一的建筑外墙，宜进行墙面整体防水。

A. 年降雨量大于等于 800mm 地区的高层建筑外墙；

B. 年降雨量大于等于 600mm 且基本风压大于等于 0.50kN/m² 地区的外墙；

C. 年降雨量大于等于 400mm 且基本风压大于等于 0.40kN/m² 地区有外保温的外墙；

D. 年降雨量大于等于 500mm 且基本风压大于等于 0.35kN/m² 地区有外保温的外墙；

E. 年降雨量大于等于 600mm 且基本风压大于等于 0.30kN/m² 地区有外保温的外墙。

除上述 5 种情况应进行外墙整体防水以外，年降雨量大于等于 400mm 地区的其他建筑外墙还应采用节点构造防水措施。北京市的年降雨量为 571.90mm，基本风压为 0.45kN/m²（注：基本风压（kN/m²）按 50 年计算）。

（3）整体防水的构造要点

① 无外保温的外墙

A. 采用涂料饰面时，防水层应设在找平层与涂料饰面层之间，防水层宜采用聚合物水泥防水砂浆或普通防水砂浆。

B. 采用块材饰面时，防水层应设在找平层与块材黏结层之间，防水层宜采用聚合物水泥防水砂浆或普通防水砂浆。

C. 采用幕墙饰面时，防水层应设在找平层与幕墙饰面之间，防水层宜采用聚合物水泥防水砂浆、普通防水砂浆、聚合物水泥防水涂料、聚合物乳液防水涂料或聚氨酯防水涂料。

② 有外保温的外墙

A. 采用涂料或块材饰面时，防水层宜设在保温层与墙体基层之间，防水层可采用聚合物水泥防水砂浆或普通防水砂浆。

B. 采用幕墙饰面时，设在找平层上的防水层宜采用聚合物水泥防水砂浆、普通防水砂浆、聚合物水泥防水涂料、聚合物乳液防水涂料或聚氨酯防水涂料；当外墙保温层选用矿物棉保温材料时，防水层宜采用防水透气膜。

C. 砂浆防水层中可增设耐碱玻纤网格布或热镀锌电焊网增强，并宜用锚栓固定于结构墙体中。

D. 防水层的最小厚度应符合表 2-35 的规定：

表 2-35　防水层的最小厚度（mm）

墙体基层种类	饰面层种类	聚合物水泥防水砂浆		普通防水砂浆	防水涂料
		干粉类	乳液类		
现浇混凝土	涂料				1.0
	面砖	3	5	8	—
	幕墙				1.0
砌体	涂料				1.2
	面砖	5	8	10	—
	干挂幕墙				1.2

E. 砂浆防水层宜留分隔缝，分隔缝宜设置在墙体结构不同材料交界处。水平分隔缝宜与窗口上沿或下沿平齐；垂直分隔缝间距不宜大于 6.00m，且宜与门、窗框两边线对齐。分隔缝宽宜为 8~10mm，缝内应采用密封材料作密封处理。

F. 外墙防水层应与地下墙体防水层搭接。

（4）节点防水的构造要点

① 门窗框与墙体间的缝隙宜采用聚合物水泥砂浆或发泡聚氨酯填充；外墙防水层应延伸至门窗框，防水层与门窗框间应预留凹槽，并应嵌填密封材料；门窗上楣的外口应做滴水线；外窗台应设置不小于 5% 的外排水坡度。

② 雨篷应设置不应小于 1% 的外排水坡度，外口下沿应做滴水线；雨篷与外墙交接处的防水层应连续；雨篷防水层应沿外口下翻至滴水线。

③ 阳台应向水落口设置不小于 1% 的排水坡度，水落口周边应留槽嵌填密封材料。阳台外口下沿应做滴水线。

④ 变形缝部位应增设合成高分子防水卷材附加层，卷材两端应满粘于墙体，满粘的宽

度不应小于 150mm，并应钉压固定；卷材收头应用密封材料密封。

⑤ 穿过外墙的管道宜采用套管，套管应内高外低，坡度不应小于 5%，套管周边应作防水密封处理。

⑥ 女儿墙压顶宜采用现浇钢筋混凝土或金属压顶，压顶应向内找坡，坡度不应小于 2%。当采用混凝土压顶时，外墙防水层应沿伸至压顶内侧的滴水线部位；当采用金属压顶时，外墙防水层应做到压顶的顶部，金属压顶应采用专用金属配件固定。

⑦ 外墙预埋件四周应用密封材料封闭严密，密封材料与防水层应连续。

2）内墙面防水

（1）基本要求

① 卫生间、浴室的墙面和顶棚应设置防潮层，门口应有阻止积水外溢的措施。

② 厨房的墙面宜设置防潮层；厨房布置在无用水点房间的下层时，顶棚应设置防潮层。

③ 厨房的立管排水支架和洗涤池不应直接安装在与卧室相邻的墙体上。

④ 设有配水点的封闭阳台，墙面应设防水层，顶棚宜设防潮层。

（2）技术措施

《住宅室内防水工程技术规范》JGJ 298—2013 规定：

① 构造要点

A. 卫生间、浴室和设有配水点的封闭阳台等处的墙面应设置防水层；防水层高度宜距楼面、地面面层 1.20m。

B. 当卫生间有非封闭式洗浴设施时，花洒所在及其邻近墙面防水层高度不应低于 1.80m。

（3）内墙面防水的材料

① 防水涂料

A. 住宅室内防水工程宜使用聚氨酯防水涂料、聚合物乳液防水涂料、聚合物水泥防水涂料和水乳型沥青防水涂料等水性和反应性防水涂料。

B. 住宅室内防水工程不得使用溶剂型防水涂料。

C. 对于住宅室内长期浸水的部位，不宜使用遇水产生溶胀的防水涂料。

D. 用于附加层的胎体材料宜选用 30～50g/m² 的聚酯纤维无纺布、聚丙纶纤维无纺布或耐碱玻璃纤维网格布。

E. 住宅室内防水工程采用防水涂料时，涂膜防水层厚度应符合表 2-36 的规定：

表 2-36　涂膜防水层厚度

防水涂料类别	涂膜防水层厚度（mm）	
	水平面	垂直面
聚合物水泥防水涂料	≥1.5	≥1.2
聚合物乳液防水涂料	≥1.5	≥1.2
聚氨酯防水涂料	≥1.5	≥1.2
水乳型沥青防水涂料	≥2.0	≥1.2

② 防水卷材

A. 住宅室内防水工程可选用自粘聚合物改性沥青防水卷材和聚乙烯丙纶复合防水卷材

及聚乙烯丙纶复合防水卷材与相配套的聚合物水泥防水黏结料共同组成的复合防水层。

B. 卷材防水层厚度应符合表 2-37 的规定：

表 2-37　卷材防水层厚度

防水卷材	卷材防水层厚度（mm）	
自粘聚合物改性沥青防水卷材	无胎基≥1.5	聚酯胎基≥1.5
聚乙烯丙纶复合防水卷材	卷材≥0.7（芯材≥0.5），胶结料≥1.3	

③ 防水砂浆

防水砂浆应使用由专业生产厂家生产的掺外加剂的防水砂浆、聚合物水泥防水砂浆、商品砂浆。

④ 防水混凝土

A. 防水混凝土中的水泥宜采用硅酸盐水泥、普通硅酸盐水泥；不得使用过期或受潮结块的水泥，不得将不同品种或强度等级的水泥混合使用。

B. 防水混凝土的化学外加剂、矿物掺合料、砂、石及拌和用水应符合规定。

⑤ 密封材料

住宅室内防水工程的密封材料宜采用丙烯酸建筑密封胶、聚氨酯建筑密封胶或硅酮建筑密封胶。

⑥ 防潮材料

A. 墙面、顶棚宜采用防水砂浆、聚合物水泥防水涂料作防潮层；无地下室的地面可采用聚氨酯防水涂料、聚合物乳液防水涂料、水乳型沥青防水涂料和防水卷材作防潮层。

B. 采用不同材料作防潮层时，防潮层厚度可按表 2-38 确定。

表 2-38　防潮层厚度

材料种类		防潮层厚度（mm）
防水砂浆	掺防水剂的防水砂浆	15～20
	涂刷型聚合物水泥防水砂浆	2～3
	挤压型聚合物水泥防水砂浆	10～15
防水涂料	聚合物水泥防水涂料	1.0～1.2
	聚合物乳液防水涂料	1.0～1.2
	聚氨酯防水涂料	1.0～1.2
	水乳型沥青防水涂料	1.0～1.5
防水卷材	自粘聚合物改性沥青防水卷材　无胎基	1.2
	聚酯胎基	2.0
	聚乙烯丙纶复合防水卷材	卷材≥0.7（芯材≥0.5），胶结料≥1.3

复习思考题

1. 确定墙体厚度的因素有哪些？

2. 墙体的材料与砌合方法。

3. 墙体的承重方式。

4. 墙体的抗震构造有哪些要求？

5. 墙体的保温与节能措施有哪些要求？

6. 墙体的隔声要求。

7. 墙体的防水要求。

第三节　墙体的构造（二）构造做法

一、墙身的细部构造

1. 防潮层

《民用建筑设计统一标准》GB 50352—2019 规定：砌筑墙体应在室外地面以上、位于室内地面垫层处设置连续的水平防潮层；室内相邻地面有高差时，应在高差处墙身贴邻土壤一侧加设防潮层；

1）墙面防潮

墙面防潮基本要求：

（1）室内墙面有防潮要求时，其迎水面一侧应设防潮层；室内墙面有防水要求时，其迎水面一侧应设防水层。

（2）室内墙面有防污、防碰等要求时，应按使用要求设置墙裙。

（3）外窗台应采取防水排水构造措施。

（4）外墙上空调室外机搁板应组织好冷凝水的排放，并采取防雨水倒灌及外墙防潮的构造措施。

《民用建筑热工设计规范》GB 50176—2016 规定：

（1）采用松散多孔保温材料的多层复合围护结构应在水蒸气分压高的一侧设置隔汽层。对于有采暖、空调功能的建筑，应按采暖建筑围护结构设置隔汽层。

（2）外侧有密实保护层或防水层的多层复合围护结构，经内部冷凝受潮验算而必须设置隔汽层时，应严格控制保温层的施工湿度。对于卷材防水屋面或松散多孔保温材料的金属夹心板围护结构，应有与室外空气相通的排湿措施。

（3）外侧有卷材或其他密闭防水层，内侧为钢筋混凝土屋面板的屋面结构，经内部冷凝受潮验算不需设隔汽层时，应确保屋面板及其接缝的密实性，并应达到所需的蒸汽渗透组。

（4）地下室外墙防潮宜采取设保温层的构造措施。

（5）湿度大的房间的外墙内侧及内墙内侧应设置墙面防潮层。

墙面防潮的材料可参阅表 2-38 的内容。

2）墙身防潮

（1）一般规定

① 防潮层采用的材料不应影响墙体的整体抗震性能；

② 地震区防潮层应满足墙体抗震整体连接（防止上下脱节）的要求。

（2）作用

防止±0.000 以上的墙身受潮，保证墙体干燥及室内空气清新。

（3）位置

砌体墙应在室外地面以上，位于首层地面垫层处设置连续的水平防潮层；防潮层的位置一般设在室内地坪下 0.06m 处（图 2-42）。

（4）材料

防潮层的材料有防水卷材、防水砂浆和混凝土，地震区防潮层应以防水砂浆（1：2.5 水泥砂浆内掺水泥质量的 3%～5% 的防水剂）为主。

（5）特殊位置的防潮层

室内相邻地面有高差时，应在高差处墙身的侧面加设垂直防潮层。既有水平防潮层又有垂直防潮层（图 2-43）。

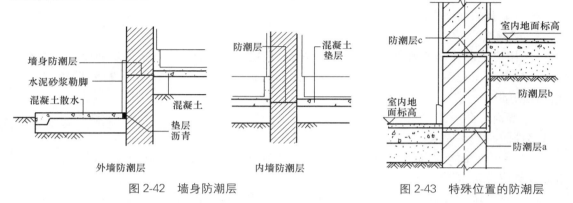

图 2-42　墙身防潮层　　　　　图 2-43　特殊位置的防潮层

2. 勒脚

外墙墙身下部靠近室外地坪的构造部分称为"勒脚"。勒脚属于建筑外立面装修根部的一种保护墙面的做法。外墙面采用清水局部装修时，根部必须做勒脚。高度以不超过窗台高度为宜，勒脚的材料应选择耐污染的材料，如水泥砂浆、水磨石、天然石材等。

建筑外装修采用全部装修时，则不做勒脚（图 2-44）。

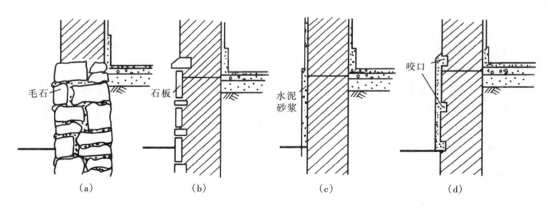

图 2-44　勒脚的构造

（a）毛石勒脚；（b）石板贴面勒脚；（c）抹灰勒脚；（d）带咬口的抹灰勒脚

3. 散水

《建筑地面设计规范》GB 50037—2013 规定，散水的构造做法应满足下列要求：

1）散水宽度

散水的宽度为应根据土壤性质、气候条件、建筑物高度和屋面排水形式确定，宜为

600～1000mm。当采用无组织排水时，散水的宽度可按檐口线放出 200～300mm。

2）散水坡度

散水的坡度可为 3％～5％。当散水采用混凝土时，宜按 20～30m 间距设置伸缩缝。散水与外墙之间宜设缝，缝宽可为 20～30mm，缝内填沥青类材料。

3）散水材料

散水的材料主要有：水泥砂浆、混凝土、花岗石等（图 2-45）。

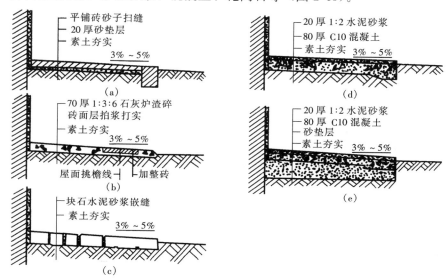

图 2-45 散水的构造

（a）砖散水；（b）三合土散水；（c）块石散水；（d）混凝土散水；（e）冰冻区散水

4）特殊位置的散水

当建筑物外墙周围有绿化要求时，可采用暗埋式混凝土散水。暗埋式混凝土散水应高出种植土表面 $a＝60mm$，防水砂浆应高出种植土表面 500mm。暗埋式混凝土散水的构造见图 2-46。

4. 明沟

明沟是将雨水通过明沟引向下水道，一般在年降雨量为 900mm 以上地区才选用。明沟的宽度一般在 200mm 左右，明沟沟底应有 0.5％ 左右的排水纵度。明沟的材料可以选用烧结普通砖、混凝土等（图 2-47）。

5. 踢脚

踢脚是外墙内侧或内墙的两侧与室内地坪交接处的构造，作用是防止扫地、拖地时

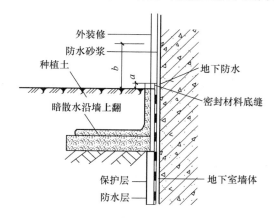

图 2-46 暗埋式混凝土散水

污染墙面。踢脚的高度一般在 80～150mm 之间。材料一般应与地面材料一致。常用的材料有水泥砂浆、水磨石、木材、石材、釉面砖、涂料、塑料等。踢脚的厚度应略大于墙面装修。

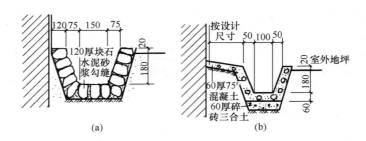

图 2-47 明沟的构造

（a）纯明沟做法；（b）散水带明沟做法

有墙裙或内墙饰面可以代替踢脚的，应不再做踢脚。

6. 墙裙

室内墙面有防水、防潮、防污、防碰磕撞等要求时，应按使用要求设置墙裙。

1）墙裙高度：一般房间墙裙高度为 1.20m 左右，至少应与窗台持平。潮湿房间墙裙高度应不小于 1.80m，亦可将整个墙面全部装修。

2）《中小学校设计规范》GB 50099—2011 规定：

（1）教学用房及学生公共活动区的墙面宜设置墙裙，墙裙的高度应符合下列规定：

① 各类小学的墙裙高度不宜低于 1.20m。

② 各类中学的墙裙高度不宜低于 1.40m。

③ 舞蹈教室、风雨操场的墙裙高度不宜低于 2.10m。

④ 学校浴室的墙裙高度不应低于 2.10m；

⑤ 学校厨房和配餐室的墙面应设墙裙，墙裙高度不应低于 2.10m。

（2）墙裙的厚度应与内墙面装修的厚度一致（避免因厚度不一致而造成灰尘污染）。

（3）墙裙的材料应按内墙面装修的要求进行选择。

7. 窗台

1）窗台高度

（1）综合《民用建筑设计统一标准》GB 50352—2019 等规范的规定：

① 窗台高度不应低于 0.80m（住宅建筑为 0.90m）。

② 低于规定高度的低窗台，应采用护栏或在窗台下部设置相当于护栏高度固定窗作为防护措施。固定窗应采用厚度大于 6.38mm 的夹层玻璃。玻璃窗边框的嵌固必须有足够的强度，以满足冲撞要求。

③ 低窗台防护措施的高度，非居住建筑不应低于 0.80m，居住建筑不应低于 0.90m。

④ 窗台的防护高度的起算点应满足下列要求：

A. 窗台高度低于 0.45m 时，护栏或固定扇的高度从窗台算起。

B. 窗台高度高于 0.45m 时，护栏或固定扇的高度可从地面算起；但护栏下部 0.45m 高度范围内不得设置水平或任何可踏部位。如有可踏部位应从可踏面起算。

C. 当室内外高差不大于 0.60m 时，首层的低窗台可不加防护措施。

⑤ 外窗台应低于内窗台面。

（2）《建筑抗震设计规范》GB 50011—2010（2016 年版）规定：

多层砌体房屋的底层和顶层窗台标高处的构造，宜设置沿纵横墙通长的水平现浇钢筋混凝土带；其截面高度不应小于60mm，宽度不应小于墙厚。配筋带中的纵向配筋不应小于$\phi 10$，横向分布筋的直径不应小于$\phi 6$，且其间距不应大于200mm。

（3）《蒸压加气混凝土建筑应用技术规程》JGJ/T 17—2008规定：

在房屋的底层和顶层的窗台标高处，应沿纵横墙设置通长的水平配筋带三皮，每皮$3\phi 4$；或采用60mm厚的钢筋混凝土配筋带，配$2\phi 10$纵筋和$\phi 6$的分布筋，用C20混凝土浇筑。

（4）《中小学校设计规范》GB 50099—2011规定：临空窗台的高度不应低于0.90m。

（5）《商店建筑设计规范》JGJ 48—2014规定：商店建筑设置外向橱窗应符合下列规定：

① 橱窗的平台高度宜至少比室内和室外地面高0.20m。

② 橱窗应满足防晒、防眩光、防盗的要求。

③ 采暖地区的封闭橱窗可不采暖，其内壁应采取保温构造，外表面应采取防雾构造。

（6）《城市公共厕所设计标准》CJJ 14—2016规定：

① 单层公共厕所窗台距室内地坪最小高度应为1.80m。

② 双层公共厕所上层窗台距楼地面最小高度应为1.50m。

2）窗台构造

（1）抹面窗台：内外窗台均采用水泥砂浆抹面。

（2）窗台板：外窗台采用水泥砂浆抹面，内窗台加做窗台板。窗台板可采用木材、石材、水磨石、混凝土等材料（图2-48）。

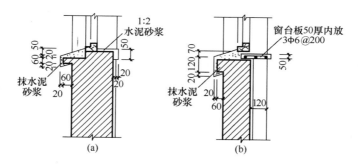

图2-48　窗台的构造

（a）外侧半砖内侧抹水泥砂浆；（b）外侧半砖内侧窗台板

8. 过梁

过梁是用以承担门窗洞口上部的墙体，并将其传给两侧的墙上。过梁有现浇钢筋混凝土过梁、预制钢筋混凝土过梁、钢筋砖过梁、砖砌平拱等类型。

1）预制钢筋混凝土过梁

最常用的做法之一。过梁的基本宽度为115mm，相当于半个砖长。截面有矩形、小挑口、大挑口等类型。过梁在洞口的两侧的支承长度为240mm（图2-49）。

2）钢筋砖过梁

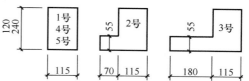

图2-49　预制钢筋混凝土过梁

1、4、5号位矩形截面过梁；2号为小挑口过梁；

3号为大挑口过梁

钢筋砖过梁的具体做法是：在门窗洞口的上方先支模板，模板上砂浆层处放置直径不小于 5mm、间距不大于 120mm 的钢筋，钢筋伸入两侧墙体的长度每侧不少于 240mm，砂浆层的厚度不应少于 30mm，允许使用跨度为 1.50m（图 2-50）。

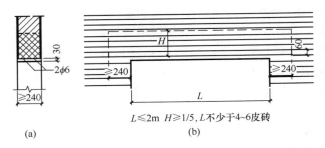

图 2-50　钢筋砖过梁

（a）剖面；（b）立面

3）其他类型的过梁

（1）砖砌过梁截面计算高度内的砂浆不宜低于 M5、Mb5、Ms5。

（2）砖砌平拱用竖砖砌筑部分的高度不应小于 240mm。

9. 窗帘盒

窗帘盒可以采用木材、塑料、金属板材等制作。采用金属件与墙体连接。窗帘盒的宽度一般在 140～200mm，高度不应小于 140mm（图 2-51）。

10. 腰线与窗套

腰线是窗上下口的水平装饰线，上线一般由窗过梁挑檐及墙身挑砖形成，下线由窗台及墙身挑砖形成。挑出尺寸一般为 60mm。窗套由围绕窗洞口的挑檐形成。挑出尺寸同样为 60mm。腰线和窗套的表面一般采用抹面或涂料进行装饰（图 2-52）。

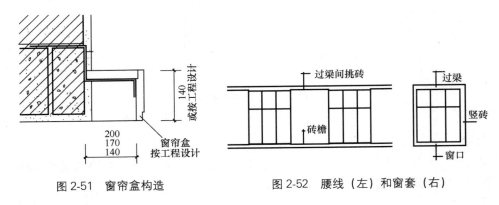

图 2-51　窗帘盒构造　　　　　图 2-52　腰线（左）和窗套（右）

11. 凸窗

1）设置原则

（1）《民用建筑设计统一标准》GB 50352—2019 规定：

① 凸窗不应突出道路红线或用地红线。

② 在人行道上空 2.50m 以下，不应突出凸窗、窗扇、窗罩的建筑构件，2.50m 及以上突出凸窗、窗扇。窗罩时，其深度不应大于 0.60m。

③ 在无人行道的路面上空

4.00m 以下，不应突出凸窗、窗扇、窗罩、空调机位等建筑构件；4.00m 及以上突出凸窗、窗扇、窗罩、空调机位时，其突出深度不应大于 0.60m。

（2）《严寒和寒冷地区居住建筑节能设计标准》JGJ 26—2010 规定：

① 居住建筑不宜设置凸窗。严寒地区除南向外不应设置凸窗。寒冷地区北向的卧室、起居室不得设置凸窗。

② 当设置凸窗时，凸窗凸出（从外墙面至凸窗外表面）不应大于 400mm。凸窗的传热系数限值应比普通窗降低 15%，且其不透明的顶部、底部、侧面的传热系数应小于或等于外墙的传热系数。当计算窗墙面积比时，凸窗的窗面积和凸窗所占的墙面积应按窗洞口面积计算。

（3）其他技术资料：

① 凡凸窗范围内设有宽窗台可供人坐或放置花盆用时，护栏和固定窗的护栏高度一律从窗台面计起。

② 当凸窗范围内无宽窗台，且护栏紧贴凸窗内墙面设置时，按低窗台规定执行。

③ 外窗台表面应低于内窗台表面。

2）构造特点

凸窗的构造是：上端由过梁挑出，下端由窗台外伸与两侧墙板组成凸窗。

12. 圈梁与构造柱

圈梁与构造柱应满足抗震构造的要求，其截面尺寸、配筋数量可查阅墙体抗震的相关内容。

圈梁与构造柱在建筑施工图中的表示可参见图 2-53、图 2-54。

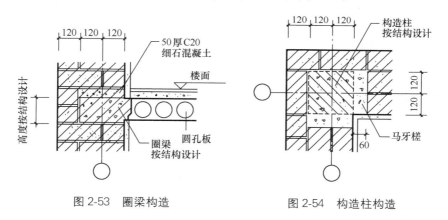

图 2-53 圈梁构造   图 2-54 构造柱构造

13. 檐部做法

檐部做法有挑檐板、女儿墙、斜板挑檐的几种做法，具体要求是：

1）挑檐板

挑檐板一般采用钢筋混凝土制作，挑出尺寸一般为 500mm。

2）女儿墙

（1）厚度：女儿墙的最小厚度：烧结普通砖为 240mm；加气混凝土砌块为 200mm；混凝土小型砌块为 190mm。

（2）高度：女儿墙高度与屋面建筑高度关系密切。临空高度在 24m 以下时，取1.05m；

临空高度在 24m 以上时，取 1.10m。采用女儿墙与栏杆扶手混合制作时，其高度亦应按上述尺寸考虑。

（3）女儿墙顶部必须做钢筋混凝土压顶，女儿墙墙身的适当部位应加做女儿墙构造柱，宽度与女儿墙厚度相同，间距为 2.50～4.00m；构造柱顶端与压顶连接，底部与圈梁相交。

（4）女儿墙与屋面的交接处及女儿墙内外表面均应加做保温层，阻止"热桥"现象的出现。

3）斜板挑檐：在女儿墙的高度与挑檐的挑出尺寸之间加做斜板形成的挑檐。

14. 烟道、通风道、垃圾管道

1）烟道、通风道

《民用建筑设计统一标准》GB 50352—2019 规定：

（1）烟道和通风道应用非燃烧体材料制作，且应分别独立设置，不得共用。

（2）进风道、排风道和烟道的断面、形状、尺寸和内壁应有利于进风、排风、排烟（气）通畅，防止产生阻滞、涡流、窜烟、漏气和倒灌等现象。

（3）自然排放的烟道和排风道宜伸出屋面，同时应避开门窗和进风口。伸出高度应有利于烟气扩散，并应根据屋面形式、排出口周围遮挡物的高度、距离和积雪深度确定，伸出平屋面的高度不应小于 0.60m，伸出坡屋面的高度应符合下列规定：

① 当烟道或排风道中心线距屋脊的水平面投影距离小于 1.50 时，应高出屋脊 0.60m。

② 当烟道或排风道中心线距屋脊的水平面投影距离小于 1.50～3.00m 时，应高于屋脊，且伸出屋面高度不得小于 0.60m。

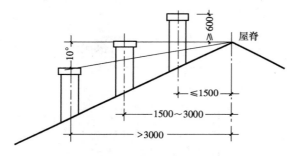

图 2-55 烟道和通风道出口距屋脊的规定

③ 当烟道或排风道中心线距屋脊的水平面投影距离大于 3.00m 时，可适当低于屋脊，但其顶部与屋脊的连线同水平线之间的夹角不应大于 10°，且伸出屋面高度不得小于 0.60m。

（4）烟囱出口距坡屋面的距离与高度的规定见图 2-55。

（5）烟道和通风道的构造做法

民用建筑中的烟道和通风道大多采用预制构件，材料为钢筋混凝土、石棉木屑、GRC（抗碱玻璃纤维增强混凝土）。长度为每层一根，上下拼接。通风口的断面不应小于 120mm×120mm。管道应具有进气口和排气口，进气口的位置一般在楼板底部的 1m 左右（图 2-56）。

2）垃圾管道

民用建筑不宜设置垃圾管道。应通过垃圾分类、分别收纳的方式对垃圾进行处理。

当确需设置垃圾管道时，应符合《建筑设计防火规范》GB 50016—2014（2018 年版）规定：建筑内的垃圾道宜靠外墙设置，垃圾道的排气口应直接开向室外，垃圾斗应采用不燃材料制作，并应能自行关闭。

15. 变形缝

1）基本规定

《民用建筑设计统一标准》GB 50352—2019 规定：变形缝包括伸缩缝、沉降缝和抗震

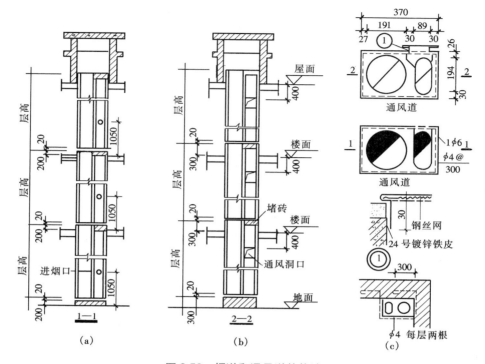

图 2-56 烟道和通风道的构造
（a）烧结普通砖烟风道；（b）烧结普通砖烟风道；（c）预制通风道

缝，其设置应符合下列规定：

（1）变形缝应按设缝的性质和条件设计，使其在产生位移或变形时不受阻，且不破坏建筑物。

（2）根据建筑使用要求，变形缝应分别采取防水、防火、保温、防老化、防腐蚀、防虫害和防脱落等构造措施。

（3）变形缝不应穿过厕所、卫生间、盥洗室和浴室等用水的房间，也不应穿过配电间等严禁有漏水的房间。

2）伸缩缝的构造

（1）作用：解决由于因温度变化而产生的膨胀或收缩变形。

（2）特点：±0.000 以上部分墙体、楼板、屋顶板断开，基础不断开。

（3）缝宽：一般为 20mm。

（4）设置原则

①《砌体结构设计规范》GB 50003—2011 规定：砌体房屋伸缩缝的最大间距详见表 2-39。

表 2-39　砌体房屋伸缩缝的最大间距（m）

屋盖或楼盖类别		间距
整体式或装配整体式钢筋混凝土结构	有保温层或隔热层的屋盖、楼盖	50
	无保温层或隔热层的屋盖	40

95

屋盖或楼盖类别		间距
装配式无檩体系钢筋混凝土结构	有保温层或隔热层的屋盖、楼盖	60
	无保温层或隔热层的屋盖	50
装配式有檩体系钢筋混凝土结构	有保温层或隔热层的屋盖	75
	无保温层或隔热层的屋盖	60
瓦材屋盖、木屋盖或楼盖、轻钢楼盖		100

注：1. 对烧结普通转、烧结多孔砖、配筋砌块砌体房屋，取表中数值；对石砌体、蒸压灰砂普通砖、蒸压粉煤灰普通砖、混凝土砌块、混凝土普通砖和混凝土多孔砖房屋，取表中数值乘以 0.8 的系数，当墙体有可靠外保温措施时，其间距可取表中数值；

2. 在钢筋混凝土屋面上挂瓦的屋盖应按钢筋混凝土屋盖采用；

3. 层高大于 5m 的烧结普通转、烧结多孔砖、配筋砌块砌体结构单层房屋，其伸缩缝间距可按表中数据乘以 1.3；

4. 温差较大且变形频繁地区和严寒地区不采暖的房屋及构筑物墙体的伸缩缝的最大间距，应按表中数值予以适当减小；

5. 墙体的伸缩缝应与结构的其他变形缝相重合，缝宽度应满足各种变形缝的变性要求；在进行立面处理时，必须保证缝隙的变性作用。

②《混凝土结构设计规范》GB 50010—2010 规定：钢筋混凝土结构伸缩缝的最大间距详见表 2-40。

表 2-40　钢筋混凝土结构伸缩缝的最大间距（m）

结构类别		室内或土中	露天
排架结构	装配式	100	70
框架结构	装配式	75	50
	现浇式	55	35
剪力墙结构	装配式	65	40
	现浇式	45	30
挡土墙、地下室墙壁等类结构	装配式	40	30
	现浇式	30	20

注：1. 装配整体式结构的伸缩缝间距，可根据结构的具体情况取表中装配式结构与现浇式结构之间的数值；

2. 框架-剪力墙结构或框架-核心筒结构房屋的伸缩缝间距，可根据结构的具体情况取表中框架结构与剪力墙结构之间的数值；

3. 当屋面无保温或隔热措施时，框架结构、剪力墙结构的伸缩缝间距宜按表中露天栏的数值采用；

4. 现浇挑檐、雨罩等外露结构的局部伸缩缝间距不应大于 12m。

3）沉降缝的构造

（1）作用：解决由于因温度变化而产生的膨胀或收缩变形。《建筑地基基础设计规范》GB 50007—2011 规定：建筑物的以下部位，宜设置沉降缝。

① 建筑平面的转折部位。

② 高度差异或荷载差异处。

③ 长高比过大的砌体承重结构或钢筋混凝土框架结构的适当部位。

④ 地基土的压缩性有显著差异处。

⑤ 建筑结构或基础类型不同处。

⑥ 分期建造房屋的交界处。

（2）特点：从基础开始，±0.000 以上的墙体、楼板、屋顶板均需断开。

（3）缝宽：沉降缝应有足够的宽度，具体数值应以表 2-41 为准。

表 2-41　房屋沉降缝的宽度（mm）

房屋层数	沉降缝宽度	房屋层数	沉降缝宽度
2~3 层	50~80	5 层以上	不小于 120
4~5 层	80~120	—	—

4）抗震缝的构造

（1）特点

抗震缝的两侧均应设置墙体。砌体结构采用双墙方案；框架结构采用双柱、双梁、双墙方案；板墙结构采用双墙方案。

（2）设置原则

《建筑抗震设计规范》GB 50011—2010（2016 年版）规定：

① 砌体结构

砌体结构房屋遇下列情况之一时宜设置抗震缝。抗震缝的宽度应根据地震烈度和房屋高度确定，可采用 70~100mm。

A. 房屋立面高差在 6.00m 以上。

B. 房屋有错层，且楼板高差大于层高的 1/4。

C. 各部分的结构刚度、质量截然不同。

② 钢筋混凝土结构

钢筋混凝土结构抗震缝宽度的确定方法：

A. 框架结构（包括设置少量抗震墙的框架结构）房屋的防震缝宽度，当高度不超过 15m 时不应小于 100mm；高度超过 15m 时，随高度变化调整缝宽，以 15m 高为基数，取 100mm；6 度、7 度、8 度和 9 度分别高度每增加 5m、4m、3m 和 2m，缝宽宜增加 20mm。

B. 框架-抗震墙结构的防震缝宽度不应小于 A 款规定数值的 70%，且不宜小于 100mm。

C. 抗震墙结构的防震缝两侧应为双墙，宽度不应小于 A 款规定数值的 50%，且不宜小于 100mm。

D. 防震缝两侧结构类型不同时，宜按需要较宽防震缝的结构类型和较低房屋高度确定缝宽。

（3）设置要求

变形缝（伸缩缝、沉降缝、防震缝）可以将墙体、地面、楼面、屋面、基础断开，但不可将门窗、楼梯阻断。

（4）禁止设置部位

① 伸缩缝和其他变形缝不应从需进行防水处理的房间中穿过。

② 伸缩缝和其他变形缝应进行防火和隔声处理。接触室外空气及上下与不采暖房间相

邻的楼地面伸缩缝应进行保温隔热处理。

③ 伸缩缝和其他变形缝不应穿过电子计算机主机房。

④ 人民防空工程防护单元内不应设置伸缩缝和其他变形缝。

⑤ 空气洁净度为 100 级、1000 级、10000 级的建筑室内楼地面不宜设置伸缩缝和其他变形缝。

⑥ 玻璃幕墙的一个单元块体不应跨越变形缝。

⑦ 变形缝不得穿过设备的底面。

二、小型空心砌块的构造

1. 小型空心砌块的类型

《混凝土小型空心砌块建筑技术规程》JGJ/T 14—2011 规定：

1) 种类：混凝土小型空心砌块包括普通混凝土小型空心砌块和轻骨料混凝土小型空心砌块两种，简称小砌块（或砌块）。基本规格尺寸为 390mm×190mm×190mm。辅助规格尺寸为 190mm×190mm×190mm 和 290mm×190mm×190mm 两种。

2) 材料强度等级

（1）普通混凝土小型空心砌块的强度等级：MU20、MU15、MU10、MU7.5 和 MU5；

（2）轻骨料混凝土小型空心砌块的强度等级：MU15、MU10、MU7.5、MU5 和 MU3.5；

（3）砌筑砂浆的强度等级：Mb20、Mb15、Mb10、Mb7.5 和 Mb5；

（4）灌孔混凝土的强度等级：Cb40、Cb35、Cb30、Cb25 和 Cb20。

小型空心砌块的外形见图 2-57、图 2-58。

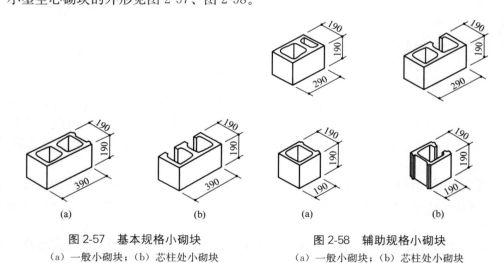

图 2-57　基本规格小砌块	图 2-58　辅助规格小砌块
（a）一般小砌块；（b）芯柱处小砌块	（a）一般小砌块；（b）芯柱处小砌块

2. 混凝土小型空心砌块的允许建造高度

1) 无筋混凝土小砌块房屋

墙体厚度为 190mm，8 度设防 0.20g 时，允许建造层数为 6 层、允许建造高度为 18m；8 度设防 0.30g 时，允许建造层数为 5 层、允许建造高度为 15m；层高不应超过 3.60m。

2) 配筋混凝土小砌块房屋

墙体厚度为 190mm，8 度设防 0.20g 时，允许建造高度为 40m；8 度设防 0.30g 时，允许建造高度为 30m；底部加强部位的层高，抗震等级为一、二级时，不宜大于 3.20m；三、四级时，不宜大于 3.90m；其他部位的层高，抗震等级为一、二级时，不宜大于 3.90m；三、四级时，不宜大于 4.80m。

3. 混凝土小型空心砌块的建筑设计

1）平面及竖向

（1）均应做排块设计。排块时应以采用主规格为主，减少辅助规格的使用；

（2）平面应简洁，体形应简单，不应凹凸或转折过多，体形系数不宜大于 0.3；

（3）立面设计宜利用装饰砌块凸出小砌块的建筑特色。

2）防水

（1）在多雨地区，单排孔小砌块墙体应做双面粉刷，勒脚应采用水泥砂浆粉刷；

（2）对伸出墙外的雨蓬、开敞式阳台、室外空调机搁板、遮阳板、窗套、窗套、室外楼梯根部及水平装饰线脚，均应采用有效的防水措施；

（3）室外散水坡顶面以上和室内地面以下的砌体内，宜设置防潮层；

（4）卫生间等有防水要求的房间，四周墙体下部应灌注一皮砌块或设置高度为 200mm 的现浇混凝土带，内粉刷应采取有效的防水措施；

（5）处于潮湿环境的小型砌块墙体，墙面应采用防水砂浆粉刷等有效的防潮措施；

（6）在夹芯板的外叶墙每层圈梁上的砌块竖缝底部宜设置排水孔。

3）防火

小砌块属于不燃烧体，其耐火极限与砌块的厚度有关。90mm 的耐火极限为 1.0h，190mm 的无筋砌块用于承重墙时，耐火极限为 2.0h；190mm 的配筋砌块用于承重墙时，耐火极限为 3.5h。

4）隔声

（1）190mm 的无筋小砌块墙体双面各抹 20mm 厚粉刷的空气声计权隔声量可按 45dB 采用；190mm 的配筋小砌块墙体双面各抹 20mm 厚粉刷的空气声计权隔声量可按 50dB 采用。

（2）对隔声要求较高的小砌块建筑，可采用下列措施提高隔声性能：

① 孔洞内填矿渣棉、膨胀珍珠岩、膨胀蛭石等松散材料；

② 在小砌块墙体的一面或双面采用纸面石膏板或其他板材做带有空气隔层的复合墙体构造；

③ 对有吸声要求的建筑或其局部，墙体宜采用吸声砌块砌筑。

5）屋面构造

（1）小砌块建筑采用钢筋混凝土平屋面时，应设置保温隔热层；

（2）小砌块建筑可以做成有檩体系坡屋面，坡屋面宜外挑，应设置保温隔热层；

（3）钢筋混凝土屋面板及其上部的防水层、刚性面层均应做分隔缝，并应与周边的女儿墙断开。

4. 混凝土小型空心砌块的保温与节能设计

（1）小砌块建筑的体形系数、窗墙面积比、窗的传热系数、遮阳系数、空气渗透系数应符合相关设计规范与标准的规定；

（2）无筋小砌块与配筋小砌块的热工指标见表 2-42。

表 2-42　无筋小砌块与配筋小砌块的热工指标

小砌体砌体房屋	厚度 (mm)	孔洞率 (%)	表观密度 (kg/m³)	热阻 R_{ma} (m²·K/W)	热惰性 D_{ma}
单排孔无筋小砌块	90	30	1500	0.12	0.85
	190	30	1280	0.17	1.47
双排孔无筋小砌块	190	40	1280	0.22	1.70
三排孔无筋小砌块	240	45	1200	0.35	2.31
单排孔配筋小砌块	190	—	2400	0.11	1.88

5. 混凝土小型空心砌块的构造要求

1) 无筋混凝土小砌块的强度等级不应低于 MU7.5，砌筑砂浆的强度等级不应低于 Mb7.5；配筋混凝土小砌块的强度等级不应低于 MU10，砌筑砂浆的强度等级不应低于 Mb10。

2) 地面以下或防潮层以下的墙体、潮湿房间的墙体所用材料的最低强度等级应符合表 2-43 的要求。

表 2-43　地面以下或防潮层以下的墙体、潮湿房间的墙体所用材料的最低强度等级

基土潮湿强度	混凝土小砌块	水泥砂浆
稍潮湿的	MU7.5	Mb5
很潮湿的	MU10	Mb7.5
含水饱和的	MU15	Mb10

注：1. 砌块孔洞应采用强度等级不低于 C20 的混凝土灌实；
　　2. 对安全等级为一级或设计使用年限大于 50 年的房屋，表中材料等级应至少提高一级。

3) 墙体的下列部位，应采用 C20 混凝土灌实砌体的孔洞：

(1) 无圈梁和混凝土垫块的檩条和钢筋混凝土楼板支承面下的一批砌块。

(2) 未设置圈梁和混凝土垫块的屋架、梁等构件支撑处，灌实宽度不应小于 600mm，高度不应小于 600mm 的砌块。

(3) 挑架支承面下，其支承部位的内外墙交接处，纵横各灌实 3 个孔洞，灌实宽度应不小于三皮砌块。

(4) 门窗洞口顶部应采用钢筋混凝土过梁。

(5) 女儿墙应设置钢筋混凝土芯柱或构造柱，构造柱间距不宜大于 4m（或每开间设置），芯柱插筋间距不宜大于 1.60m，构造柱或芯柱应伸至女儿墙墙顶，并与现浇钢筋混凝土压顶整浇在一起。

(6) 小砌块墙与后砌隔墙交接处，应沿墙高每 400mm 在水平灰缝内设不少于 2ϕ4，横筋间距不大于 200mm 的焊接网片。

6. 混凝土小型空心砌块的抗震构造措施

1) 钢筋混凝土圈梁

(1) 设置位置：基础部位、楼板部位、檐口部位。

(2) 最小截面：截面宽度应与墙厚相同，截面高度不应小于 200mm。圈梁应设在同一标高处，形成"封闭状"。当不能闭合时，应增加附加圈梁。其搭接长度不应小于圈梁间的垂直距离，且不应小于 1m。

（3）最小配筋及混凝土墙的等级：主筋 4ϕ10，箍筋间距不应大于 300mm。混凝土墙的等级不应低于 C20。

（4）构造要点

① 圈梁兼做过梁时，过梁部分应加做配筋。

② 挑梁与圈梁相遇时，应整体现浇。采用预制挑梁时，应采取措施保证挑梁、圈梁和芯柱的整体连接。

2）钢筋混凝土芯柱（图 2-59）

（1）位置：宜在 1～4 层的纵横墙的交接处的孔洞、外墙转角、楼梯间四角处设置；5 层及 5 层以上应按上述的部位设置。

（2）最小截面：最小截面为 120mm×120mm，用强度等级为 Cb20 的混凝土灌实孔洞。

（3）最少配筋：竖向钢筋为 ϕ10 钢筋 1 根。

3）钢筋混凝土构造柱（图 2-60）

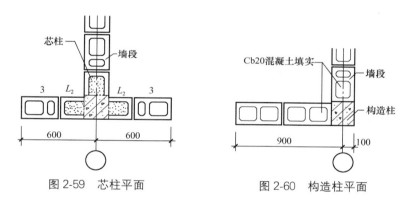

图 2-59　芯柱平面　　　　　　图 2-60　构造柱平面

（1）位置：建筑物的外墙四角、楼梯间四角应设置构造柱，并在竖向每隔 400mm 设置 4mm 的焊接钢筋网片，埋入长度不应小于 700mm。

（2）最小截面：190mm×190mm。

（3）最少配筋：主筋为 4ϕ10，箍筋间距为 200mm。

（4）构造要点

① 构造柱与砌块连接处宜砌成"马牙槎"，并沿墙高每隔 400mm 设焊接钢筋网片，伸入墙体内不应小于 600mm。

② 与圈梁连接的构造柱竖筋应穿过圈梁，构造柱竖筋应上下贯通。

7. 混凝土小型空心砌块的施工要求

（1）小砌块砌筑前与砌筑中不应浇水。

（2）小砌块的错缝应采用辅助砌块，不得混砌烧结普通砖。

（3）小砌块的错缝搭接长度为 1/2 主规格（195mm）。

8. 节点构造

（1）墙身下部节点构造（图 2-61）。

（2）墙身上部和中部节点构造（图 2-62）。

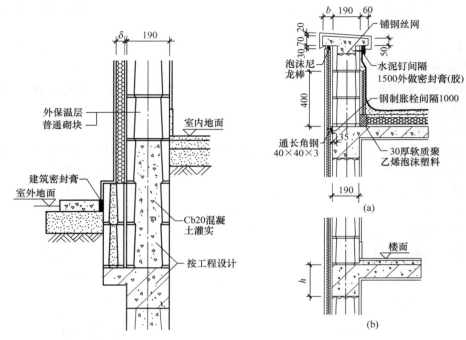

图 2-61 墙身下部节点构造　　　　图 2-62 墙身上部节点构造

（a）女儿墙处；（b）楼板处

三、金属面夹芯板墙体构造

《金属面夹芯板应用技术标准》JGJ/T 453—2019 指出：金属面夹芯板是由两层薄金属板材为面板，中间填充绝热轻质芯材（模压塑聚苯乙烯泡沫塑料、XPS 挤压塑聚苯乙烯泡沫塑料、硬质聚氨酯泡沫塑料、岩棉、玻璃棉），采用一定的成型工艺将两者组合成整体的复合板。金属面夹芯板适用于建造可组装、可拆卸的轻型房屋。金属面夹芯板的总厚度为 30～300mm。用于轻型房屋的墙板和屋面板使用时最小厚度应为 50mm（图 2-63）。

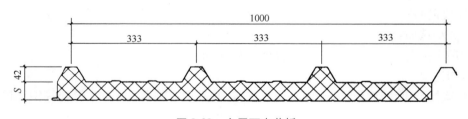

图 2-63 金属面夹芯板

1. 材料

1）面板：金属面夹芯板的金属面板可采用彩色涂层钢板、铝合金板、不锈钢板等。厚度应为 0.5～1.0mm。平面或浅压型面板凹凸最大高度应小于或等于 5mm，深压型或压型面板凹凸高度应大于 5mm。各种面板的性能均应符合现行国家标准或现行行业标准的要求。

2）芯材：金属面夹芯板的芯材包括以下 5 种类型：

（1）模塑聚苯乙烯泡沫塑料：其密度不应小于 18kg/m³，导热系数不应大于 0.038W/(m·K)。

（2）挤塑聚苯乙烯泡沫塑料（XPS）：其导热系数不应大于 0.035W/（m·K）。

（3）硬质聚氨酯泡沫塑料：其物理性能应符合类型Ⅱ的要求，密度不应小于 38kg/m³，导热系数不应大于 0.026W/（m·K）。

（4）岩棉：纤维朝向宜垂直于金属面板，其密度不应小于 100kg/m³，导热系数不应大于 0.043W/（m·K）。

（5）玻璃棉：其密度不应小于 64kg/m³，导热系数不应大于 0.042W/（m·K）。

2. 要求

1）设计使用年限为 25 年的集装箱房屋结构（风荷载和雪荷载均可按 30 年计算取值）。

2）外部金属板的温度：冬季：有雪覆盖时取 0℃；夏季：取值为 80℃。第一级颜色取值为 55℃。第二级颜色取值为 65℃。第三级颜色取值为 80℃。有通风幕墙时应取 40℃。

3）内部金属板的温度：冬季应取 20℃；夏季应取 25℃。

3. 连接

1）有骨架连接：骨架为轻型金属桁架。骨架与板材采用紧固件或连接件将金属夹芯板固定在骨架的檩条或横梁上。外墙板的根部做法详图 2-64；檐部做法详见图 2-65。

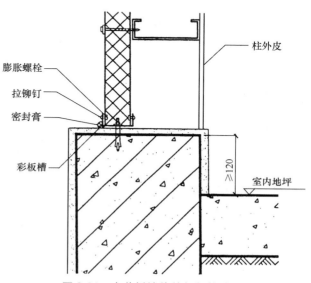

图 2-64　夹芯板墙体的根部构造

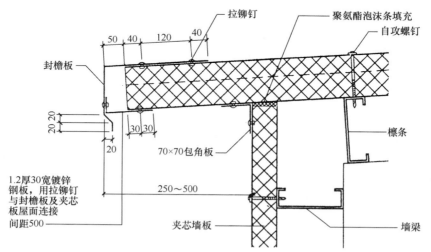

图 2-65　金属夹芯板墙体的檐部构造

2）无骨架连接：无骨架的小型房屋可通过连接件将金属面夹芯板组合成型，形成自承重的盒子式房屋（图 2-66）。

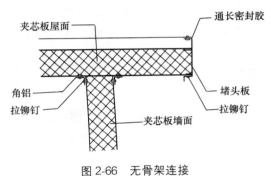

夹芯板屋面 —— 通长密封胶

角铝
拉铆钉

堵头板
拉铆钉

夹芯板墙面

图 2-66 无骨架连接

4. 墙面构造

1）板型选择

（1）室内隔断宜采用插接式金属面夹芯板；

（2）外墙保温或装饰宜采用插接式金属面夹芯板。

2）连接

（1）墙面金属面夹芯板不宜采用搭接式连接，宜采用插接式连接。

（2）墙面板垂直安装时的竖向搭接处宜在墙面金属面夹芯板母口的凹槽内设置通长的密封胶带或丁基密封胶带。

（3）搭接处屋面系统次结构宜设置双支撑构件。

四、隔墙

建筑中不承外重、只承自重，起分隔空间作用的墙体称为隔墙。通常把到顶板下皮的叫隔墙、不到顶板下皮的叫隔断，两者合称为"隔断墙"。

1. 作用和特点

1）隔墙应尽量减薄，目的是减轻加给楼板的荷载；满足质量轻、厚度薄、不承外重、隔声好、无基础等特点；

2）隔墙的稳定性必须保证，应特别注意与承重墙的拉接；

3）隔墙应满足隔声、耐水、耐火的要求。

2. 隔墙的常用做法

1）块材类

（1）半砖隔墙

这种隔墙是采用 115mm 的烧结普通砖砌筑而成。它基本可以满足隔声、耐潮湿和防火等基本要求。但由于墙体较薄，必须注意稳定性的要求，通常采取的措施有：

① 隔墙与外墙连接时应加钢筋处理，拉结筋应采用 2φ6，伸入墙体内的长度为 1m。内外墙之间不应留直槎。

② 当墙高大于 3m、长度大于 5m 时，应每隔 8～10 皮砖砌入 1φ6 通长钢筋。

③ 隔墙上部与楼板相交处，应用立砖斜砌或采用钢筋拉结，使其结合紧密。

④ 隔墙上有门时，要用预埋铁件或带有木楔的混凝土预制块，将砖墙与门框拉结牢固（图 2-67）。

（2）加气混凝土砌块隔墙

加气混凝土砌块隔墙具有密度小、保温效能高、吸声好、尺寸精准、可加工、可切割的特点。

加气混凝土砌块的规格尺寸的厚度有 75mm、100mm、125mm、150mm、200mm，长度统一为 500mm。砌筑时一般采用 1:3 水泥砂浆，并应考虑错缝搭接。

加气混凝土砌块隔墙的底部应先用木楔顶紧，最好加木楔，然后用砂浆或细石混凝土填实（图 2-68）。

（3）水泥焦渣空心砖隔墙

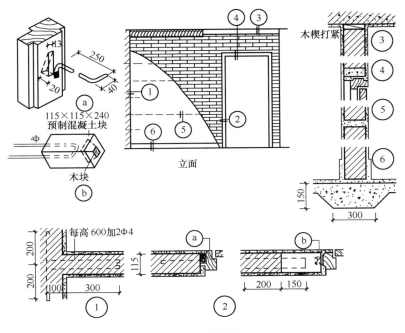

图 2-67　半砖隔墙

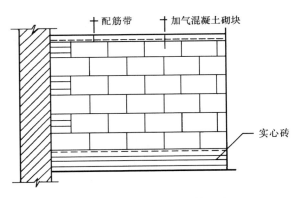

图 2-68　加气混凝土砌块隔墙

水泥焦渣空心砖采用水泥、炉渣经成型、养护而成。这种砖的密度小、保温隔热效果好。水泥焦渣空心砖的强度等级为 MU2.5，非常适合于砌筑隔墙。

水泥焦渣空心砖隔墙的稳定性应有足够的保证。在靠近外墙的地方和窗洞口两侧，常采用烧结普通砖砌筑。为了防潮与防水，一般在靠近地面的部位应先砌筑 3～5 皮烧结普通砖（图 2-69）。

2）板材类

（1）加气混凝土条板隔墙

加气混凝土条板厚度为 100mm，宽度为 600mm，具有质轻、多孔、易于加工等优点。加气混凝土条板应采用水玻璃胶粘剂或聚乙烯醇缩甲醛黏结。在加气混凝土条板上固定门窗框时，可以采用以下方法：

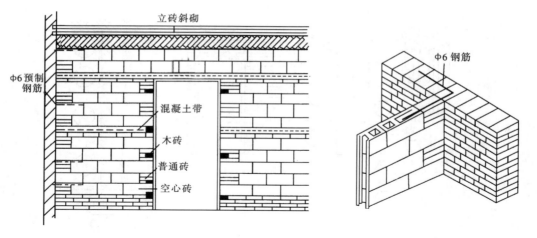

图 2-69　水泥焦渣空心砖隔墙

① 膨胀螺栓法：在门窗框上钻孔、放胀管、将膨胀螺栓与条板拧紧；

② 胶粘圆木安装：在条板上钻孔、刷胶、打入涂胶圆木，然后立门窗框并拧紧螺钉；

③ 胶粘剂连接：先立好窗框，用建筑胶黏结在加气混凝土条板上，然后拧紧螺钉（图 2-70）。

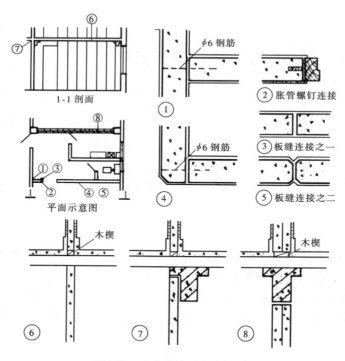

图 2-70　加气混凝土条板隔墙

（2）钢筋混凝土板隔墙

采用普通钢筋混凝土制作，厚度在 50mm 左右。一般在板的四角加设埋件，与其他构件进行焊接（图 2-71）。

（3）碳化石灰空心板隔墙

碳化石灰空心板是采用磨细生石灰为主要原料，掺入少量的玻璃纤维，加水搅拌，振动成型，经干燥、振动成型。具有成本低、自重轻、不用钢筋、干作业等特点。碳化石灰空心板是一种竖向圆孔板，板长可以随建筑层高而进行调整，板厚为100mm左右。黏结材料应采用水玻璃矿渣胶粘剂。板材表面用腻子刮平后，可以粘贴壁纸（图2-72）。

（4）钢丝网泡沫塑料板（泰柏板）隔墙

它是以焊接钢丝网笼为构架，中间填充聚苯乙烯泡沫塑料，面层经喷涂或抹水泥砂浆而成的轻质板材。这种板材具有质量轻、强度高、耐火好（属于难燃性材

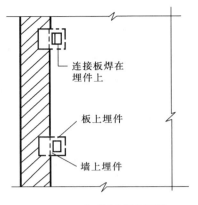

图 2-71　钢筋混凝土隔墙

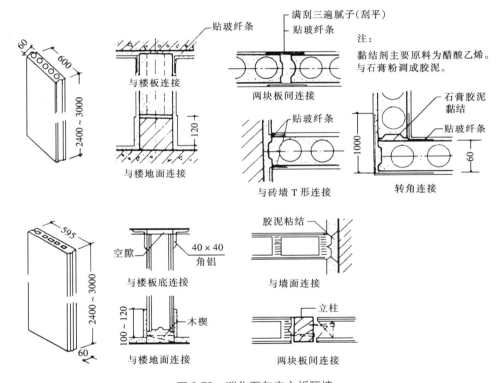

图 2-72　碳化石灰空心板隔墙

料）、隔声优越、不易腐烂的特点。产品规格为 2440mm×1220mm×75mm，抹灰后的厚度为 100mm。钢丝网泡沫塑料板的底部采用特制的固定夹连接（图 2-73）。

3）骨架类

骨架类隔墙的做法很多，常见的有石膏板隔墙、纤维板隔墙、木板隔墙等做法。这里以石膏板隔墙为例进行介绍。

（1）类型

① 石膏龙骨石膏板隔墙

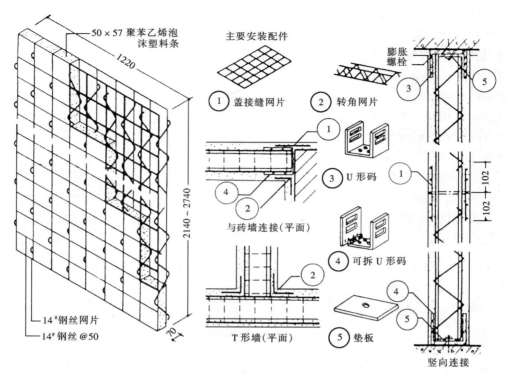

图 2-73 钢丝网泡沫塑料板（泰柏板）隔墙

石膏龙骨的截面尺寸为 50mm×50mm、50mm×75mm、50mm×100mm，石膏板的厚度为 9.5mm 和 12mm。通过黏结剂将板材与龙骨连接。墙体厚度有 75mm、100mm 和 125mm 三种（图 2-74）。

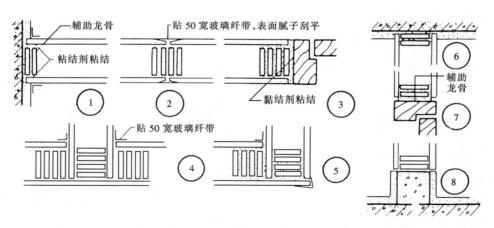

图 2-74　石膏龙骨石膏板隔墙

①—墙边节点；②—中间节点；③—门洞边节点；④—纵横墙交叉节点；
⑤—转角节点；⑥—墙体上部节点；⑦—门框上部节点；⑧—墙体下部节点

② 轻钢龙骨石膏板隔墙

轻钢龙骨的截面尺寸为 50mm×50mm×0.7mm、75mm×50mm×0.7mm、100mm×

50mm×0.7mm（长×宽×厚）。一般石膏板隔墙采用单层板拼装，龙骨与面板的总厚度为80mm、105mm、130mm。隔声石膏板隔墙采用双层板拼装，龙骨与面板的总厚度有15mm、175mm和200mm三种。通过自攻螺钉将板材与龙骨连接（图2-75）。

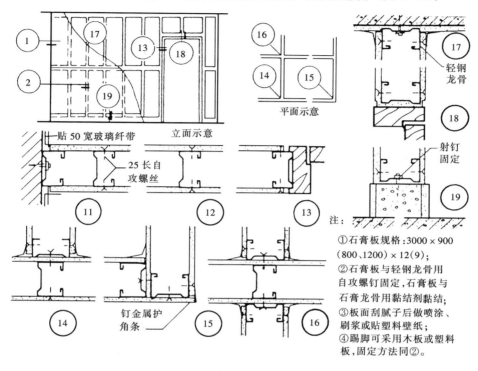

图 2-75　轻钢龙骨石膏板隔墙
①—墙边龙骨；②—中间龙骨；⑪—边部节点；⑫—中间节点；⑬—门框边部节点；
⑭—"T"形连接节点；⑮—转角节点；⑯—"十"字节点；⑰—墙身上部节点；
⑱—门框上部节点；⑲—墙身根部节点

（2）构造要点

① 龙骨间距：450mm 和 600mm 两种。

② 高度限制：一般隔墙为墙厚的 30 倍左右、隔声隔墙为墙厚的 20 倍左右。

③ 耐火性能：属于不燃性材料、耐火极限在 0.75～1.50h 之间。

④ 隔声性能：隔声在 38～58dB 之间。提高隔声标准可以在龙骨空隙之间加设岩棉（岩棉应放在声源的一侧）。

⑤ 水平变形标准：水平变形标准为小于或等于 $1/120H_0$。

⑥ 面板替代材料：必要时可以采用硅酸钙板与水泥加压平板替代石膏板。

⑦ 构造要求：石膏板底部应砌筑 100mm 的混凝土条带。

3. 轻质条板隔墙

《建筑轻质条板隔墙技术规程》JGJ/T 157—2014 规定：（摘编）

1）轻质条板的应用

轻质条板是用于抗震设防烈度为 8 度和 8 度以下地区及非抗震设防地区的非承重内隔墙的预制条板。

2）轻质条板应满足的要求

轻质条板应满足抗震、防火、隔声、保温等要求。

3）轻质条板的材料

采用轻质材料或大孔洞轻型材料构造制作。

4）轻质条板的类型

（1）轻质条板按构造做法分为空心条板、实心条板和复合夹芯条板三种类型；

（2）轻质条板按应用部位分为普通条板、门框板、窗框板和与之配套的异形辅助板材。

5）轻质条板的基本数据

（1）面密度不大于 190kg/m²、长宽比不小于 2.5；

（2）复合夹芯条板的面板应采用燃烧性能为 A 级的无机类板材；芯材的燃烧性能应为 B_1 级及以上；纸蜂窝夹芯条板的芯材应为面密度不小于 6kg/m² 的连续蜂窝状芯材；单层蜂窝厚度不宜大于 50mm，大于 50mm 时，应设置多层的结构。

6）轻质条板的规格尺寸

（1）长度：应为层高减去梁高或楼板厚度及安装预留空间，宜为 2200～3500mm；

（2）宽度：宜按 100mm 递增；

（3）厚度：宜按 100mm 或 25mm 递增。

7）轻质条板的设计与构造

（1）应用：轻质条板可用作分户墙、分室墙、外走廊隔墙和楼梯间隔墙等。

（2）厚度选择

① 条板隔墙应根据使用功能和部位，选择单层条板或双层条板。60mm 及以下的条板不得用作单层隔墙。

② 条板隔墙的厚度单层条板用作分户墙时，其厚度不应小于 120mm；用作分室墙时，其厚度不应小于 90mm；双层条板隔墙的单层厚度不宜小于 60mm，间层宜为 10～50mm，可作为空气层或填入吸声、保温等功能材料。

（3）应用高度

① 90mm、100mm 厚条板隔墙的接板安装高度不应大于 3.60m；

② 120mm、125mm 厚条板隔墙的接板安装高度不应大于 4.50m；

③ 150mm 厚条板隔墙的接板安装高度不应大于 4.80m；

④ 180mm 厚条板隔墙的接板安装高度不应大于 5.40m。

（4）构造连接

① 顶部：条板隔墙与顶板、结构梁、主体墙和柱之间的连接应采用钢卡，并应使用胀管螺丝、射钉固定。

② 底部：条板隔墙用于潮湿环境时，下端应做 C20 细石混凝土条形墙垫，且墙垫高度不应小于 100mm，并应做泛水处理。防潮墙垫宜采用细石混凝土现浇，不宜采用预制墙垫。

③ 墙面防水：条板隔墙用于厨房、卫生间及有防潮、防水要求的环境时，应采取防潮、防水处理构造措施。隔墙上附设水池、水箱、洗手盆等设施时，墙面应进行防水处理，且防水高度不宜低于 1.80m。

④ 顶端为自由端的条板隔断，应做压顶。压顶宜采用通长角钢，并用水泥砂浆覆盖抹

平，也可设置混凝土圈梁，且空心条板顶端孔洞均应局部灌实，每块板应埋设不少于1根钢筋与上部角钢圈梁或混凝土圈梁钢筋连接。隔断上端应间断设置拉杆与主体结构固定；所有外露铁件均应做防锈处理。

五、墙面的内外装修

1. 墙面装修的功能

1）墙面的内外装修主要是保护墙面，提高抵抗风雨、雨、雪、温湿度、酸、碱等的侵蚀，增强隔热、保温、隔声的能力。墙体外装修还具有增加美感、突出建筑功能的作用。

2）《民用建筑设计统一标准》GB 50352—2019 对装修的规定：

（1）室内外装修设计的总体要求

① 室内外装修不应影响建筑物结构的安全性。当既有建筑改造时，应进行可靠性鉴定，根据鉴定结果进行加固；

② 装修工程应根据使用功能要求，采用节能、环保型装修材料，且应符合《建筑设计防火规范》GB 50016—2014（2018 年版）的相关规定。

（2）室内装修设计应满足的要求

① 室内装饰装修不得遮挡消防设施标志、疏散指示标志及安全出口，并不得影响消防设施和疏散通道的正常使用；

② 既有建筑重新装修时，应充分利用原有设施、设备管线系统，且应满足国家现行相关标准的规定；

③ 室内装修材料应符合《民用建筑工程室内环境污染控制规范》GB 50325—2010（2013 年版）的相关规定。

（3）室外装修设计应满足的要求

① 室外装修工程应根据使用功能要求，采用节能、环保型装修材料，且应符合《建筑设计防火规范》GB 50016—2014（2018 年版）的相关规定；

② 外墙装修材料或构件与主体结构的连接必须安全牢固。

2. 墙面装修的分类

1）清水装修

清水装修是指在砖缝之间采用勾缝的做法。采用清水装修做法时，应将砖的水平缝和竖直缝预留 8～12mm，勾缝砂浆用 1：3 水泥砂浆。这种做法多用于外墙面。

2）混水装修

混水装修是在墙体的内外表面采用的不同的装修手段，进行全面装修的做法。混水装修包括抹灰类、建筑陶瓷镶贴类、石材贴挂类、涂料粉刷类、壁纸粘贴类等做法。

3. 抹灰类装修

1）抹灰砂浆的品种

《抹灰砂浆技术规程》JGJ/T 220—2010 的规定抹灰砂浆的品种及性能见表 2-44。

表 2-44 抹灰砂浆的品种及性能

砂浆品种	成分组成（配料）	抗压强度等级	表观密度
水泥抹灰砂浆	以水泥为胶凝材料，加入细骨料和水按一定比例配制	M15、M20、M25、M30	拌合物为 1900kg/m³

砂浆品种	成分组成（配料）	抗压强度等级	表观密度
水泥粉煤灰抹灰砂浆	以水泥、粉煤灰为胶凝材料，加入细骨料和水按一定比例配制	M5、M10、M15	拌合物为1900kg/m³
水泥石灰抹灰砂浆	以水泥为胶凝材料，加入石灰膏、细骨料和水按一定比例配制	M2.5、M5、M7.5、M10	拌合物为1800kg/m³
掺塑化剂水泥抹灰砂浆	以水泥（或添加粉煤灰）为胶凝材料，加入细骨料、水和适量塑化剂按一定比例配制	M5、M10、M15	拌合物为1800kg/m³
聚合物水泥抹灰砂浆	以水泥为胶凝材料，加入细骨料和水按一定比例配制。包括普通聚合物水泥抹灰砂浆、柔性聚合物水泥抹灰砂浆和防水聚合物水泥抹灰砂浆等类型	不小于M5	拌合物为1900kg/m³
石膏抹灰砂浆	以半水石膏或Ⅱ型无水石膏单独或混合后为胶凝材料，加入细骨料、水和多种外加剂按一定比例配制	不小于1.0MPa	—

2）抹灰砂浆的应用

（1）一般抹灰工程采用的砂浆宜选用预拌砂浆。搅拌时应采用机械搅拌。

（2）不同抹灰部位应选用不同类型的砂浆，选用品种详表2-45。

表2-45　抹灰砂浆的选用

部位与墙体种类	砂浆品种
内墙	水泥抹灰砂浆、水泥石灰抹灰砂浆、水泥粉煤灰抹灰砂浆、掺塑化剂水泥抹灰砂浆、聚合物水泥抹灰砂浆、石膏抹灰砂浆
外墙、门窗洞口外侧壁	水泥抹灰砂浆、水泥粉煤灰抹灰砂浆
温（湿）度较高的房屋、地下室、屋檐、勒脚等	水泥抹灰砂浆、水泥粉煤灰抹灰砂浆
混凝土板和墙	水泥抹灰砂浆、水泥石灰抹灰砂浆、聚合物水泥抹灰砂浆、石膏抹灰砂浆
混凝土顶棚、条板	聚合物水泥抹灰砂浆、石膏抹灰砂浆
加气混凝土砌块（板）	水泥石灰抹灰砂浆、水泥粉煤灰抹灰砂浆、掺塑化剂水泥抹灰砂浆、聚合物水泥抹灰砂浆、石膏抹灰砂浆

3）抹灰砂浆的厚度

（1）内墙：只要求表面平整的普通抹灰的平均厚度不宜大于20mm，同时要求墙面平整和墙角（阴阳角）垂直的高级抹灰的平均厚度不宜大于25mm。

（2）外墙：墙面抹灰的平均厚度不宜大于20mm，勒脚抹灰的平均厚度不宜大于25mm。

（3）顶棚：现浇混凝土抹灰的平均厚度不宜大于5mm，条板、预制混凝土抹灰的平均厚度不宜大于10mm。

（4）蒸压加气混凝土砌块基层抹灰平均厚度宜控制在15mm以内；当采用聚合物水泥砂浆抹灰时，平均厚度宜控制在5mm以内；采用石膏砂浆抹灰时，平均厚度宜控制在

10mm 以内。

4）抹灰工程的施工要求

（1）抹灰应分层进行，水泥抹灰砂浆每层厚度宜为 5～7mm，水泥石灰砂浆每层厚度宜为 7～9mm，并应待前一层达到 6～7 成干后再涂抹后一层。

（2）湿度高的水泥抹灰砂浆不应涂抹在强度低的水泥抹灰砂浆基层上。

（3）当抹灰层厚度大于 35mm 时，应采取与基体黏结的加强措施。不同材料的交接处应加设耐碱玻纤网布进行加强，加强网布与各基体的搭接宽度不应小于 100mm。

4. 镶贴类装修

1）建筑陶瓷面砖的类型和品种

（1）陶瓷砖

《建筑材料术语标准》JGJ/T 191—2009 规定：建筑陶瓷类包括瓷质砖（吸水率不超过 0.5%）、炻瓷砖（吸水率大于 0.5%，不超过 3%）、细炻砖（吸水率大于 3%，不超过 6%）、炻质砖（吸水率大于 6%，不超过 10%）、陶质砖（吸水率大于 10%）。此外，还有陶瓷锦砖（陶瓷马赛克），它是由多块面积不大于 55cm² 的小砖经衬材拼贴成联的釉面砖。

（2）陶瓷薄板

《建筑陶瓷薄板应用技术规程》JGJ/T 172—2012 规定：陶瓷博板是由黏土和其他无机非金属材料经成型、高温烧成等工艺制成的厚度不大于 6mm、面积不小于 1.62m²（相当于 900mm×1800mm）的板状陶瓷制品。一般用于室内墙面和非抗震设防地区、6～8 度抗震设防地区不大于 24m 的室外墙面和非抗震设防地区、6～8 度抗震设防地区的幕墙工程。

（3）外墙饰面砖

《外墙饰面砖工程施工及验收规程》JGJ 126—2015 规定：

① 规格

A. 外墙饰面砖宜采用背面有燕尾槽的产品，燕尾槽深度不宜小于 0.5mm；

B. 用于二层（或高度 8m）以上外保温粘贴的外墙饰面砖单块面积不应大于 15000mm³（相当于 100mm×150mm），厚度不应大于 7mm。

② 吸水率

A. Ⅰ、Ⅵ、Ⅶ 区吸水率不应大于 3%；

B. Ⅱ 区吸水率不应大于 6%；

C. Ⅲ、Ⅳ、Ⅴ 区和冰冻区一个月以上的地区吸水率不宜大于 6%。

③ 冻融循环次数

A. Ⅰ、Ⅵ、Ⅶ 区冻融循环 50 次不得破坏；

B. Ⅱ 区冻融循环 40 次不得破坏。

注：冻融循环应以低温环境−30℃±2℃，保持 2h 后放入不低于 10℃ 的清水中融化 2h 为一次循环。

④ 找平材料：外墙基体找平材料宜采用预拌水泥抹灰砂浆。Ⅲ、Ⅳ、Ⅴ 区应采用水泥防水砂浆。

⑤ 黏结材料：应采用水泥基黏结材料。

⑥ 填缝材料：外墙外保温系统黏结外墙饰面砖所用填缝材料的横向变形不得小

于 1.5mm。

⑦ 伸缩缝材料：应采用耐候密封胶。

2）设计规定

（1）基体

① 基体的黏结强度不应小于 0.4MPa，当基体的黏结强度小于 0.4MPa 时，应进行加强处理。

② 加气混凝土、轻质墙板、外墙外保温系统等基体，采用外墙饰面砖时，应有可靠的加强及质量保证措施。

（2）外墙饰面砖黏结应设置伸缩缝。伸缩缝间距不宜大于 6m，伸缩缝宽度宜为 20mm。

（3）外墙饰面砖伸缩缝应采用耐候密封胶嵌缝。

（4）墙体变形缝两侧粘贴的外墙饰面砖之间的距离不应小于变形缝的宽度。

（5）饰面砖接缝的宽度不应小于 5mm，缝深不宜大于 3mm，也可为平缝。

（6）墙面阴阳角处宜采用异形角砖。

（7）窗台、檐口、装饰线等墙面凹凸部位应采用防水和排水构造。

（8）在水平阳角处，顶面排水坡度不应小于 3‰；应采用顶面饰面砖压立面饰面砖或立面最低一排饰面砖压底平面砖的做法，并应设置滴水构造。

3）施工要点

（1）施工温度

① 日最低气温应在 5℃以上，低于 5℃时，必须有可靠的防冻措施；

② 气温高于 35℃时，应有遮阳措施。

（2）粘贴工艺

① 一般饰面砖的粘贴工艺

工艺流程为：基层处理→排砖、分格、弹线→粘贴饰面砖→填缝→清理表面。

② 联片饰面砖的粘贴工艺

工艺流程为：基层处理→排砖、分格、弹线→粘贴联片饰面砖→填缝→清理表面。

5．涂饰类装修

1）常用的涂料类型

《建筑涂饰工程施工及验收规程》JGJ/T 29—2015 推荐的材料（表 2-46）：

表 2-46　常用的涂料类型

涂料名称	构成及品种	应用
合成树脂乳液内、外墙涂料	由合成树脂乳液为基料，与颜料、体制颜料及各种助剂配制而成	合成树脂乳液内、外墙涂料品种有：苯-丙乳液、丙烯酸酯乳液、硅-丙乳液、醋-丙乳液等
合成树脂乳液砂壁状涂料	以合成树脂乳液为主要黏结料，以砂料和天然石粉为骨料	具有仿石质感涂层的涂料
弹性建筑涂料	以合成树脂乳液为基料，与颜料、填料及各种助剂配制而成	施涂一定厚度（干膜厚度大于或等于 $150\mu m$）后，具有弥盖因基材伸缩（运动）产生细小裂纹的有弹性的功能性涂料

涂料名称	构成及品种	应用
复层涂料	复层涂料由底涂层、主涂层（中间涂层）、面涂层组成	① 底涂层：用于封闭基层和增加主涂层（中间）涂料的附着力；可采用乳液型或溶剂型涂料； ② 主涂层（中间涂层）：用于形成凹凸或平状装饰面，厚度（凸部厚度）为 1mm 以上；可采用聚合物水泥、硅酸盐、合成树脂乳液、反固化型合成树脂乳液为黏结料配制的厚质涂料； ③ 面涂层：用于装饰面着色，提高耐候性、耐沾污性和防水性等。可采用乳液型或溶剂型涂料
外墙无机涂料	以碱金属硅酸盐及硅溶液等无机高分子为主要成膜物质，加入适量固化剂、填料、颜料及助剂配制而成	属于单组分涂料
溶剂型涂料	由合成树脂溶液为基料配置的薄型涂料	溶剂型涂料的品种有：丙烯酸酯树脂（包括固态丙烯酸树脂）、氯化橡胶树脂、硅-丙树脂、聚氨酯树脂等
水性氟涂料	主要成膜物质分为三种： 1. PVDF（水性含聚偏二氟乙烯涂料）； 2. PEVE（水性氟烃/乙烯基醚（酯）共聚树脂氟涂料）； 3. 含氟丙烯酸类为水性含氟丙烯酸/丙烯酸酯类单体共聚树脂氟涂料	其他水性氟涂料可参考使用
建筑用反射隔热涂料	以合成树脂乳液为基料，以水为分散介质，加入颜料（主要是红外反射颜料）、填料和助剂，经一定工艺过程制成的涂料	别称为"反射隔热乳胶漆"
交联型氟树脂涂料	以含反应性官能团的氟树脂为主要成膜物，加颜料填料、溶剂、助剂等为助剂，以脂肪族多异氰酸脂树脂为固化剂的双组分常温固化型涂料	
水性复合岩片仿花岗石涂料	以彩色复合岩片和石材颗粒等为骨料，以合成树脂乳液为主要成膜物质	通过喷涂等施工工艺在建筑物表面上形成具有花岗岩质感涂层的建筑涂料
水性多彩建筑涂料	将水性着色胶体颗粒分散于水性乳胶漆中制成的建筑涂料	

2）涂料选用

（1）外墙涂料

可以选用合成树脂乳液外墙涂料、溶剂型外墙涂料、外墙无机建筑涂料、金属效果涂料等。

（2）内墙涂料

可以选用合成树脂乳液内墙涂料、纤维状内墙涂料、内墙装饰建筑涂料等。

（3）顶棚涂料

可以选用白水泥浆及顶棚涂料（一般与内墙涂料相同）。燃烧性能等级属于 A 级。

3）基层处理

（1）基层应牢固不开裂、不掉粉、不起砂、不空鼓、无剥离、无石灰爆裂点和无附着力不良的旧涂层等。

（2）基层应表面平整、立面垂直、阴阳角方正和无缺棱掉角，分隔缝（线）应深浅一致、横平竖直；允许偏差应符合现行国家标准《建筑装饰装修工程质量验收标准》GB 50210—2018 的规定，且表面应平而不光。

（3）基层应清洁：表面无灰尘、无浮浆、无油迹、无锈斑、无霉点、无盐类析出物等。

（4）基层应干燥：涂刷溶剂型涂料时，基层含水率不得大于 8%；涂刷水型涂料时，基层含水率不得大于 10%。

（5）基层 pH 值不得大于 10。

4）施工要求

（1）涂饰工程施工应按基层处理→底涂层→中涂层→面涂层的顺序进行。

（2）外墙涂饰施工应由建筑物自上而下、先细部后大面，材料的涂饰施工分段应以墙面分隔缝（线），墙面阴阳角或水落管为分界线。

（3）施工温度：水性制品的环境温度和基层表面温度应保证在 5℃以上，溶剂型制品应按产品说明进行。

（4）施工湿度：施工时空气相对湿度宜小于 85%，遇大雾、大风、下雨时应停止施工。

5）施工顺序

（1）内、外墙平涂涂料的施工顺序应符合表 2-47 的规定：

表 2-47　内、外墙平涂涂料的施工顺序

次序	工序名称	次序	工序名称
1	清理基层	4	第一遍面层涂料
2	基层处理	5	第二遍面层涂料
3	底层涂料	—	—

（2）合成树脂砂壁状涂料和质感涂料的施工顺序应符合表 2-48 的规定：

表 2-48　合成树脂砂壁状涂料和质感涂料的施工顺序

次序	工序名称	次序	工序名称
1	清理基层	4	根据设计分格
2	基层处理	5	主层涂料
3	底层涂料	6	面层涂料

（3）复层涂料的施工顺序应符合表 2-49 的规定：

表 2-49　复层涂料的施工顺序

次序	工序名称	次序	工序名称
1	清理基层	5	压花
2	基层处理	6	第一遍面层涂料
3	底层涂料	7	第二遍面层涂料
4	中层涂料	—	—

（4）仿金属版装饰效果涂料的施工顺序应符合表 2-50 的规定：

表 2-50　仿金属版装饰效果涂料的施工顺序

次序	工序名称	次序	工序名称
1	清理基层	4	底层涂料
2	多道基层处理	5	第一遍面层涂料
3	依据设计分隔	6	第二遍面层涂料

（5）水性多彩涂料的施工顺序应符合表 2-51 的规定：

表 2-51　水性多彩涂料的施工顺序

次序	工序名称	次序	工序名称
1	清理基层	5	1～2 遍中层底层涂料
2	基层处理	6	喷涂水包水多彩涂料
3	底层涂料	7	涂饰罩光涂料
4	依据设计分隔	—	—

6. 壁纸黏贴类装修

依据《住宅装饰装修工程施工规范》GB 50327—2001 和《建筑装饰装修工程质量验收标准》GB 50210—2018 及相关资料的规定：

1）壁纸、壁布的类型

壁纸、壁布的类型有纸基壁纸、织物复合壁纸、金属壁纸、复合纸质壁纸、玻璃纤维壁布、锦缎壁布、天然草编壁纸、植绒壁纸、珍木皮壁纸、功能型壁纸等。

功能型壁纸有防尘防静电壁纸、防污灭菌壁纸、保健壁纸、防蚊蝇壁纸、防霉防潮壁纸、吸声壁纸、阻燃壁纸等。

2）胶粘剂

胶粘剂有：改性树脂胶、聚乙烯醇树脂溶液胶、聚醋酸乙烯乳胶漆、醋酸乙烯-乙烯共聚乳液胶、可溶性胶粉、乙-脲混合胶粘剂等。

3）选用要点

（1）宾馆、饭店、娱乐场所及防火要求较高的建筑，应选用氧指数≥32％的 B$_1$ 级阻燃型壁纸或壁布。

（2）一般公共场所更换壁纸比较勤，对强度要求高，可选用易施工、耐碰撞的布基壁纸。

（3）经常更换壁纸的宾馆、饭店应选用易撕型网格布布基壁纸。

（4）太阳光照度大的场合和部位应选用日晒牢度高的壁纸。

4）施工要求

（1）墙面要求平整、干净、光滑、阴阳角线顺直方正，含水率不大于8%，黏结高档壁纸应刷一道白色壁纸底漆。

（2）纸基壁纸在裱糊前应进行浸水处理，布基壁纸不浸水。

（3）壁纸对花应精确，阴角处接缝应搭接、阳角处应包角，切不可有接缝。

（4）壁纸粘贴后不得有气泡、空鼓、翘边、裂缝、边角，接缝处要用强力乳胶粘牢、压实。

（5）及时清理壁纸上的污物和余胶。

7. 石材类装修

1）材料特点

（1）石材面板的性能应满足建筑物所在地的地理、气候、环境和幕墙功能的要求。

（2）石材：饰面石材的材质分为花岗石（火成岩）、大理石（沉积岩）、砂岩。按其坚硬程度和释放有害物质的多少，应用的部位也不尽相同。花岗岩（火成岩）可用于室内和室外的任何部位；大理石（沉积岩）只可用于室内，不宜用于室外；砂岩只能用于室内。

（3）石材的放射性应符合《建筑材料放射性核素限量》GB/T 6566—2010 中依据装饰装修材料中天然放射性核素镭-226、钍-232、钾-40 的放射性比活度大小，将装饰装修材料划分为 A 级、B 级、C 级，具体要求见表 2-52。

表 2-52　放射性物质比活度分级

级别	比活度	使用范围
A	内照射指数 $I_{Ra}\leqslant1.0$ 和外照射指数 $I_r\leqslant1.3$	产销和使用范围不受限制
B	内照射指数 $I_{Ra}\leqslant1.3$ 和外照射指数 $I_r\leqslant1.9$	不可用于Ⅰ类民用建筑的内饰面，可以用于Ⅱ类民用建筑物、工业建筑内饰面及其他一切建筑的外饰面
C	外照射指数 $I_r\leqslant2.8$	只可用于建筑物外饰面及室外其他用途

注：1. Ⅰ类民用建筑包括：住宅、老年公寓、托儿所、医院和学校、办公楼、宾馆等；

2. Ⅱ类民用建筑包括：商场、文化娱乐场所、书店、图书馆、展览馆、体育馆和公共交通等候室、餐厅、理发店等。

（4）石材面板的厚度：天然花岗石弯曲强度标准值不小于 8.0MPa，吸水率≤0.6%、厚度不小于 25mm；天然大理石弯曲强度标准值不小于 7.0MPa，吸水率≤0.5%、厚度不小于 35mm；其他石材不小于 35mm。

（5）当天然石材的弯曲强度的标准值在≤0.8 或≥4.0 时，单块面积不宜大于 1.00m²；其他石材单块面积不宜大于 1.50m²。

（6）在严寒和寒冷地区，幕墙用石材面板的抗冻系数不应小于 0.80。

（7）石材表面宜进行防护处理。对于处在大气污染较严重或处在酸雨环境下的石材面板，应根据污染物的种类和污染程度及石材的矿物化学物质、物理性质选用适当的防护产品对石材进行保护。

2）施工要点

石材墙面的安装有湿挂法和干挂法两种。湿挂法适用于小面积墙面的铺装，干挂法适用于大面积墙面铺装，石材幕墙采用的就是干挂法。

（1）湿挂法：先在墙面上拴接 $\phi6\sim\phi10$ 钢筋网，再将设有拴接孔的石板用金属丝（最好是铜丝）拴挂在钢筋网上，随后在缝隙中灌注水泥砂浆。总体厚度在 50mm 左右。

湿挂法的施工要点是：浇水将饰面板的背面和基体润湿，再分层灌注 1：2.5 水泥砂浆，每层灌注高度为 150～200mm，并不得大于墙板高度的 1/3，随后振捣密实（图 2-76）。

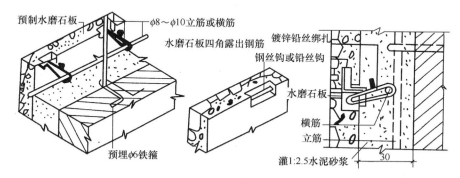

图 2-76　石材湿挂法

（2）干挂法：干挂法包括钢销安装法、短槽安装法和通槽安装法三种（图 2-77）。

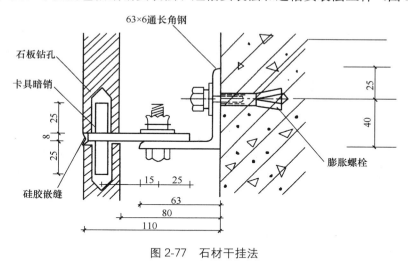

图 2-77　石材干挂法

复 习 思 考 题

1. 墙身的细部构造包括哪些内容？有哪些具体要求？
2. 小型砌块的种类和构造要点。
3. 墙身的装修做法有哪些类型和构造要求？
4. 简述金属面夹芯板的构造要点。

第四节　楼板层和地面构造

一、楼板层的构造

楼板层包括承重楼板、楼板上部的楼地面和楼板下部的顶棚三大部分。

1．楼板层的设计要求

1）结构要求：要求楼板层具有满足要求的强度、刚度和挠度。

2）抗震要求：满足抗震设防要求，地震设防地区采用钢筋混凝土楼板时应采用现浇做法。

3）隔声要求：隔声包括隔除空气传声和撞击传声两部分。隔除空气传声可以选用空心构件或在实体构件上部铺设隔声材料（如水泥焦砟）来达到。隔除撞击传声可以在地面（楼地面）上铺设卷材、橡胶垫或地毯来解决。

4）热工要求：要求楼板层和地面有满足要求的蓄热性，即良好的舒适感。

5）防火要求：楼板结构材料应选用不燃性材料，并应采用实心构件；地面应选用难燃性材料。

6）经济要求：一般楼板和地面（楼地面）约占建筑物总造价的20％～30％，应选用既能满足使用要求又相对低廉的做法。

2．楼板的种类

1）钢筋混凝土楼板

由混凝土和钢筋共同制作，包括现场浇筑和加工场预制两种做法。由于钢筋混凝土楼板具有坚固、耐久、刚度大、强度高、防火性能好等特点，一般建筑物均采用这种做法。

2）砖拱楼板

采用预制的密肋倒T形梁和拱壳砖组合而成。这种楼板自重大、刚度差，抗震设防地区不宜采用。

3）木楼板

木楼板由木梁和木地板构成。这种楼板自重较轻，脚感舒适。但耐火性能较差，目前只在别墅等建筑中采用。

4）组合楼板

这种楼板由压型钢板衬板和现浇钢筋混凝土两部分组成，又称为"组合式楼板"。多用于高层建筑，特别是钢结构的建筑中。图2-78所示为楼板的构造示意图。

3．现浇钢筋混凝土梁板的构造

现浇钢筋混凝土梁板包括现浇楼板和现浇梁两大部分。

1）钢筋混凝土楼板的材料简介

《混凝土结构设计规范》GB 50010—2010介绍了以下内容：

（1）混凝土

混凝土强度等级是以150mm的立方体，经过养护28d之后，得到的保证率为95％的抗压强度标准值。

普通混凝土的强度等级有C15、C20、C25、C30、C35、C40、C45、C50、C55、C60、C65、C70、C75、C80共14种，单位为MPa。工程图纸或科技书籍标注时只注代号，不注

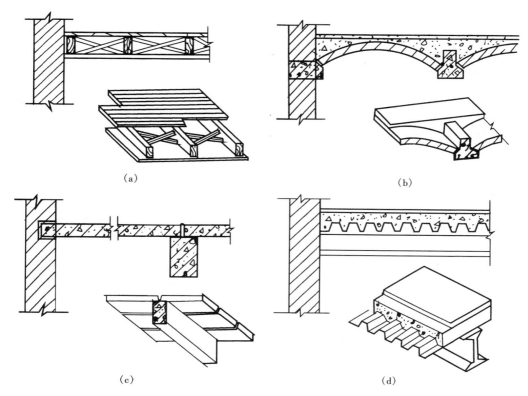

图 2-78 楼板的构造示意图

(a) 木楼板；(b) 砖拱楼板；(c) 钢筋混凝土楼板；(d) 组合楼板

单位）。

素混凝土结构的强度等级不应低于 C15；钢筋混凝土结构的强度等级不应低于 C20；采用强度等级 400MPa 级以上钢筋时，混凝土强度等级不应低于 C25。

预应力混凝土结构的强度等级不宜低于 C40，且不应低于 C30。

承受重复荷载的钢筋混凝土构件，混凝土强度等级不应低于 C30。

（2）钢筋

① 钢筋种类和级别

A. 纵向受力普通钢筋宜采用 HRB400、HRB500、HRBF400、HRBF500 钢筋，也可采用 HPB300、HRB335、HRBF335、RRB400 钢筋；

B. 梁、柱纵向受力普通钢筋应采用 HRB400、HRB500、HRBF400、HRBF500 钢筋；

C. 箍筋宜采用 HRB400、HRBF400、HPB300、HRB500、HRBF500 钢筋，也可采用 HPB335、HRBF335 钢筋；

D. 预应力钢筋宜采用预应力钢丝、钢绞线和预应力螺纹钢筋。

② 钢筋直径：钢筋的直径以 mm 为单位。通常有 6、8、10、12、14、16、18、20、22、25、28、32、36、40、50 共 15 种。

③ 普通钢筋的屈服强度标准值 f_{yk}、极限强度标准值 f_{pyk} 详见表 2-53。

表 2-53　普通钢筋强度标准值（MPa）

种类	符号	公称直径 d（mm）	屈服强度标准值 f_{yk}	屈服强度标准值 f_{stk}
HPB300	Φ	6～22	300	420
HRB335、HRBF335	Φ、Φ^F	6～50	335	455
HRB400、HRBF400、RRB400	Φ Φ^F　Φ^R	6～50	400	540
HRB500、HRBF500	Φ、Φ^F	6～50	500	630

注：当采用直径大于 40mm 的钢筋时，应经相应的试验检验或有可靠的工程经验。

④ 预应力钢丝、钢绞线和预应力螺纹钢筋的屈服强度标准值 f_{pyk}、极限强度标准值 f_{pyk} 详见表 2-54。

表 2-54　预应力筋强度标准值（MPa）

种类		符号	公称直径 d（mm）	屈服强度标准值 f_{yk}	屈服强度标准值 f_{yk}
中强度预应力钢丝	光面螺旋肋	ϕ^{PM} ϕ^{HM}	5、7、9	620	800
				780	970
				980	1270
预应力螺纹钢筋	螺纹	ϕ^P ϕ^H	18、25、32、40、50	785	980
				930	1080
				1080	1230
消除应力钢丝	光面螺旋肋	ϕ^S	5	—	1570
				—	1860
			7	—	1570
			9	—	1470
				—	1570
钢绞线	1×3（三股）	ϕ^T	8.6、10.8、12.9	—	1570
				—	1860
				—	1960
	1×7（七股）		9.5、12.7、15.2、17.8	—	1720
				—	1860
				—	1960
			21.6	—	1860

注：极限强度标准值为 1960N/mm² 的钢绞线做后张法预应力配筋时，应有可靠的工程经验。

⑤ 钢筋保护层：对钢筋混凝土构件的钢筋进行保护，防止构件中的钢筋锈蚀。钢筋保护层的厚度与钢筋混凝土所处的环境类别有关。钢筋混凝土的环境类别见表 2-55。受力钢筋保护层的最小厚度见表 2-56。

表 2-55　钢筋混凝土的环境类别

环境类别	条件
一	室内干燥环境，无侵蚀性静水浸没环境
二 a	室内潮湿环境；非严寒和非寒冷地区的露天环境；非严寒和非寒冷地区与无侵蚀的水和土壤直接接触的环境；严寒和寒冷地区的冰冻线以下与无侵蚀性的水和土壤直接接触的环境
二 b	干湿交替环境；水位频繁变动环境；严寒和寒冷地区的露天环境；严寒和寒冷地区的冰冻线以下与无侵蚀性的水和土壤直接接触的环境
三 a	严寒和寒冷地区冬季水位变动区环境；受除冰盐影响环境；寒风环境
三 b	盐渍土环境；受除冰盐作用环境；海岸环境
四	海水环境
五	受人为或自然的侵蚀性物质影响的环境

表 2-56　受力钢筋保护层的最小厚度（mm）

环境类别	墙、板、壳	梁、柱、杆
一	15	20
二 a	20	25
二 b	25	35
三 a	30	40
三 b	40	50

注：1. 混凝土强度等级不大于 C25 时，表中保护层厚度数值应增加 5mm；

　　2. 钢筋混凝土基础宜设置混凝土垫层，基础中的混凝土保护层应从垫层顶面算起，且不应小于 40mm。

⑥ 钢筋弯钩

A. 为保证钢筋和混凝土共同合作，在Ⅰ级（HPB235）钢筋所处的部位为受力钢筋时，钢筋端部应加弯钩，增强锚固，防止脱落。

B. 钢筋网以 180°钩、135°钩、90°钩及 30°、45°、60°的弓起钢筋较多。Ⅰ级（HPB235）钢筋 180°弯钩的加长量为 $6.25d$（d 为钢筋直径）；90°弯钩的加长量为构件厚度减去保护层尺寸；135°弯钩在抗震设防地区位 $10d$。常用的 180°弯钩的加长量见表 2-57。

表 2-57　180°弯钩的加长量

直径	加长量（mm）	直径	加长量（mm）
$\phi 6$	40	$\phi 14$	90
$\phi 8$	50	$\phi 16$	100
$\phi 10$	60	$\phi 18$	113
$\phi 12$	75	$\phi 20$	125

C. 弓起钢筋的斜线长度

高度在 190mm 以下时，弓起角度为 30°，斜线长度为 2×板的有效高度；

高度在 200～950mm 以下时，弓起角度为 45°，斜线长度为 1.414×板的有效梁高；

高度在 1000～1500mm 以下时，弓起角度为 60°，斜线长度为 1.154×板的有效梁高。

⑦ 钢筋接头和锚固长度

A. 钢筋的长度不能满足构件要求时，应进行焊接或套接；若条件不具备时，可以进行搭接。搭接时，应保证最小搭接长度（L_d），具体数值如表 2-58 所示：

表 2-58　最小搭接长度（L_d）

钢筋类别	受拉区	受压区	钢筋类别	受拉区	受压区
Ⅰ级	30d	20d	Ⅲ级	40d	30d
Ⅱ级	35d	25d	—	—	—

B. 锚固长度：锚固长度是受力钢筋伸入支座的长度，锚固长度 $L_m = L_d - 5d$。也可以按照图 2-79 的方法进行操作。

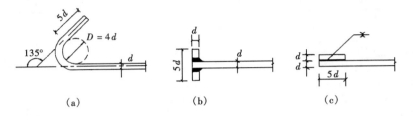

图 2-79　钢筋机械锚固的形式及构造要求
（a）末端带 135°弯钩；（b）末端与钢筋穿孔焊接；（c）末端与短钢筋双面贴焊

2）现浇钢筋混凝土构件

（1）现浇钢筋混凝土楼板

① 单向板

单向板的平面长边与短边之比大于或等于 3，受力以后，力传给长边为 1/8，传给短边为 7/8。此时认为荷载全部传给了短边。单向板的代号：B 代表板、单向箭头表示主筋受力方向。80 代表板厚为 80mm。单向板的厚度应不大于跨度的 1/30，且不小于 60mm（图 2-80）。

② 双向板

双向板的平面长边与短边之比小于或等于 2，受力以后，力向两个方向传递，短边受力大，长边受力小。受力主筋应平行短边摆放，并应摆放在下边。双向板的代号：B 代表板、双向箭头表示钢筋摆放方向。100 代表板厚为 80mm。双向板的最小值应不大于跨度的 1/40，且不小于 80mm。长边与短边介于 2～3 之间时，宜按双向板计算（图 2-81）。

③ 悬臂板

悬臂板主要用于雨罩、阳台等部位。悬臂板只有一端支承，因而受力钢筋应摆在板的上部。板厚应按 1/12 挑出尺寸取值。挑出尺寸小于或等于 500mm 时，取 60mm；挑出尺寸大于 500mm 时，取 80mm（图 2-82）。

（2）现浇钢筋混凝土梁

① 单向梁（简支梁）

单向梁的梁高一般为跨度的 1/10～1/12，梁高包括板厚。梁宽取梁高的 1/2～1/3。单向梁的经济跨度为 4～6m。

② 双向梁（主次梁）

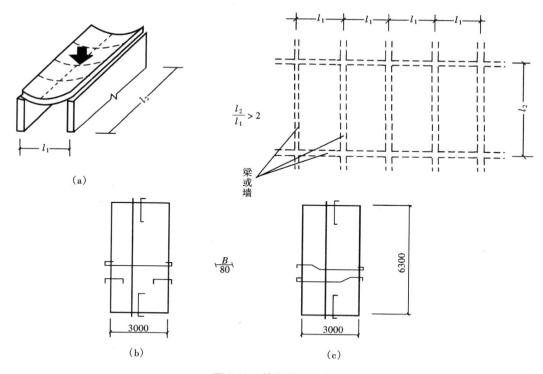

图 2-80　单向板的构造

（a）单向板；（b）分离式配筋；（c）弓起式配筋

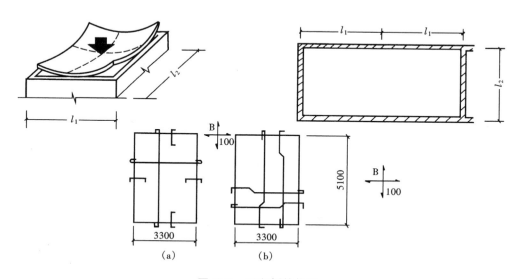

图 2-81　双向板的构造

（a）分离式配筋；（b）弓起式配筋

　　双向梁（主次梁）连同楼板一起称为"肋形楼盖"。构造顺序为：楼板支承在主梁及次梁上，次梁支承在主梁上，主梁支承在墙或柱上。次梁的梁高为跨度的 1/10～1/15；主梁的梁高为跨度的 1/8～1/12；梁宽均为梁高的 1/2～1/3。主梁的经济跨度为 5～8m。次

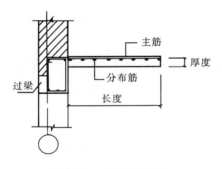

图 2-82 悬臂板的构造

梁间距由计算确定。主梁和次梁的支承长度为240mm。楼板的厚度为：次梁间距小于或等于700mm 时，取 40mm；次梁间距大于 700mm 时，取 50mm（图 2-83）。

③ 井字梁

井字梁中的主梁和次梁的梁高相同，一般出现在正方形或接近正方形的平面中，楼板厚度包括在梁高中（图 2-84）。

④ 连续梁

这种梁为多个跨度，在不同跨度的交接处有柱支承。连续梁的配筋除主筋、弓起钢筋、架立筋、箍筋外，还有在中间支座处承受负弯矩的负筋（图 2-85）。

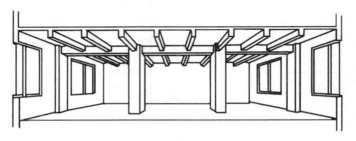

图 2-83 双向梁（主次梁）的构造

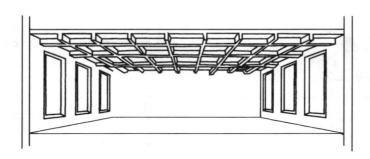

图 2-84 井字梁的构造

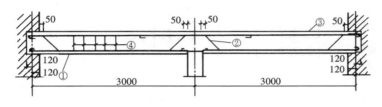

图 2-85 连续梁的构造

（3）现浇钢筋混凝土柱

现浇钢筋混凝土柱是由受力钢筋和箍筋构成。柱子的主筋要承受竖向力和水平力（图 2-86）。

126

4. 预制钢筋混凝土构件

1) 预应力的概念

混凝土的抗压能力很强，但抗拉能力很弱，经测试，抗拉强度仅为抗压强度的 1/10。在混凝土构件中加钢筋可以提高抗拉能力。梁的上部受压，下部受拉。由于混凝土的抗拉能力低，故容易在梁的底部产生裂缝。

预应力是使构件的混凝土预先受压，这叫作"预压应力"。混凝土的预压应力是通过张拉钢筋的办法实现的。钢筋张拉的方法有"先张法"和"后张法"两种。

（1）先张法：先张拉钢筋，后浇筑混凝土，待混凝土的强度达到 0.75 倍标准强度时切断钢筋，使回缩的钢筋对混凝土产生压力（图 2-87）。

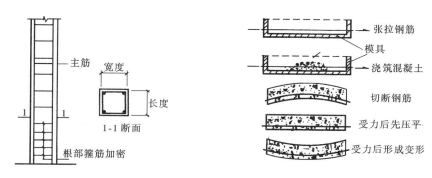

图 2-86　现浇钢筋混凝土柱的构造　　　　图 2-87　先张法预应力

（2）后张法：先浇筑混凝土，在混凝土的预留孔洞中穿入钢筋，再张拉钢筋，使混凝土钢筋达到设计应力的 1.05 倍时，并锚固在构件上。由于钢筋收缩时对混凝土产生压力，使混凝土受压。

采用预应力钢筋混凝土可以提高构件强度和减少构件厚度。小型构件一般采用先张法，并多在加工厂中进行。大型构件一般采用后张法，大多在施工现场进行。目前我国在制作钢筋混凝土构件时优先采用预应力构件（图 2-88）。

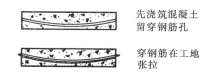

图 2-88　后张法预应力

2) 预应力钢筋混凝土板

以北京地区的预制板为例，预制楼板均采用预应力的方法制作。板的类型有短向圆孔板和长向圆孔板两大类型。

（1）预应力短向圆孔板

① 短向范围：1800～4200mm，按 300mm 进级，共 9 种规格。

② 尺寸：

A. 长度：标志尺寸为轴线尺寸；构造尺寸为轴线尺寸－90mm（缝隙尺寸）。

B. 宽度：分为宽板（标志尺寸为 1200mm）和窄板（标志尺寸为 900mm）两种。构造尺寸为标志尺寸－20mm（20mm 为预留缝隙尺寸）。

C. 厚度：一律为 130mm。

D. 代号：用"KB"表示，如 KB 30.1 为宽板代号，KB 30.(1) 为窄板代号。

（2）预应力长向圆孔板

① 长向范围：4500～6600mm，按 300mm 进级，共 8 种规格。

② 尺寸：

A. 长度：标志尺寸为轴线尺寸；构造尺寸为轴线尺寸－100mm（缝隙尺寸）。

B. 宽度：分为宽板（标志尺寸为 1200mm）和窄板（标志尺寸为 900mm）两种。构造尺寸为标志尺寸－20mm（20mm 为预留缝隙尺寸）。

C. 厚度：一律为 190mm。

D. 代号：用"YKB"表示，如 YKB 45.1 为宽板代号，YKB 45.（1）为窄板代号。

（3）搭接长度

《建筑抗震设计规范》GB 50011—2010（2016 年版）规定：预应力短向和长向圆孔板在墙上的搭接长度不应小于 120mm，在梁上的搭接长度不应小于 100mm。小于上述尺寸时应采取构造措施。

3）预制钢筋混凝土梁

以北京地区的预制梁为例。

（1）类别

① 开间梁：沿建筑开间方向摆放的预制梁，范围为 2700～4200mm，按 300mm 进级。

② 进深梁：沿建筑进深方向摆放的预制梁，范围为 4500～6600mm，按 300mm 进级。

③ 预应力长梁：根据需要可沿开间或进深方向摆放，范围为 7200～10800mm，按 300mm 进级。

（2）搭接长度

《建筑抗震设计规范》GB 50011—2010（2016 年版）规定：预制梁在墙上的搭接长度不应小于 240mm。

图 2-89 所示为预制板的排板实例。图中"GL"表示过梁。

二、底层地面与楼层地面的构造

1. 底层地面和楼地面应满足的要求

1）《民用建筑设计统一标准》GB 50352—2019 规定：

（1）除有特殊使用要求外，楼地面应满足平整、耐磨、不起尘、环保、防污、隔声、易于清洁等要求，且应具有防滑性能。

（2）厕所、浴室、盥洗室等受水或非腐蚀性液体经常浸湿的楼地面应采取防水、防滑的构造措施，并设排水坡坡向地漏。有防水要求的楼地面应低于相邻楼地面 15mm。经常有水流淌的楼地面应设置防水层，宜设门槛等挡水设施，且应有排水措施，其楼地面应采用不吸水、易冲洗、防滑的面层材料，并应设置防水隔离层。

（3）建筑地面应根据需要采取防潮、防基土冻胀或膨胀、防不均匀沉陷等措施。

（4）存放食品、食料、种子或药物等的房间，其楼地面应采用符合国家现行相关卫生环保标准的面层材料。

（5）受较大荷载或有冲击力作用的楼地面，应根据使用性质及场所选用由板（块）材料、混凝土等组成的易于修复的刚性构造，或由粒料、灰土等组成的柔性构造。

（6）木板楼地面应根据使用要求及材质特性，采取防火、防腐、防潮、防蛀、通风等相应措施。

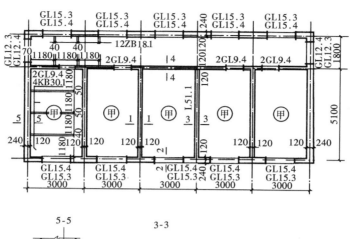

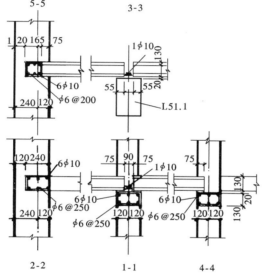

图 2-89　预制板的排板实例

2)《建筑地面设计规范》GB 50037—2013 规定：

（1）建筑地面采用的大理石、花岗石等天然石材应符合《建筑材料放射性核素限量》（GB 6566—2010）的相关规定。

（2）建筑地面采用的胶粘剂、沥青胶结料和涂料应符合《民用建筑工程室内环境污染控制规范》GB 50325—2020 的相关规定。

（3）公共建筑中，人员活动场所的建筑地面，应方便残疾人安全使用，其地面材料应符合《无障碍设计规范》GB 50763—2012 的相关规定。

（4）木板、竹板地面，应采取防火、防腐、防潮、防蛀等相应措施。

（5）建筑物的底层地面标高，宜高出室外地面 150mm。当使用有特殊要求或建筑物预期有较大沉降量等其他原因时，应增大室内外高差。

（6）有水或非腐蚀性液体经常浸湿、流淌的地面，应设置隔离层并采用不吸水、易冲洗、防滑类的面层材料，（面层标高应低于相邻楼地面，一般为 20mm），隔离层应采用防水材料。楼层结构必须采用现浇混凝土制作，当采用装配式钢筋混凝土楼板时，还应设置配筋混凝土整浇层。

（7）需预留地面沟槽、管线时，其地面混凝土工程可分为毛地面和面层两个阶段施工，毛地面混凝土强度等级不应小于 C15。

（8）采暖房间的楼地面，可不单独采取保温措施。但遇到下列情况之一时，应采取局部保温措施：

① 架空或悬挑部分的楼层地面，直接对室外或临空于采暖房间的顶部；

② 严寒地区建筑物周边无采暖管沟时，底层地面在外墙内侧 0.50～1.00m 范围内宜采取保温措施，其热阻不应小于外墙的热阻。

2. 底层地面和楼地面的构造组成

《建筑地面设计规范》GB 50037—2013 规定的底层地面和楼层地面的构造层次有：

1）底层地面和楼地面的基本构造层次

（1）面层：建筑地面直接承受各种物理和化学作用的表面层。

（2）结合层：面层与下面构造层之间的连接层。

（3）找平层：在垫层、楼板或填充层上起抹平作用的构造层。

（4）隔离层：防止建筑地面上各种液体或水、潮气透过地面的构造层。

（5）防潮层：防止地下潮气透过地面的构造层。

（6）填充层：建筑地面中设置起隔声、保温、找坡或暗敷管线等作用的构造层。

（7）垫层：在建筑地基上设置承受并传递上部荷载的构造层。

（8）地基：承受底层地面荷载的土层。

2）底层地面和楼地面的主要构造层次

（1）底层地面：底层地面的基本构造层次宜为面层、垫层和地基。

（2）楼层地面：楼层地面的基本构造层次宜为面层和楼板。

（3）附加层次：当底层地面或楼层地面的基本构造层次不能满足使用要求或构造要求时，可增设结合层、隔离层、填充层、找平层、防水层和保温隔热层等其他构造层次（图 2-90）。

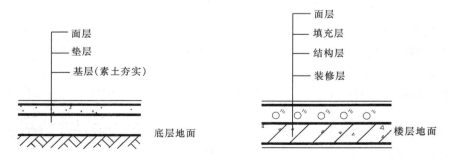

图 2-90　底层地面与楼层地面的构造示意图

3. 底层地面和楼地面面层的类别及材料选择

《建筑地面设计规范》GB 50037—2013 规定底层地面和楼层地面的类别及材料选择，应符合表 2-59 的有关规定。

表 2-59   建筑地面面层类别及材料选择

面层类别	材料选择
水泥类整体面层	水泥砂浆、水泥钢（铁）屑、现制水磨石、混凝土、细石混凝土、耐磨混凝土、钢纤维混凝土或混凝土密封固化剂
树脂类整体面层	丙烯酸涂料、聚氨酯涂层、聚氨酯自流平涂料、聚酯砂浆、环氧树脂自流平涂料、环氧树脂自流平砂浆或干式环氧树脂砂浆
板块面层	陶瓷锦砖、耐酸瓷板（砖）、陶瓷地砖、水泥花砖、大理石、花岗石、水磨石板块、条石、块石、玻璃板、聚氯乙烯板、石英塑料板、塑胶板、橡胶板、铸铁板、网纹板、网络地板
木、竹面层	实木地板、实木集成地板、浸渍纸层压木质地板（强化复合木地板）、竹地板
不发火化面层	不发火花水泥砂浆、不发火花细石混凝土、不发火花沥青砂浆、不发火花沥青混凝土
防静电面层	导静电水磨石、导静电水泥砂浆、导静电活动地板、导静电聚氯乙烯地板
防油渗面层	防油渗混凝土或防油渗涂料的水泥类整体面层
防腐蚀面层	耐酸板块（砖、石材）或耐酸整体面层
矿渣、碎石面层	矿渣、碎石
织物面层	地毯

4. 底层地面和楼地面做法的选择

1)《建筑地面设计规范》GB 50037—2013 规定：

（1）常用地面

① 公共建筑中，经常有大量人员走动或残疾人、老年人、儿童活动及轮椅、小型推车行驶的地面，其地面面层应采用防滑、耐磨、不易起尘的块材面层或水泥类整体面层。

② 公共场所的门厅、走道、室外坡道及经常用水冲洗或潮湿、结露等容易受影响的地面，应采用防滑面层。

③ 室内环境具有安静要求的地面，其面层宜采用地毯、塑料或橡胶等柔性材料。

④ 供儿童及老年人公共活动的场所地面，其面层宜采用木地板、强化复合木地板、塑胶地板等暖性材料。

⑤ 地毯的选用，应符合下列要求：

A. 有防霉、防蛀、防火和防静电等要求的地面，应按相关技术规定选用地毯；

B. 经常有人员走动或小推车行驶的地面，宜采用耐磨、耐压、绒毛密度较高的高分子类地毯。

⑥ 舞厅、娱乐场所地面宜采用表面光滑、耐磨的水磨石、花岗石、玻璃板、混凝土密封固化剂等面层材料，或表面光滑、耐磨和略有弹性的木地板。

⑦ 要求不起尘、易清洗和抗油腻沾污要求的餐厅、酒吧、咖啡厅等地面，其面层宜采用水磨石、防滑地砖、陶瓷锦砖、木地板或耐沾污地毯。

⑧ 室内体育运动场地、排练厅和表演厅的地面宜采用具有弹性的木地板、聚氨酯橡胶复合面层、运动橡胶面层；室内旱冰场地面，应采用具有坚硬耐磨、平整的现制水磨石面层

和耐磨混凝土面层。

⑨ 存放书刊、文件或档案等纸质库房地面，珍藏各种文物或艺术品和装有贵重物品的库房地面，宜采用木地板、橡胶地板、水磨石、防滑地砖等不起尘、易清洁的面层；底层地面应采取防潮和防结露措施；有贵重物品的库房，当采用水磨石、防滑地砖面层时，宜在适当范围内增铺柔性面层。

⑩ 有采暖要求的地面，可选用热源为低温热水的地面辐射供暖，面层宜采用地砖、水泥砂浆、木板、强化复合木地板等。

（2）有清洁、洁净、防尘和防菌要求地面的选择

① 有清洁和弹性要求的地面，应符合下列要求：

A. 有清洁使用要求时，宜选用经处理后不起尘的水泥类面层、水磨石面层或块材面层；

B. 有清洁和弹性使用要求时，宜采用树脂类自流平材料面层、橡胶板、聚氯乙烯板等面层；

C. 有清洁要求的底层地面，宜设置防潮层。当采用树脂类自流平材料面层时，应设置防潮层。

② 有空气洁净度等级要求的建筑地面，其面层应平整、耐磨、不起尘、不易积聚静电，并易除尘、清洗。地面与墙、柱相交处宜做小圆角。底层地面应设防潮层。面层应采用不燃、难燃并宜有弹性与较低的导热系数的材料。面层应避免眩光，面层材料的光反射系数宜为 0.15～0.35。

③ 有空气洁净度等级要求的地面不宜设变形缝，空气洁净度等级为 N1～N5 级的房间地面不应设变形缝。

④ 采用架空活动地板的建筑地面，架空活动地板材料应根据燃烧性能和防静电要求进行选择。架空活动地板有送风、回风要求时，活动地板下应采用现制水磨石、涂刷树脂类涂料的水泥砂浆或地砖等不起尘面层并应根据使用要求采取保温、防水措施。

（3）有防腐蚀要求地面的选择

① 防腐蚀地面应低于非防腐蚀地面，且不宜少于 20mm；也可设置挡水设施（如挡水门槛）。

② 防腐蚀地面宜采用整体面层。

③ 防腐蚀地面采用块材面层时，其结合层和灰缝应符合下列要求：

A. 当灰缝选用刚性材料时，结合层宜采用与灰缝材料相同的刚性材料；

B. 当耐酸瓷砖、耐酸瓷板面层的灰缝采用树脂胶泥时，结合层宜采用呋喃胶泥、环氧树脂胶泥、水玻璃砂浆、聚酯砂浆或聚合物水泥砂浆；

C. 当花岗石面层的灰缝采用树脂胶泥时，结合层可采用沥青砂浆、树脂砂浆，当灰缝采用沥青胶泥时，结合层宜采用沥青砂浆。

④ 防腐蚀地面的排水坡度：底层地面不宜小于 2%，楼层地面不宜小于 1%。

⑤ 需经常冲洗的防腐蚀地面，应设隔离层。隔离层材料可以选用沥青玻璃布油毡、再生胶油毡、石油沥青油毡、树脂玻璃钢等柔性材料。当面层厚度小于 30mm 且结合层为刚性材料时，不应采用柔性材料做隔离层。

⑥ 防腐蚀地面与墙、柱交接处应设置踢脚板，高度不宜小于 250mm。

（4）有撞击磨损作用地面的选择

有撞击磨损作用的地面，应采用厚度不小于 60mm 的块材面层或水玻璃混凝土、树脂细石混凝土、密实混凝土等整体面层。使用小型运输工具的地面，可采用厚度不小于 20mm 的块材面层或树脂砂浆、聚合物水泥砂浆、沥青砂浆等整体面层。无运输工具的地面可采用树脂自流平涂料或防腐蚀耐磨涂料等整体面层。

（5）特殊地面的选择

① 湿热地区非空调建筑的底层地面，可采用微孔吸湿、表面粗糙的面层。

② 有保温、隔热、隔声等要求的地面应采取相应的技术措施。

③ 湿陷型黄土地区，受水浸湿或积水的底层地面，应按防水地面设计。地面下应做厚度为 300～500mm 的 3∶7 灰土垫层。管道穿过地面处，应做防水处理。排水沟宜采用钢筋混凝土制作并应与地面混凝土同时浇筑。

2）其他常用建筑的地面选择

（1）托儿所、幼儿园

① 幼儿园生活用房中的活动室、寝室、多功能活动室等幼儿使用的房间应做暖性、有弹性的地面。

② 厕所、盥洗室、淋浴室等辅助房间的地面不应设台阶，地面应防滑和易于清洗。

③ 儿童使用的通道地面应采用防滑材料。

④ 厨房地面应防滑，并应采用排水措施。

（2）疗养院

① 除特殊要求外，有疗养人员通行的楼地面应采用防滑、不起尘、易清洁的材料铺装。

② 光疗用房地面应有绝缘防潮措施。

③ 兼舞厅和会议功能的多功能厅地面应平整且具有弹性。

④ 水疗室地面应铺设防潮耐磨材料。

⑤ 高频、超高频室的地面应有屏蔽措施。

⑥ 体疗用房地面面层宜采用防滑、有弹性、耐磨损材料；当设置在楼层时，楼地面应采取隔声措施。

（3）中小学校

① 科学教室、化学实验室、热学实验室、生物实验室、美术教室、书法教室、游泳池（馆）、等有给水设施的教学用房及教学辅助用房；卫生室（保健室）、饮水处、卫生间、盥洗室、浴室等有给水设施房间的楼地面应采用防滑构造做法并应设置密闭地漏。

② 疏散通道的楼地面应采用防滑的构造做法。

③ 教学用房走道的楼地面应选择光反射系数为 0.20～0.30 的饰面材料，并应采用防滑的构造做法。

④ 计算机教室和网络控制室宜采用防静电架空地板，不得采用无导出静电功能的木地板或塑料地板。当采用地板采暖时，楼地面需采用与之相适应的材料与构造做法。

⑤ 语言教室宜用架空地板，并应注意防尘。当采用不架空做法时，应铺设可敷设电缆槽的地面面层。

⑥ 舞蹈教室宜采用木地板。

⑦ 教学用房的地面应有防潮措施。在严寒地区、寒冷地区及夏热冬冷地区教学用房的

地面应设保温措施。

（4）办公建筑

① 根据办公室的使用要求，开放式办公室的楼地面宜按家具或设备位置设置弱电和强电插座。

② 大中型电子信息机房的楼地面宜采用架空防静电地板。

（5）养老设施

养老设施建筑的地面应采用不易碎裂、耐磨、防滑、平整的材料。

3）相关技术资料的规定

（1）当采用玻璃楼面时，应选择安全玻璃，并根据荷载大小选择玻璃厚度，一般应避免采用透光率较高的玻璃。

（2）存放食品、饮料或药品等房间，其存放物有可能与楼地面面层直接接触时，严禁采用有毒的塑料、涂料或水玻璃等做面层材料。

（3）加油站、加气站场内和道路不得采用沥青路面，宜采用可行驶重型汽车的水泥路面或不产生静电火花的路面。

（4）冷库楼地面应采用隔热材料，其抗压强度不应小于 0.25MPa。

（5）室外地面面层应避免选用釉面或磨光面等反射率较高和光滑的材料，以减少光污染和热岛效应及雨雪天气滑跌。

（6）室外地面宜选择具有渗水透气性能的饰面材料及垫层材料。

5. 底层地面和楼地面材料的选择及厚度

《建筑地面设计规范》GB 50037—2013 规定：

1）面层

面层的材料选择和厚度规定见表 2-60。

表 2-60　面层的材料选择和厚度规定

面层名称	材料强度等级	厚度规定（mm）
混凝土（垫层兼面层）	≥C20	按垫层确定
细石混凝土	≥C20	40～60
聚合物水泥砂浆	≥M20	20
水泥砂浆	≥M15	20
防静电水泥砂浆	≥M15	40～50
水泥钢（铁）屑	≥M40	30～40
水泥石屑	≥M30	30
现制水磨石	≥C20	≥30
预制水磨石	≥C20	25～30
防静电水磨石	≥C20	40
不发火花细石混凝土	≥C20	40～50
不发火花沥青砂浆	—	20～30

面层名称		材料强度等级	厚度规定（mm）
防静电塑料板		—	2～3
防静电橡胶板		—	2～8
防静电活动地板		—	150～400
通风活动地板		—	300～400
矿渣、碎石（兼垫层）		—	80～150
煤矸石砖、耐火砖	（平铺）	≥MU10	53
	（侧铺）		115
水泥花砖		≥MU15	20～40
陶瓷锦砖（马赛克）		—	5～8
陶瓷地砖（防滑地砖、釉面地砖）		—	8～14
耐酸瓷板		—	20、30、50
花岗岩条石或块石		≥MU60	80～120
大理石、花岗石板		—	20～40
块石		≥MU30	100～150
玻璃板（不锈钢压边、收口）		—	12～24
网络地板		—	40～70
木板、竹板	（单层）	—	18～22
	（双层）		12～20
薄型木板（席纹拼花）		—	8～12
强化复合木地板		—	8～12
聚氨酯涂层		—	1.2
丙烯酸涂料		—	0.25
聚氨酯自流平涂料			2～4
聚氨酯自流平砂浆		≥80MPa	4～7
聚酯砂浆			4～7
橡胶板		—	3
聚氨酯橡胶复合面层		—	3.5～6.5（含发泡层、网格布等多种材料）
聚氯乙烯板含石英塑料板和塑胶板		—	1.6～3.2
地毯	单层	—	5～8
	双层		8～10

面层名称		材料强度等级	厚度规定（mm）
地面辐射供暖面层	地砖	—	80～150
	水泥砂浆		20～30
	木板、强化复合木地板		12～20

注：1. 双层木板、竹板地板面层厚度不包括毛地板厚，其面层用硬木制作时，板的净厚度宜为12～20mm；

2. 双层强化木地板面层厚度不包括泡沫塑料垫层、毛板、细木工板、中密度板厚；

3. 热源为低温热水的地面辐射供暖，由面层、找平层、隔离层、填充层、绝热层、防潮层等组成，并应符合《辐射供暖供冷技术规程》JGJ 142—2012 的有关规定；

4. 本规范中沥青类材料均指石油沥青；

5. 防油渗混凝土的抗渗性能宜按照现行国家标准《普通混凝土长期性能和耐久性能试验方法》GB 50082—2009进行检测，以10号机油为介质，以试件不出现渗油现象的最大不透油压力为1.5MPa；

6. 防油渗涂料黏结抗拉强度为≥0.3MPa；

7. 涂料的涂刷，不得少于3遍，其配合比和制备及施工，必须严格按各种涂料的要求进行；

8. 面层材料为水泥钢（铁）屑、现制水磨石、防静电水磨石、防静电水泥砂浆的厚度中包含结合层；

9. 防静电活动地板、通风活动地板的厚度是指地板成品的高度；

10. 玻璃板、强化复合木地板、聚氯乙烯板宜采用专用胶粘接或粘铺；

11. 地板双层的厚度包括橡胶海绵垫层；

12. 聚氨酯橡胶复合面层的厚度，包含发泡层、网格布等多种材料。

2）结合层

（1）以水泥为胶结料的结合层材料，拌和时可掺入适量化学胶（浆）料。

（2）结合层的厚度规定见表2-61。

表2-61　结合层厚度规定

面层名称	结合层材料	厚度规定（mm）
陶瓷锦砖（马赛克）	1：1水泥砂浆	5
水泥花砖	1：2水泥砂浆或1：3干硬性水泥砂浆	20～30
块石	砂、炉渣	60
花岗岩条（块）石	1：2水泥砂浆	15～20
	砂	60
大理石、花岗石板	1：2水泥砂浆或1：3干硬性水泥砂浆	20～30
陶瓷地砖（防滑地砖、釉面地砖）	1：2水泥砂浆或1：3干硬性水泥砂浆	10～30
耐酸瓷（板）砖	树脂胶泥	3～5
	水玻璃砂浆	15～20
	聚酯砂浆	10～20
	聚合物水泥砂浆	10～20
耐酸花岗岩	沥青砂浆	20
	树脂砂浆	10～20
	聚合物水泥砂浆	10～20

面层名称	结合层材料	厚度规定（mm）
玻璃板（用不锈钢压边收口）	专用胶粘剂黏结	—
	C30 细石混凝土表面找平	40
	木板表面刷防腐剂及木龙骨	20
强化复合木地板	泡沫塑料衬垫	3～5
	毛板、细木工板、中密度板	15～18
聚氨酯涂层	1：2 水泥砂浆	20
	C20～C30 细石混凝土	40
环氧树脂自流平涂料	环氧稀胶泥一道 C20～C30 细石混凝土	40～50
环氧树脂自流平砂浆 聚酯砂浆	环氧稀胶泥一道 C20～C30 细石混凝土	40～50
聚氯乙烯板（含石英塑料板、塑胶板）、橡胶板	专用黏结剂粘贴	—
	1：2 水泥砂浆	20
	C20 细石混凝土	30
聚氨酯橡胶复合面层、运动橡胶板面层	树脂胶泥自流平层	3
	C25～C30 细石混凝土	40～50
地面辐射供暖面层	1：3 水泥砂浆	20
	C20 细石混凝土内配钢丝网 （中间配加热管）	60
网络地板面层	1：2～1：3 水泥砂浆	20

注：1. 防静电水磨石、防静电水泥砂浆的结合层应采用防静电水泥浆一道，1：3 防静电水泥砂浆内配导静电接地网；

2. 防静电塑料板、防静电橡胶板的结合层应采用专用胶粘剂；

3. 实贴木地板的结合层应采用黏结剂、木板小钉。

3）找平层

（1）当找平层铺设在混凝土垫层时，其强度等级不应小于混凝土垫层的强度等级。混凝土找平层兼面层时，其强度等级不应小于 C20。

（2）找平层材料的强度等级、配合比及厚度规定见表 2-62。

表 2-62　找平层材料的强度等级、配合比及厚度规定

找平层材料	强度等级或配合比	厚度规定（mm）
水泥炉渣	1：6	30～80
水泥石灰炉渣	1：1：8	30～80
陶粒混凝土	C10	30～80
轻骨料混凝土	C10	30～80
加气混凝土块	A5.0（M5.0）	≥50
水泥膨胀珍珠岩块	1：6	≥50

注：《建筑地面工程施工质量验收规范》GB 50209—2010 规定：找平层宜采用水泥砂浆或水泥混凝土。找平层厚度小于 30mm 时，宜采用水泥砂浆；大于 30mm 时，宜采用细石混凝土。

4）隔离层

建筑地面隔离层的层数见表 2-63。

表 2-63　隔离层的层数

隔离层材料	层数（或道数）	隔离层材料	层数（或道数）
石油沥青油毡	1 层或 2 层	防油渗胶泥玻璃纤维布	1 布 2 胶
防水卷材	1 层	防水涂膜（聚氨酯类涂料）	2 道或 3 道
有机防水涂料	1 布 3 胶	—	—

注：1. 石油沥青油毡，不应低于 350g；

2. 防水涂膜总厚度一般为 1.5～2.0mm；

3. 防水薄膜（农用薄膜）作隔离层时，其厚度为 0.4～0.6mm；

4. 用于防油渗隔离层可采用具有防油渗性能的防水涂膜材料；

5.《建筑地面工程施工质量验收规范》GB 50209—2010 规定：隔离层材料的防水、防油渗性能应符合要求。在靠近柱、墙处，隔离层应高出面层 200～300mm。

5）填充层

（1）建筑地面填充层材料的密度宜小于 $900kg/m^3$。

（2）填充层材料的强度等级、配合比及厚度规定见表 2-64。

表 2-64　填充层材料的强度等级、配合比及厚度规定

填充层材料	强度等级或配合比	厚度规定（mm）
水泥炉渣	1：6	30～80
水泥石灰炉渣	1：1：8	30～80
陶粒混凝土	CL1.0	30～80
轻骨料混凝土	CL1.0	30～80
加气混凝土块	A5.0（M5.0）	≥50
水泥膨胀珍珠岩块	1：6	≥50

注：《建筑地面工程施工质量验收规范》GB 50209—2010 规定：填充层可以选用松散材料、板状材料、块状材料和隔声垫。当采用隔声垫时，应设置保护层。混凝土保护层的厚度不应小于 30mm。保护层内应配置间距不大于 200mm×200mm 的 $\phi6$ 钢筋网片。

6）垫层

（1）地面垫层类型的选择

① 现浇整体面层、以黏结剂结合的整体面层和以黏结剂或砂浆结合的块材面层，宜采用混凝土垫层。

② 以砂或炉渣结合的块材面层，宜采用碎（卵）石、灰土、炉（矿）渣、三合土等垫层。

③ 有水及侵蚀介质作用的地面，应采用刚性垫层。

④ 通行车辆的面层，应采用混凝土垫层。

⑤ 防油渗要求的地面，应采用钢纤维混凝土或配筋混凝土垫层。

（2）地面垫层的最小厚度见表 2-65。

表 2-65 地面垫层的最小厚度

垫层名称	材料强度等级或配合比	最小厚度（mm）
混凝土垫层	≥C15	80
混凝土垫层兼面层	≥C20	80
砂垫层	—	60
砂石垫层	—	100
碎石（砖）垫层	—	100
三合土垫层	1∶2∶4（石灰∶砂∶碎料）	100（分层夯实）
灰土垫层	3∶7 或 2∶8（熟化石灰∶黏土、粉质黏土、粉土）	100
炉渣垫层	1∶6（水泥∶炉渣）或 1∶1∶6（水泥∶石灰∶炉渣）	80

注：《建筑地面工程施工质量验收规范》GB 50209—2010 规定：灰土垫层、砂石垫层、碎石垫层、碎砖垫层、三合土垫层的厚度均不应小于 100mm；砂垫层的厚度不应小于 60mm；四合土垫层的厚度不应小于 80mm；水泥混凝土垫层的厚度不应小于 60mm；陶粒混凝土垫层的厚度不应小于 80mm。

（3）垫层的防冻要求

① 季节性冰冻地区非采暖房间的地面以及散水、明沟、踏步、台阶和坡道等，当土壤标准冻深大于 600mm，且在冻深范围内为冻胀土或强冻胀土，采用混凝土垫层时，应在垫层下部采取防冻害措施（设置防冻胀层）。

② 防冻胀层应采用中粗砂、砂卵石、炉渣、炉渣石灰土以及其他非冻胀材料。

③ 采用炉渣石灰土做防冻胀层时，炉渣、素土、熟化石灰的质量配合比宜为 7∶2∶1，压实系数不宜小于 0.85，且冻前龄期应大于 30d。

7）地面的地基

（1）地面垫层应铺设在均匀密实的地基上。对于铺设在淤泥、淤泥质土、冲填土及杂填土等软弱地基上时，应根据地面使用要求、土质情况并按《建筑地基基础设计规范》GB 50007—2011 的有关规定进行设计与处理。

（2）利用经分层压实的压实填土作地基的地面工程，应根据地面构造、荷载状况、填料性能、现场条件提出压实填土的设计质量要求。

（3）对灰土地基、砂和砂石地基、土工合成材料地基、粉煤灰地基、强夯地基、注浆地基、预压地基、水泥土搅拌桩复合地基、高压喷射注浆桩复合地基、砂桩地基、振冲桩复合地基、土和灰土挤密桩复合地基、水泥粉煤灰碎石桩复合地基及夯实水泥土桩复合地基等，经处理后的地基强度或承载力应符合设计要求。

（4）地面垫层下的填土应选用砂土、粉土、黏性土及其他有效填料，不得使用过湿土、淤泥、腐殖土、冻土、膨胀土及有机物含量大于 8% 的土。填料的质量和施工要求，应符合《建筑地基基础工程施工质量验收规范》GB 50202—2012 的有关规定。

（5）直接受大气影响的室外堆场、散水及坡道等地面，当采用混凝土垫层时，宜在垫层下铺设水稳性较好的砂、炉渣、碎石、矿渣、灰土及三合土等材料作为加强层，其厚度不宜小于垫层厚度的规定。

（6）重要的建筑物地面，应计入地基可能产生的不均匀变形及其对建筑物的不利影响，并应符合《建筑地基基础设计规范》GB 50007—2011 的有关规定。

（7）压实填土地基的压实系数和控制含水量，应符合《建筑地基基础设计规范》GB

50007—2011 的有关规定。

注：《建筑地面工程施工质量验收规范》GB 50209—2010 规定：基土不应采用淤泥、腐殖土、冻土、耕植土、膨胀土和建筑杂物作为填土，填土土块的粒径不应大于 50mm。

6. 底层地面和楼地面的类型

1）整体地面

（1）混凝土地面、细石混凝土地面

① 混凝土地面采用的石子粗骨料，其最大颗粒粒径不应大于面层厚度的 2/3，细石混凝土面层采用的石子粒径不应大于 15mm。

② 混凝土面层或细石混凝土面层的强度等级不应低于 C20；耐磨混凝土面层或耐磨细石混凝土面层的强度等级不应低于 C30；底层地面的混凝土垫层兼面层的强度等级不应低于 C20，其厚度不应小于 80mm；细石混凝土面层厚度不应小于 40mm。

③ 垫层及面层，宜分仓浇筑或留缝。

④ 当地面上静荷载或活荷载较大时，宜在混凝土垫层中加配钢筋或在垫层中加入钢纤维，钢纤维的抗拉强度不应小于 1000MPa，钢纤维混凝土的弯曲韧度比不应小于 0.5。当垫层中仅为构造配筋时，可配置直径为 8～14mm，间距为 150～200mm 的钢筋网。

⑤ 水泥类整体面层需严格控制裂缝时，应在混凝土面层顶面下 20mm 处配置直径为 4～8mm、间距为 100～200mm 的双向钢筋网；或面层中加入钢纤维，其弯曲韧度比不应小于 0.4，体积率不应小于 0.15%。

（2）水泥砂浆地面

① 水泥砂浆的体积比应为 1:2，强度等级不应低于 M15，面层厚度不应小于 20mm。

② 水泥应采用硅酸盐水泥或普通硅酸盐水泥，其强度等级不应小于 42.5 级；不同品种、不同强度等级的水泥不得混用，砂应采用中粗砂。当采用石粒时，其粒径宜为 3～5mm，且含泥量不应大于 3%。

（3）水磨石地面

① 水磨石面层应采用水泥与石粒的拌合料铺设，面层的厚度宜为 12～18mm，结合层的水泥砂浆体积比宜为 1:3，强度等级不应小于 M10。

② 水磨石面层的石粒，应采用坚硬可磨白云石、大理石等岩石加工而成，石子应洁净无杂质，其粒径宜为 6～15mm。

③ 水磨石面层分隔尺寸不宜大于 1m×1m，分隔条宜采用铜条、铝合金条等平直、坚挺的材料。当金属嵌条对某些生产工艺有害时，可采用玻璃条分隔。

④ 白色或浅色的水磨石面层，应采用白水泥；深色的水磨石面层，宜采用强度等级不小于 42.5 级的硅酸盐水泥、普通硅酸盐水泥或矿渣硅酸盐水泥；同颜色的面层应使用同一批号水泥。

⑤ 彩色水磨石面层使用的颜料，应采用耐光、耐碱的无机矿物质颜料，宜同厂、同批。其掺入量宜为水泥质量的 3%～6%。

注：《建筑地面工程施工质量验收规范》GB 50209—2010 规定：水磨石面层应采用水泥与石粒拌合料铺设；有防静电要求时，拌合料内应掺入导电材料。面层的厚度宜按石粒的粒径确定，宜为 12～18mm。白色或浅色的面层应采用白水泥；深色的面层宜采用硅酸盐水泥、普通硅酸盐水泥，掺入颜料宜为水泥质量的 3%～5%。结合层采用水泥砂浆时，强度等级不应小于 M10，稠度宜为 30～35mm。防静电面层采用

导电金属分隔条时，分隔条应进行绝缘处理，十字交叉处不得碰接。

（4）自流平地面

① 定义

在基层上，采用具有自动流平或稍加辅助流平功能的材料，经现场搅拌后摊铺形成的地面面层称为"自流平地面"。

② 应用范围

随着现代工业技术和生产的发展，对于清洁生产的要求越来越高，要求地坪耐磨、耐腐蚀、洁净，室内空气含尘量尽量低，已成为发展趋势。如：食品、烟草、电子、精密仪器仪表、医药、医院手术室、汽车、机场用品等生产制作场所均要求为洁净生产车间。这些车间的地坪，一般均采用自流平地面。

③ 类型与构造

《自流平地面工程技术规程》JGJ/T 175—2018 指出：自流平地面有水泥基自流平地面、树脂基（环氧树脂、聚氨酯）自流平地面、树脂水泥复合砂浆基自流平地面三大类型。图2-91 所示为水泥基自流平地面的构造系统示意图。

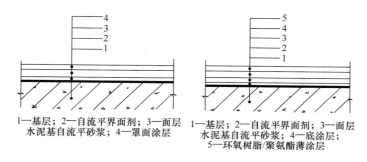

1—基层；2—自流平界面剂；3—面层　　　1—基层；2—自流平界面剂；3—面层
水泥基自流平砂浆；4—罩面涂层　　　水泥基自流平砂浆；4—底涂层；
　　　　　　　　　　　　　　　　　5—环氧树脂/聚氨酯薄涂层

图 2-91　面层为水泥基自流平地面系统

④ 自流平地面的厚度

A. 水泥基自流平砂浆用于地面找平层时，其厚度不得小于 2mm，用于地面面层时，其厚度不得小于 5mm。

B. 石膏基自流平砂浆只能作为找平层使用，其厚度不得小于 2mm。

C. 环氧树脂和聚氨酯自流平地面面层厚度不得小于 0.8mm。

2）块状材料地面

（1）砖面层

砖面层可以采用陶瓷锦砖、陶瓷地砖、缸砖和水泥花砖，并应在结合层上铺设。砖面层中各类砖的厚度和结合层厚度可以查阅表 2-90 和表 2-91。

（2）天然石材面层

天然石材面层可以采用天然大理石（碎拼大理石）、天然花岗石（碎拼花岗石），并应在结合层上铺设。铺贴大理石和花岗石之前，应浸湿板材，晾干后铺贴在结合层上。

天然石板的厚度：天然花岗石弯曲强度标准值不小于 8.0MPa，吸水率≤0.6% 时，厚度不应小于 25mm；天然大理石弯曲强度标准值不小于 7.0MPa，吸水率≤0.5% 时，厚度不应小于 35mm；其他石材的厚度不应小于 35mm。

当天然石材的弯曲强度的标准值在 0.8～4.0 时，单块面积不宜大于 1.00m²，其他石材单块面积不宜大于 1.00m²。

石材的放射性指标应符合《建筑材料放射性核素限量》GB /T6566—2010 的规定。可参考表 2-52 的规定。

（3）预制板块、铺地砖面层

① 预制板块面层

预制板块面层包括水泥混凝土块材、水磨石块材、人造石（人造大理石）块材等，并应在结合层上铺设。水泥混凝土块材间的缝隙不宜大于 6mm，水磨石块材、人造石（人造大理石）块材间的缝隙不宜大于 2mm（构件规格尺寸达到非常精准时，也可以密排，不留缝隙）。预制板块面层铺完 24h 后，应用水泥砂浆灌缝至板厚的 2/3 高度，其余 1/3 高度用同色的水泥浆擦（勾）缝。

② 铺地砖面层

铺地砖面层可以采用各类的铺地砖，其中包括小规格的全陶质瓷砖、陶胎釉面砖等，也包括大规格的全瓷质砖（通体砖）。铺地砖应严格控制吸水率，各类铺地砖吸水率的控制值见表 2-66。

表 2-66　各类铺地砖吸水率的控制值

类型	吸水率控制值	类型	吸水率控制值
全陶质瓷砖	小于 10%	全瓷质砖（通体砖）	1%
陶胎釉面砖	3%～10%	—	—

各类铺地砖均应在结合层上铺装。

（4）料石面层

料石面层可采用天然条石或天然块石，应在结合层上铺装。条石的结合层宜采用水泥砂浆；块石的结合层宜采用砂垫层，厚度不应小于 60mm；基层土应为均匀密实的基土或夯实的基土。

（5）塑料板面层

塑料板面层应采用塑料板块材、塑料板焊条、塑料卷材，用胶粘剂在水泥类基层上采用满粘法或点粘法粘贴铺设。粘贴时，室内相对湿度不宜大于 70%，温度宜在 10～32℃ 之间。防静电塑料板的胶粘剂、焊条等应具备防静电功能。

（6）活动地板面层

① 应用：宜用于有防尘和防静电要求的专用房间（如电话机房、计算机专用房间等）的地面。

② 架空高度：一般为 50～360mm 之间。

③ 构成：活动地板由面材、横梁及金属支架构成。

A. 面材：基材为特制的平压刨花板、面层饰以装饰板、底层采用镀锌板经胶粘剂处理形成的板块。活动地板有标准地板、异型地板等类型。

B. 横梁：采用金属制作并配以橡胶垫条。

C. 支架：采用金属制作，可根据需要调节高度。

D. 基层：应采用现浇水泥混凝土或水磨石制作，以保证基层平整、光洁、不起尘。活动地板在门口处四周侧边应用耐磨硬质板材封闭或采用镀锌钢板包裹、胶条封边（图2-92）。

（7）金属板面层

金属板面层应采用镀锌板、镀锡板、复合钢板、彩色涂层钢板、铸铁板、不锈钢板、铜板及其他金属板铺设。具有磁吸性的金属面板面层不得用于有磁场所。

（8）玻璃地板

《建筑玻璃应用技术规程》JGJ 113—2015规定：（摘编）

① 地板玻璃宜采用隐框支承或点支承。点支承地板玻璃连接件宜采用沉头式或背栓式连接件。

② 地板玻璃必须采用夹层玻璃，点支承地板玻璃必须采用钢化夹层玻璃。钢化玻璃必须进行均质处理。

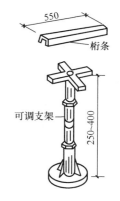

图2-92　活动地板构造

③ 楼梯踏板玻璃表面应做防滑处理。

④ 地板夹层玻璃的单片厚度相差不宜大于3mm，且夹层胶片厚度不应小于0.76mm。

⑤ 框支承地板玻璃单片厚度不宜小于8mm，点支承地板玻璃单片厚度不宜小于10mm。

⑥ 地板玻璃之间的接缝不应小于6mm。

（9）地毯地面

① 材料特点

以棉、麻、毛、丝、草等天然纤维或化学合成纤维类原料，经手工或机械工艺进行编结、裁绒或纺织而成的地面铺浆物。

② 应用

广泛应用于住宅、宾馆、体育馆、展览厅、车辆、船舶、飞机等的地面，有减少噪声、隔热和装饰效果。

③ 地毯铺装时应注意的问题

A.《住宅装饰装修工程施工规范》GB 50327—2001规定：

a. 地毯对花拼接应按毯面绒毛和织纹走向的同一方向拼接；

b. 当使用张紧器伸展地毯时，用力方向应成V字形，应由地毯中心向四周展开；

c. 当使用倒刺板固定地毯时，应沿房间四周将倒刺板与基层固定牢固；

d. 地毯铺装方向，应是绒毛走向的背光方向；

e. 满铺地毯应用扁铲将毯边塞入卡条和墙壁间的间隙中或塞入踢脚板下面；

f. 裁剪楼梯地毯时，长度应留有一定余量，以便在使用时可挪动经常磨损的位置。

B.《建筑地面工程施工质量验收规范》GB 50209—2010规定：

a. 地毯面层应采用地毯块材或卷材，以空铺法或实铺法铺设；

b. 铺设地毯的地面面层（或基层）应坚实、平整、干燥，无凹坑、麻面、起砂、裂缝，并不得有油污、钉头及其他突出物；

c. 地毯衬垫应满铺平整，地毯拼缝处不得露底衬；

3）竹、木地面

（1）实木地面

① 材料特点

A. 实木地板

实木地板是天然木材经烘干、加工后形成的地面装饰材料。它呈现出的天然原木纹理和色彩图案，给人以自然、柔和、富有亲和力的质感，同时由于它冬暖夏凉、触感好的特性使其成为卧室、客厅、书房等地面装修的理想材料。

实木地板分 AA 级、A 级、B 级三个等级，AA 级质量最高。由于实木地板的使用相对比较娇气，安装也较复杂，尤其是受潮、暴晒后易变形，因此选择实木地板要格外注重木材的品质和安装工艺。

实木地板的厚度有 12mm、15mm、18mm、20mm 等规格。

B. 竹木复合地板

竹木复合地板是竹材与木材复合的再生产物。它的面板和底板，采用的是上好的竹材，芯材多为杉木、樟木等木材。其生产制作要依靠精良的机器设备和先进的科学技术以及规范的生产工艺流程，经过一系列的防腐、防蚀、防潮、高压、高温以及胶合、旋磨等近 40 道繁杂工序，才能制作成为一种新型的复合地板。

竹木复合地板外观具有自然清新、纹理细腻流畅、防潮防湿防蚀以及韧性强、有弹性等特点；同时，其表面坚硬程度可以与木制地板中的常见材种如樱桃木、榉木等媲美。由于该地板芯材采用了木材为原料，故其稳定性极佳，结实耐用，脚感好，格调协调，隔声性能好，而且冬暖夏凉，尤其适用于居家环境以及体育娱乐场所等室内装修。从健康角度而言，竹木复合地板尤其适合城市中的老龄化人群以及婴幼儿，而且对喜好运动的人群也有保护缓冲的作用。

竹木复合地板的厚度有 9mm、15mm、18mm、21mm 等规格。

② 施工要点

A.《住宅装饰装修工程施工规范》GB 50327—2001 规定：

a. 基层平整度误差不得大于 5mm；

b. 铺装前应对基层进行防潮处理，防潮层宜涂刷防水涂料或铺贴塑料薄膜；

c. 铺装前应对地板进行选配，宜将纹理、颜色接近的地板集中使用于一个房间或部位；

d. 木龙骨应与基层连接牢固，固定点间距不得大于 600mm；

e. 毛地板应与龙骨成 30°或 45°铺钉，板缝应为 2～3mm，相邻板的接缝应错开；

f. 在龙骨上直接铺钉地板时，主次龙骨间距应根据地板的长度模数计算确定，底板接缝应在龙骨的中线上；

g. 地板钉子的长度宜为地板厚度的 2.5 倍，钉帽应砸扁。固定时应以凹榫边 30°倾斜顶入。硬木地板应先钻孔，孔径应略小于地板钉子的直径；

h. 毛地板及地板与墙之间应留有 8～10mm 的缝隙；

i. 地板磨光应先刨后磨，磨削应顺木纹方向，磨削总量应控制在 0.3～0.8mm 范围内；

j. 单层直铺地板的基层必须平整，无油污。铺贴前应在基层刷一层薄而匀的底胶以提高黏结力。铺贴时，基层和地板背面均应刷胶，待不黏手后再进行铺贴。拼板时应用榔头垫木板敲打紧密，板缝不得大于 0.30mm。溢出的胶液应及时清理干净。

B. 《建筑地面工程施工质量验收规范》GB 50209—2010 规定：

a. 竹、木地板铺设在水泥面层类基层上，其基层表面应坚硬、洁净、不起砂、表面含水率不应大于 8%；

b. 铺设竹、木地板面层时，木格栅应垫实钉牢，与柱、墙之间留出 200mm 的缝隙，表面应平直，其间距不宜大于 300mm；

c. 当面层下铺设垫层地板时，垫层地板的髓心应向上，板间缝隙不应大于 3mm，与柱、墙之间应留出 8～12mm 的空隙，表面应刨平；

d. 竹、木地板面层铺设时，相邻板材接头位置应错开不小于 300mm 的距离；与柱、墙之间应留出 8～12mm 的空隙。

③ 构造做法

A. 空铺木地板（图 2-93）

B. 实铺木地板（图 2-94）

（2）强化木地板（浸渍纸层压木质地板）

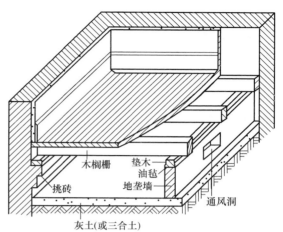

图 2-93　空铺木地板

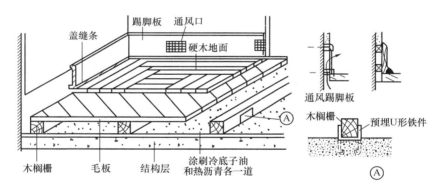

图 2-94　实铺木地板

① 材料特点

强化木地板为俗称，学名为浸渍纸层压木质地板。是以一层或多层专用纸浸渍热固性氨基树脂，铺装在刨花板、中密度纤维板、高密度纤维板等人造板基材表层，背面加平衡层，正面加耐磨层，经热压而成的地板。

强化木地板的特点有：耐磨、款式丰富、抗冲击、抗变形、耐污染、阻燃、防潮、环保、不褪色、安装简便、易打理、可用于地暖等。

强化木地板的厚度为 8mm。

② 强化木地板的施工要点

A. 《住宅装饰装修工程施工规范》GB 50327—2001 规定：

a. 防潮垫层应满铺平整，接缝处不得叠压；

b. 安装第一排时应凹槽靠墙，地板与墙之间应留有 8～10mm 的缝隙；

c. 房间长度或宽度超过 8m 时，应在适当位置设置伸缩缝。

B. 《建筑地面工程施工质量验收规范》GB 50209—2010 规定：

a. 浸渍纸层压木质地板（强化木地板）面层应采用条材或块材，以空铺或粘贴方式在基层上铺设；

b. 浸渍纸层压木质地板（强化木地板）可采用有垫层地板和无垫层地板的方式铺设；

c. 浸渍纸层压木质地板（强化木地板）面层铺设时，相邻板材接头位置应错开不小于300mm 的距离；衬垫层、垫层底板及面层与墙、柱之间均应留出不小于 10mm 的空隙；

d. 浸渍纸层压木质地板（强化木地板）面层采用无龙骨的空铺法铺设时，宜在面层与垫层之间设置衬垫层，衬垫层应在面层与柱、墙之间的空隙内加设金属弹簧卡或木楔，其间距宜为 200～300mm。

（3）软木（栓皮栎）地面

① 软木（栓皮栎）地面的面层应采用软木（栓皮栎）地板或软木复合地板的条材或块材，在水泥类基层或垫层上铺设。软木地板面层应采用粘贴方式铺设，软木复合地板应采用架空方式铺设。

② 软木（栓皮栎）地板的垫层地板在铺设时，与柱、梁之间应留出不大于 20mm 的空隙，表面应刮平。

③ 软木（栓皮栎）地板面层铺设时，相邻地板接头位置应错开不小于 1/3 板长且不小于 200mm 的距离。软木复合地板面层铺设时，应在面层与柱、墙之间的空隙内加设金属弹簧卡或木楔子，其间距宜为 200～300mm。

④ 软木（栓皮栎）地板面层的厚度一般为 4～8mm，软木复合地板的厚度一般为 13mm。

4）辐射供暖、供冷地面

《辐射供暖供冷技术规程》JGJ 142—2012 规定：

（1）一般规定

① 采用低温热水地面辐射供暖系统的供水、回水温度应由计算确定。供水温度不应大于 60℃，供水与回水温度差不宜大于 10℃ 且不宜小于 5℃。民用建筑供水温度宜采用35～45℃。

② 采用加热电缆地面辐射供暖时，应符合下列规定：

A. 当辐射间距等于 50mm，且加热电缆连续供暖时，加热电缆的线功率不宜大于 17W/m；当辐射间距大于 50mm 时，加热电缆的线功率不宜大于 20W/m；

B. 当面层采用带龙骨的架空木地板时，应采取散热措施。加热电缆的线功率不宜大于17W/m，且功率密度不宜大于 80W/m²。

C. 加热电缆布置时应考虑家具位置的影响。

（2）地面构造

① 构造类型

A. 混凝土填充式供暖地面。

B. 预制沟槽保温板式供暖地面。

C. 预制轻薄供暖板地面。

② 构造层次：（由下而上）楼板或底层地面、防潮层（只在底层地面有）、绝热层、加

热（供冷）部件、填充层、隔离层（只在潮湿房间采用）、面层。

③ 构造要求

A. 当与土壤接触的底层作为辐射地面时，应设置绝热层。绝热层与土壤之间应设置防潮层。

B. 潮湿房间的混凝土填充式供暖地面的填充层上、预制沟槽保温板或预制轻薄板供暖地面的面层下，应设置隔离层。

C. 直接与室外空气相邻的楼板，必须设置绝热层。

（3）材料选择

① 绝热层

A. 绝热层材料应采用导热系数小、难燃或不燃，具有足够承载能力的材料，且不应含有殖菌源，不得有散发异味及可能危害健康的挥发物。

B. 常用的绝热材料有选用聚苯乙烯泡沫塑料板材、发泡水泥等。

② 填充层

A. 细石混凝土：细石粒径宜为 5～12mm，强度等级为 C15 豆石混凝土。

B. 水泥砂浆：水泥宜选用硅酸盐水泥或矿渣硅酸盐水泥，体积比不应小于 1：3，强度等级不应低于 M10。

③ 面层

A. 面层材料宜选用热阻小于 $0.05m^2 \cdot K/W$ 的材料。

B. 可以选用水泥砂浆、混凝土、瓷砖、大理石、花岗石地面和符合国家标规定的复合木地板、实木复合地板及耐热实木地板。

（4）构造图示

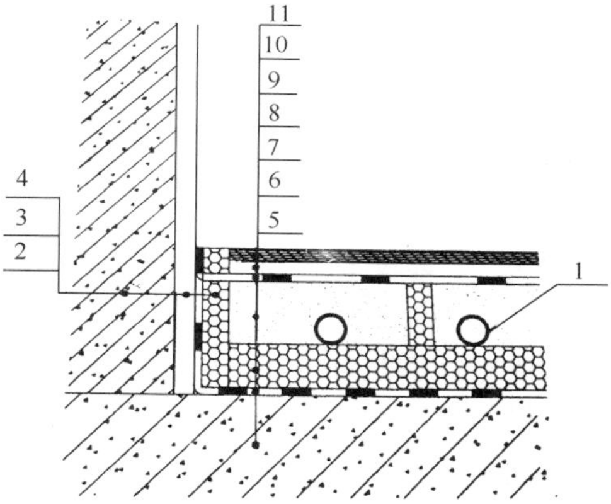

① 混凝土填充式供暖地面（图 2-95）

a 上下方向（由下而上）

做法一：楼板或与土壤相邻地面→防潮层—泡沫塑料绝热层（发泡水泥绝热层）→豆石混凝土填充层（水泥砂浆填充找平层）→隔离层（对潮湿房间）→找平层→装饰面层。

做法二：金属网→楼板或与土壤相邻地面→防潮层→泡沫塑料绝热层（发泡水泥绝热层）→豆石混凝土填充层（水泥砂浆填充找平层）→隔离层（对潮湿房间）→找平层→装饰面层。

b 左右方向（由内而外）

侧面绝热层→抹灰层→外墙。

② 预制沟槽保温板式供暖地面（图 2-96）

上下方向（由下而上）

做法一：楼板—可发性聚乙烯（EPE）垫层—预制沟槽保温板—均热层—木地板面层。

做法二：泡沫塑料绝热层—楼板—可发性聚乙烯（EPE）垫层—预制沟槽保温板—均热层—木地板面层。

图 2-95 混凝土填充式供暖地面

1—加热管；2—侧面隔热层；3—抹灰层；4—外墙；5—楼板或土壤相邻地面；6—防潮层；7—泡沫塑料绝热层（发泡水泥绝热层）；8—细石混凝土（水泥砂浆）填充层；9—隔离层（对潮湿房间）；10—找平层；11—装饰面层

做法三：与土壤相邻地面—防潮层—发泡水泥绝热层—可发性聚乙烯（EPE）垫层—预制沟槽保温板—均热层—木地板面层。

做法四：楼板—预制沟槽保温板—均热层—找平层（对潮湿房间）—金属层—找平层—地砖或石材地面。

③ 预制轻薄供暖地面（图 2-97）

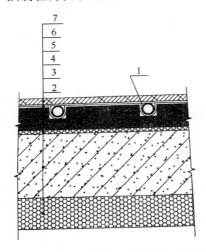

图 2-96　预制沟槽保温板式供暖地面

1—加热管或加热电缆；2—泡沫塑料隔热层；
3—楼板；4—可发性聚乙烯（EPE）；5—预制沟
槽保温板面；6—均热层；7—木地板面层

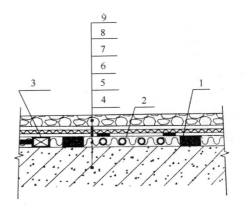

图 2-97　预制轻薄供暖地面

1—木龙骨；2—加热管；3—二次分水器；4—楼
板；5—供暖板；6—隔离层（潮湿房间）；7—金
属层；8—找平层；9—地砖与石材面层

上下方向（由下而上）

做法一：木龙骨—加热管—二次分水器—楼板—可发性聚乙烯（EPE）垫层—供暖板—木地板面层。

做法二：木龙骨—加热管—二次分水器—楼板—供暖板—隔离层（对潮湿房间）—金属层—找平层—地砖或石材面层。

做法三：木龙骨—加热管—二次分水器—泡沫绝热材料—楼板—可发性聚乙烯（EPE）垫层—供暖板—木地板面层。

做法四：木龙骨—加热管—二次分水器—与土壤相邻地面—防潮层—发泡水泥绝热层—可发性聚乙烯（EPE）垫层—预制沟槽保温板—供暖板—木地板面层。

7. 底层地面和楼地面的细部构造

见《建筑地面设计规范》GB 50037—2013 相关规定。

1）变形缝

（1）地面变形缝的设置应符合下列要求：

① 底层地面的沉降缝和楼层地面的沉降缝、伸缩缝及防震缝的设置，均应与结构相应的缝隙位置一致，且应贯通地面的各构造层，并做盖缝处理。

② 变形缝应设在排水坡的分水线上，不得通过有液体流经或聚集的部位。

③ 变形缝的构造应能使其产生位移和变形时，不受阻、不被破坏，且不破坏地面；变

形缝的材料，应按不同要求分别选用具有防火、防水、保温、防油渗、防腐蚀、防虫害的材料。

（2）地面垫层的施工缝

① 底层地面的混凝土垫层，应设置纵向缩缝（平行于施工方向的缩缝）、横向缩缝（垂直于施工方向的缩缝），并应符合下列要求：

A. 纵向缩缝应采用平头缝或企口缝［图 2-98（a）、图 2-98（b）］，其间距宜为 3～6m。

B. 纵向缩缝采用企口缝时，垫层的构造厚度不宜小于 150mm，企口拆模时的混凝土抗压强度不宜低于 3MPa。

C. 横向缩缝宜采用假缝［图 2-98（c）］，其间距宜为 6～12m；高温季节施工的地面假缝间距宜为 6m。假缝的宽度宜为 5～12mm；高度宜为垫层厚度的 1/3；缝内应填水泥砂浆或膨胀型砂浆。

D. 当纵向缩缝为企口缝时，横向缩缝应做假缝。

E. 在不同混凝土垫层厚度的交界处，当相邻垫层的厚度比大于 1、小于或等于 1.4 时，可采取连续式变截面［图 2-98（d）］；当厚度比大于 1.4 时，可设置间断式变截面［图 2-98（e）］。

F. 大面积混凝土垫层应分区段浇筑。分区段当结构设置变形缝时，应结合变形缝位置、不同类型的建筑地面连接处和设备基础的位置进行划分，并应与设置的纵向、横向缩缝的间距一致。

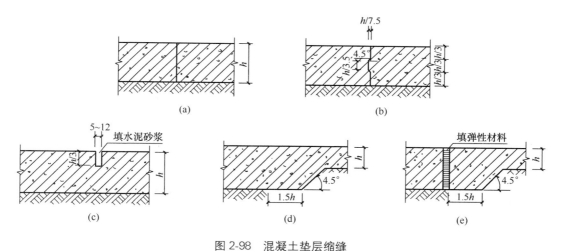

图 2-98　混凝土垫层缩缝
（a）平头缝；（b）企口缝；（c）假缝；（d）连续式变截面；（e）间断式变截面
图中 h 为混凝土垫层厚度

G. 平头缝和企口缝的缝间应紧密相贴，中间不得放置隔离材料。

（2）室外地面的混凝土垫层宜设伸缝，间距宜为 30m，缝宽宜为 20～30mm，缝内应填耐候性密封材料，沿缝两侧的混凝土边缘应局部加强。

（3）大面积密集堆料的地面，其混凝土垫层的纵向缩缝、横向缩缝，应采用平头缝，间距宜为 6m。当混凝土垫层下存在软弱下卧层时，建筑地面与主体结构四周宜设沉降缝。

（4）设置防冻胀层的地面采用混凝土垫层时，纵向缩缝和横向缩缝均应采用平头缝，其间距不宜大于 3m。

2）面层的分隔缝

直接铺设在混凝土垫层上的面层，除沥青类面层、块料面层外，应设分隔缝，并应符合下列规定：

（1）细石混凝土面层的分隔缝，应与垫层的缩缝对齐；

（2）水磨石、水泥砂浆、聚合物砂浆等面层的分隔缝，除应予垫层的缩缝对齐外，还应依据设计要求缩小间距。主梁两侧和柱周围宜分别设分隔缝；

（3）放油渗面层分隔缝的宽度可采用 15～20mm，其深度可等于面层厚度；分隔缝的嵌缝材料，下层宜采用放油渗胶泥，上层宜采用膨胀水泥砂浆封缝。

3）排泄坡面

（1）当有需要排除水或其他液体时，地面应设朝向排水沟或地漏的排泄坡面。排泄坡面较长时，宜设排水沟。排水沟或地漏应设置在不妨碍使用并能迅速排除水或其他液体的位置。

（2）疏水面积和排泄量可控制时，宜在排水地漏周围设置排泄坡面。

4）地面坡度

（1）底层地面的坡度，宜采用修正地基高程筑坡。楼层地面的坡度，宜采用变更填充层、找平层的厚度或结构起坡。

（2）排泄坡面的坡度，应符合下列要求：

① 整体面层或表面比较光滑的块材面层，可采用 0.5％～1.5％。

② 表面比较粗糙的块材面层，可采用 1％～2％。

（3）排水沟的纵向坡度不宜小于 0.5％。排水沟宜设盖板。

5）隔离层的设置

（1）地漏四周、排水地沟及地面与墙、柱连接处的隔离层，应增加层数或局部采取加强措施。地面与墙、柱连接处隔离层应翻边，其高度不宜小于 150mm。

（2）有水或其他液体流淌的地段与相邻地段之间，应设置挡水或调整相邻地面的高差。

（3）有水或其他液体流淌的楼层地面孔洞四周翻边高度，不宜小于 150mm；平台临空边缘，应设置翻边或贴地遮挡，高度不宜小于 100mm。

6）厕浴间的构造要求

厕浴间和有防水要求的建筑地面应设置防水隔离层。楼层地面应采用现浇混凝土。

楼板四周除门洞外，应做强度等级不小于 C20 的混凝土翻边，其高度不应小于 200mm。

8. 地面的防水构造

《住宅室内防水工程技术规范》JGJ 298—2013 规定：

1）一般规定

住宅卫生间、厨房、浴室、设有配水点的封闭阳台、独立水容器等处的地面均应进行防水设计。

2）功能房间防水设计

（1）卫生间、浴室的楼、地面应设置防水层，门口应有阻止积水外溢的措施。

（2）厨房的楼、地面应设置防水层；厨房布置在无用水点房间的下层时，顶棚应设置防潮层。

（3）当厨房设有采暖系统的分集水器、生活热水控制总阀门时，楼、地面宜就近设置地漏。

（4）排水立管不应穿越下层住户的居室；当厨房设有地漏时，地漏的排水支管不应穿过楼板进入下层住户的居室。

（5）设有配水点的封闭阳台、楼、地面应有排水措施，并应设置防潮层。

（6）独立热水器应有整体的防水构造。现场浇筑的独立水容器应进行刚柔结合的防水设计。

（7）采用地面辐射采暖的无地下室住宅，底层无配水点的房间地面应在绝热层下部设置防潮层。

3）技术措施

（1）对于有排水要求的房间应以门口及沿墙周边为标志标高，标注主要排水坡度和地漏表面标高。

（2）对于无地下室的住宅，地面宜采用强度等级为 C15 的混凝土作为刚性垫层，且厚度不宜小于 60mm。楼面基层宜为现浇钢筋混凝土楼板；当为预制钢筋混凝土条板时，板缝间应采用防水砂浆堵严抹平，并应沿通缝涂刷宽度不宜小于 300mm 的防水涂料形成防水涂膜带。

（3）混凝土找坡层最薄处的厚度不应小于 30mm；砂浆找坡层最薄处的厚度不应小于 20mm。找平层兼找坡层时，应采用强度等级为 C20 的细石混凝土；需设填充层铺设管道时，宜与找坡层合并，填充材料宜选用轻骨料混凝土。

（4）装饰层宜采用不透水材料和构造，主要排水坡度应为 0.5%～1%，粗糙面层排水坡度应不小于 1%。

（5）防水层应符合下列规定：

① 对于有排水的楼面、地面，应低于相邻房间楼面、地面 20mm 或作挡水门槛；当需进行无障碍设计时，应低于相邻房间面层 15mm，并应以斜坡过渡。

② 当防水层需要采取保护措施时，可采用 20mm 厚 1∶3 水泥砂浆做保护层。

4）细部构造

（1）楼面、地面的防水层在门口处应水平延展，且向外延展的长度应不小于 500mm，向两侧延展的宽度应不小于 200mm。

（2）穿越楼板的管道应设置防水套管，高度应高出装饰层完成面 20mm 以上；套管与管道之间应采用防水密封材料嵌填压实。

（3）地漏、大便器、排水立管等穿越楼板的管道根部应用密封材料嵌填压实。

（4）水平管道在下降楼板上采用同层排水措施时，楼板、楼面应做双层防水设防。对降板后可能出现的管道渗水，应有密闭措施，且宜在贴临下降楼板上表面处理设泄水管，并宜采取增设独立的泄水立管措施。

（5）地面的防水材料与墙面的防水材料相同。

三、楼板下的顶棚构造

1. 顶棚的简易做法

1）楼板下表面喷浆

适用于钢筋混凝土楼板板底较平整的简易做法。板底稍加找平后即可喷刷涂料。《人民防空地下室设计规范》GB 50038—2005 规定：防空地下室的顶板不应抹灰，主要采用在结构板底喷耐擦洗涂料。

2）楼板下表面抹灰喷浆

这种做法主要适用于结构板底不够平整，需先将班底找平后，再喷刷耐擦洗涂料。

3）楼板下表面粘贴装饰材料

这种做法主要适用于对室内装饰装修有特殊要求者，一般需先将板底找平再粘贴壁纸、壁布等装饰装修材料。

2. 顶棚的传统做法

1）板条吊顶

板条吊顶的构造是在钢筋吊杆拉结的木龙骨上钉板条，然后在板底摸麻刀灰并喷刷耐擦洗涂料（图 2-99）。

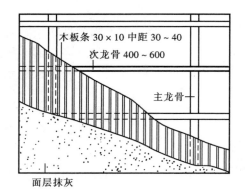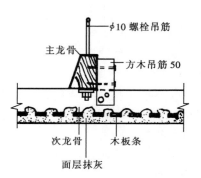

图 2-99　板条顶棚

2）苇箔吊顶

板条顶棚的构造是在钢筋吊杆拉结的木龙骨上钉苇箔，然后在苇箔板底摸麻刀灰并喷刷耐擦洗涂料（图 2-100）。

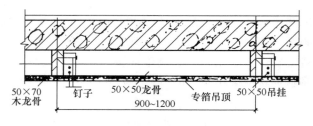

图 2-100　苇箔顶棚

3）木丝板顶棚

板条吊顶的构造是在钢筋吊杆拉结的木龙骨上钉木丝板，然后在木丝板底摸麻刀灰并喷刷耐擦洗涂料（图 2-101）。

4）纤维板顶棚

板条顶棚的构造是在钢筋吊杆拉结的木龙骨上钉纤维板，然后在纤维板底摸麻刀灰并喷刷耐擦洗涂料（图 2-102）。

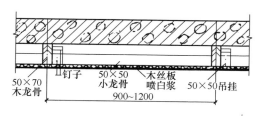

图 2-101　木丝板顶棚

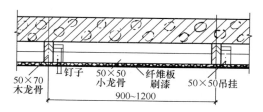

图 2-102　纤维板顶棚

3. 现代顶棚的构造做法

《公共建筑吊顶工程技术规程》JGJ 345—2014 规定：

1）一般规定

（1）顶棚材料及制品的燃烧性能等级不应低于 B_1 级。

（2）吊杆可以采用镀锌钢丝、钢筋、全牙吊杆或镀锌低碳退火钢丝等材料。

（3）龙骨可以采用轻质钢材和铝合金型材（铝合金型材的表面应采用阳极氧化、电泳喷涂、粉末喷涂或氟碳漆喷涂进行处理）。

（4）面板可以采用石膏板（纸面石膏板、装饰纸面石膏板、装饰石膏板、嵌装式纸面石膏板、吸声用穿孔石膏板）、水泥木屑板、无石棉纤维增强水泥板、无石棉纤维增强硅酸钙板、矿物棉装饰吸声板或金属及金属复合材料顶棚板。

（5）集成顶棚：由在加工厂预制的、可自由组合的多功能的装饰模块、功能模块及构配件组成的吊顶。

2）顶棚设计

（1）有防火要求的石膏板顶棚应采用大于 12mm 的耐火石膏板。

（2）地震设防烈度为 8～9 度地区的大空间、大跨度建筑以及人员密集的疏散通道和门厅处的顶棚，应考虑地震作用。

（3）重型设备和有振动荷载的设备严禁安装在顶棚工程的龙骨上。

（4）顶棚内不得敷设可燃气体管道。

（5）在潮湿地区或高湿度区域，宜使用硅酸钙板、纤维增强水泥板、装饰石膏板等面板。当采用纸面石膏板时，可选用单层厚度不小于 12mm 或双层 9.5mm 的耐水石膏板。

（6）在潮湿地区或高湿度区域顶棚的次龙骨间距不宜大于 300mm。

（7）潮湿房间中顶棚面板应采用防潮的材料。公共浴室、游泳馆等顶棚内应有凝结水的排放措施。

（8）潮湿房间中顶棚内的管线可能产生冰冻或结露时，应采取防冻或防结露措施。

3）顶棚构造

（1）不上人顶棚的吊杆应采用直径不小于 4mm 的镀锌钢丝、直径为 6mm 的钢筋、M6 的全牙吊杆或直径不小于 2mm 的镀锌低碳退火钢丝制作。顶棚系统应直接连接到房间顶部结构的受力部位上。吊杆的间距不应大于 1200mm，主龙骨的间距不应大于 1200mm。

（2）上人顶棚的吊杆应采用直径不小于 8mm 的钢筋或 M8 的全牙吊杆。主龙骨应选用截面为 U 形或 C 形、高度为 50mm 及以上型号的上人龙骨。吊杆的间距不应大于 1200mm，主龙骨的间距不应大于 1200mm，主龙骨的壁厚应大于 1.2mm。

（3）当吊杆长度大于 1500mm 时，应设置反支撑。反支撑的间距不宜大于 3600mm，距墙不应大于 1800mm。反支撑应相邻对向设置。当吊杆长度大于 2500mm 时，应设置钢结构转换层。

（4）当需要设置永久性马道时，马道应单独吊挂在建筑的承重结构上。

（5）顶棚遇下列情况时，应设置伸缩缝：

① 大面积或狭长形的整体面层顶棚。

② 密拼缝处理的板块面层吊顶同标高面积大于 100m² 时。

③ 单向长度方向大于 15m 时。

④ 顶棚变形缝应与建筑结构变形缝的变形量相适应。

（6）当采用整体面层及金属板类顶棚时，重量不大于 1kg 的筒灯、石英射灯、烟感器、扬声器等设施可直接安装在面板上；重量不大于 3kg 的灯具等设施可安装在 U 形或 C 形龙骨上，并应有可靠的固定措施。

（7）矿棉板或玻璃纤维板顶棚，灯具、风口等设备不应直接安装在矿棉板或玻璃纤维板上。

（8）安装有大功率、高热量照明灯具的吊顶系统应设有散热、排热风口。

（9）吊顶内安装有震颤的设备时，设备下皮距主龙骨上皮不应小于 50mm。

（10）透光玻璃纤维板吊顶中光源与玻璃纤维板之间的间距不宜小于 200mm。

图 2-103 所示为轻钢龙骨纸面石膏板的构造图。

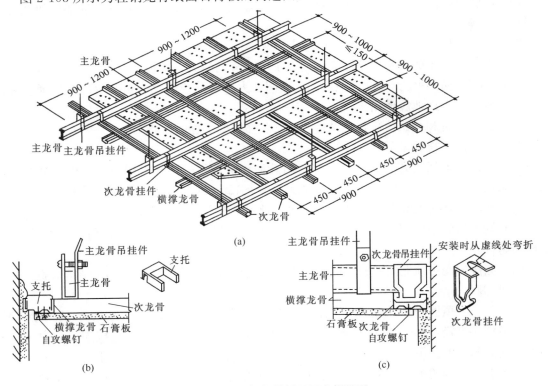

图 2-103 轻钢龙骨纸面石膏板吊顶
（a）龙骨布置；（b）细部构造；（c）细部构造

154

四、阳台和雨罩的构造

1. 阳台和雨罩的设计原则

1）《住宅设计规范》GB 50096—2011 规定：

（1）每套住宅宜设阳台或平台。

（2）阳台栏杆设计必须采用防止儿童攀登的构造，栏杆的垂直杆件间净距不应大于 0.11m；放置花盆处必须采取防止坠落措施。

（3）阳台栏板或栏杆净高，6 层及 6 层以下不应低于 1.05m，7 层及 7 层以上不应低于 1.10m。

（4）封闭阳台栏杆也应满足阳台栏板或栏杆净高要求。7 层及 7 层以上住宅和寒冷、严寒地区住宅的阳台宜采用实体栏板。

（5）顶层阳台应设置雨罩，各套住宅之间毗连的阳台应设分户隔板。

（6）阳台、雨罩均应采取有组织排水措施，雨罩及开敞阳台应采取防水措施。

（7）当阳台设有洗衣设备时应符合下列规定：

① 应设置专用给水、排水管线及专用地漏，阳台楼面、平台地面均应做防水；

② 严寒和寒冷地区应封闭阳台，并应采取保温措施。

（8）当阳台或建筑外墙设置空调室外机时，其安装位置应符合下列规定：

① 应能通畅地向室外排放空气和自室外吸入空气。

② 在排除空气一侧不应有遮挡物。

③ 应为室外机安装和维护提供方便操作的条件。

④ 安装位置不应对室外人员形成热污染。

2）《建筑抗震设计规范》GB 50011—2010（2016 年版）规定：8、9 度抗震设防时，不应采用预制阳台。

3）《非结构构件抗震设计规范》JGJ 339—2015 规定：

（1）9 度抗震设防时，不宜采用长悬臂雨篷。

（2）悬臂雨篷或仅用柱支撑的钢筋混凝土预制挑檐。

2. 阳台和雨罩的构造形式

1）挑板式：阳台或雨罩的挑出尺寸在 1200mm 以下时可以采用。支承方法时通过雨罩梁进行梁板平衡。

2）楼板延伸式：阳台板采用楼板相外延伸，形成阳台。

3）梁、板、柱结合式：对于较大尺寸的雨篷（特别是要求在雨罩下部暂停车辆），一般采用在前部加柱，柱顶放置横向梁与纵向梁支承上部的板材，形成雨罩。

4）悬挑金属桁架支承板材式，多用于雨罩挑出的尺寸较大时。

3. 阳台的防护栏杆和防护栏板的构造

1）阳台的防护栏杆和防护栏板的材料可以采用普通黏土砖砌筑、保持间距要求的金属栏杆（如方钢、圆钢、扁钢等）、安全玻璃、钢筋混凝土栏板（现浇或预制）。图 2-104 展示了其中的一些做法。

2）防护要求

（1）《民用建筑设计统一措施》GB 50352—2019 规定，阳台、外廊、室内回廊、内天井、上人屋面及室外楼梯等临空处应设置防护栏杆，并应符合下列规定：

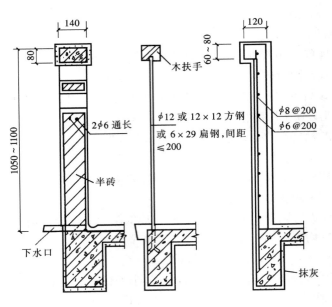

图 2-104　阳台防护栏杆构造

① 栏杆应以坚固、耐久的材料制作，并能承受现行国家标准《建筑结构荷载规范》GB 50009—2012 及国家其他现行相关标准规定的水平荷载。

② 当临空高度在 24.0m 以下时，栏杆高度不应低于 1.05m，当临空高度在 24.0m 及以上时，栏杆高度不应低于 1.10m；上人屋面和交通、商业、旅馆、医院、学校等建筑临开敞中庭的栏杆高度不应低于 1.20m。

③ 栏杆高度应从所在楼地面或屋面至栏杆扶手顶面垂直高度计算，当底面有宽度大于或等于 0.22m，且高度低于或等于 0.45m 的可踏部位时，应从可踏部位顶面起算。

④ 公共场所栏杆离地面 0.10m 高度范围内不宜留空。

⑤ 住宅、托儿所、幼儿园、中小学及其他少年儿童专用活动场所的栏杆必须采用防止攀爬的构造。当采用垂直杆件做栏杆时，其杆件净间距不应大于 0.11m。

(2)《中小学校设计规范》GB 50099—2011 规定：上人屋面、外廊、楼梯、平台、阳台等临空部位必须设防护栏杆，并应符合下列规定：

① 防护栏杆必须坚固、安全，高度不应低于 1.10m。

② 防护栏杆最薄弱处承受的最小水平推力应不小于 1.50kN/m²。

复 习 思 考 题

1. 楼板和地面的作用与要求。

2. 现浇钢筋混凝土梁板的构造形式。

3. 预制钢筋混凝土梁板的构造形式。

4. 底层地面和楼层地面在构造做法上的区别。

5. 底层地面和楼地面做法的选择。

6. 供暖与供冷地面的构造层次。

7. 阳台与雨罩的常用做法和防护要求。

第五节　楼梯、电梯（自动扶梯）和台阶、坡道构造

一、建筑物解决高差和垂直交通的措施

1. 解决高差的措施

1）坡道

坡道只用于高差较小且有方便运输要求的建筑中。常用坡度为 1∶8～1∶12，自行车坡道宜不大于 1∶5。

2）礓磋

又称为"锯齿形坡道"，用于需要防滑的坡道。其锯齿尺寸宽度为 50mm，深 7mm。亦可采用在坡道表面粘贴石渣、细卵石进行防滑。礓磋的坡度与坡道相同。

3）台阶

台阶的坡度应比楼梯的坡度小，室外台阶宽度应大于楼梯的踏步宽度，台阶高度应小于楼梯的踏步高度。室内台阶可与楼梯踏步尺寸一致。

2. 解决垂直交通的措施

1）楼梯

用于楼层之间和高差较大时的交通联系，倾斜角度一般在 20°～45°之间，舒适角度为 26°34'，即踏步的高度与宽度之比为 1∶2。

2）电梯

用于楼层之间的交通联系，俗称为"直梯"，角度为 90°。

3）自动扶梯

自动扶梯俗称为"滚梯"，有水平运行（自动人行道）、向上运行、向下运行三种方式。自动扶梯向上运行和向下运行的倾角为 30°左右。

3. 解决特殊高差的专用梯

特殊高差指的是解决除台阶、楼梯、电梯之外的高差。如供消防专用的消防梯、铁爬梯、吊车专用梯等。其倾斜角度有 45°、59°、73°、90°。

《建筑设计防火规范》GB 50016—2014（2018 年版）规定：建筑高度大于 10m 的三级耐火等级的建筑，应设置通至屋顶的室外消防梯。室外消防梯的宽度应不小于 0.60m，且宜从室外地面 3.00m 的高度处设置，还应不面对屋顶通风窗（老虎窗）设置。

二、楼梯的构造

1. 楼梯应满足的要求

1）功能方面的要求：主要指的是使用要求，包括楼梯数量、位置、平面试样、主要尺寸、细部做法等均应满足规范规定的要求。

2）结构方面的要求：楼梯是多为建筑物的承重构件，必须满足承载力的要求。一般住宅按 1.50kN/m²，公共建筑按 3.50kN/m² 考虑。其变形能力应较小，允许挠度值为 1/400。

3）采光方面的要求：楼梯一般应靠外墙设置，并有满足采光要求的外窗，窗墙面积比应不小于 1∶12，（防烟楼梯间除外），以获取足够的采光能力。

4）施工和经济方面的要求：楼梯施工可以现浇、也可以预制。在选择装配式做法时，应使构件重量适当，方便施工。

2. 楼梯的数量

《建筑设计防火规范》GB 50016—2014（2018 年版）规定：

1）居住建筑

（1）建筑高度不大于 27m 的建筑，当每个单元任一层的建筑面积大于 650m²，或任一户门至最近疏散楼梯的距离大于 15m 时，每个单元每层的疏散楼梯不应少于 2 个；

（2）建筑高度大于 27m、不大于 54m 的建筑，当每个单元任一楼层的建筑面积小于 650m²，或任一户门至最近疏散楼梯的距离大于 10m 时，每个单元每层的疏散楼梯不应少于 2 个；

（3）建筑高度大于 54m 的建筑，每个单元每层的疏散楼梯不应少于 2 个。

2）公共建筑

公共建筑内每个防火分区或一个防火分区的每个楼层，其疏散楼梯不应少于 2 个。设置 1 部疏散楼梯的公共建筑应符合下列条件之一：

（1）除托儿所、幼儿园外，建筑面积不大于 200m² 且人数不超过 50 人的单层公共建筑和多层建筑的首层；

（2）除医疗建筑、老年人照料设施，托儿所、幼儿园的儿童用房，儿童游乐厅等儿童活动场所和歌舞、娱乐、放映、游艺场所等外，符合表 2-67 的公共建筑。

表 2-67　公共建筑可设置 1 个疏散楼梯的条件

耐火等级	最多层数	每层最大建筑面积（m²）	人数
一、二级	3 层	200	第二层与第三层人数之和不超过 50 人
三级	3 层	200	第二层与第三层人数之和不超过 25 人
四级	2 层	200	第二层人数不超过 15 人

3. 楼梯的位置

1）楼梯应放在明显和易于找到的部位，上下层楼梯应放在同一位置，以方便疏散；

2）楼梯不宜放在建筑物的角部和边部，以方便水平荷载的传递；

3）楼梯间应有天然彩光和自然通风（高层建筑的防烟楼梯间可以除外）；

4）5 层及 5 层以上建筑物的楼梯间，底层应设出入口；4 层及 4 层以下的建筑物，楼梯间可以放置在出入口附近，但不得超过 15m；

5）楼梯不宜采用围绕电梯的布置形式；

6）楼梯间一般不宜占用好的朝向；

7）建筑物内主入口的明显位置宜设有主楼梯；

8）除通向避难层的楼梯外，楼梯间在各层的平面位置不应改变。

4. 楼梯的材料与类型

1）材料

楼梯按结构材料可以选用钢筋混凝土、木材、钢材。由于钢筋混凝土楼梯有坚固、耐久、防火的明显优势而普遍应用。

2）类型

楼梯按其梯段（楼梯跑）的平面形式可以分为单梯段（单跑）式、双梯段（双跑）式、多梯段（多跑）式以及弧形梯段、螺旋梯段、剪刀梯段等多种类型。楼梯按防火要求分为开敞式、封闭式、防烟式等类型。

当楼梯间的平面为矩形时，适合采用双跑式楼梯段；楼梯间的平面接近矩形时可以做成三跑式楼梯段或多跑式楼梯段。圆弧形的平面可以做成螺旋式楼梯段。有时，楼梯的形式还要配合建筑内部的装饰、装修效果，如经常出现在建筑物正厅的双分式楼梯段或双合式楼梯段。

楼梯的平面类型见图 2-105。

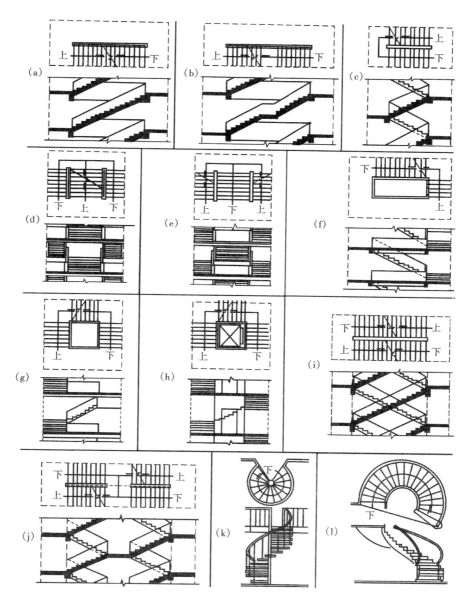

图 2-105　楼梯的类型

（a）直行单跑楼梯；（b）直行单跑楼梯；（c）平行双跑楼梯；（d）平行双分楼梯；（e）平行双合楼梯；（f）折行双跑楼梯；（g）折行三跑楼梯；（h）设置电梯折行三跑楼梯；（i）剪刀式楼梯；（j）剪刀式楼梯；（k）螺旋形楼梯；（l）弧形楼梯

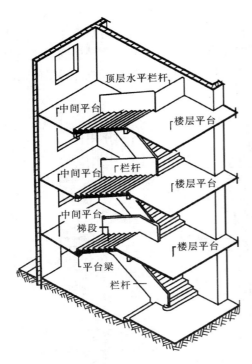

图 2-106 楼梯的组成部分

5. 楼梯的构造组成

图 2-106 所示为楼梯的构造组成。

1）楼梯段（楼梯跑）

（1）楼梯段的踏步数量

① 踏步是使用者上下楼梯脚踏的地方。踏步的水平面叫作"踏面"（踏步宽度）用 b 表示，踏步的垂直面叫作"踢面"（踏步高度）用 h 表示。$b+h$ 通常控制在 450mm 左右。上下楼梯的舒适踏步尺寸宽度为 300mm，高度为 150mm，形成宽高比为 2∶1 的关系。

②《民用建筑设计统一标准》GB 50352—2019 规定的楼梯踏步的宽度和高度见表 2-102 的规定。

③ 踏步应采取防滑措施。

④ 每个梯段的踏步级数不应少于 3 级，且应不超过超过 18 级。

⑤ 梯段内每个踏步高度、宽度应一致，相邻梯段的踏步高度、宽度宜一致。

⑥ 当同一建筑地上、地下为不同使用功能时，楼梯踏步宽度和高度可分别按表 2-68 的规定执行。

表 2-68　楼梯踏步的最小宽度和最大高度（m）

楼梯类型		最小宽度	最大高度
住宅楼梯	住宅公共楼梯	0.260	0.175
	住宅套内楼梯	0.220	0.200
宿舍楼梯	小学宿舍楼梯	0.260	0.150
	其他宿舍楼梯	0.270	0.165
老年人设施楼梯	住宅建筑楼梯	0.300	0.150
	公共建筑楼梯	0.320	0.130
托儿所、幼儿园楼梯		0.260	0.130
小学校楼梯		0.260	0.150
人员密集且竖向交通繁忙的建筑和大、中学校楼梯		0.280	0.165
其他建筑楼梯		0.260	0.175
超高层建筑核心筒内楼梯		0.250	0.180
检修及内部服务楼梯		0.220	0.200

注：1. 螺旋楼梯和扇形踏步离内侧扶手中心 0.25m 处踏步宽度不应小于 0.22m；

　　2. 老年人使用的楼梯严禁采用弧形楼梯和螺旋楼梯。

（2）楼梯段的宽度

① 梯段净宽应符合《建筑设计防火规范》GB 50016—2014（2018 年版）及国家现行相

关专用建筑设计标准的规定外：供日常主要交通用的楼梯段净宽应根据建筑物使用特征，按每股人流宽度为 0.55m＋（0～0.15m）的人流股数确定，并应不少于两股人流。（0～0.15m）为人流在行进中人体的摆幅，公共建筑人流众多的场所应取上限值。

② 当一侧有扶手时，梯段净宽应为墙体装饰面至扶手中心线的水平距离；当两侧有扶手时，梯段净宽应为两侧扶手中心线之间的水平距离。当有凸出物时，梯段净宽应从凸出物表面算起。

③《建筑设计防火规范》GB 50016—2014（2018 年版）规定的楼梯段的最小宽度：

A. 住宅建筑

a. 疏散楼梯的净宽度应不小于 1.10m。

b. 建筑高度不大于 18m 的住宅建筑中一侧设置栏杆（栏板）的疏散楼梯，其净宽度应不小于 1.00m。

c. 户内楼梯的梯段净宽，一边临空时为 0.75m，两侧有墙时为 0.90m。

B. 公共建筑

a. 一般公共建筑疏散楼梯的净宽度应不小于 1.10m；

b. 高层公共建筑疏散楼梯的净宽度应不小于 1.20m；高层医疗建筑疏散楼梯的净宽度应不小于 1.30m。

④ 其他规范规定的最小宽度

a. 医院的主楼梯梯段宽度应不小于 1.65m；

b. 中小学教学用房的楼梯梯段净宽应不小于 1.20m，并应按 0.60m 的整数倍增加梯段宽度。每个楼梯段可增加不超过 0.15m 的摆幅宽度，意即一股人流的基本宽度值为 0.60～0.75m 之间；

c. 宿舍楼楼梯段宽度应按每 100 人不小于 1.00m 计算，最小体锻净宽应不小于 1.20m；

d. 老年人照料设施的楼梯段净宽不应小于 1.20m。各级踏步应均匀一致，楼梯休息平台内不应设置踏步。踏步前缘应不突出，踏面下方应不留空。应采用防滑材料饰面，所有踏步上的防滑条、警示条等附着物均不应突出墙面。

⑤ 楼梯段投影长度的计算

楼梯段投影长度＝（踏步高度数量－1）×踏步宽度

2）休息平台

休息平台又称为"休息板"。《民用建筑设计统一标准》GB 50352—2019 的规定：

（1）当楼梯段改变方向时，扶手转向端处的平台最小宽度应不小于梯段净宽，并不得小于 1.20m。

（2）当有搬运大型物件需要时，休息平台应适当加宽。

（3）直跑楼梯的中间平台应不小于 0.90m。

（4）楼梯为剪刀式楼梯时，楼梯休息平台的净宽不得小于 1.30m。

（5）综合医院主楼梯和疏散楼梯的休息平台宽度不宜小于 2.00m。

（6）当有门扇进入楼梯间时的休息平台宽度应符合下列规定：

①《建筑设计防火规范》GB 50016—2014（2018 年版）规定：开向疏散楼梯或疏散楼梯间的门，当其完全开启时，应不减少楼梯休息平台的有效宽度。意即：当开向楼梯间的门扇完全开启时，休息平台的宽度必须保证 1.20m。

② 门扇开启不占用休息平台时，其洞口距踏步边缘的距离宜不小于 0.40m，居住建筑的距离可适当缩小，但宜不小于 0.25m。

图 2-107 所示为休息平台的尺寸规定。

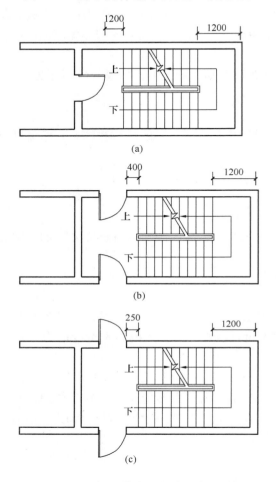

图 2-107　休息平台的尺寸

(a) 门正对楼梯间开启；(b) 门侧对楼梯间外开；

(c) 门侧对楼梯间内开

3）梯井

（1）上、下两个楼梯段扶手中心之间的距离称为"梯井"。

（2）《建筑设计防火规范》GB 50016—2014（2018 年版）规定：公共建筑内的疏散楼梯，两梯段扶手中心间的水平净距宜不小于 150mm。

（3）宿舍建筑、中小学宿舍楼的梯井净宽度应不大于 0.20m。

（4）住宅建筑的梯井净宽度不得小于 0.11m。

（5）下列建筑的梯井应采取防护措施：

① 住宅建筑梯井净宽度大于 0.11m 时，必须采取防止儿童攀滑的措施。

② 托儿所、幼儿园、中小学及少年儿童专用活动场所的楼梯梯井宽度大于 0.20m 时，必须采取防止少年儿童攀滑的措施。楼梯栏杆应采取不易攀登的构造，当采用垂直杆件做栏杆时，杆件净距应不大于 0.11m。

4）楼梯扶手与栏杆（栏板）

（1）《民用建筑设计统一标准》GB 50352—2019 规定：

① 梯段净宽为两股人流时，楼梯应至少一侧设扶手；梯段净宽达到 3 股人流时，应两侧设扶手；梯段净宽达到 4 股人流时，宜加设中间扶手。

② 室内楼梯扶手的高度应自踏步的前缘线量起宜不小于 0.90m。楼梯水平栏杆或栏板长度大于 0.50m 时，其高度应不小于 1.05m。

（2）中小学校的楼梯栏杆不得采用易于攀登的构造和花饰，栏杆净距应不大于 0.11m。扶手上部应加设防止学生攀滑的措施。

（3）托儿所、幼儿园建筑楼梯除设成人扶手外，还应在靠墙一侧设幼儿扶手，其高度应不大于 0.60m。

（4）养老设施建筑的楼梯两侧应设置扶手。扶手直径宜为 30～45mm，与潮湿环境扶手截面尺寸应取较小数值。

5）楼梯的净空尺寸

（1）《民用建筑设计统一标准》GB 50352—2019 规定：楼梯平台上部及下部过道处的净

高应不小于 2.00m，梯段净高应不小于 2.20m。

注：楼梯净高为自踏步前缘（包括每个梯段最低和最高一级踏步前缘线以外 0.30m 范围内）量至上方突出物下缘间的垂直高度。

（2）建筑入口处地坪与室外地坪应有高差，宜不小于 0.10m。

图 2-108 所示为楼梯的净空尺寸。

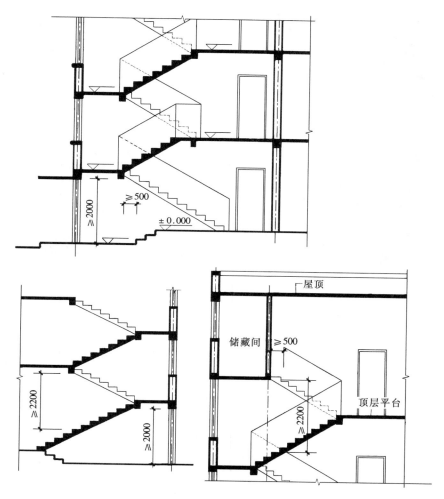

图 2-108　楼梯的净空尺寸

6.现浇钢筋混凝土楼梯的构造

现浇钢筋混凝土楼梯是在施工现场支模、绑扎钢筋和浇筑混凝土而成的。由于其整体性强，对抗震有利，因而采用较多。

1）板式楼梯

板式楼梯是把楼梯段作为一块斜板考虑，板的两端支撑在上下平台梁上，休息平台则由楼梯间的墙体支承。这种楼梯的结构简单，板底平整，施工方便。

传力方式：荷载—楼梯段—平台梁—墙体（图 2-109）。

2）斜梁式楼梯

斜梁式楼梯是将楼梯段支承在板下的斜梁上，斜梁支承在平台梁上，平台梁再由楼梯间墙体支撑。楼梯斜梁可以在楼梯段的踏步上面、踏步中间或踏步下部。这种楼梯构造较为复杂，施工不如板式楼梯方便。

传力方式：荷载—楼梯段—楼梯斜梁—平台梁—墙体（图 2-110）。

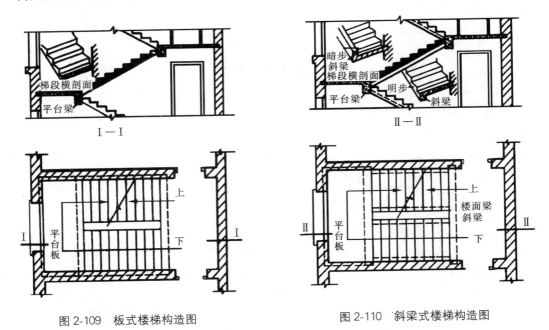

图 2-109　板式楼梯构造图　　　　　图 2-110　斜梁式楼梯构造图

3）无梁楼梯

这种楼梯既无平台梁也无斜梁。这种无梁楼梯多用于楼梯高度尺寸难以满足要求时，但楼梯段斜板的厚度会较大。

传力方式：荷载—楼梯段—墙体（图 2-111）。

7. 楼梯的设计

在楼梯设计中，楼梯间的层高尺寸、开间尺寸、进深尺寸均为已知条件，还要注意楼梯间的平面形式。开敞式平面，尺寸相对比较宽松；封闭式平面，尺寸相对比较紧张。

1）设计步骤

（1）根据楼梯的性质和用途，确定楼梯的坡度，选择踏步高度 h，踏步宽度 b；

（2）根据通过的人数和楼梯的开间尺寸，确定楼梯的梯段宽度 B；

（3）确定踏步数量。确定的方法是用楼层高度 H 除以踏步高度 h，得出踏步数量 n（$n = H/h$），踏步数应为整数；

（4）确定每个楼梯段的踏步数，得知梯段长度。一个楼梯段的踏步数最少为 3 步，最多为 18 步，总步数多于 18 步时，应做成双跑或多跑；

（5）用已确定的踏步宽度 b 决定楼梯段的水平投影长度 $[L_1 = (n-1)h]$；

（6）确定休息板宽度 L_2，$L_2 \geqslant B_1$；

（7）若首层平台下部要求开门通行时，可将反映室内外高差的台阶尺寸移至室内，以增加平台下的空间高度；亦可采用首层第一跑的梯段长度加长，以提高平台高度（图 2-112）。

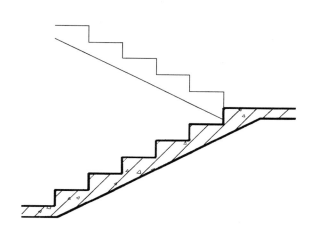

图 2-111　无梁楼梯

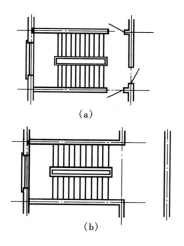

图 2-112　楼梯平面类型

（a）封闭式平面；（b）开敞式平面

2）设计实例

【例1】条件：某公共建筑，层数为3层，楼梯间为开敞式平面，无处入口。开间尺寸为3300mm，进深尺寸为5100mm，层高尺寸为3300mm。内墙厚度为240mm，轴线居中（轴线两侧均为120mm）；外墙为360mm，轴线偏中（轴线外侧为240mm，内侧为120mm）；室内外高差为450mm。试设计楼梯的各部尺寸并绘制楼梯的平面图和剖面图。

【解】

（1）本题为开敞式楼梯，初步设定为 $b=300$mm，$h=150$mm，按双跑楼梯设计。

（2）确定踏步数量　$3300\div150=22$ 步。

由于踏步数为22步，超过一跑楼梯的最多步数18步，应采用双跑楼梯。采用楼梯段的踏步数相等的双跑楼梯做，即：$22\div2=11$ 步。（每跑11步）

（3）确定楼梯段的水平投影长度（L_1），即 $300\times(11-1)=3000$mm。

（4）确定楼梯段宽度 B_1，取梯井宽度 H_2 为160mm。（开间尺寸为3300mm，扣除墙厚尺寸240mm后设定）。$B_1=(3300-2\times120-160)\div2=1450$mm。

（5）确定休息平台宽度 L_2（按休息平台等于梯段宽度并增加1/2扶手转外宽度取值）。$L_2=1450+150=1600$mm。

（6）校核：进深净尺寸 $L=5100-120$（外墙墙厚扣除轴线内侧尺寸120mm）$+120$（内墙开敞式增加轴线尺寸120mm）$=5100$mm（实际尺寸），设计计算合格。

（7）绘图：画平面草图（图2-113）、剖面草图（图2-114）。

【例2】条件：某住宅建筑，层数为3层，楼梯间为封闭式平面，底层有出入口。开间尺寸为2700mm，进深尺寸为5100mm，层高尺寸为2700mm。内墙厚度为240mm，轴线居中（轴线两侧均为120mm）；外墙为360mm，轴线偏中（轴线外侧为240mm，内侧为120mm）室内外高差为750mm。楼梯间底部有出入口，门高度为2000mm。试设计楼梯的各部尺寸并绘制楼梯的平面图和剖面图。

【解】

（1）本题为封闭式楼梯（即在楼梯进深尺寸内应留出两块休息平台）。层高为2700mm，

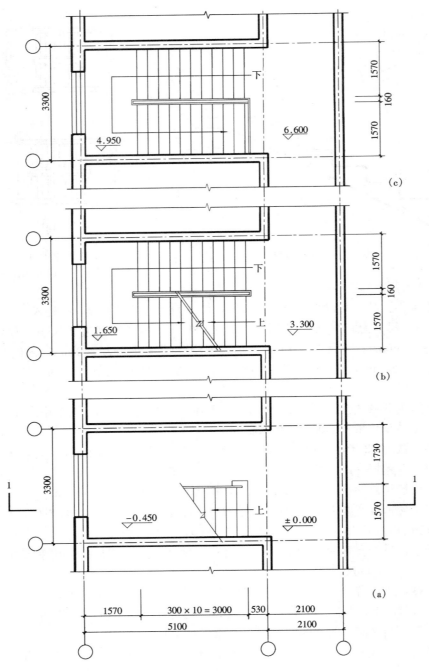

图 2-113　例一附图（平面图）

（a）首层平面图；（b）二层平面图；（c）三层平面图

初步确定每层步数为 16 步。

（2）确定踏步高度 h，$h = 2700 \div 16 = 168.75$mm。依据规范规定，踏步宽度 b 取值为 260mm。

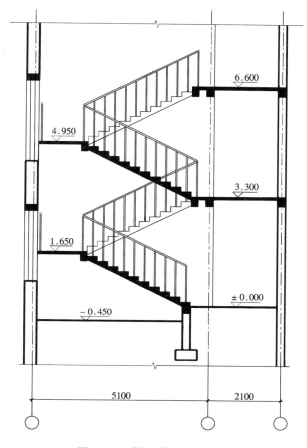

图 2-114 例一附图（剖面图）

（3）由于楼梯间底部要开门，必须考虑开门高度。首层选择两跑楼梯的步数不一样即"长短跑"的做法。经分析，步数多的一跑取 9 步，步数少的一跑取 7 步。其余楼层每跑楼梯各取 8 步。

（4）确定楼梯段宽度 B_1。取梯井宽度 H_2 为 160mm（开间尺寸为 2700mm，扣除墙厚尺寸 240mm 后设定）。$B_1 = (2700 - 2 \times 120 - 160) \div 2 = 1150mm$。

（5）确定休息平台宽度 L_2（按休息平台等于梯段宽度并增加 1/2 扶手转外宽度取值）。$L_2 = 1150 + 130 = 1280mm$。

（6）确定楼梯段的水平投影长度（L_1）（以最多的踏步数为准）。即 $260 \times (9-1) = 2080mm$。

（7）校核：

平面：进深净尺寸 $L = 5100 - 120$（外墙墙厚扣除轴线内侧尺寸 120mm）$= 4860mm$。

$4860 - 1280 - 2080 - 1280 = 220mm$。（这段尺寸可以放在楼层处）

剖面：踏步高度 $168.75 \times 9 = 1519.75mm$。

室内外高差 750mm 中，700mm 用于室内，50mm 用于室外。

$1518.75 + 700 = 2218.75mm$。该数字大于 2000mm，可以满足开门及梁下通行高度至少为 2000mm 的要求。

（8）绘图：画平面草图（图 2-115）、剖面草图（图 2-116）。

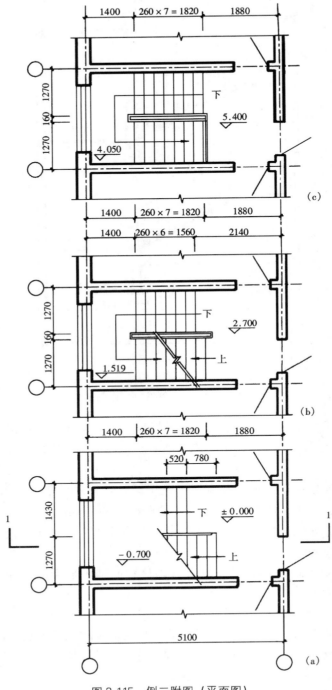

图 2-115　例二附图（平面图）

（a）首层平面图；（b）二层平面图；（c）三层平面图；（d）剖面图

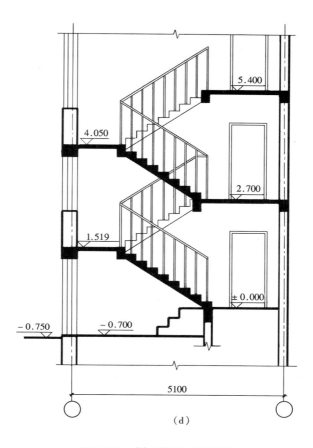

图 2-116 例二附图（剖面图）

【例3】条件：某公共建筑的二层楼梯间，层数为3层，楼梯间为开敞式平面，底层无出入口。开间尺寸为5100mm，进深尺寸为5400mm，层高尺寸为3900mm。内墙厚度为240mm，轴线居中（轴线两侧均为120mm）；外墙为360mm，轴线偏中（轴线外侧为240mm，内侧为120mm）；室内外高差为450mm。试设计三跑楼梯，求各部的尺寸并绘制楼梯的平面图和剖面图。

【解】

（1）本题为开敞式楼梯并要求按三跑楼梯设计。应先确定第二跑楼梯的步数，再确定第一跑、第三泡楼梯的步数。

（2）确定踏步高度h，取150mm。确定踏步宽度b，取值为300mm。

（3）求上楼总步数，3900÷150＝26步。

（4）进行步数分配。先确定第二跑楼梯上6步，其余两跑各上10步。

（5）第二跑楼梯所占投影长度为300×（6－1）＝1500mm。

（6）考虑扶手转弯方便，应在投影长度两端各留出1/2踏步宽度的尺寸。即150＋1500＋150＝1800mm。

（7）求第一、第三跑楼梯段的宽度。开间净尺寸为5100－2×120＝4860mm。在开间净尺寸中包括第一、第三跑楼梯段的宽度尺寸和第二楼梯段的投影尺寸。其中第二楼梯段的投影尺寸 1800mm 长，两个梯段宽度应该是等宽的，即（4860－1800）÷2＝1530mm。

（8）第二跑楼梯段也取 1530mm。

（9）求第一、第三跑楼梯段的投影长。即 300×（10－1）＝2700mm。

（10）休息平台的宽度为 1530+150＝1680mm。

（11）用进深净尺寸进行校核。进深净尺寸为 5400－120+120＝5400mm。

5400－1680－2700＝1020mm。（合格）

（12）绘图：画平面草图和剖面草图（图 2-117）。

7. 楼梯的细部构造

1）踏步

踏步由踏面和踢面构成。为了增加行走的舒适感可将踏步前缘突出 20mm 的凸缘或做成为斜面。

底层楼梯的第一个踏步常做成特殊的形式，或方或圆，以增加"美感"。这里的栏杆或栏板也用有变化，以增加"多样感"（图 2-118）。

踏步表面应注意防滑处理。常用的防滑做法与踏步表面是否采取抹灰有关。水泥砂浆抹面的踏步可以不单独进行处理，而现磨水磨石或预制水磨石板一般应加做防滑处理，常用的可以预留防滑槽，或采用下列方法：由金刚砂防滑条、陶瓷锦砖、金属材料、螺纹钢筋、橡胶、地毯等进行防滑（图 2-119）。

2）栏杆和栏板

栏杆和栏板均为保护行人上下楼梯的安全防护措施。在现浇钢筋混凝土楼梯中，栏板可以与踏步同时浇筑，厚度一般不小于 80～100mm。若采用栏杆，应焊接在踏步表面的预埋件上或插入踏步表面的预留孔洞中。栏杆可以采用方钢、圆钢或不锈钢钢管。方钢的断面应在 16mm×16mm～20mm×20mm 之间；圆钢也应采用 ϕ16mm～ϕ18mm 之间；而不锈钢钢管的外径应为 25mm。连接用预埋件的铁板尺寸应在 40mm×5mm 左右，居住建筑和有儿童活动的楼梯栏杆净距不应大于 0.11m（图 2-120 和图 2-121）。

采用玻璃栏板时，应采用安全玻璃。《建筑玻璃应用技术规程》JGJ 113—2009 规定：安全玻璃的最大许用面积与玻璃厚度的关系应符合表 2-69 的规定。

表 2-69　安全玻璃的最大许用面积

玻璃种类	公称厚度（mm）	最大许用面积（m²）	玻璃种类	公称厚度（mm）	最大许用面积（m²）
钢化玻璃	4	2.0	夹层玻璃	6.38、6.76、7.52	3.0
	5	2.0		8.38、8.76、9.52	5.0
	6	3.0		10.38、10.76、11.52	7.0
	8	4.0		12.38、12.76、13.52	8.0
	10	5.0			
	12	6.0			

注：夹层玻璃中的胶片为聚乙烯醇缩丁醛，代号为 PVB。厚度有 0.38mm、0.76mm、1.52mm 三种。

（1）室内栏板的具体要求

① 设有立柱和扶手，栏板玻璃作为镶嵌面板安装在护栏系统中，应采用夹层玻璃，并

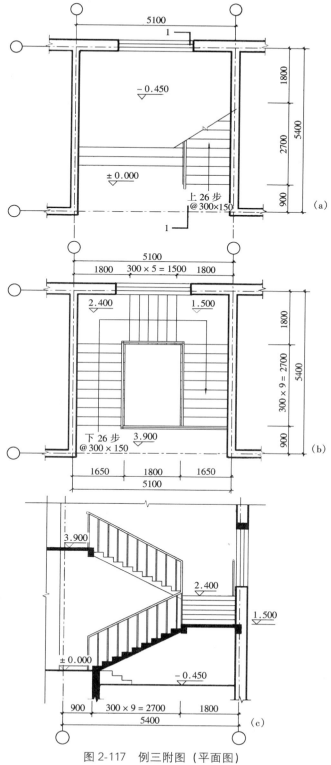

图 2-117 例三附图 (平面图)

(a) 首层平面图;(b) 二层平面图;(c) 剖面图

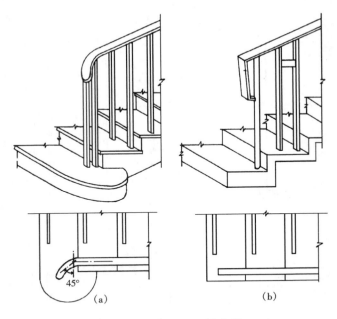

图 2-118　底层第一个踏步详图

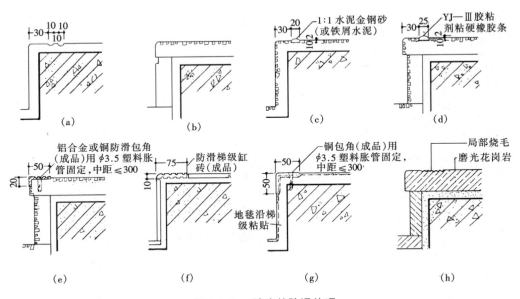

图 2-119　踏步的防滑处理

（a）水泥面踏步防滑槽；（b）预制磨石面踏步无防滑槽；（c）水泥金刚砂防滑条；（d）橡胶防滑条；

（e）铝合金或铜防滑保教；（f）缸砖面踏步防滑砖；（g）粘贴地毯踏步加压条；

（h）花岗石踏步烧毛防滑条

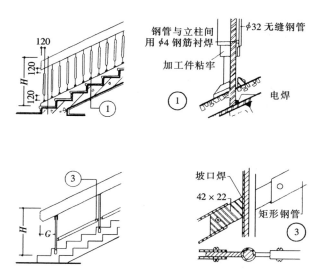

图 2-120　栏杆做法

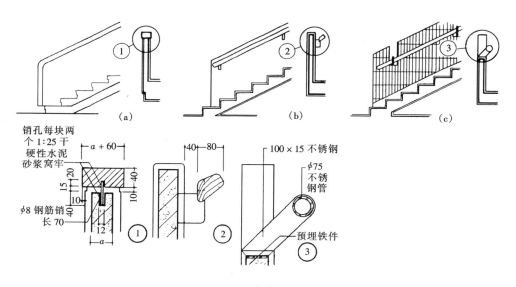

图 2-121　栏板构造

（a）实心栏板；（b）实心栏板拼装；（c）实心栏板拼装

应按表 2-69 的规定执行。

② 栏板玻璃固定在结构上且直接承受人体荷载的护栏系统，其栏板玻璃应符合下列规定：

A. 当栏板玻璃最低点离一侧楼地面高度不大于 5.00m 时，应使用厚度不小于 16.76mm 的钢化夹层玻璃。

B. 当栏板玻璃最低点离一侧楼地面高度大于 5.00m 时，不得采用此类护栏系统。

（2）室外栏板的具体要求

室外栏板玻璃应进行抗风压设计，抗震设防地区应考虑地震作用的组合效应。

3）扶手

扶手一般可选用木材、塑料、圆钢管、不锈钢管等材料。扶手的断面应考虑人的手掌尺寸。其宽度应在 60～80mm，高度应在 80～120mm 或直径在 50～80mm 之间。木扶手通过木螺钉与栏杆上的铁板固定；塑料扶手是卡在铁板上；钢管扶手则采用焊接方法连接（图2-122 和图 2-123）。

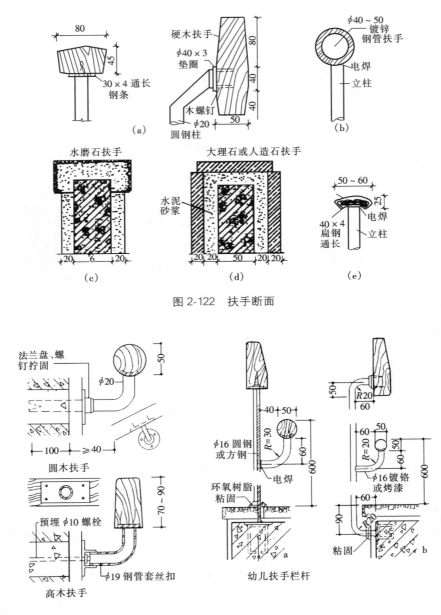

图 2-122　扶手断面

图 2-123　靠墙扶手

174

扶手在休息平台转弯处的做法与踏步的位置关系密切，必须认真进行处理（图 2-124）。

4）顶层水平栏杆

顶层楼梯间应加设水平栏杆。水平栏杆的做法是将扶手底部的铁板伸入墙内，并做成燕尾形，然后再浇注混凝土（图 2-125）。若附近有构造柱或承重柱时，亦可将铁板焊在柱身上。

5）首层第一个踏步下的基础

首层第一个踏步下应有基础支承。基础与踏步之间应加设地梁。地梁的断面尺寸应不小于 240mm×240mm，梁长应等于基础长度（图 2-126）。

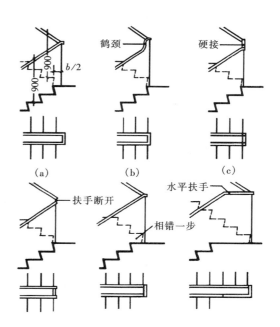

图 2-124　扶手转弯处的构造关系

三、台阶和坡道的构造

1. 台阶

1）定义

《民用建筑设计术语标准》GB/T 50504—2009 的定义为：联系室内外地坪或楼层不同标高面而设置的阶梯形踏步。底层台阶应考虑防水、防滑、防冻胀。楼层台阶要注意与楼层结构的连接。

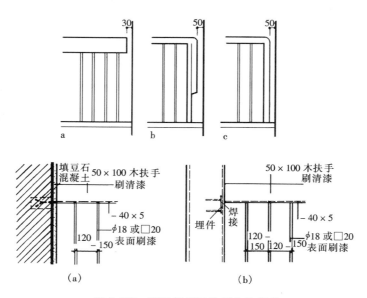

图 2-125　顶层栏杆及扶手入墙做法

2）构造要求

《民用建筑设计统一标准》GB 50352—2019 规定：

（1）公共建筑连接室内外台阶的踏步宽度宜不小于 0.30m，踏步高度宜不大于 0.15m，

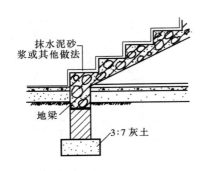

图 2-126 首层踏步下的基础

并宜不小于 0.10m。

（2）台阶踏步应采取防滑措施。

（3）室内台阶踏步数不应少于 2 级，当高差不足 2 级时，宜做坡道过渡，踏步尺寸可与楼梯踏步尺寸相同。

（4）台阶总高度超过 0.70m 时，应在台阶临空面设置栏杆等防护设施。

（5）学校的阶梯教室、体育场馆和影剧院观众厅纵走道的台阶设置应符合国家现行相关标准的规定。

3）其他要求

（1）台阶的长度应大于门洞的宽度，而且可以做成多种形式。

（2）在有强烈冲击、磨损等作用的沟、坑边缘以及经常受到磕碰、撞击、摩擦等作用的室内外台阶的边缘，应采取加强措施。

图 2-127 介绍了常用的台阶做法。

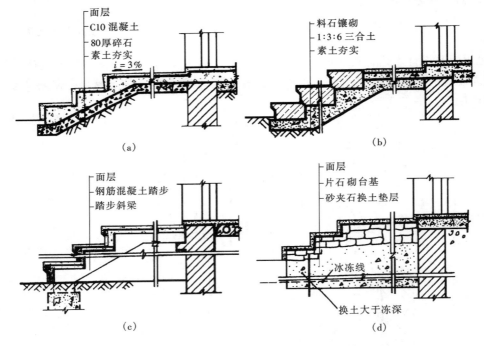

图 2-127　常用的台阶做法
（a）混凝土台阶；（b）石材台阶；（c）混凝土架空台阶；（d）换土地基台阶

2. 坡道

1）定义

《民用建筑设计术语标准》GB/T 50504—2009 对坡道的定义为：联系室内外地坪或楼层不同标高面而设置的斜坡。

2）构造要求

《民用建筑设计统一标准》GB 50352—2019 规定：

（1）室内坡道坡度不宜大于 1：8，室外坡道坡度不宜大于 1：10；

（2）当室内坡道水平投影长度超过 15.0m 时，宜设休息平台，平台宽度应根据使用功能或设备尺寸所需缓冲空间而定；

（3）坡道应采取防滑措施；

（4）当坡道总高度超过 0.70m 时，应在临空面采取防护设施；

（5）供轮椅使用的坡道应符合现行国家标准《无障碍设计规范》GB 50763—2012 的规定，应特别注意设置轮椅回转空间；

（6）机动车和非机动车使用的坡道应符合《车库建筑设计规范》JGJ 100—2015 的有关规定。机动车库坡道的最小净宽为 3.0～3.5m，非机动车库坡道的最小净宽为 1.80m，机动车和非机动车的最大纵向坡度详见表 2-70。

表 2-70　车库的最大纵向坡度

车库	车型	直线坡道		曲线坡道	
		百分比（%）	比值（高：长）	百分比（%）	比值（高：长）
机动车	微型、小型	15.0	1：6.67	12.0	1：8.30
	轻型	13.3	1：7.50	10.0	1：10.0
	中型	12.0	1：8.30		
	大客、大货	10.0	1：10.0	8.0	1：12.50
非机动车	自行车	踏步式 25.0	1：4.00	—	—
	三轮车				
	电动自行车	坡道式 15.0	1：6.67		
	机动轮椅车				

3）其他要求

室内坡道水平投影长度超过 15m 时，宜设休息平台。平台宽度应根据使用功能或设备尺寸所需要的缓冲空间而定。

图 2-128 介绍了常用的坡道做法。

四、电梯和自动扶梯的构造

1. 电梯

1）应用

电梯（俗称"直梯"）是建筑中解决垂直交通的措施。其特点是运行速度快，可以节省时间和减少走楼梯的疲劳感。在公共建筑中如大型宾馆、大型办公楼、医院、商店等必须设置电梯，在住宅建筑、养老设施建筑和达到规定高度的多层建筑中亦可按规范要求设置电梯。电梯的运行速度为 1、1.5、1.75（m/s）。

2）组成

（1）土建组成：电梯的土建包括机房、井道和地坑三部分。

（2）设备组成：电梯设备包括轿厢、平衡重、曳引机和控制屏。其中，轿厢、平衡重在井道中，曳引机和控制屏在机房内。

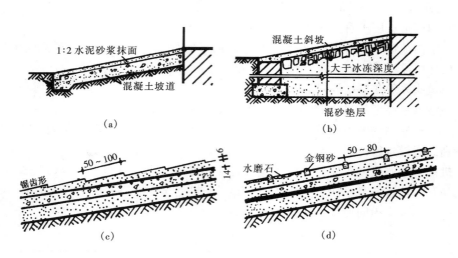

图 2-128　常用的坡道做法

(a) 混凝土坡道；(b) 换土地基坡道；(c) 锯齿形坡道；(d) 防滑条坡道

3）井道构造

电梯井道一般采用钢筋混凝土现场浇筑，少量采用普通黏土砖砌筑。在每层楼面应留出门洞口，并安装专用门（电梯门）。门的开启形式一般为中分推拉式或旁开双折推拉式。

4）设置原则和构造要求

(1)《民用建筑设计统一标准》GB 50352—2019 规定电梯设置的原则是：

① 电梯不得作为安全出口，设置电梯的建筑，楼梯还应按规定要求设置。

② 电梯台数和规格应经计算后确定并满足建筑的使用特点和要求。

③ 高层公共建筑和高层宿舍建筑的电梯台数不宜少于 2 台，12 层及 12 层以上的住宅建筑的电梯台数不应少于 2 台，并应符合《住宅设计规范》GB 50096—2011 的规定。

④ 电梯的设置，单侧排列时不宜超过 4 台，双侧排列时不宜超过 2 排×4 台。

⑤ 高层建筑电梯分区服务时，每服务区的电梯单侧排列时不宜超过 4 台，双侧排列时不宜超过 2 排×4 台；

⑥ 电梯候梯厅的深度应符合表 2-71 的规定。

表 2-71　电梯候梯厅深度

电梯类别	布置方式	候梯厅深度
住宅电梯	单台	≥1B、且≥1.50m
	多台单侧排列	≥B_{max}，且≥1.80m
	多台双侧排列	≥相对电梯 B_{max} 之和，且<3.50m
公共建筑电梯	单台	≥1.5 B，且≥1.80m
	多台单侧排列	≥1.5 B_{max}，且≥2.00m 当电梯群为 4 台时应≥2.40m
	多台双侧排列	≥相对电梯 B_{max} 之和，且<4.50m

电梯类别	布置方式	候梯厅深度
病床电梯	单台	$\geq 1.5B$
	多台单侧排列	$\geq 1.5B_{max}$
	多台双侧排列	$\geq$ 相对电梯 B_{max} 之和

注：B 为轿厢深度；B_{max} 为电梯群中最大轿厢深度。

⑦ 电梯不应在转角处贴邻布置，且电梯井不宜被楼梯环绕设置；

⑧ 电梯井道和机房不宜与有安静要求的用房贴邻布置，否则应采取隔振、隔声措施。

⑨ 电梯机房应有隔热、通风、防尘等措施，宜有自然采光，不得将机房顶板作水箱底板及在机房内直接穿越水管或蒸汽管。

⑩ 公共建筑可按总建筑面积每 4000～6000m² 设置 1 台的参考值确定电梯数量。

⑪ 专为老年人及残疾人使用的建筑，其乘客电梯应设置监控系统，梯门宜装可视窗。

（2）《老年人照料设施建筑设计标准》JGJ 450—2018 规定：

二层及以上楼层、地下室、半地下室设置老年人用房时应设电梯，电梯应为无障碍电梯，且至少 1 台能容纳担架。

（3）《住宅设计规范》GB 50096—2011 和《住宅建筑规范》GB 50368—2005 的相关规定（摘录）：

① 属于下列情况之一时，必须设置电梯：

A. 7 层及 7 层以上住宅或住户入口层楼面距室外设计地面的高度超过 16m 时；

B. 底层作为商店或其他用房的 6 层及 6 层以下住宅，其住户入口楼层楼面距该建筑物的室外设计地面高度超过 16m 时；

C. 底层做架空层或贮存空间的 6 层及 6 层以下住宅，其住户入口楼层楼面距该建筑物的室外设计地面高度超过 16m 时；

D. 顶层为两层一套的跃层住宅时，跃层部分不计层数，其顶层住户入口层楼面距该建筑物的室外设计地面高度超过 16m 时。

② 12 层及 12 层以上的住宅，每栋楼设置电梯不应少于两台，其中应设置一台可容纳担架的电梯。

③ 电梯设置台数一般为每 60～90 户设一台（参考值）。

（4）《建筑设计防火规范》GB 50016—2014（2018 年版）关于消防电梯的相关规定（摘录）：

① 下列建筑应设置消防电梯：

A. 建筑高度大于 33m 的住宅建筑；

B. 一类高层公共建筑和建筑高度大于 32m 的二类高层公共建筑。5 层及以上且总建筑面积大于 3000m²（包括设置在其他建筑内 5 层及以上楼层）的老年人照料设施。

② 消防电梯应分别设置在不同的防火分区内，且每个防火分区不应少于 1 台。

③ 符合消防电梯要求的客梯或货梯可兼作消防电梯。

④ 消防电梯井、机房与相邻电梯井、机房之间，应设置耐火极限不低于 2.00h 的防火隔墙；隔墙上的门应采用甲级防火门。

⑤ 消防电梯应符合下列规定：

A. 应能每层停靠；

B. 电梯的载重量应不小于800kg；

C. 电梯从首层至顶层的运行时间宜不大于60s；

D. 电梯的动力与控制电缆、电线、控制面板应采取防水措施；

E. 在首层的消防电梯井入口处应设置供消防队员专用的操作按钮；

F. 电梯轿厢的内部装修应采用不燃材料；

G. 电梯轿厢内部应设置专用消防对讲电话。

电梯的构造可见图2-129、图2-130、图2-131。

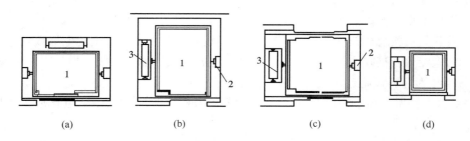

(a)　　　　　　　(b)　　　　　　　(c)　　　　　　　(d)

图2-129　电梯平面

(a) 客梯（双扇推拉门）；(b) 病床梯（双扇推拉门）；(c) 货梯（中分双扇推拉门）；(d) 小型杂物梯

1—轿厢；2—上下轨道；3—平衡重

2. 自动扶梯和自动人行道

1) 构成

自动扶梯和自动人行道由电动机械牵引，梯级踏步连同扶手同步运行，机房搁置在地面以下。自动扶梯可以向上或向下正逆运行，还可以水平运行（自动人行道）。在机械停止运转时，可作为普通楼梯使用。

2) 构造要求

《民用建筑设计统一标准》GB 50352—2019规定：

（1）自动扶梯和自动人行道不得作为安全出口。

（2）出入口畅通区的宽度从扶手带端部算起应不小于2.50m，人员密集的公共场所其畅通区宽度宜不小于3.50m。

（3）扶梯与楼层地板开口部位之间应设防护栏杆或栏板。

（4）栏板应平整、光滑和无突出物；扶手带顶面距自动扶梯前缘、自动人行道踏板面或胶带面的垂直高度应不小于0.90m。

（5）扶手带中心线与平行墙面或楼板开口边缘间的距离：当相邻平行交叉设置时，两梯（道）之间扶手带中心线的水平距离应不小于0.50m，否则应采取措施防止障碍物引起人员伤害。

（6）自动扶梯的梯级、自动人行道的踏板或胶带上空，垂直净高应不小于2.30m。

（7）自动扶梯的倾斜角不应超过30°，额定速度不宜大于0.75m/s；当提升高度不超过6.00m，倾斜角小于等于35°时，额定速度不超过0.50m/s；当自动扶梯速度大于0.65m/s时，在其端部应有不小于1.60m的水平移动距离作为导向行程段。

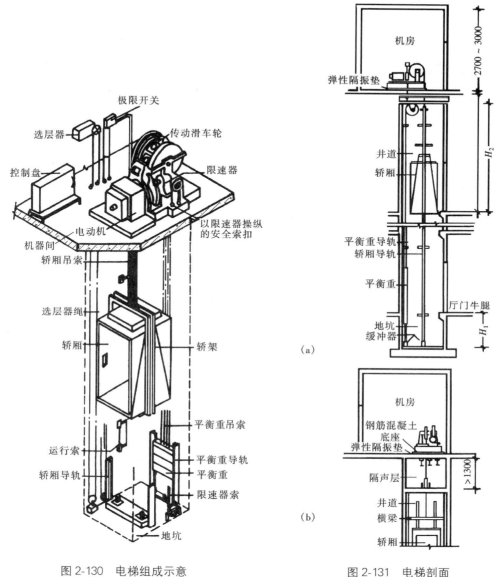

图 2-130　电梯组成示意

图 2-131　电梯剖面

（a）无隔声层（通过电梯门剖面）；（b）（平行电梯门剖面）

（8）倾斜式自动人行道的倾斜角不应超过 12°，额定速度不应大于 0.75m/s。当踏板的宽度不大于 1.10m，并且在两端出入口踏板或胶带进入梳齿板之前的水平距离不小于 1.60m 时，自动人行道的最大额定速度可达到 0.90m/s。

（9）当自动扶梯和层间相通的自动人行道单向设置时，应就近布置相匹配的楼梯。

（10）设置自动扶梯或自动人行道所形成的上下层贯通空间，应符合《建筑设计防火规范》GB 50016—2014（2018 年版）的有关规定。

（11）当自动扶梯或倾斜式自动人行道呈剪刀状相对布置时，以及与楼板、梁开口部位侧边交错部位，应在产生的锐角口前部 1.00m 范围内设置防夹、防剪的预警阻挡设施。

（12）自动扶梯和自动人行道宜根据负载状态（无人、少人、多数人、载满人）自动调节为低速或全速的运行方式。

自动扶梯（自动人行道）的构造见图 2-132、图 2-133、图 2-134。

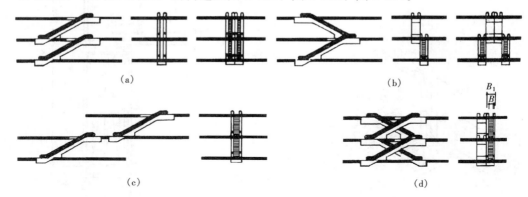

图 2-132　自动扶梯的平面

（a）平行排列式；（b）交叉排列式；（c）连贯排列式；（d）集中交叉式

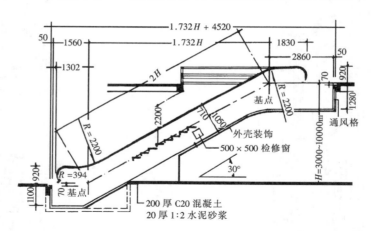

图 2-133　自动扶梯的基本尺寸

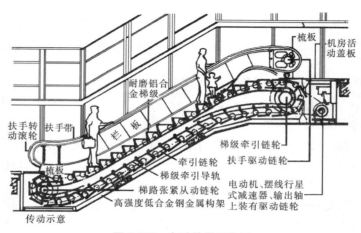

图 2-134　自动扶梯示意图

复习思考题

1. 试分析建筑物中各种交通设施的特点。
2. 试分析各种不同类型楼梯的特点。
3. 楼梯的组成部分及其相互关系。
4. 重点了解楼梯的设计方法与步骤。
5. 现浇钢筋混凝土楼梯的构造形式。
6. 电梯的组成部分及构造要求。
7. 自动扶梯的构造要点。
8. 台阶和坡道的构造要点。

第六节　屋顶构造

一、基本知识

1. 屋顶的组成

屋顶由屋顶结构和屋面面层两大部分组成。

2. 屋顶应满足的基本要求

1)《民用建筑设计统一标准》GB 50352—2019 规定：

屋面工程应根据建筑物的性质、重要程度及使用功能，结合工程特点、气候条件等按不同等级进行防水设防，合理采取保温、隔热措施。

2)《屋面工程技术规范》GB 50345—2012 规定：屋顶应确保"保证功能、构造合理、防排结合、优选用材、美观耐用"的设计原则，具体为：

(1) 具有良好的排水功能和阻止雨（雪）水侵入建筑物内的作用；

(2) 冬季保温减少建筑物的热损失和防止结露；

(3) 夏季隔热降低建筑物对太阳辐射热的吸收；

(4) 适应主体结构的受力变形和温度变形；

(5) 承受风、雪荷载的作用不产生变形；

(6) 具有阻止火势蔓延的性能；

(7) 满足建筑外形美观和使用要求。

3) 综合上述的规定，屋顶必须满足的要求有以下几个：

(1) 承重要求

屋顶应满足承受雨雪、积灰、设备、自重和上人的荷载，并下传给下部承重构件。

(2) 保温要求

屋面属于围护结构，必须具有一定的热阻能力，以防止热量的过多传递。在严寒和寒冷地区的屋面必须设置保温层，夏热冬冷地区屋面根据需要设置保温层。

(3) 防水要求

屋面应避免积存雨水、融化的雪水，做到"排、堵"的要求。"排"一般通过设置排水坡度来实现；"堵"的目标是防止渗漏，必须通过合格的防水材料来达到。

(4) 美观要求

屋顶是建筑物的重要组成部分,也是实现建筑物美观的重要组成部分,屋顶的形式、材料、颜色、构造实现技术与艺术的综合。

3. 屋顶的类型

1) 平屋顶

(1) 按屋顶使用的防水材料区分平屋顶包括卷材防水屋面、涂膜防水屋面、复合防水屋面等。

(2) 按屋顶的构造区分:平屋顶包括保温屋面、隔热屋面(蓄水屋面、架空屋面、种植屋面)等。

(3) 按保温层材料的位置区分:平屋顶包括正置式屋面(防水层在上、保温层在下)、倒置式屋面(保温层在上、防水层在下)。

2) 坡屋顶

(1) 坡屋顶的传统做法:包括硬山顶、悬山顶、歇山顶、庑殿顶、攒尖顶等。

(2) 坡屋顶的现代做法:包括块瓦(混凝土瓦、波形瓦)屋面、沥青瓦屋面、金属板屋面等。

(3) 坡屋顶的其他做法:包括玻璃采光顶、聚碳酸酯板(阳光板)等。

3) 特殊形式的屋顶

常见的特殊形式的屋顶包括网架结构、悬索结构、壳体结构、折板结构、充气膜结构等。

4. 屋顶的基本构造层次(表 2-72)

表 2-72 屋顶的基本构造层次

屋顶类型	屋面构造名称	基本构造层次(由上而下)
保温平屋顶	正置式屋面	保护层—隔离层—防水层—找平层—保温层—找平层—找坡层—结构层
	倒置式屋面	保护层—保温层—防水层—找平层—找坡层—结构层
隔热平屋顶	种植屋面	种植隔热层—保护层—耐根穿刺防水层—防水层—找平层—保温层—找平层—找坡层—结构层
	架空屋面	架空隔热层—防水层—找平层—保温层—找平层—找坡层—结构层
	蓄水屋面	蓄水隔热层—隔离层—防水层—找平层—保温层—找平层—找坡层—结构层
坡屋顶	瓦屋面	块瓦—挂瓦条—顺水条—持钉层—防水层或防水垫层—保温层—结构层
	沥青瓦屋面	沥青瓦—持钉层—防水层或防水垫层—保温层—结构层
金属板屋顶	压型金属板—防水垫层—保温层—承托网—支承结构	
	上层压型金属板—防水垫层—保温层—低层压型金属板—支承结构	
	金属面绝热夹芯板—支承结构	
玻璃采光顶	玻璃面板—金属框架—支承结构	
	玻璃面板—点支承装置—支承结构	

注:1. 表中结构层包括混凝土基层和木基层;防水层包括卷材和涂膜;保护层包括块体材料、水泥砂浆、细石混凝土等;

2. 有隔汽要求的屋面,应在保温层与结构层之间设置隔汽层。

5. 屋面的排水坡度

屋面的排水坡度与屋面选用材料、屋顶结构形式、地理气候条件、构造做法、经济条件等多种因素有关。当屋顶结构水平放置，屋面排水坡度用材料找坡时，称为"建筑找坡"或"材料找坡"。当屋顶结构层按屋顶排水坡度倾斜放置时，称为"结构找坡"。

1）屋面排水坡度的表达方式

（1）坡度法：坡度指的是高度尺寸与水平尺寸的比值，用"i"做标记，如 i＝5％。这种表达方式多用于平屋顶。

（2）角度法：高度尺寸与水平尺寸形成的斜线与水平尺寸之间的夹角，常用"a"表示。这种表达方法应用较少。

（3）高跨比：高度尺寸与跨度尺寸的比值。如高跨比为 1/4 等。这种表达方式多用于坡屋顶。

图 2-135 表达了坡度、角度之间的关系。

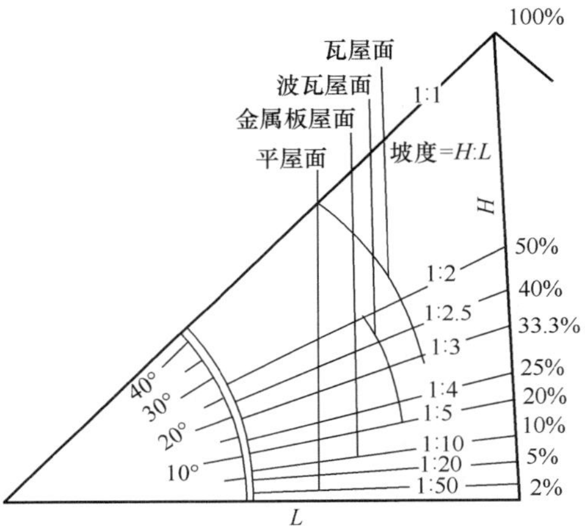

2）屋面的常用坡度

（1）《民用建筑设计统一标准》GB 50352—2019 规定：

① 屋面采用结构找坡时坡度不应小于 3％，采用建筑找坡坡度不应小于 2％。

② 瓦屋面坡度大于 100％ 以及大风和抗震设防烈度大于 7 度的地区应采用固定和防止瓦材滑落的措施。

③ 卷材防水屋面的檐沟、天沟的纵向坡度不应小于 1％，金属屋面集水沟可无坡度。

④ 当种植屋面的坡度大于 20％ 时，应采用固定和防止滑落的措施。

表 2-73 为各类屋面的排水坡度

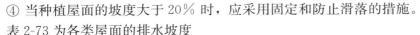

图 2-135　屋顶坡度与角度的关系

表 2-73　各类屋面的排水坡度

屋面类别		屋面排水坡度（％）
平屋面	卷材防水屋面	≥2，<5
瓦屋面	块瓦	≥30
	波形瓦	≥20
	沥青瓦	≥20
金属屋面	压型金属板、金属夹芯板	≥5
	单层防水卷材金属屋面	≥2
采光屋面	玻璃采光顶	≥5
种植屋面		≥2，<50

（2）《屋面工程技术规范》GB 50345—2012 对屋面坡度的规定为：

① 平屋面

A. 平屋面采用建筑（材料）找坡时，宜采用质量轻、吸水率低和有一定强度的材料，坡度宜为 2％；

B. 平屋顶采用的钢筋混凝土结构层宜采用结构找坡，坡度不应小于 3％；

C. 倒置式屋面的排水坡度宜为 3%；

D. 架空隔热屋面的排水坡度不宜大于 5%；

E. 蓄水隔热屋面的排水坡度不宜大于 0.5%；

F. 种植隔热屋面的排水坡度不宜小于 2%，当排水坡度大于 20% 时，其排水层、种植土等应采取防滑措施。

② 坡屋面

A. 金属檐沟、天沟的纵向排水坡度宜为 0.5%；

B. 烧结瓦、混凝土瓦屋面的排水坡度不应小于 30%；

C. 沥青瓦屋面的排水坡度不应小于 20%。

（3）《民用建筑太阳能热水系统应用技术规程》GB 50361—2018 规定：

① 平屋面：屋面坡度小于 10°的建筑屋面。

② 坡屋面：屋面坡度大于 10°且小于 75°的建筑屋面。

3）各类屋顶的图示（图 2-136）

二、平屋面的构造

1. 基本构造形式

《屋面工程技术规范》GB 50345—2012 规定，平屋面的基本构造形式有：

1）正置式做法：属于传统做法。构造特点为保温层在下、防水层在上的做法。

2）倒置式做法：属于节能做法。构造特点为保温层在上、防水层在下的做法。

2. 正置式保温平屋面

1）构造层次的确定因素

（1）屋面是上人屋面还是非上人屋面，原因是构造层次的不同。上人屋面的最上层是面层，非上人屋面的最上层是保护层。

（2）屋面的找坡方式是建筑（材料）找坡还是结构找坡，原因是构造层次不同。建筑（材料）找坡应设置找坡层，结构找坡应将结构板斜放找出排水坡。

（3）屋面所处的房间是正常湿度的一般房间还是湿度较大的潮湿房间（如公共浴室、餐厅、厨房等），后者由于功能需要而应加设隔蒸汽层。

（4）屋面做法是正置式做法还是倒置式做法，正置式做法属于传统做法，倒置式做法属于对保温、节能有利，是当前推荐的做法。

（5）屋面所处的地区是北方地区还是南方地区，北方地区屋面应以保温做法为主，南方地区屋面应以通风、散热做法为主。地区不同应选择不同的构造做法。

2）各构造层次的材料选择

《屋面工程技术规范》GB 50345—2012 的规定如下：

（1）承重层

承重层是平屋顶的结构层，它承受构造做法产生的静止荷载和上人、积水的活动荷载。综合《屋面工程技术规范》GB 50345—2012 和《屋面工程质量验收规范》GB 50207—2012 的规定：

① 平屋顶的承重结构多以钢筋混凝土板为主，可以现浇也可以预制。层数低的建筑时也可以选用钢筋加气混凝土板。

② 6 层及 6 层以下的多层建筑承重层为装配式钢筋混凝土板时，应采用强度等级不小于

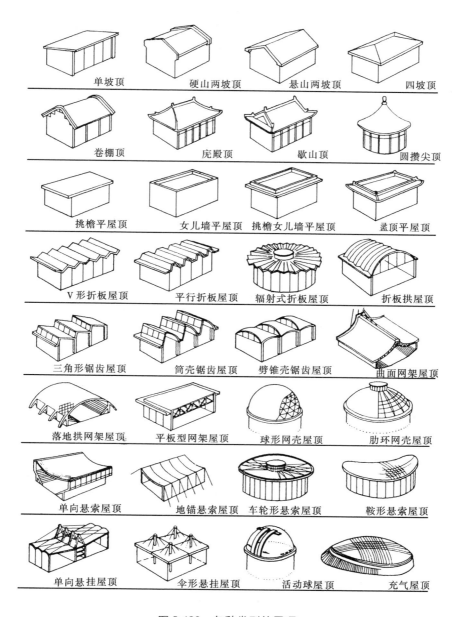

图 2-136　各种类型的屋顶

C20 的细石混凝土将板缝灌填密实；当板缝宽度大于 40mm 或上窄下宽时，应在缝中放置构造钢筋；板端缝应进行密封处理。

（2）保温层

① 保温层是减少围护结构的热交换作用的构造层次，综合《屋面工程技术规范》GB 50345—2012 和《屋面工程质量验收规范》GB 50207—2012 的规定：

A. 保温层应选用吸水率低、导热系数小，并有一定强度的保温材料。

B. 保温层的厚度应根据所在地区现行节能设计标准，经计算确定。

C. 保温层的含水率，相当于该材料在当地自然风干状态下的平衡含水率。

D. 屋面为停车场等高荷载情况时，应根据计算确定保温材料的强度。

E. 纤维材料做保温层时，应采取防止压缩的措施。

F. 屋面坡度较大时，保温层应采取防滑措施。

G. 封闭式保温层或保温层干燥有困难的卷材屋面，宜采取排汽构造措施。

② 保温材料的类别

《屋面工程技术规范》GB 50345—2012 规定的保温材料类别和材料品种（表 2-74）：

表 2-74　保温材料类别和保温材料品种

保温材料类别	保温材料品种
板状材料	聚苯乙烯泡沫塑料（XPS板、EPS板）、硬质聚氨酯泡沫塑料、膨胀珍珠岩制品、泡沫玻璃制品、加气混凝土砌块、泡沫混凝土砌块
纤维材料	玻璃棉制品、岩棉制品、矿渣棉制品
整体材料	喷涂硬泡聚氨酯、现浇泡沫混凝土

③ 北京地区推荐使用的保温材料和厚度取值

A. 挤塑型聚苯乙烯泡沫塑料板（XPS板），导热系数小于或等于 0.032W/(m·K)，表观密度大于或等于 25kg/m³，厚度为 50～70mm，属于阻燃性材料。

B. 模塑（膨胀）型聚苯乙烯泡沫塑料板（EPS板），导热系数小于或等于 0.041W/(m·K)，表观密度大于或等于 22kg/m³，厚度为 70～95mm，属于阻燃性材料。

C. 硬泡聚氨酯板（PU板），导热系数小于或等于 0.024W/(m·K)，表观密度大于或等于 55kg/m³，厚度为 40～55mm，属于阻燃性材料。

④ 保温材料的构造要求

A. 屋面与天沟、檐沟、女儿墙、变形缝、伸出屋面的管道等部位，当内表面温度低于室内空气露点温度时，均应做保温处理；

B. 有女儿墙的保温外墙，外墙保温材料应在女儿墙压顶处断开，钢筋混凝土压顶上部应抹面，女儿墙内侧也应做保温。采用挑檐板的屋面，外墙保温材料应在挑檐板下断开。

⑤ 屋面排汽构造

当屋面保温层或找平层干燥有困难时，应做好屋面排汽设计。排汽屋面的设计应符合下列规定：

A. 找平层设置的分隔缝可以兼作排汽道；排汽道内可填充粒径较大的轻质骨料；

B. 排汽道应纵横贯通，并与大气连通的排汽管相通，排汽管的直径应不小于 40mm，排汽孔可设在檐口下或纵横排汽道的交叉处；

C. 排汽道纵横间距宜为 6.00m。屋面面积每 36m² 宜设置一个排汽孔，排汽孔应作防水处理；

D. 在保温层下也可铺设带支点的塑料板。

屋面排汽构造的示例见图 2-137。

（3）隔汽层

隔汽层是防止蒸汽渗透、避免保温层产生结露的构造层次。综合《屋面工程技术规范》GB 50345—2012 和《屋面工程质量验收规范》GB 50207—2012 的规定：

① 隔汽层的确定

A. 当严寒和寒冷地区屋面结构冷凝界面内侧实际具有的蒸汽渗透阻小于所需值时应设

隔汽层；

B. 其他地区室内湿气有可能透过屋面结构层时，应设置隔汽层。

② 隔汽层的具体要求

A. 正置式屋面的隔汽层应设置在结构层上、保温层下（倒置式屋面不设隔汽层）；

B. 隔汽层应选用气密性、水密性好的材料；

C. 隔汽层应沿周边墙面向上连续铺设，高出保温层上表面不得小于150mm；

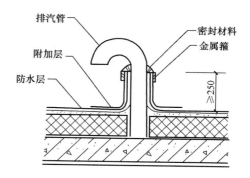

图 2-137 排汽屋面的构造

D. 隔汽层采用卷材时宜空铺，卷材搭接缝应满粘，其搭接宽度不应小于 80mm；隔汽层采用涂料时，应涂刷均匀。

（4）防水层

防水层是防止雨（雪）水渗透和渗漏的构造层次。综合《屋面工程技术规范》GB 50345—2012 和《屋面工程质量验收规范》GB 50207—2012 对防水层的要求：

① 防水等级与设防要求

A. 防水等级

建筑物的防水等级见表 2-75 的规定：

表 2-75　建筑物的防水等级

建筑类别	防水等级	设防要求
重要建筑、高层建筑	Ⅰ级	两道防水设防
一般建筑	Ⅱ级	一道防水设防

B. 防水等级与防水做法的关系

防水等级与防水做法的关系应符合表 2-76 的规定。

表 2-76　防水等级与防水做法的关系

防水等级	防水做法
Ⅰ级	卷材防水层和卷材防水层、卷材防水层与涂膜防水层、复合防水层
Ⅱ级	卷材防水层、涂膜防水层、复合防水层

注：在Ⅰ级屋面防水做法中，防水层仅为单层卷材时，应符合有关单层防水卷材屋面技术的规定。

② 防水材料的类别

A. 防水卷材

a. 防水卷材的类别

防水卷材包括合成高分子防水卷材或高聚物改性沥青防水卷材两大类型。

b. 防水卷材的最小厚度

每道防水卷材的最小厚度应符合表 2-77 的规定。

表 2-77　每道防水卷材的最小厚度（mm）

防水等级	合成高分子防水卷材	高聚物改性沥青防水卷材		
		聚酯胎、玻纤胎、聚乙烯胎	自粘聚酯胎	自粘无胎
Ⅰ级	1.2	3.0	2.0	1.5
Ⅱ级	1.5	4.0	3.0	2.0

c. 防水卷材的铺设

（a）屋面坡度大于 25% 时，卷材应采取满粘和钉压固定措施；

（b）卷材的铺贴方式：卷材宜平行于屋脊铺贴，上下层卷材不得相互垂直铺贴。

B. 防水涂料

采用防水涂料应按照规范要求的涂刷遍数而形成的薄膜称为"防水涂膜"。

a. 防水涂料的类别

防水涂料包括合成高分子防水涂料、聚合物水泥防水涂料和高聚物改性沥青防水涂料三种类型。

b. 每道涂膜的最小厚度

每道涂膜的最小厚度应符合表 2-78 的规定。

表 2-78　每道涂膜防水层的最小厚度（mm）

防水等级	合成高分子防水涂膜	聚合物水泥防水涂膜	高聚物改性沥青防水涂膜
Ⅰ级	1.5	1.5	2.0
Ⅱ级	2.0	2.0	3.0

c. 防水涂膜的选择

（a）应根据屋面涂膜的暴露程度，选择耐紫外线、耐老化相适应的涂料；

（b）屋面排水坡度大于 25% 时，应选择成膜时间较短的涂料。

C. 复合防水层

a. 复合防水层的选用

（a）选用的防水卷材与防水涂料应相容；

（b）防水涂膜宜设置在防水卷材的下面；

（c）挥发固化型防水涂料不得作为防水卷材黏结材料使用；

（d）水乳型或合成高分子类防水涂膜上面，不得采用热熔型防水卷材；

（e）水乳型或水泥基类防水涂料，应待涂膜实干后再进行冷粘铺贴卷材。

b. 复合防水层的最小厚度

复合防水层的最小厚度应符合表 2-79 的规定。

表 2-79　复合防水层的最小厚度

防水等级	合成高分子防水卷材＋合成高分子防水涂膜	自粘聚合物改性沥青防水卷材（无胎）＋合成高分子防水涂膜	高聚物改性沥青防水卷材＋高聚物改性沥青防水涂膜	聚乙烯丙纶卷材＋聚合物水泥防水胶结材料
Ⅰ级	1.2＋1.5	1.5＋1.5	3.0＋2.0	（0.7＋1.3）×2
Ⅱ级	1.0＋1.0	1.2＋1.0	3.0＋1.2	0.7＋1.3

D. 下列情况不得作为屋面的一道防水设防

a. 混凝土结构层；

b. Ⅰ型喷涂硬泡聚氨酯保温层；

c. 装饰瓦以及不搭接瓦；

d. 隔汽层；

e. 细石混凝土层；

f. 卷材或涂膜厚度不符合规范规定的防水层。

（5）附加层

附加层是防止节点部位产生渗漏的构造层次。综合《屋面工程技术规范》GB 50345—2012 和《屋面工程质量验收规范》GB 50207—2012 对平屋面构造的下列部位应加设附加层：

① 附加层的选用

A. 檐沟、天沟与屋面交接处、屋面平面与立面交接处，以及水落管、伸出屋面管道根部等部位，应设置卷材与涂膜附加层；

B. 屋面找平层分隔缝等部位，宜设置卷材空铺附加层，其空铺宽度不宜小于 100mm。

② 附加层的厚度

附加层的厚度应符合表 2-80 的规定。

表 2-80　附加层的厚度（mm）

附加层材料	最小厚度
合成高分子防水卷材	1.2
高聚物改性沥青防水卷材（聚酯胎）	3.0
合成高分子防水涂料、聚合物水泥防水涂料	1.5
高聚物改性沥青涂料	2.0

注：涂膜附加层应夹铺胎体增强材料。

③ 防水卷材接缝应采用搭接缝，卷材搭接宽度应符合表 2-81 的规定。

表 2-81　卷材搭接宽度（mm）

卷材类别	搭接宽度	
合成高分子防水卷材	胶粘剂	80
	胶粘带	50
	单缝焊	60，有效焊接宽度不小于 25
	双缝焊	80，有效焊接宽度 10×2＋空腔宽
高聚物改性沥青防水卷材	胶粘剂	100
	自粘	80

④ 胎体增加材料

A. 胎体增加材料宜采用聚酯无纺布或化纤无纺布；

B. 胎体增加材料长边搭接宽度应不小于 50mm，短边搭接宽度应不小于 70mm；

C. 上下层胎体增强材料的长边搭接缝应错开，且不得小于幅宽的 1/3；

D. 上下层胎体增强材料不得相互垂直铺设。

屋面附加层的构造示例见图 2-138。

（6）找平层

找平层是对基层进行找平、为防水层施工提供条件的构造层次。综合《屋面工程技术规范》GB 50345—2012 和《屋面工程质量验收规范》GB 50207—2012 对平屋面构造中找平层的要求：

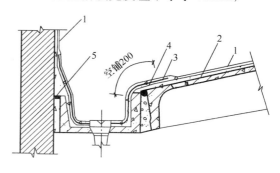

图 2-138　屋面附加层的构造
1—涂抹防水层；2—找平层；3—有胎体增强材料附加层；4—空铺附加层；5—密封材料

① 卷材屋面、涂膜屋面的基层宜设找平层。找平层的厚度和技术要求应符合表 2-82 的规定。当对细石混凝土找平层的刚度有一定要求时，找平层中宜设置钢筋网片。

表 2-82　找平层厚度和技术要求

找平层分类	适用的基层	厚度（mm）	技术要求
水泥砂浆	整体现浇混凝土板	15～20	1:2.5 水泥砂浆
	整体材料保温层	20～25	
细石混凝土	装配式混凝土板	30～35	C20 混凝土，宜加钢筋网片
	板状材料保温层		C20 混凝土

② 保温层上的找平层应留设分隔缝，缝宽宜为 5～20mm，纵横缝的间距不宜大于 6m。

（7）找坡层

找坡层是保证屋面排水坡度的构造层次。综合《屋面工程技术规范》GB 50345—2012 和《屋面工程质量验收规范》GB 50207—2012 对平屋面构造层次中找坡层的要求为：

① 混凝土结构层宜采用结构找坡，坡度不应小于 3%。

② 当采用材料找坡时，宜采用质量轻、吸水率低和有一定强度的材料，坡度宜为 2%。

③ 找坡层可以与保温层合并设置。

（8）隔离层

隔离层是上人屋面采用块材面层时的铺贴材料。综合《屋面工程技术规范》GB 50345—2012 和《屋面工程质量验收规范》GB 50207—2012 对平屋面构造层次中隔离层的要求为：

① 隔离层的设置原则：块体材料、水泥砂浆或细石混凝土保护层与卷材防水层或涂膜防水层之间应设置隔离层。

② 隔离层材料的适用范围和技术要求宜符合表 2-83 的规定。

表 2-83　隔离层材料的适用范围和技术要求

隔离层材料	适用范围	技术要求
塑料膜	块体材料、水泥砂浆保护层	0.4mm 厚聚乙烯膜或 3mm 厚发泡聚乙烯膜
土工布	块体材料、水泥砂浆保护层	200g/m² 聚酯无纺布
卷材	块体材料、水泥砂浆保护层	石油沥青卷材一层
低强度等级砂浆	细石混凝土保护层	10mm 黏土砂浆：石灰膏:砂:黏土=1:2.4:3.6
		10mm 厚石灰砂浆，石灰膏:砂=1:4
		5mm 厚掺有纤维的石灰砂浆

（9）保护层

保护层是非上人屋面对防水层的保护构造。综合《屋面工程技术规范》GB 50345—2012 和《屋面工程质量验收规范》GB 50207—2012 对平屋面构造中保护层的要求：

① 上人屋面的保护层应采用块体材料、细石混凝土等材料，不上人屋面保护层可采用浅色涂料、铝箔、矿物粒、水泥砂浆等材料。各种保护层材料的适用范围和技术要求应符合表 2-84 的规定。

表 2-84　保护层材料的适用范围和技术要求

保护层材料	适用范围	技术要求
浅色涂料	不上人屋面	丙烯酸系反射涂料
铝箔	不上人屋面	0.05mm 厚铝箔反射膜
矿物粒料	不上人屋面	不透明的矿物粒料
水泥砂浆	不上人屋面	20mm 厚 1：2.5 或 M15 水泥砂浆
块体材料	上人屋面	地砖或 30mm 厚 C20 细石混凝土预制块
细石混凝土	上人屋面	40mm 厚 C20 细石混凝土或 50mm 厚 C20 细石混凝土内配 $\phi4@100$ 双向钢筋网片

② 采用块体材料做保护层时，宜设分隔缝，其纵横间距不宜大于 10m，分隔缝宽度宜为 20mm，并应用密封材料嵌填。

③ 采用水泥砂浆做保护层时，表面应抹平压光，并应设表面分隔缝，分隔面积宜为 1m²。

④ 采用细石混凝土做保护层时，表面应抹平压光，并应设表面分隔缝，其纵横间距不应大于 6m，分隔缝宽度宜为 10～20mm，并应用密封材料嵌填。

⑤ 采用浅色涂料做保护层时，应与防水层黏结牢固，厚薄宜均匀，不得漏涂。

⑥ 块体材料、水泥砂浆、细石混凝土保护层与女儿墙或山墙之间，应预留宽度为 30mm 的缝隙，缝内宜填塞聚苯乙烯泡沫塑料，并应用密封材料嵌填。

⑦ 需经常维护的设施周围和屋面出入口至设施之间的人行道，应铺设块体材料或细石混凝土保护层。

3）正置式保温平屋面的的构造排序

（1）总体要求

① 严寒地区和寒冷地区必须设置保温层。

② 夏热冬冷地区根据需要设置保温层。

③ 湿度较大的建筑必须设置隔汽层。

（2）正置式上人平屋面的构造顺序（由上而下）

① 无隔汽层

面层—隔离层—防水层—找平层—保温层—找平层—找坡层—结构层。

② 有隔汽层

面层—隔离层—防水层—找平层—保温层—找平层—找坡层—隔汽层—结构层。

（3）正置式非上人平屋面的构造顺序

① 无隔汽层

保护层—防水层—找平层—保温层—找平层—找坡层—结构层。

② 有隔汽层

保护层—防水层—找平层—保温层—找平层—找坡层—隔汽层—结构层。

（4）正置式平屋面的构造层次的对调与取消

① 保温层与找坡层的位置可以对调。

② 保温层与找坡层的设置可以合并。

③ 找坡层采用表面比较平整的材料时，其上部的找平层可以取消。

4）正置式保温平屋面细部构造

《屋面工程技术规范》GB 50345—2012对正置式保温平屋面的构造规定：

（1）檐口

① 卷材防水屋面檐口800mm范围内的卷材应满粘，卷材收头应采用金属压条钉压，并应用密封材料封严。檐口下端应做鹰嘴和滴水槽（图2-139）。

② 涂膜防水屋面檐口的涂膜收头，应用防水涂料多遍涂刷。檐口下端应做鹰嘴和滴水槽（图2-140）。

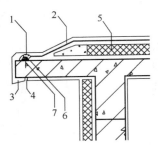 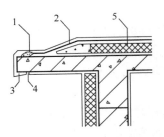

图2-139　卷材防水屋面檐口

1—密封材料；2—卷材防水层；

3—鹰嘴；4—滴水槽；5—保

温层；6—金属压条；

7—水泥钉

图2-140　涂膜防水屋面檐口

1—涂料多遍涂刷；2—涂膜防水层；

3—鹰嘴；4—滴水槽；5—保温层

（2）檐沟与天沟

① 檐沟和天沟的防水层下应增设附加层，附加层伸入屋面的宽度应不小于250mm。

② 檐沟防水层和附加层应由沟底翻上至外侧顶部，卷材收头应用金属压条顶压，并应用密封材料封严，涂膜收头应用防水涂料多遍涂刷。

③ 檐沟外侧下端应做鹰嘴和滴水槽。

④ 檐沟外侧高于屋面结构板时，应设置溢水口。（图2-141）

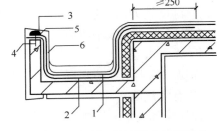

（3）女儿墙与山墙

① 女儿墙压顶可采用混凝土制品或金属制品。屋顶向内排水坡度不应小于5%，压顶内侧下端应作滴水处理。

② 女儿墙泛水处应增加附加层，附加层在平面的宽度和立面的高度均不应小于250mm。

图2-141　卷材、涂膜防水屋面檐沟

1—防水层；2—附加层；3—密封材料；

4—水泥钉；5—金属压条；6—保护层

③ 低女儿墙泛水处的防水层可直接铺贴或涂刷至压顶下，卷材收头应用金属压条钉压固定，并应用密封材料封严；涂膜收头应用防水涂料多遍涂刷（图2-142）。

④ 高女儿墙泛水处防水层泛水高度不应小于250mm，防水层的收头应用金属压条钉压固定，并应用密封材料封严，涂膜收头应用防水材料多遍涂刷；泛水上部的墙体应作防水处理。

⑤ 女儿墙泛水处的防水层表面，宜采用涂刷浅色涂料或浇筑细石混凝土保护。

⑥ 山墙压顶可采用混凝土或金属制品。压顶应向内排水，坡度不应小于5%，压顶内侧下端应作滴水处理。

⑦ 山墙泛水处的防水层下应增设附加层，附加层在平面上的宽度和立面上的高度均不应小于250mm（图2-143）。

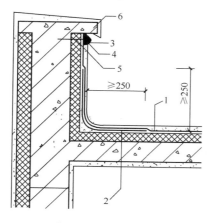

图2-142 低女儿墙

1—防水层；2—附加层；3—密封材料；
4—金属压条；5—水泥钉；6—压顶

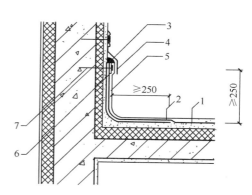

图2-143 高女儿墙

1—防水层；2—附加层；3—密封材料；4—金属盖板；
5—保护层；6—金属压条；7—水泥钉

（4）水落口

① 水落口可采用塑料或金属制品，水落口的金属配件均应作防锈处理。

② 水落口杯应牢固地固定在承重结构上，其埋设标高应根据附加层的厚度及排水坡度加大的尺寸确定。

③ 水落口周围直径500mm范围内坡度不应小于5%，防水层下应设涂膜附加层。

④ 防水层和附加层伸入水落口杯内不应小于50mm，并应黏结牢固（图2-144、图2-145）。

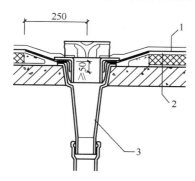

图2-144 垂直水落口

1—防水层；2—附加层；3—水落斗

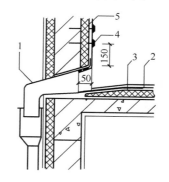

图2-145 水平水落口

1—防水层；2—防水层；3—附加层；
4—密封材料；5—水泥钉

（5）变形缝

① 变形缝泛水处的防水层下应增设附加层，附加层在平面的宽度和立面的高度均不应小于 250mm；防水层应铺贴或涂刷至泛水墙的顶部。

② 变形缝内应预填不燃保温材料，上部应采用防水卷材封盖，并放置衬垫材料，再在其上部干铺一层卷材。

③ 等高变形缝顶部宜加扣混凝土盖板或金属盖板（图 2-146）。

④ 高低跨变形缝在立墙泛水处，应采用有足够变形能力的材料和构造作密封处理（图 2-147）。

（6）伸出屋面的管道

① 管道周围的找平层应抹出高度不小于 30mm 的排水坡。

② 管道泛水处的防水层下应增设附加层，附加层在平面的宽度和立面的高度均应不小于 250mm。

③ 管道泛水处的防水层高度应不小于 250mm。

④ 卷材收头应用金属箍紧固和密封材料封严，涂膜收头应用防水涂料多遍涂刷（图 2-148）。

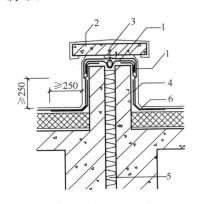

图 2-146　等高变形缝

1—卷材封盖；2—混凝土盖板；
3—衬垫材料；4—附加层；
5—不燃保温材料；6—防水层

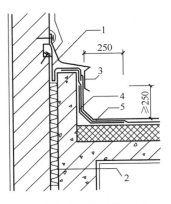

图 2-147　高低跨变形缝

1—卷材封盖；2—不燃保温材料；
3—金属盖板；4—附加层；
5—防水层

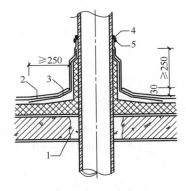

图 2-148　伸出屋面管道

1—细石混凝土；2—卷材防水层；
3—附加层；4—密封材料；
5—金属箍

（7）屋面出入口

① 屋面垂直出入口泛水处应增设附加层，附加层在平面的宽度和立面的高度均应不小于 250mm；防水层收头应在混凝土压顶圈下（图 2-149）。

② 屋面水平出入口泛水处应增设附加层和护墙，附加层在平面的宽度和立面的高度均应不小于 250mm；防水层收头应压在混凝土踏步下（图 2-150）。

（8）反梁过水孔

① 应根据排水坡度留设反梁过水孔，图纸应注明孔底标高。

② 反梁过水孔宜采用预埋管道，其管径不得小于 75mm。

③ 过水孔可采用防水涂料、密封材料防水，预埋管道两端周围与混凝土接触处应留凹槽，并应用密封材料封严。

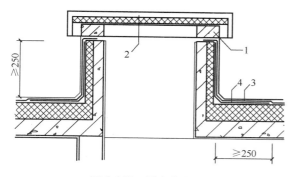

图 2-149　垂直出入口
1—混凝土压顶圈；2—上人孔盖；
3—防水层；4—附加层

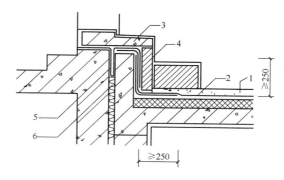

图 2-150　水平出入口
1—防水层；2—附加层；3—踏步；4—护墙；
5—防水卷材封盖；6—不燃保温材料

（9）设施基座

① 设备基础与结构层相连时，防水层应包裹设施基础的上部，并应与地脚螺栓周围作密封处理。

② 在防水层上设置设施时，防水层下应增设卷材附加层，必要时应在其上浇筑细石混凝土，其厚度应不小于 50mm。

（10）其他

① 当无楼梯通达屋面且建筑高度低于 10m 的建筑，可设外墙爬梯，爬梯多为铁质材料，宽度一般为 600mm，底部距室外地面宜为 2.00～3.00m。当屋面有大于 2.00m 的高低屋面时，高低屋面之间亦应设置外墙爬梯，爬梯底部距低屋面应为 600mm，爬梯距墙面为 200mm。

②《建筑设计防火规范》GB 50016—2014（2018 年版）规定：建筑高度大于 10m 的三级耐火等级建筑应设置通至屋顶的室外消防梯。室外消防梯应不面对老虎窗，宽度不应小于 0.60m，且宜从离地面 3.00m 高度处设置。

3. 倒置式保温平屋面

1)《屋面工程技术规范》GB 50345—2012 规定：

（1）倒置式屋面的坡度宜为 3%；

（2）保温层应采用吸水率低，且长期浸水不变质的保温材料；

（3）板状保温材料的下部纵向边缘应设排水凹槽；

（4）保温层与防水层所用材料应相容匹配；

（5）保温层上面宜采用块体材料或细石混凝土做保护层；

（6）檐沟、水落口部位应采用现浇混凝土堵头或砖砌堵头，并应做好保温层的排水处理。

2)《倒置式屋面工程技术规程》JGJ 230—2010 规定：倒置式屋面是将保温层设置在防水层之上的屋面。

（1）基本规定

① 倒置式保温平屋面的防水等级应为Ⅰ级，防水层的合理使用年限不得少于 20 年。

② 倒置式保温平屋面的保温层使用年限不宜低于防水层的使用年限。

（2）构造层次

① 倒置式屋面适应于非上人屋面，它的基本构造层次（由上而下）为：保护层—保温层—防水层—找平层—找坡层—结构层，见图 2-151。

② 倒置式保温平屋面的构造要求

A. 倒置式保温平屋面的排水坡度宜不小于 3%；

B. 当倒置式保温平屋面的排水坡度大于 3% 时，应在结构层采取防止防水层、保温层及保护层下滑的措施。坡度大于 10% 时，应沿垂直坡度方向设置防滑条，防滑条应与结构层可靠连接；

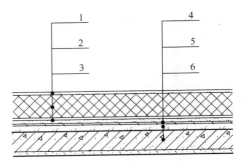

图 2-151　倒置式屋面基本构造
1—保护层；2—保温层；3—防水层；
4—找平层；5—找坡层；6—结构层

C. 天沟、檐沟的纵向坡度应不小于 1%，沟底水落差应不超过 200mm，檐沟排水应不流经变形缝和防火墙。

（3）材料选择

① 找坡层

A. 宜采用结构找坡，坡度宜不小于 3%；

B. 当屋面单向坡长大于 9m 时，应采用结构找坡；

C. 当屋面采用建筑（材料）找坡时，坡度宜为 3%，最薄处找坡层厚度不得小于 30mm；

D. 找坡材料宜采用轻质材料或保温材料。

② 找平层

A. 防水层下应设找平层；

B. 结构找坡的屋面可采用原浆表面抹平、压光；

C. 找平层可采用水泥砂浆或细石混凝土，厚度应为 15～40mm；

D. 找平层应设分隔缝，缝宽宜为 10～20mm，纵横缝的间距宜不大于 6.00m；缝中应用密封材料嵌填；

E. 在突出屋面结构的交接处以及基层的转角处均应做成圆弧形，圆弧半径宜不小于 130mm。

③ 防水层

A. 防水材料应符合《屋面工程技术规范》GB 50345—2012 的规定；

B. 应选用耐腐蚀、耐霉烂、适应基层变形能力的防水材料。

④ 保温层

A. 保温层材料可以选用挤塑聚苯板、硬泡聚氨酯板、硬泡聚氨酯防水保温复合板、喷涂硬泡聚氨酯及泡沫玻璃保温板等材料，厚度确定应符合《民用建筑热工设计设计规范》GB 50176—2016 的规定；

B. 倒置式屋面的保温层的设计厚度应按计算厚度增加 25% 取值，且最小厚度不得小于 25mm。

⑤ 保护层

A. 可以选用卵石、混凝土板块、地砖、瓦材、水泥砂浆、金属板材、人造草皮、种植植物等材料；

B. 保护层的质量应保证当地 30 年一遇最大风力时保温板不会被刮起和保温板在积水状态下不会浮起；

C. 当采用板状材料、卵石作保护层时，在保温层与保温层之间应设置隔离层；

D. 当采用卵石保护层时，其粒径宜为 40～80mm；

E. 当采用板状材料作上人屋面保护层时，板状材料应采用水泥砂浆坐浆平铺，板缝应采用砂浆勾缝处理；当屋面为非功能性上人屋面时，板状材料可以平铺，厚度应不小于 30mm；

F. 当采用种植植物作保护层时，应符合现行行业标准《种植屋面工程技术规范》JGJ155—2013 的规定；

G. 当采用水泥砂浆保护层时，应设表面分隔缝，分隔面积宜为 1.00m²；

H. 当采用板状材料、细石混凝土作保护层时，应设分隔缝，板状材料分格面积不宜大于 100m²、细石混凝土分隔面积不宜大于 36m²；分格缝宽度不宜小于 20mm；分隔缝应用密封材料嵌填；

I. 细石混凝土保护层与山墙、凸出屋面墙体、女儿墙之间应预留宽度为 30mm 的缝隙。

倒置式屋面的构造见图 2-152、图 2-153。

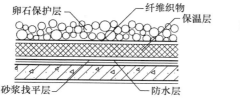

图 2-152　倒置式屋面的构造（一）

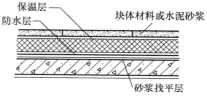

图 2-153　倒置式屋面的构造（二）

4. 隔热平屋面的构造

隔热平屋面是设置隔热层的屋面。隔热层的作用是减少太阳辐射热传入室内的构造层次。具体做法有以下三种：

1）种植隔热屋面

（1）《屋面工程技术规范》GB 50345—2012 规定：

① 种植隔热层的构造层次应包括植被层、种植土层、过滤层和排水层等；

② 种植隔热层所用材料及植物等应与当地气候条件相适应，并应符合环境保护要求；

③ 种植隔热层宜根据植物种类及环境布局的需要进行分区布置，分区布置应设挡墙或档板；

④ 排水层材料应根据屋面功能及环境、经济条件等进行选择；过滤层宜采用 200～400g/m² 的土工布，过滤层应沿种植土周边向上铺设至种植土高度；

⑤ 种植土四周应设挡墙，挡墙下部应设泄水孔，并应与排水出口连通；

⑥ 种植土应根据种植植物的要求选择综合性能良好的材料，种植土厚度应根据不同种植土和植物种类等确定；

⑦ 种植隔热层的屋面坡度大于 20% 时，其排水层、种植土等应采取防滑措施。

（2）《屋面工程质量验收规范》GB 50207—2012 规定：

① 种植隔热层与防水层之间宜设细石混凝土保护层。

② 种植隔热层的屋面坡度大于20％时，其排水层、种植土层应采取防滑措施。

③ 排水层施工应符合下列要求：

A. 陶粒的粒径应不小于25mm，大粒径应在下，小粒径应在上；

B. 凹凸形排水板宜采用搭接法施工，网状交织排水板宜采用对接法施工；

C. 排水层上应铺设过滤层土工布；

D. 挡墙或挡板的下部应设排水孔，孔周围应放置疏水粗细骨料。

④ 过滤层土工布应沿种植土周边向上铺设至种植土高度，并应与挡墙或挡板粘牢；土工布的搭接宽度不应小于100mm，接缝宜采用粘合或缝合。

⑤ 种植土的厚度及自重应符合设计要求。种植土表面应低于挡墙高度100mm。

（3）《种植屋面工程技术规范》JGJ 155—2013 规定：

① 种植式屋面指的是铺以种植土或设置容器种植植物的建筑屋面。仅种植地被植物、低矮灌木的屋面叫作简单式种植屋面；种植乔灌木和地被植物，并设置园路、坐凳等休憩设施的屋面叫作花园式种植屋面。

种植屋面的绿化指标见表2-85。

表 2-85　种植屋面的绿化指标

种植屋面类型	项目	指标（％）
简单式	绿化屋顶面积占屋顶总面积	≥80
	绿化种植面积占绿化屋顶面积	≥90
花园式	绿化屋顶面积占屋顶总面积	≥60
	绿化屋顶面积占屋顶总面积	≥85
	铺装园路面积占绿化屋顶面积	≤12
	园林小品面积占绿化屋顶面积	≤3

② 种植屋面的分类与构造层次：

A. 种植平屋面：

构造层次包括：基层—绝热层—找坡（找平）层—普通防水层—耐根穿刺防水层—保护层—排（蓄）水层—过滤层—种植土层—植被层。

B. 种植坡屋面：

构造层次包括：基层—绝热层—普通防水层—耐根穿刺防水层—保护层—排（蓄）水层—过滤层—种植土层—植被层。

③ 种植屋面的防水等级

种植屋面防水层应满足一级防水等级的设防要求，且必须至少设置一道具有耐根穿刺性能的防水材料。

④ 种植屋面的材料选择

A. 结构层：种植屋面的结构层宜采用现浇钢筋混凝土。

B. 防水层：种植屋面的防水层应采用不少于两道防水设防，上道应为耐根穿刺防水材料；两道防水层应相邻铺设且防水层的材料应相容。

a. 普通防水层一道防水设防的最小厚度应符合表2-86的要求。

表2-86 普通防水层一道防水设防的最小厚度

材料名称	最小厚度（mm）
改性沥青防水卷材	4.0
高分子防水卷材	1.5
自粘聚合物改性沥青防水卷材	3.0
高分子防水涂料	2.0
喷涂聚脲防水涂料	2.0

b. 耐根穿刺防水层一道防水设防的最小厚度应符合表2-87的要求。

表2-87 耐根穿刺防水层一道防水设防的最小厚度

材料名称	最小厚度（mm）
弹性体改性沥青防水卷材（复合铜胎基、聚酯胎基）	4.0
塑性体改性沥青防水卷材（复合铜胎基、聚酯胎基）	4.0
聚氯乙烯防水卷材	1.2
热塑性聚稀烃防水卷材	1.2
高密度聚乙烯土工膜	1.2
三元乙丙橡胶防水卷材	1.2
聚乙烯丙纶防水卷材和聚合物水泥胶结料复合	0.6＋1.3
喷涂聚脲防水涂料	2.0

⑤ 种植屋面的保护层：

种植屋面的保护层应符合表2-88的规定。

表2-88 种植屋面的保护层

屋面种类	保护层材料	质量要求
简单式种植、容器种植	水泥砂浆	体积比1：3，厚度15～20mm
花园式种植	细石混凝土	40mm
地下建筑顶板	细石混凝土	70mm

构造要求：

A. 水泥砂浆和细石混凝土保护层的下面应铺设隔离层。

B. 土工布或聚酯无纺布的单位面积质量应不小于300g/m²。

C. 聚乙烯丙纶复合防水卷材的芯材厚度应不小于0.4mm。

D. 高密度聚乙烯土工膜的厚度应不小于0.4mm。

⑥ 种植屋面的排（蓄）水材料：

A. 凹凸型排（蓄）水板的主要性能见表 2-89。

表 2-89　凹凸型排（蓄）水板的主要性能

项目	伸长率10%时拉力（N/100mm）	最大拉力（N/100mm）	断裂延伸率（％）	撕裂性能（N）	压缩性能		低温柔度	纵向通水量（侧压力150kPa）（cm³/s）
					压缩率为20％最大强度（kPa）	极限压缩现象		
性能要求	≥350	≥600	≥25	≥100	≥150	无裂痕	−10℃无裂纹	≥10

B. 网状交织排水板的主要性能见表 2-90。

表 2-90　网状交织排水板的主要性能

项目	抗压强度（kN/m²）	表面开孔率（％）	空隙率（％）	通水量（cm³/s）	耐酸碱性
性能要求	≥50	≥95	85～90	≥380	稳定

C. 级配碎石的粒径宜为 10～25mm，卵石的粒径宜为 25～40mm，铺设厚度均宜不小于 100mm。

D. 陶粒的粒径宜为 10～25mm，堆积密度宜不大于 500kg/m³，铺设厚度宜不小于 100mm。

⑦ 种植屋面的过滤水材料：过滤材料宜选用聚酯无纺布，单位面积质量应不小于 200g/m²。

⑧ 种植屋面对种植植物的要求：

A. 不宜选用速生树种。

B. 宜选用健康苗木，乡土植物宜不小于 70％。

C. 绿篱、色块、藤本植物宜选用三年以上苗木。

D. 地被植物宜选用多年生草本植物和覆盖能力强的木本植物。

（5）种植屋面的坡度

① 平屋面：种植平屋面的坡度宜不小于 2％；天沟、檐沟的排水坡度宜不小于 1％。

② 坡屋面：

A. 屋面的坡度小于 10％时，可按平屋面的规定执行；

B. 屋面的坡度大于等于 20％时，应采取挡墙或挡板等防滑措施；

C. 屋面的坡度大于 50％时，不宜做种植屋面。

D. 坡屋面满覆盖种植宜采用草坪地被植物。

E. 不宜采用土工布等软质材料做种植坡屋面的保护层，屋面坡度大于 20％时，应采用细石混凝土保护层。

F. 种植坡屋面应在沿山墙和檐沟部位设置防护栏杆。

（6）种植屋面的构造要求

① 女儿墙、周边泛水部位和屋面檐口部位应设置缓冲带，其宽度不应小于 300mm。缓冲带可结合卵石带、园路或排水沟等设置。

② 泛水：屋面防水层的泛水高度应高出种植土不小于 250mm；地下顶板泛水高度应不

小于 500mm。

③ 穿出屋面的竖向管道，应在结构层内预埋套管，套管高出种植土应不小于 250mm。

④ 坡屋面种植檐口处应设置挡墙、墙中设置排水管（孔）、挡墙应设防水层并与檐沟防水层连在一起。

⑤ 变形缝应高于种植土，变形缝上不应种植，可铺设盖板作为园路。

⑥ 种植屋面应采用外排水方式，水落口宜结合缓冲带设置。

⑦ 水落口位于绿地内时，其上方应设置雨水观察井，并在其周边设置不小于 300mm 的卵石观察带；水落管位于铺装层上时，基层应满铺排水板，上设雨水箅子。

⑧ 屋面排水沟上可铺设盖板作为园路，侧墙应设置排水孔。

图 2-154 介绍了种植屋面檐部的构造情况。

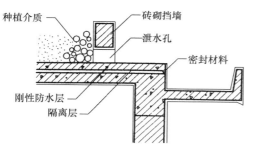

图 2-154　种植屋面的檐部构造

2）蓄水隔热屋面

（1）蓄水隔热屋面的应用

蓄水隔热屋面是隔热屋面的一种做法。这种做法不适宜在严寒地区和寒冷地区、抗震设防地区和振动较大的建筑物上使用。

（2）蓄水隔热屋面的构造层次（由上而下）

① 有保温层的蓄水隔热屋面：蓄水隔热层—隔离层—防水层—找平层—保温层—找平层—找坡层—结构层。

② 无保温层的蓄水隔热屋面：蓄水隔热层—隔离层—防水层—找平层—找坡层—结构层。

（3）蓄水隔热屋面的构造要求

①《屋面工程技术规范》GB 50345—2012 规定：

A. 蓄水隔热层的蓄水池应采用强度等级不低于 C20、抗渗等级不低于 P6 的防水混凝土制作；蓄水池内宜采用 20mm 厚防水砂浆抹面；

B. 蓄水隔热层的屋面坡度宜不大于 0.5%；

C. 蓄水隔热屋面应划分为若干蓄水区，每区的边长宜不大于 10m，在变形缝的两侧应分成两个互不连通的蓄水区；长度超过 40m 的蓄水隔热屋面应分仓设置，分仓隔墙可采用现浇混凝土或砌块砌体（图 2-155）；

D. 蓄水池应设溢水口、排水管和给水管，排水管应与排水出口连通（图 2-156）；

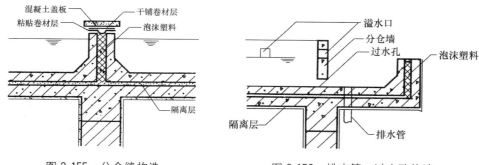

图 2-155　分仓缝构造　　　　图 2-156　排水管、过水孔构造

E. 蓄水隔热层的蓄水深度宜为 150～200mm；

F. 蓄水池溢水口距分仓墙顶的高度不得小于 100mm（图 2-157）；

G. 蓄水池应设置人行通道。

②《屋面工程质量验收规范》GB 50207—2012 规定：

A. 蓄水隔热层与屋面防水层之间应设置隔离层；

B. 蓄水池的所有孔洞应预留，不得后凿；所设置的给水管、排水管和溢水管等，均应在蓄水池混凝土施工前安装完毕；

C. 每个蓄水池的防水混凝土应一次浇筑完毕，不得留施工缝；

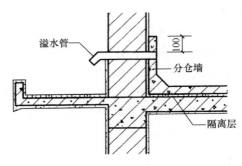

图 2-157　溢水口构造

D. 防水混凝土应用机械振捣密实，表面应抹平和压光，初凝后应覆盖养护，终凝后浇水养护不得少于 14d；蓄水后不得断水。

3）架空隔热屋面

（1）《屋面工程技术规范》GB 50345—2012 规定：

① 架空隔热层宜在屋顶有良好通风的建筑物上采用，不宜在寒冷地区采用；

② 当采用混凝土架空隔热层时，屋面坡度宜不大于 5%；

③ 架空隔热制品及其支座的质量应符合国家现行有关材料标准的规定；

④ 架空隔热层的高度宜为 180～300mm。架空板与女儿墙的距离应不小于 250mm；

⑤ 当屋面宽度大于 10m 时，架空隔热层中部应设置通风屋脊；

⑥ 架空隔热层的进风口，宜设置在当地炎热季节最大频率风向的正压区，出风口宜设置在负压区。

（2）《屋面工程质量验收规范》GB 50207—2012 规定：

① 架空隔热层的高度应按屋面宽度或坡度大小确定。设计无要求时，架空隔热层的高度宜为 180～300mm；

② 当屋面宽度大于 10m 时，应在屋面中部设置通风屋脊，通风口处应设置通风箅子；

③ 架空隔热制品支座底面的卷材、涂膜防水层，应采取加强措施；

④ 架空隔热制品的质量应符合下列要求：

A. 非上人屋面的砌块强度等级不应低于 MU7.5；上人屋面的砌块强度等级不应低于 MU10；

B. 混凝土板的强度等级不应低于 C20，板厚及配筋应符合设计要求。

架空隔热屋面的构造见图 2-158。

5. 平屋面的雨水排除

1）《屋面工程技术规范》GB 50345—2012 规定：

（1）屋面排水方式的选择应根据建筑物的屋顶形式、气候条件、使用功能等因素确定。

（2）屋面排水方式可分为有组织排水和无组织排水。有组织排水时，宜采用雨水收集系统。

（3）高层建筑屋面宜采用内排水；多层建筑屋面宜采用有组织外排水；低层建筑及檐高

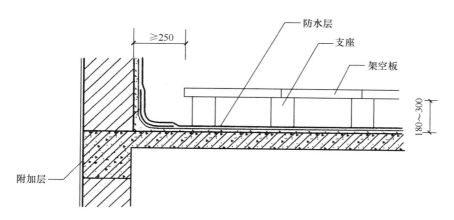

图 2-158　架空隔热屋面构造

小于 10m 的屋面，可采用无组织排水。多跨及汇水面积较大的屋面宜采用天沟排水，天沟找坡较长时，宜采用中间内排水和两端外排水。

（4）屋面排水系统设计采用的雨水流量、暴雨强度、降雨历时、屋面汇水面积等参数，应符合《建筑给水排水设计规范》GB 50015—2003（2009 年版）的有关规定。

（5）屋面应适当划分排水区域，排水路线应简捷，排水应通畅。

（6）采用重力式排水时，屋面每个汇水面积内，雨水排水立管宜不少于 2 根；水落口和水落管的位置，应根据建筑物的造型要求和屋面汇水情况等因素确定。

（7）高跨屋面为无组织排水时，其低跨屋面受水冲刷的部位，应加铺一层卷材，并应设 40～50mm 厚、300～500mm 宽的 C20 细石混凝土板材加强保护；高跨屋面为有组织排水时，水落管下应加设水簸箕。

（8）暴雨强度较大地区的大型屋面，宜采用虹吸式屋面雨水排水系统。

（9）严寒地区应采用内排水，寒冷地区宜采用内排水。

（10）湿陷性黄土地区宜采用有组织排水，并应将雨雪水直接排至排水管网。

（11）檐沟、天沟的过水断面，应根据屋面汇水面积的雨水流量经计算确定。钢筋混凝土檐沟、天沟净宽应不小于 300mm；分水线处最小深度应不小于 100mm；沟内纵向坡度应不小于 1%，沟底水落差不得超过 200mm，天沟、檐沟排水不得流经变形缝和防火墙。

（12）金属檐沟、天沟的纵向坡度宜为 0.5%。

（13）坡屋面檐口宜采用有组织排水，檐沟和水落斗可采用金属或塑料成品。

2）《建筑屋面雨水排水系统技术规程》CJJ 142—2014 规定：（选编）

（1）基本规定

① 建筑屋面雨水积水深度应控制在允许的负荷水深之内，50 年设计重现期降雨时屋面积水不得超过允许的负荷水深；

② 建筑屋面雨水排水系统应独立设置；

③ 民用建筑雨水内排水应采用密闭系统，不得在建筑内或阳台上开口，且不得在室内设非密闭检查井；

④ 严寒地区宜采用内排水系统；

⑤ 高层建筑的裙房屋面的雨水应自成系统排放；

⑥ 寒冷地区采用外排水系统时，雨水排水管道不宜设置在建筑北侧；

⑦ 一个汇水区域内雨水斗不宜少于 2 个，雨水立管不宜少于 2 根；

⑧ 高层建筑雨水管排水至散水或裙房屋面时，应采取防冲刷措施。大于 100m 的高层建筑的排水管排水至室外时，应将水排至室外检查井，并应采取消声措施。

（2）屋面排水的雨水管道系统

① 排水方式

A. 内排水：雨水立管敷设在室内的雨水排水系统。

B. 外排水：雨水立管敷设在室外的雨水排水系统。

② 汇水方式

A. 檐沟外排水系统：适用于屋面面积较小及体量较小的单层、多层住宅；瓦屋面或坡屋面建筑；不允许雨水管进入室内的建筑；

B. 雨水斗外排水系统：适用于屋面设有女儿墙的多层住宅或 7～9 层住宅；屋面设有女儿墙且雨水管不允许进入室内的建筑；

C. 天沟排水系统：适用于轻型屋面、大型复杂屋面、绿化屋面、雨篷；

D. 阳台排水系统：适用于敞开式阳台。

③ 设计流态

A. 半有压排水系统：适用于屋面楼板下允许设雨水管的各种建筑；天沟排水；无法设溢流的不规则屋面排水；

B. 压力流排水系统：适用于屋面楼板下允许设雨水管的大型复杂建筑；天沟排水；需要节省室内竖向空间或排水管道设置位置受限的民用建筑；

C. 重力流排水系统：适用于阳台排水、成品檐沟排水、承雨斗排水、排水高度小于 3m 的屋面排水。

④ 雨水道进水口设置

A. 屋面、天沟、土建檐沟的雨水系统进水口应设置雨水斗；

B. 从女儿墙侧口排水的外排水管道进水口应在侧墙设置承水斗；

C. 成品檐沟雨水管道的进水口可不设雨水斗。

（3）雨水斗

① 雨水斗的材质宜采用碳钢、不锈钢、铸铁、铝合金、铜合金等金属材料；

② 雨水斗规格有 75（80）mm、100mm、150mm、200mm；

③ 雨水斗应设于汇水面的最低处，且应水平安装；

④ 雨水斗不宜布置在集水沟的转弯处。

（4）雨水管

① 雨水斗的材质：采用雨水斗的屋面雨水排水管道宜采用涂塑钢管、镀锌钢管、不锈钢管和承压塑料管；多层建筑外排水系统可采用排水铸铁管、非承压排水塑料管；

② 雨水管的管径（mm）有 $DN50$、$DN80$、$DN100$、$DN125$、$DN150$、$DN200$、$DN250$、$DN300$、$DN350$；（注：采用 HDPE 高密度聚乙烯管时管径不应低于 125 系列）

③ 民用建筑中的雨水管宜沿墙、柱明装，有隐蔽要求时，可暗装于管井内，并应留有检查口；

④ 雨水管道不宜穿过沉降缝、伸缩缝、变形缝、烟道和风道；

⑤ 严寒和寒冷地区雨水斗宜设在冬季易受室内温度影响的位置，否则宜选用带融雪装置的雨水斗。

3）综合其他相关技术资料的数据

（1）年降雨量小于或等于 900mm 的地区为少雨地区；年降雨量大于 900mm 的地区为多雨地区。

（2）每个水落口的汇水面积宜为 150～200m²。

（3）有外檐天沟时，雨水管间距可按≤24m 设置；无外檐天沟时，雨水管间距可按≤15m 设置。

（4）屋面雨水管的内径应不小于 100mm、面积小于 25m² 的阳台雨水管的内径应不小于 50mm。

（5）雨水管、雨水斗应首选 UPVC 材料（增强塑料），亦可选用不锈钢等材料。雨水管距离墙面应不小于 20mm，其排水口下端距散水坡的高度应不大于 200mm。高低跨屋面雨水管下端有可能产生屋面被冲刷时应加设水簸箕。

三、坡屋顶（瓦屋面）的构造

1. 基本规定

1）坡屋顶的构成

坡屋顶由承重结构和屋面两部分构成。

（1）坡屋顶的承重结构有屋架承重、山墙承重和钢筋混凝土现浇板材承重等做法。

（2）坡屋顶的屋面可选用块瓦（平瓦、混凝土瓦）、沥青瓦、金属瓦（压型钢板、金属夹芯板）等。坡屋顶在用瓦屋面命名时，经常冠以瓦材名称。如：平瓦屋面、沥青瓦屋面等。

2）瓦屋面的一般规定

综合《屋面工程技术规范》GB 50345—2012 和《屋面工程质量验收规范》GB 50207—2012 对瓦屋面的构造层次及相关要求如下：

（1）瓦屋面的防水等级和防水做法

瓦屋面的防水等级和防水做法应符合表 2-91 的规定。

表 2-91　瓦屋面的防水等级和防水做法

防水等级	防水做法
Ⅰ级	瓦＋防水层
Ⅱ级	瓦＋防水垫层

（2）瓦屋面应根据瓦的类型和基层种类采取相应的构造做法。

（3）瓦屋面与山墙及屋面突出结构的交接处，均应做不小于 250mm 高的泛水处理。

（4）在大风及地震设防地区或屋面坡度大于 100% 时，瓦片应采取固定加强措施。

（5）严寒及寒冷地区瓦屋面的檐口部位应采取防止冰雪融化下坠和冰坝形成等措施。

（6）防水垫层宜采用自粘聚合物沥青防水垫层、聚合物改性沥青防水垫层，其最小厚度和搭接宽度应符合表 2-92 的规定。

表 2-92　防水垫层的最小厚度和搭接宽度（mm）

防水垫层的品种	最小厚度	搭接宽度
自粘聚合物沥青防水垫层	1.0	80
聚合物改性沥青防水垫层	2.0	100

（7）在满足屋面荷载的前提下，瓦屋面的持钉层厚度应符合下列规定：

① 持钉层为木板时，厚度应不小于 20mm；

② 持钉层为人造板时，厚度应不小于 16mm；

③ 持钉层为细石混凝土时，厚度应不小于 35mm。

（8）瓦屋面檐沟、天沟的防水层，可采用防水卷材或防水涂膜，也可以采用金属板材。

2. 瓦屋面的现代构造做法

瓦屋面的现代构造做法的构造顺序（由下向上）是：承重结构—屋面体系（包括檩条、屋面板（望板）、干铺防水卷材（油毡）、顺水压毡木条、挂瓦条和瓦）。

1）承重结构

（1）屋架承重

常用的屋架有木结构、钢木组合屋架、钢筋混凝土屋架等（图 2-159）。

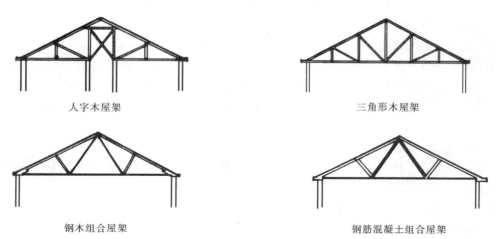

人字木屋架　　　　　　　　　　三角形木屋架

钢木组合屋架　　　　　　　　钢筋混凝土组合屋架

图 2-159　各种类型的屋架

（2）山墙承重（硬山搁檩）

这种做法是在开间一致的横墙承重的建筑中采用。具体做法是将横向承重墙的上部按屋架的坡度砌筑，上面摆放檩条、铺设屋面板、挂瓦条、摆放瓦材。这种做法最大的特点是省去了屋架、构造简单、施工方便（图 2-160）。

（3）钢筋混凝土空间结构（仿屋架采用的坡度浇筑）

这种做法是利用钢筋混凝土板替代屋架，是一种仿屋架的构造做法。

2）屋面构造体系

屋面构造体系包括檩条、屋面板（望板）、干铺防水卷材（油毡）、顺水压毡木条、挂瓦条和瓦（图 2-161）。

（1）檩条

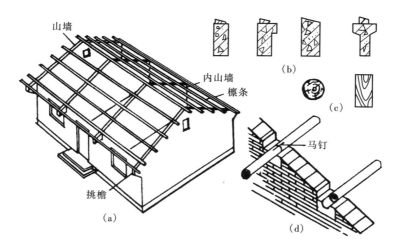

图 2-160　硬山搁檩体系

（a）硬山搁檩轴测图；（b）钢筋混凝土檩条断面形式；（c）木檩条断面；（d）木檩条的固定

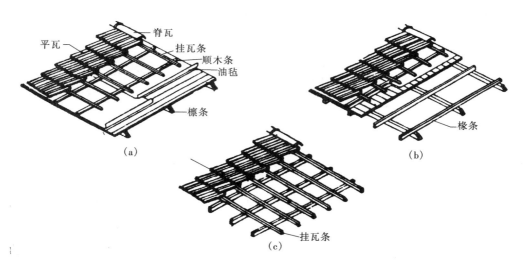

图 2-161　屋面构造方案

（a）无檩方案；（b）有檩方案；（c）冷摊瓦

　　檩条有木（方木、圆木）檩条、钢檩条、钢筋混凝土檩条等。这里重点介绍木檩条的构造要点：主要尺寸：截面为 50mm×50mm 的方木或直径为 50mm 的圆木；间距为 500mm 左右；支承在屋架的上弦上。为防止檩条下滑，经常用檩托（三角形木块）固定就位。

　　（2）屋面板（望板）

　　一般采用 15～20mm 的木板钉在檩条上，屋面板的接缝应严密，一般采用"企口缝"。

　　（3）防水卷材

　　一般采用干铺方式铺贴防水卷材（油毡）。铺贴方式应由上而下平行于屋脊铺贴。

　　（4）顺水压毡条

　　断面为 24mm×6mm、间距为 400～500mm 的扁状木条，按水流方向将油毡固定。

（5）挂瓦条

断面为 25mm×30mm、间距与瓦材相适应的矩形木条，按垂直于顺水压毡条的方向固定。

（6）瓦材

瓦材按材质分为陶瓦和水泥瓦；按形状分为平瓦和挂瓦；按位置分为脊瓦和一般瓦等品种。施工时应由檐部向屋脊铺设，上下瓦的搭接尺寸不应小于 70mm。前檐瓦应伸出封檐板 80mm。瓦材应用 20 号铅丝拴挂在挂条上。在屋脊处用 1：3 水泥砂浆卧实脊瓦（图 2-162）。

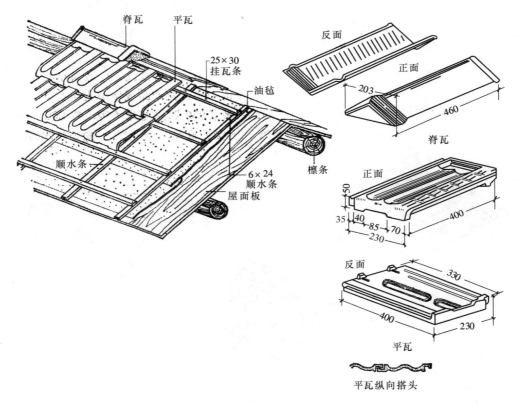

图 2-162　平瓦形状与安装

3）瓦屋面的细部做法

（1）挑檐板

挑檐的做法与屋架的类型有关。木屋架的挑檐有以下几种做法：

① 在屋架下弦支座处，另加附木挑出（图 2-163）。

② 从屋架上弦加挑檐板，将上弦延伸（图 2-164）。

③ 当屋架的下弦为钢材时，在支座处另加附木形成挑檐（图 2-165）。

④ 在挑檐较小的情况下，利用挑砖形成挑檐，俗称"封檐"（图 2-166）。

⑤ 在檐口处安放挑梁，形成挑檐。这种做法适用于"硬山搁檩"的屋架做法（图 2-167）。

（2）山墙

① 悬山山墙：屋顶在山墙处挑出山墙墙身的构造（图 2-168）。

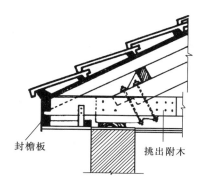

图 2-163　屋架下弦延伸挑檐

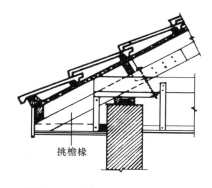

图 2-164　屋架上弦加挑檐板挑檐

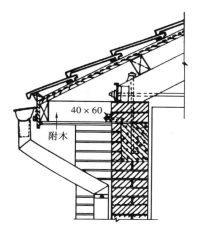

图 2-165　屋架支座另加附木挑檐

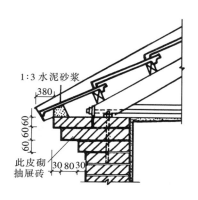

图 2-166　封檐挑檐

图 2-167　硬山搁檩挑檐

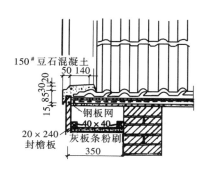

图 2-168　悬山山墙构造

② 硬山山墙：将山墙砌至高出屋面的做法（图 2-169）。

③ 出山山墙：将檐口处的纵向外墙逐层挑出，使纵向外墙最上一皮砖微高出屋面的做

法（图 2-170）。

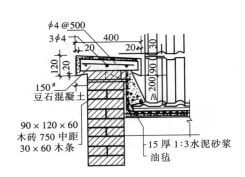

图 2-169　硬山山墙构造

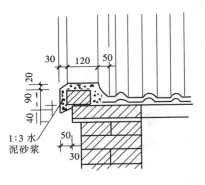

图 2-170　出山山墙构造

3）天沟及泛水

① 天沟：天沟指的是两个坡屋面相交处形成的排水沟。为防止漏水，此处应加 26 号铁皮，并保证深度不小于 150mm（图 2-171、图 2-172）。

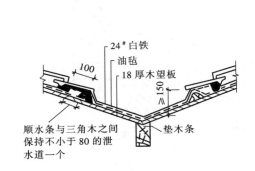

图 2-171　天沟构造

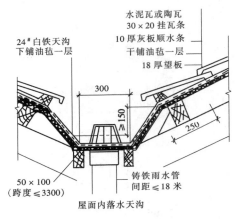

图 2-172　天沟排水构造

② 泛水：泛水指的是屋面与墙身交界处的构造（图 2-173）。

③ 女儿墙处天沟：

防水卷材上卷高度不应小于 250mm，还应用砖挑檐封盖（图 2-174）。

④ 檐沟和水落管：

檐沟一般采用镀锌铁皮做成半圆形或方形，平行于檐口设置，固定于挑檐板上。水落管可以采用硬质塑料或镀锌铁皮制作。用铁卡子固定（间距应小于或等于1200mm）在墙上，水落管距墙应为 30mm，下口距地面或散水表面应小于或等于 200mm（图 2-175）。

4）坡屋顶的屋顶平面图

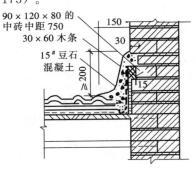

屋面泛水（屋面与墙身平面交接）

图 2-173　泛水构造

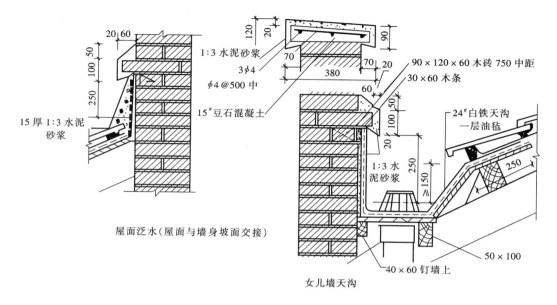

1:3 水泥砂浆

3φ4

φ4@500 中

15#豆石混凝土

15 厚 1:3 水泥砂浆

屋面泛水（屋面与墙身坡面交接）

90×120×60 木砖 750 中距

30×60 木条

24#白铁天沟一层油毡

1:3 水泥砂浆

50×100

40×60 钉墙上

女儿墙天沟

图 2-174　女儿墙处天沟

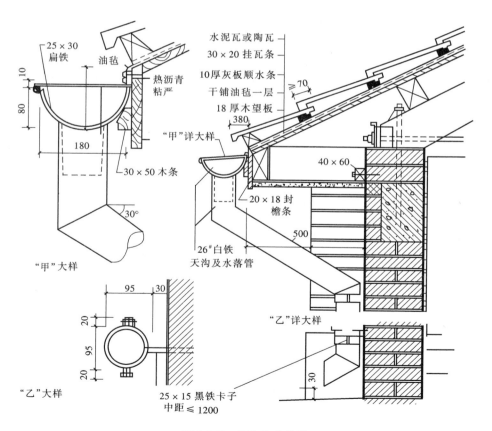

25×30 扁铁

油毡

热沥青粘严

"甲"详大样

30×50 木条

"甲"大样

水泥瓦或陶瓦

30×20 挂瓦条

10 厚灰板顺水条

干铺油毡一层

18 厚木望板

40×60

20×18 封檐条

26#白铁天沟及水落管

"乙"详大样

25×15 黑铁卡子中距 ≤1200

"乙"大样

图 2-175　檐沟和水落管

（1）屋面为两坡时，如坡度相同，屋脊应在建筑物宽度的正中间位置。

（2）屋面为四坡时，如坡度相同，其正脊应在建筑物宽度的正中间位置，4条斜脊应在建筑物角部的45°线位置。

（3）对于组合平面的坡屋顶，屋顶平面图的确定方法同上。突出的为"脊"，凹进的为"沟"。

（4）坡屋顶的屋顶平面图应处理好脊、坡、檐、沟的关系（图2-176）。

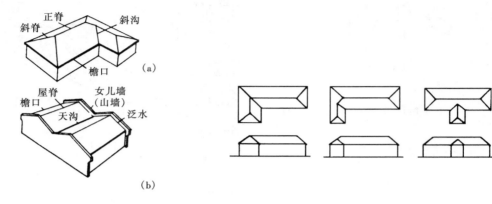

图 2-176　坡屋顶的屋顶平面图

3. 瓦屋面的传统做法

1）传统做法的屋顶形式

（1）硬山顶：屋面有前后两坡，两山墙直接承托两坡屋面，山墙面的桁檩木梁架不出头，全部封砌在山墙以内，硬山顶属于"两坡顶"。

（2）悬山顶：屋面有前后两坡，两端各条桁或檩伸到山墙以外，以支托悬挑于外的屋面部分，又称为"挑山顶"。悬山顶属于"两坡顶"。

（3）歇山顶：由庑殿和悬山相交而成的屋顶结构，它有一条正脊、四条垂脊、四条戗脊，又称为"九脊屋面"。

（4）庑殿顶：屋顶的前后左右四面都有斜坡，并有一条正脊和四条垂脊，又称为"五脊屋面"。因五条脊将屋面分成四面流水的四个屋面和坡顶，传统叫法为"四阿顶"。

（5）攒尖顶：屋顶最高处为"宝顶"。有"圆形""四坡"等形式。

上述各种传统屋面的外观见图2-136。

2）传统做法的构造顺序

瓦屋面的传统做法又称为"中式做法"。它的构造顺序为（由下向上）：承重结构-屋面体系（包括檩条、椽条、箔、泥背、瓦）。

3）传统做法的构造组成

（1）屋架：一般多采用无斜杆的"梁架"，也可采用替代屋架的硬山搁檩做法。

（2）檩条：垂直于屋架摆放的构件，截面可以为圆形或方形，直径或边长在100mm左右。

（3）椽条：垂直于檩条（平行于屋架）摆放的构件，截面可以为圆形或方形，直径或边长在50mm左右。

（4）箔：相当于屋面板的作用，材料选择有苇子（苇箔）、荆巴（荆巴箔）等，用铅丝栓接于椽条上。

（5）泥背：多采用白灰与黏性素土拌和而成的"灰泥"，铺设在箔上。厚度一般在50mm左右。

（6）瓦

① 类型：常见的有"平板瓦"（平板瓦可用于低瓦和盖瓦）、筒瓦；

② 材质：瓦的材质有普通的泥瓦和表面用琉璃包裹的琉璃瓦等。

4）屋面构造的组合形式：依据瓦的摆放方式有"合瓦屋面""筒瓦屋面""琉璃瓦屋面""棋盘心屋面""灰背屋面"等。

（1）合瓦屋面：合瓦屋面指的是盖瓦和底瓦均采用"平板瓦"铺筑。

（2）筒瓦屋面：筒瓦屋面的盖瓦采用筒瓦、底瓦采用平板瓦铺筑。

（3）琉璃瓦屋面：琉璃瓦屋面的盖瓦和底瓦均采用琉璃瓦铺筑。

（4）棋盘心屋面：棋盘心屋面指的是屋脊、屋檐、山墙部位和屋面中间的适当部位铺设瓦材，其余部位采用灰背铺筑。

（5）灰背屋面：灰背屋面是指全部屋面不用瓦材，只采用麻刀白灰抹面、压光的屋面。

图 2-176 介绍了屋面的传统做法的相关问题。

（7）檐沟：

① 基本规定：檐沟和天沟的净宽应不小于 300mm；分水线处的最小深度应不小于100mm；沟内纵向坡度应不小于 1%，沟底水落差不得超过 200mm。天沟、檐沟排水不得流经变形缝和防火墙。

② 金属檐沟、天沟的纵向坡度应不小于 0.5%。

（8）檐口：

坡屋面的宜采用有组织排水，檐沟和水落斗可采用金属制品或塑料制品。

4. 瓦屋面的构造要求

（1）烧结瓦、混凝土瓦屋面的坡度应不小于 30%。

（2）采用的木质基层、顺水条、挂瓦条，均应作防腐、防火和防蛀处理；采用的金属顺水条、挂瓦条，均应作防锈蚀处理。

（3）烧结瓦、混凝土瓦应采用干法挂瓦，瓦与屋面基层应固定牢靠。

（4）烧结瓦、混凝土瓦铺装的尺寸应符合下列规定：

①瓦屋面檐口挑出墙面的长度不宜小于 300mm；

②脊瓦在两坡面瓦上的搭盖宽度，每边应不小于 40mm；

③脊瓦下端距坡面瓦的高度宜不大于 80mm；

④瓦头深入檐沟、天沟内的长度宜为 50～70mm；

⑤金属檐沟、天沟深入瓦内的宽度应不小于 150mm；

⑥瓦头挑出檐口的长度宜为 50～70mm；

⑦突出屋面结构的侧面瓦伸入泛水的宽度应不小于 50mm。

5. 瓦屋面的排水方式

（1）应优先采用外排水的方式。

（2）下列情况之一，应采用有组织排水：

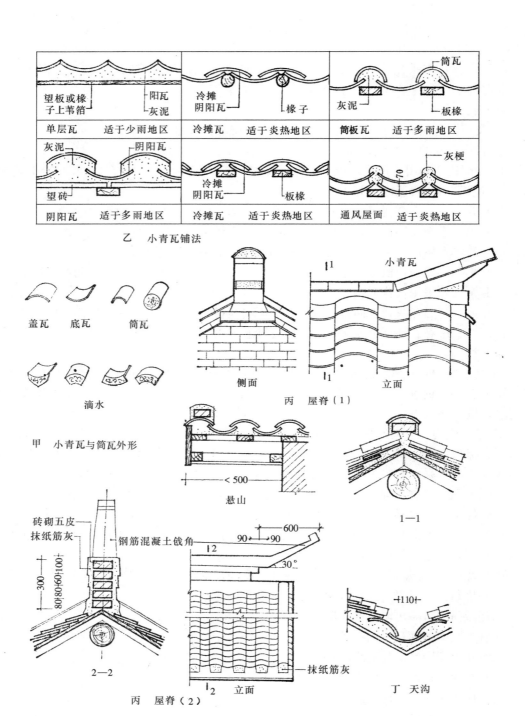

图 2-177 瓦屋面的传统做法

① 多雨地区（年降雨量大于 900mm 的地区）的坡屋面应采取有组织排水；

②少雨地区（年降雨量小于或等于 900mm 的地区）的坡屋面可采取无组织排水；

③高低跨屋面的水落管出水口处应采取防冲刷措施（通常做法是加设水簸箕）。

（3）积灰多的屋面应采取无组织排水。

（4）多跨厂房宜采用天沟外排水。

（5）严寒地区为防止雨水管结冰堵塞，宜采用内排水。

（6）湿陷性黄土地区应尽量采用外排水。

6. 木屋架下的顶棚处理

（1）板条顶棚：木屋架下的吊顶棚，是在屋架下弦钉木吊杆，吊杆断面为 50mm×50mm，吊杆长度由吊顶高度确定。吊杆底部钉接 40mm×60mm 的木龙骨，龙骨中距 400～600mm，龙骨底部钉接 24mm×6mm 的板条，中间缝隙为 5mm 左右；然后用麻刀灰打底，白灰砂浆找平，纸筋灰罩面，表面喷浆。

（2）木丝板顶棚：在龙骨的底部钉木丝板，表面喷浆。

（3）钢丝网吊顶：在龙骨底部钉板条后，加一层钢丝网，然后用麻刀灰打底，混合砂浆找平，纸筋灰罩面。

（4）在能保证室内高度要求的条件下，可以取消吊杆，将龙骨直接钉在屋架下弦上（图2-178）。

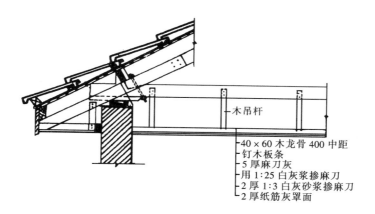

图 2-178　瓦屋面的顶棚构造实例

（5）采用钢木屋架或人字形木屋架的顶棚，是吊杆钉在屋架上弦上，也可以钉在檩条上。

7. 新型瓦屋面

1）新型瓦屋面的特点

新型瓦屋面的特点是承重结构的改变。近代做法瓦屋面和传统做法瓦屋面的承重结构均采用的是木屋架，新型瓦屋面的承重结构则采用的是钢筋混凝土板，屋面坡度按规范规定的坡度值取用。新型瓦屋面的类型有块瓦屋面和沥青瓦屋面等。

2）块瓦屋面

（1）构造层次：（由上而下）块瓦－挂瓦条－顺水条－防水垫层－持钉层－保温隔热层－钢筋混凝土屋面板。

（2）块瓦包括烧结瓦、混凝土瓦等，适用于防水等级为一级和二级的坡屋面。

（3）块瓦屋面坡度不应小于 30%。

（4）块瓦屋面的屋面板可为钢筋混凝土板、木板或增强纤维板。

（5）块瓦屋面应采用干法挂瓦，固定牢靠，檐口部位应采取防风揭起的措施。

（6）瓦屋面与山墙及突出屋面结构的交接处应做泛水，加铺防水附加层，局部进行密封防水处理。

（7）寒冷地区屋面的檐口部位，应采取防止冰雪融化下坠和冰坝的措施。

（8）屋面无保温层时，防水垫层应铺设在钢筋混凝土基层或木基层上；屋面有保温层时，保温层宜铺设在防水层上，保温层上应铺设找平层。

（9）瓦屋面檐口宜采用有组织排水，高低跨屋面的水落管下应采取防冲刷措施。

（10）烧结瓦、混凝土瓦屋面檐口挑出墙面的长度不宜小于300mm，瓦片挑出封檐板的长度宜为50～70mm。

块瓦屋面的构造见图2-179。

3）沥青瓦（油毡瓦）屋面

（1）构造层次：（由上而下）沥青瓦（油毡瓦）—持钉层—防水垫层—保温隔热层—屋面板。

（2）沥青瓦分为平面沥青瓦和叠合沥青瓦两大类型。平面沥青瓦适用于防水等级为二级的坡屋面；叠合沥青瓦适用于防水等级为一级及二级的坡屋面。

（3）沥青瓦屋面的坡度不应小于20%。

（4）沥青瓦屋面的保温隔热层设置在屋面板上时，应采用不小于压缩强度150kPa的硬质保温隔热板材。

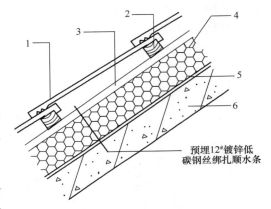

图2-179　块瓦屋面的构造

1—块瓦；2—挂瓦条；3—顺水条；4—聚苯乙烯泡沫塑料板；5—防水卷材或防水垫层；6—钢筋混凝土屋面板

（5）沥青瓦屋面的屋面板宜为钢筋混凝土屋面板或木屋面板。

（6）铺设沥青瓦应采用固定钉固定，在屋面周边及泛水部位应采用满粘法固定。

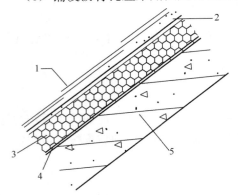

图2-180　沥青瓦屋面的顶棚构造

1—沥青瓦；2—钢钉；3—水泥砂浆找平；4—聚苯乙烯泡沫塑料板；5—钢筋混凝土屋面板

（7）沥青瓦的施工环境温度宜为5～35℃。环境温度低于5℃时，应采取加强黏结措施。

沥青瓦屋面的构造见图2-180。

四、金属板屋面的构造

1. 压型金属板屋面

综合《屋面工程技术规范》GB 50345—2012和《屋面工程质量验收规范》GB 50207—2012的相关规定：

（1）压型金属板屋面是选用镀层钢板、涂层钢板、铝合金板、不锈钢板和钛锌板等金属材料制作的压型板材，通过配套的紧固件、密封材料等与结构连接的屋面。

（2）金属板屋面的防水等级和防水做法

金属板屋面的防水等级和防水做法应符合表 2-93 的规定。

表 2-93　金属板屋面的防水等级和防水做法

防水等级	防水做法
Ⅰ级	压型金属板＋防水垫层
Ⅱ级	压型金属板、金属面夹芯板

注：1. 当防水等级为Ⅰ级时，压型铝合金板基板厚度不应小于 0.9mm。压型钢板厚度不应小于 0.6mm；

　　2. 当防水等级为Ⅰ级时，压型金属板应采用 360°咬口锁边连接方式；

　　3. 在Ⅰ级屋面防水做法中，仅作压型金属板时，应符合相关规范的要求。

（3）压型钢板屋面的基本构造层次（自上而下）

① 压型金属板—防水垫层—保温层—承托网—支承结构。

② 上层压型金属板—防水垫层—保温层—底层压型金属板—支承结构。

③ 金属面绝热夹芯板—支承结构。

（4）压型钢板屋面铺装的有关尺寸规定

① 檐口处挑出墙面的长度不应小于 200mm。

② 伸入檐沟、天沟内的长度不应小于 100mm。

③ 泛水板与突出屋面墙体的搭接高度不应小于 250mm。

④ 泛水板、变形缝盖板与金属板的搭盖宽度不应小于 200mm。

⑤ 屋脊盖板在两坡面金属板上的搭盖宽度不应小于 250mm。

（5）金属板屋面的构造要求

① 压型金属板屋面的连接有咬口锁边连接和紧固件连接两种形式。

② 采用咬口锁边连接时，屋面的排水坡度不宜小于 5％；采用紧固件连接时，屋面的排水坡度宜不小于 10％。

③ 压型金属板屋面在保温层的下面宜设置隔汽层，在保温层的上面宜设置防水透气膜。

④ 金属板檐沟、天沟的伸缩缝间距不宜大于 30m；内檐沟及内天沟应设置溢流口或溢流系统，沟内宜按 0.5％找坡。

⑤ 金属板在主体结构的变形缝处宜断开，变形缝上部应加扣带伸缩的金属盖板。

6）金属板屋面的细部构造

（1）檐口

金属板屋面在檐口处应挑出墙面，挑出长度应不小于 200mm；屋面板与墙板交接处应设置金属封檐板和压条（图 2-181）。

（2）山墙

金属板屋面山墙处的泛水应铺钉厚度不小于 0.45mm 的金属泛水板，并应顺水流方向搭接；金属泛水板与墙体的搭接高度应不小于 250mm，与压型金属板的搭盖宽度宜为 1～2 波，并应在波峰处采用拉铆钉连接（图 2-182）。

（3）屋脊

金属板屋面的屋脊盖板应在两坡面上搭接，每边的搭接宽度应不小于 250mm，屋面板端头应设置挡水板和堵头板（图 2-183）。

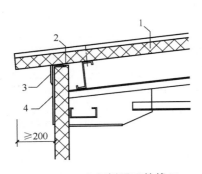

图 2-181　金属板屋面的檐口

1—金属板；2—通常密封条；

3—金属压条；4—金属封檐板

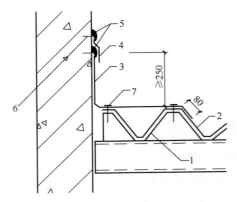

图 2-182　压型金属板屋面的山墙

1—固定支架；2—压型金属板；3—金属泛水板；

4—金属盖板；5—密封材料；6—水泥钉；

7—拉铆钉

2. 金属面夹芯板屋面

《金属面夹芯板应用技术标准》JGJ/T 453—2019 规定：

1）板的类型

金属面夹芯板外层面板波高宜不小于 35mm，基板厚度宜不小于 0.6mm；内层面板宜采用浅压型板，基板厚度宜不小于 0.5mm；曲面形状的屋面不宜采用金属面夹芯板。夹芯板的芯材可参照金属面夹芯板墙体构造的相关内容。

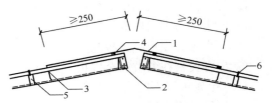

图 2-183　金属板材屋面的屋脊

1—屋面盖板；2—堵头层；3—挡水板；

4—密封材料；5—固定支架；6—固定螺栓

2）构造要点

（1）坡度

① 屋面坡度宜不小于 5%。

② 当腐蚀性等级为强、中等环境时，屋面坡度宜不小于 8%。

③ 当屋面坡度小于 5% 时，宜选用坡高不小于 35mm 的屋面金属面夹芯板。

（2）连接做法

① 屋面金属面夹芯板宜采用搭接式和扣合式连接。芯材为纯岩棉或聚氨酯，封边材料为岩棉两侧聚氨酯封边。

② 用于屋面的金属面夹芯板，单板长度不宜超过 18m。

③ 金属面夹芯板屋面采光天窗及出屋面构件宜设置在屋脊部位，且宜高出屋面板 200mm 及以上。

④ 当屋面金属面夹芯板长度方向连接采用搭接连接时，搭接端应设置在支撑构件上，支撑构件连接面的宽度应不小于 50mm，金属面夹芯板应与支撑构件连接可靠。当采用螺钉或铆钉固定连接时，搭接部位应设置防水密封胶带。

⑤ 当屋面坡度小于或等于 10% 时，金属面夹芯板搭接连接宜采用紧固件加丁基胶带的

方式，搭接长度宜不小于 200mm；当屋面坡度大于 10％时，可不采用紧固件加丁基胶带的方式，搭接长度宜不小于 200mm。

（3）构造节点

① 搭接节点

搭接处屋面系统次结构宜设置双支撑构件（图 2-184）。

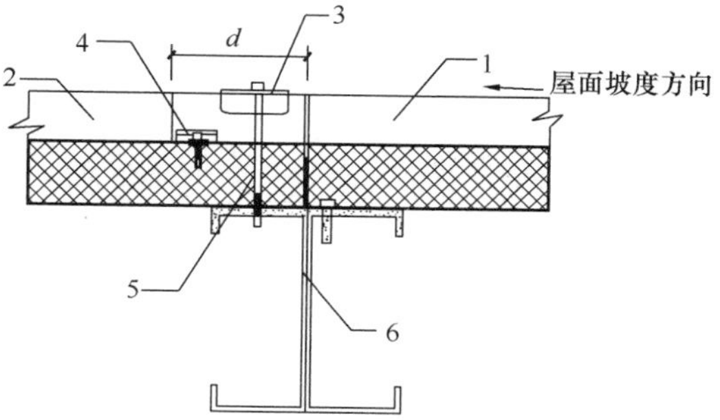

② 天沟

屋面板应悬挑深入天沟内；悬挑长度应不小于 120mm（图 2-185）。

③ 檐口

檐口应有封檐板或封堵措施；屋面金属面夹芯板应伸出墙面外，悬挑长度应不小于 250mm（图 2-186）。

④ 屋脊

屋脊应有挡水板和防水措施。挡水板与挡水板间宜铺设丁基胶带后搭接连接（图 2-187）。

五、玻璃采光顶的构造

综合《屋面工程技术规范》GB 50345—2012、《屋面工程质量验收规范》GB 50207—2012 和《建筑玻璃采光顶》JG/T 231—2007、《采光顶与金属屋面技术规程》JGJ 255—2012 和相关技术资料的规定总结如下（图 2-188）：

1. 材料选择

1）玻璃

图 2-184 屋面金属夹芯板式的搭接构造

1—上屋面金属面夹芯板；2—下屋面金属面夹芯板；
3—马鞍垫；4—不锈钢压条及丁基胶带；5—自攻
螺钉；6—屋面双檩檩条

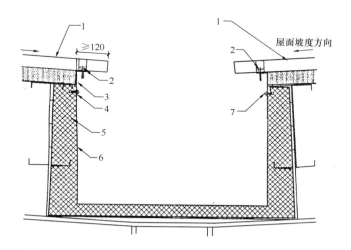

图 2-185 天沟节点构造

1—屋面金属夹芯板；2—不锈钢压条；3—金属檐口板；
4—丁基胶带；5—天沟内保温；6—钢板天沟；7—连接钉

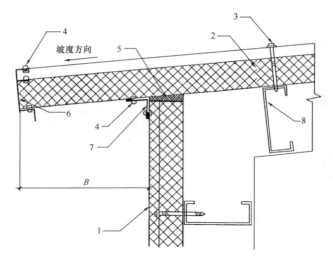

图 2-186 檐口节点构造

1—墙面金属面夹芯板；2—屋面金属面夹芯板；3—自攻螺钉；4—拉铆钉；
5—聚氨酯泡沫条填充；6—封檐板；7—檐口阴角；8—檩条

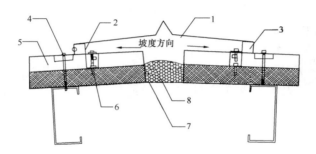

图 2-187 屋脊节点构造

1—屋脊外包角板；2—屋脊挡水板；3—拉铆钉；4—马鞍垫加防水结构钉；
5—屋面金属面夹芯板；6—连接钉及丁基胶带；7—屋脊内包角板；
8—聚氨酯发泡填充

图 2-188 玻璃采光顶

（1）采光顶的玻璃应采用安全玻璃，宜采用夹层玻璃和夹层中空玻璃。玻璃原片可根据设计要求选用，且单片玻璃厚度宜不小于6mm，夹层玻璃的玻璃原片厚度宜不小于5mm。

（2）当玻璃采光顶采用钢化玻璃、半钢化玻璃时应满足相应规范的要求，钢化玻璃宜经过二次匀质处理。

（3）上人的玻璃采光顶应采用夹层玻璃；点支承的玻璃采光顶应采用钢化夹层玻璃。

（4）夹层玻璃宜为干法加工而成，夹层玻璃的两片玻璃厚度相差宜不大于2mm；夹层玻璃的胶片宜采用聚乙烯醇缩丁醛（PVB）胶片，聚乙烯醇缩丁醛胶片应不小于0.76mm；暴露在空气中的夹层玻璃边缘应进行密封处理。

（5）玻璃采光顶采用的中空玻璃气体层应不小于12mm；中空玻璃宜采用双道密封；隐框玻璃的两道的密封应采用硅酮结构密封胶；中空玻璃的夹层面应在中空玻璃的下表面。

（6）中空玻璃的产地与使用地与运输途经地的海拔高度相差超过1000m时，宜加装毛细管或呼吸管平衡内外气压值。

（7）考虑节能与隔声，中空玻璃可采用不同厚度的单片玻璃进行组合，单片玻璃的厚度差宜为3mm，并应将较厚的玻璃放在外侧。

（8）所有采光顶玻璃应进行磨边倒角处理。

（9）玻璃面板面积不宜大于2.50m²，长边边长宜不大于2.00m。

（10）当采光玻璃顶最高点到地面或楼面距离大于3.00m时，应采用夹层玻璃或夹层中空玻璃，且夹胶层位于下侧。

2）钢材

（1）采光顶支承结构所选用的碳素结构钢、低合金高强度钢和耐候钢除应符合相关规定外，均应按设计要求进行防腐处理。

（2）不锈钢材宜采用奥氏体不锈钢，其含镍量应不小于8%。

（3）钢索压管接头应采用经固溶处理的奥氏体不锈钢。

（4）热轧钢型材有效截面的部位的壁厚应不小于2.5mm。

（5）冷成型薄壁型钢截面厚度应不小于2.0mm。

3）铝材

（1）铝型材的基材应采用高精级或超高精级。

（2）铝合金型材有效截面的部位厚度应不小于2.5mm。

（3）铝型材的表面处理应符合表2-94的规定。

表2-94　铝型材的表面处理

表面处理方式		膜厚级别	膜厚	
			平均膜厚	局部膜厚
阳极氧化		不低于AA15	$t \geqslant 15$	$t \geqslant 12$
电泳喷涂	阳极氧化膜	B	$t \geqslant 10$	$t \geqslant 8$
	漆膜		—	$t \geqslant 7$
	复合膜		—	$t \geqslant 1640$
粉末喷涂		—	—	$40 \leqslant t \leqslant 120$
氟碳喷涂	二涂	—	$t \geqslant 30$	$t \geqslant 25$
	三涂	—	$t \geqslant 40$	$t \geqslant 25$

（4）铝合金隔热型材的隔热条应满足行业标准要求

4）钢索：玻璃采光顶使用的钢索应采用钢绞线，钢索的公称直径宜不小于12mm。

5）五金附件：选用的五金件除不锈钢以外，应进行防腐处理。

6）密封材料：密封材料宜采用三元乙丙橡胶、氯丁橡胶及硅橡胶。

7）其他材料

① 单组份硅酮结构密封胶配合使用的低发泡间隔双面胶带，应具有透气性；

② 填充材料宜采用聚乙烯泡沫棒，其密度应不大于37kg/m³。

2. 建筑设计

1）倾角设计

安装在玻璃采光顶上的光伏组件面板坡度宜按光伏系统全年日照最多的倾角设计，宜满足光伏组件冬至日全天有3h以上建筑日照时数的要求，并应避免景观环境或建筑自身对光伏组件的遮挡。

2）排水设计

（1）应采用天沟排水，底板排水坡度宜大于1%。天沟过长时应设置变形缝：顺直天沟不宜大于30m，非顺直天沟宜不大于20m。

（2）采光顶采取无组织排水时，应在屋檐设置滴水构造。

3）防火设计

（1）采光顶与外墙交界处、屋顶开口部位四周的保温层，应采用宽度不小于500mm的燃烧性能为A级保温材料设置水平防火隔离带。采光顶与防火分隔构件的缝隙，应进行防火封堵。

（2）采光顶的同一玻璃面板不宜跨越两个防火分区。防火分区间设置通透隔断时，应采用防火玻璃或防火玻璃制品。

4）节能设计

（1）采光顶宜采用夹层中空玻璃或夹层低辐射镀膜中空玻璃。明框支承采光顶宜采用隔热铝合金型材或隔热性钢材。

（2）采光顶的热桥部位应进行隔热处理，在严寒和寒冷地区，热桥部位不应出现结露现象。

（3）严寒和寒冷地区的采光顶应进行防结露设计。

（4）采光顶宜进行遮阳设计。有遮阳要求的采光顶，可采用遮阳型低辐射镀膜夹层中空玻璃，必要时也可设置遮阳系统。

3. 玻璃面板的支承方式

1）框支承

（1）采光顶用框支承玻璃面板单片玻璃厚度和中空玻璃的单片厚度应不小于6mm，夹层玻璃的单片厚度宜不小于5mm。夹层玻璃和中空玻璃的各片玻璃厚度相差宜不大于3mm。

（2）框支承用夹层玻璃可采用平板玻璃、半钢化玻璃或钢化玻璃。

（3）框支承玻璃面板的边缘应进行精磨处理。边缘倒棱宜不小于0.5mm。

2）点支承

（1）矩形玻璃面板宜采用四点支承，三角形玻璃面板宜采用三点支承。相邻支承点间的板边距离，宜不大于1.50m。点支承玻璃可采用钢爪支承装置或夹板支承装置。采用钢爪支承时，孔边至板边的距离宜不小于70mm。

（2）点支承玻璃面板采用浮头式连接件支承时，其厚度应不小于6mm；采用沉头式连接件支承时，其厚度应不小于8mm。夹层玻璃和中空玻璃的单片厚度亦应符合相关规定。钢板夹持的点支承玻璃，单片厚度应不小于6mm。

（3）点支承中空玻璃孔洞周边应采取多道密封。

4. 胶缝设计

（1）胶缝应采用硅酮结构密封胶。

（2）硅酮结构密封胶的黏结宽度应不小于7mm。

（3）硅酮结构密封胶的黏结厚度应不小于6mm。

5. 构造设计

（1）玻璃采光顶应根据建筑物的屋面形式、使用功能和美观要求，选择结构类型、材料和细部构造。玻璃采光顶的面积一般应不大于屋顶总面积的20%。

（2）玻璃采光顶所用材料的物理性能、力学性能应根据建筑物的类别、高度、体形、功能以及建筑物所在的地理位置、气候和环境条件进行设计。

（3）严寒和寒冷地区的采光顶应满足寒冷地区防脆断的要求。

（4）玻璃采光顶所用支承构件、透光面板及其配套的紧固件、连接件、密封材料，其材料的品种、规格和性能等应符合有关材料标准的规定。

（5）玻璃采光顶的防结露设计，应符合《民用建筑热工设计规范》（GB 50176—2016）的有关规定；对玻璃采光顶内侧的冷凝水，应采取控制、收集和排除的措施。

（6）玻璃采光顶支承结构选用的金属材料应作防腐处理，铝合金型材应作表面处理；不同金属构件接触面之间应采取隔离措施。

（7）玻璃采光顶的防火及防烟、防雷要求应满足相应规范的规定。

（8）当采用玻璃梁支承时，玻璃梁宜采用钢化夹层玻璃。玻璃梁应对温度变形、地震作用和结构变形有较好的适应能力。

（9）玻璃采光顶应采用支承结构找坡，排水坡度宜不小于5%，并应采取合理的排水措施。

（10）玻璃采光顶的高低跨处泛水部位；采光板板缝、单元体构造缝部位；天沟、檐沟、水落口部位；采光顶周边交接部位部位；洞口、局部凸出体收头部位及其他复杂的构造部位应进行细部构造设计。

六、聚碳酸酯板（阳光板）采光顶的构造

1. 综合相关技术资料得知，阳光板采光顶指的是选用聚碳酸酯板（又称为阳光板、PC板）的采光顶，详见图2-189。

2. 聚碳酸酯板的主要指标为：

（1）板的种类：聚碳酸酯板有单层实心板、中空平板、U形中空板、波浪板等多种类型；有透明、着色等多种板型。

（2）板的厚度：单层板3～10mm，双层板4mm、6mm、8mm、10mm。

（3）燃烧性能：燃烧性能等级应达到B_1级。

（4）耐候性（黄化指标）：不小于15年。

图 2-189　阳光板采光顶

(5) 透光率：双层透明板不小于 80%，三层透明板不小于 72%。

(6) 耐温限度：—40～120℃。

(7) 使用寿命：不得低于 25 年。

(8) 黄色指数：黄色指数变化应不大于 1。

(9) 找坡方式：应采用支承结构找坡，坡度应不小于 8%。

(10) 聚碳酸酯板应可冷弯成型。

(11) 中空平板的弯曲半径宜不小于板材厚度的 175 倍；U 形中空板的最小弯曲半径宜不小于板材厚度的 200 倍；实心板的弯曲半径宜不小于板材厚度的 100 倍。

复 习 思 考 题

1. 选择屋顶形式时应注意哪些问题？

2. 保温平屋面的"正置式"与"倒置式"有哪些区别？

3. 保温平屋面的构造层次。

4. 保温平屋面的细部构造。

5. 隔热平屋面有几种做法？

6. 简述坡屋顶的现代做法的构造层次。

7. 简述坡屋顶的传统做法的构造层次。

8. 简述油毡瓦的材料选择与构造方式。

9. 简述金属板屋面的构造要点。

10. 玻璃采光顶的构造要点。

11. 聚碳酸酯板（采光板）的构造要点。

第七节　门窗构造

一、概述

1. 门窗的作用

门窗是建筑物的重要组成部分，属于围护构件。门的主要作用是：关闭时是保障封闭空间、开启时是保障出入，同时兼有采光、通风和装饰功能。窗的主要作用是采光和通风，对建筑立面装饰也起很大作用。

2. 门窗应满足的要求

《民用建筑设计统一标准》GB 50352—2019 对门窗的要求是：

1) 门窗选用应根据建筑所在地区的气候条件、节能要求等因素综合确定，并应符合国家现行建筑门窗产品标准的规定。

2) 门窗的尺寸应符合模数，门窗的材料、功能和质量等应满足使用要求。门窗的配件应与门窗主体相匹配，并应满足相应的技术要求。

3) 门窗应满足抗风压、水密性、气密性等要求，且应综合考虑安全、采光、节能、通风、防火、隔声等要求。

4) 门窗与墙体应连接牢固，不同材料的门窗与墙体连接处应采用相应的密封材料及构造做法。

5) 有卫生要求或经常有人居住，活动房间的外门窗宜设置纱门、纱窗。

3. 门窗的常用材料

门窗的常用材料有木材、钢材、彩色钢板、铝合金、塑料、玻璃钢、玻璃等多种。钢门窗的截面形式有实腹、空腹、实腹与空腹结合等多种；塑料门窗有塑料、塑铝等类型；玻璃门有无框、有框等品种。

1) 木门窗：为节约木材，除特殊建筑外，一般建筑均不得使用木材制作外窗。采用木材制作门时，内门应采用夹板木门，外门应采用镶板门。

2) 钢门窗：钢门窗有空腹和实腹两种料型。由于型材容易变形导致关闭不严、容易生锈等缺点，各地均已淘汰。替代产品是表面为深褐色的彩色钢板门窗。

3) 铝合金门窗：铝合金门窗具有材质轻盈、关闭严密、耐水、美观、不易锈蚀等优点，但传热较高、造价偏高，选择时会受到一定限制。目前，推广使用的是"断桥铝门窗"，这种门窗采用断桥铝型材和中空玻璃制作，具有节能、隔热、隔声、防爆、防尘、防水等优点，属于国家 A1 类门窗。

4) 塑料门窗：这种门窗具有质量轻、刚度好、耐腐蚀、光洁美观、不需油漆、质感亲切等特点，最适合于严重潮湿房间和海洋气候地带使用。为增加门窗刚度，延长使用寿命，可在塑料型材中增加钢衬。目前，"双玻、塑料门窗"是住宅建筑中的优选窗型。

5) 铝包木门窗：属于新型门窗的一种。特点是防雨水、防噪音、防沙尘、节能环保、安全防盗、健康循环。

6) 纯玻璃门：属于新型门窗的一种。这种门大多用于比较高档的建筑物的出入口。

4. 门窗应满足的性能指标

门窗应满足的五大性能指标包括气密性能指标、水密性能指标、抗风压性能指标、保温性能指标、空气声隔声性能指标五个方面。《建筑外门窗气密、水密、抗风压性能分级及检测方法》GB /T7106—2008 中规定的具体数值为：

1) 建筑外门窗气密性能指标

代号 q_1（单位缝长）单位 $m^3/ (h \cdot m)$；q_2（单位面积）单位 $m^3/ (h^2 \cdot m)$，共分为 8 级，见表 2-95。

表 2-95　气密性能指标

分级	1	2	3	4
单位缝长分级指标值 q_1	$4.0 \geqslant q_1 > 3.5$	$3.5 \geqslant q_1 > 3.0$	$3.0 \geqslant q_1 > 2.5$	$2.5 \geqslant q_1 > 2.0$
分级	5	6	7	8
单位缝长分级指标值 q_1	$2.0 \geqslant q_1 > 1.5$	$1.5 \geqslant q_1 > 1.0$	$1.0 \geqslant q_1 > 0.5$	$q_1 \leqslant 0.5$
分级	1	2	3	4
单位面积分级指标值 q_2	$12.0 \geqslant q_2 > 10.5$	$10.5 \geqslant q_2 > 9.0$	$9.0 \geqslant q_2 > 7.5$	$7.5 \geqslant q_2 > 6.0$
分级	5	6	7	8
单位面积分级指标值 q_2	$6.0 \geqslant q_2 > 4.5$	$4.5 \geqslant q_2 > 3.0$	$3.0 \geqslant q_2 > 1.5$	$q_2 \leqslant 1.5$

注：北京地区建筑外门窗的空气渗透性能 $q_1 = 10$Pa 时 q_1 应达到 $\leqslant 1.5$，q_2 应达到 $\leqslant 4.5$，相当于 6 级。

2）建筑外门窗水密性能指标

代号 ΔP、单位 Pa、共分为 6 级，详见表 2-96。

表 2-96　水密性能指标

等级	1	2	3	4	5	6
ΔP	$\geqslant 100$ < 150	$\geqslant 150$ < 250	$\geqslant 250$ < 350	$\geqslant 350$ < 500	$\geqslant 500$ < 700	$\Delta P \geqslant 700$

注：北京地区的建筑外门窗水密 ΔP 应 $\geqslant 250$Pa，相当于 3 级。

3）建筑外门窗抗风压性能指标

代号 P_3、单位 kPa、共分为 9 级，详见表 2-97。

表 2-97　抗风压性能指标

分级	1	2	3	4	5
分级指标值	$1.0 \leqslant P_3 < 1.5$	$1.5 \leqslant P_3 < 2.0$	$2.0 \leqslant P_3 < 2.5$	$2.5 \leqslant P_3 < 3.0$	$3.0 \leqslant P_3 < 3.5$
分级	6	7	8	9	—
分级指标值	$3.5 \leqslant P_3 < 4.0$	$4.0 \leqslant P_3 < 4.5$	$4.5 \leqslant P_3 < 5.0$	$P_3 \geqslant 5.0$	—

注：1. 北京地区的中高层及高层建筑外门窗抗风压性能 P_3 应 $\geqslant 3.0$kPa，相当于 5 级；

　　2. 北京地区的低层及多层建筑外门窗抗风压性能 P_3 应 $\geqslant 2.5$kPa，相当于 4 级。

4）建筑外门窗保温性能指标

代号 K、单位 W/（m² · K）、共分为 10 级，详见表 2-98。

表 2-98　保温性能指标

分级	1	2	3	4	5
分级指标值	$K \geqslant 5.0$	$5.0 > K \geqslant 4.0$	$4.0 > K \geqslant 3.5$	$3.5 > K \geqslant 3.0$	$3.0 > K \geqslant 2.5$
分级	6	7	8	9	10
分级指标值	$2.5 > K \geqslant 2.0$	$2.0 > K \geqslant 1.6$	$1.6 > K \geqslant 1.3$	$1.3 > K \geqslant 1.1$	$K < 1.1$

注：北京地区的建筑门窗的保温性能 K 应 $\geqslant 2.80$ W/（m² · K），相当于 5 级。

5）建筑门窗空气声隔声性能指标

代号 $R_w + Ctr$、单位 dB、共分为 6 级，详见表 2-99。

表 2-99 空气声隔声性能指标

分级	外门、外窗的分级指标值	内门、内窗的分级指标值
1	$20{\leqslant}R_w{+}Ctr{<}25$	$20{\leqslant}R_w{+}Ctr{<}25$
2	$25{\leqslant}R_w{+}Ctr{<}30$	$25{\leqslant}R_w{+}Ctr{<}30$
3	$30{\leqslant}R_w{+}Ctr{<}35$	$30{\leqslant}R_w{+}Ctr{<}35$
4	$35{\leqslant}R_w{+}Ctr{<}40$	$35{\leqslant}R_w{+}Ctr{<}40$
5	$40{\leqslant}R_w{+}Ctr{<}45$	$40{\leqslant}R_w{+}Ctr{<}45$
6	$R_w{+}Ctr{\geqslant}45$	$R_w{+}Ctr{\geqslant}45$

注：北京地区的门窗隔声性能 dB 应≥25dB，相当于 2 级。

5. 门窗的设置与选用

1）门的设置与选用

（1）《民用建筑设计统一标准》GB 50352—2019 对门的选用要求是：

① 门应开启方便，坚固耐用。

② 手动开启的大门扇应有制动装置，推拉门应有防脱轨措施。

③ 双面弹簧门应在可视高度部分装透明安全玻璃。

④ 推拉门、旋转门、电动门、卷帘门、吊门、折叠门不应作为疏散门。

⑤ 开向疏散走道及楼梯间的门扇开足后，不应影响走道及楼梯平台的疏散宽度。

⑥ 全玻璃门应选用安全玻璃或采取防护措施，并应设防撞提示标志。

⑦ 门的开启不应跨越变形缝。

⑧ 当设有门斗时，门扇同时开启时两道门的间距应不小于 0.80m；当有无障碍要求时，应符合《无障碍设计规范》GB 50763—2012 的规定。

（2）《建筑设计防火规范》GB 50016—2014（2018 年版）对门的选用要求是：

① 民用建筑的疏散门应采用向疏散方向开启的平开门。不应采用推拉门、卷帘门、吊门、转门和折叠门。

② 人数不超过 60 人且每樘门的平均疏散人数不超过 30 人的房间，其门的开启方向不限。

③ 开向疏散楼梯或疏散楼梯间的门，其完全开启时，不应减少平台的有效宽度。

④ 人员密集场所内平时需要控制人员随意出入的疏散用门和设置门禁系统的居住建筑、宿舍、公寓的外门，应保证火灾时不使用钥匙等任何工具即能从内部易于打开，并应在显著位置设置标识和使用提示。

2）窗的设置与选用

（1）《民用建筑设计统一标准》GB 50352—2019 对窗的选用要求是：

① 窗扇的开启形式应方便使用、安全和易于维修、清洗。

② 公共走道的窗扇开启时不得影响人员通行，其底面距走道地面高度应不低于 2.00m。

③ 公共建筑临空外窗的窗台距离楼地面净高不得低于 0.80m，否则应设置防护设施，防护设施的高度由地面起算应不低于 0.80m。

④ 居住建筑临空外窗的窗台距离楼地面净高不得低于 0.90m，否则应设置防护设施，防护设施的高度由地面起算应不低于 0.90m。

⑤ 当防火墙上必须开设窗洞口时，应按《建筑设计防火规范》GB 50016—2014（2018 年版）执行。

⑥ 当凸窗窗台高度低于或等于 0.45m 时，其防护高度从窗台面起算应不低于 0.90m；当凸窗窗台高度高于 0.45m 时，其防护高度从窗台面起算应不低于 0.60m。

⑦ 天窗的设置应符合下列规定：

A. 天窗应采用防破碎伤人的透光材料；

B. 天窗应有防冷凝水产生或引泄冷凝水的措施，多雪地区应考虑积雪对天窗的影响；

C. 天窗应设置方便开启清洗、维修的设施。

（2）《民用建筑热工设计规范》GB 50176—2016 对窗的选用要求是：

① 严寒地区、寒冷地区应采用木窗、塑料窗、铝木复合门窗、铝塑复合门窗和断热铝合金门窗等保温性能好的门窗。

② 严寒地区建筑采用断热金属门窗时宜采用双层窗。

③ 夏热冬冷地区、温和 A 区建筑宜采用保温性能好的门窗。

④ 有保温要求的门窗采用的玻璃系统应为中空玻璃、Low·E 中空玻璃、充惰性气体 Low·E 中空玻璃等保温性能良好的玻璃。保温要求高时还可采用三玻两腔、真空玻璃等。

⑤ 传热系数较低的中空玻璃宜采用"暖边"中空玻璃间隔条。

（3）《老年人照料设施建筑设计标准》JGJ 450—2018 规定：

老年人使用的出入口严禁采用旋转门。

6. 门（疏散门）的数量与洞口大小的确定

1）门（疏散门）数量的确定

《建筑设计防火规范》GB 50016—2014（2018 年版）规定：

（1）居住建筑

① 建筑高度不大于 27m 的建筑，当每个单元任一层的建筑面积大于 650m²，或任一户门至最近安全出口的距离大于 15m 时，每个单元每层的安全出口不应少于 2 个。

② 建筑高度大于 27m、不大于 54m 的建筑，当每个单元任一楼层的建筑面积小于 650m²，或任一户门至最近安全出口的距离大于 10m 时，每个单元每层的安全出口应不少于 2 个。

③ 建筑高度大于 54m 的建筑，每个单元每层的安全出口（疏散楼梯）应不少于 2 个。

（2）公共建筑

公共建筑内每个防火分区或一个防火分区的每个楼层，其疏散门应不少于 2 个。设置 1 个疏散门的公共建筑应符合下列条件之一：

① 除托儿所、幼儿园外，建筑面积不大于 200m² 且人数不超过 50 人的单层公共建筑和多层建筑的首层；

② 除医疗建筑、老年人照料设施，托儿所、幼儿园的儿童用房，儿童游乐厅等儿童活动场所和歌舞、娱乐、放映、游艺场所外，符合表 2-100 的公共建筑。

表 2-100　公共建筑可设置 1 个疏散门的条件

耐火等级	最多层数	每层最大建筑面积（m²）	人数
一、二级	3 层	200	第二层与第三层人数之和不超过 50 人
三级	3 层	200	第二层与第三层人数之和不超过 25 人
四级	2 层	200	第二层人数不超过 15 人

2）门（疏散门）洞口净宽度的确定

（1）居住建筑

① 常规的确定方法是：房间内门通常是满足使用的物品的尺度，便于搬进与搬出；建筑安全出口（疏散门）一般按疏散的要求确定。

②《建筑设计防火规范》GB 50016—2014（2018 年版）规定：

住宅建筑的户门、建筑安全出口的各自总净宽度应经计算确定，且户门和建筑安全出口的净宽度应不小于 0.90m，首层疏散外门的净宽度应不小于 1.10m。

③《住宅设计规范》GB 50096—2011 规定：

A. 底层外窗和阳台门、下沿低于 2.00m 且紧邻走廊或共用上人屋面上的窗和门，应采取防卫措施。

B. 面临走廊、共用上人屋面或凹口的窗，应避免视线干扰，向走廊开启的窗扇应不妨碍交通。

C. 户门应采用具备防盗、隔声功能的防护门。向外开启的户门应不妨碍公共交通及相邻户门开启。

D. 厨房和卫生间的门应在下部设置有效截面不小于 0.02m^2 的固定百叶，也可距地面留出不小于 30mm 的缝隙。

E. 各部位门洞的最小尺寸应符合表 2-101 的规定：

表 2-101　门洞最小尺寸（m）

类别	洞口宽度	洞口高度	类别	洞口宽度	洞口高度
共用外门	1.20	2.00	厨房门	0.80	2.00
户（套）门	1.00	2.00	卫生间门	0.70	2.00
起居室（厅）门	0.90	2.00	阳台门（单扇）	0.70	2.00
卧室门	0.90	2.00	—	—	—

注：1. 表中门洞高度不包括门上亮子的高度，宽度以平开门为准；

2. 洞口两侧地面有高差时，以高地面为起算高度。

④《宿舍建筑设计规范》JGJ 36—2016 规定：

A. 居室和辅助房间的门净宽应不小于 0.90m，阳台门和居室内附设卫生间的门净宽应不小于 0.80m，辅助用房的门洞宽度应不小于 0.90m。

B. 门洞口高度应不低于 2.10m。居室居住人数超过 4 人时，居室门应带亮窗，设亮窗的门洞口高度应不低于 2.40m。

⑤《老年人照料设施建筑设计标准》JGJ 450—2018 规定：

A. 老年人用房的门应不小于 0.80m；有条件时，宜不小于 0.90m。

B. 护理型床位居室的门应不小于 1.10m。

C. 建筑主要出入口的门应不小于 1.10m。

D. 含有 2 个或多个门扇的门，至少应有 1 个门扇的开启净宽度应不小于 1.10m。

（2）公共建筑

安全出口（疏散门）洞口的净宽度是按"百人指标"确定的。各类建筑的"百人指标"为：

① 剧场、电影院、礼堂等场所供观众疏散的所有内门、外门的各自总净宽度，应根据疏散人数按每 100 人的最小净宽度不小于表 2-102 的规定计算确定。

表 2-102　剧场、电影院、礼堂等场所每 100 人所需最小疏散净宽度（m/百人）

观众厅座位数（座）			≤2500	≤1200
耐火等级			一、二级	三级
疏散部位	门和走道	平坡地面	0.65	0.85
		阶梯地面	0.75	1.00
	楼梯		0.75	1.00

② 体育馆供观众疏散的所有内门、外门的各自总净宽度，应根据疏散人数按每 100 人的最小疏散净宽度不小于表 2-103 的规定计算确定。

表 2-103　体育馆每 100 人所需最小疏散净宽度（m/百人）

观众厅座位数范围（座）			3000~5000	5001~10000	10001~20000
疏散部位	门和走道	平坡地面	0.43	0.37	0.32
		阶梯地面	0.50	0.43	0.37
	楼梯		0.50	0.43	0.37

注：本表中较大座位数范围按规定计算的疏散总净宽度，应不小于对应相邻较小座位数范围按其最多座位数计算的疏散总净宽度。对于观众厅座位数少于 3000 个的体育馆，计算供观众疏散的所有内门、外门、楼梯和走道的各自总净宽度时，每 100 人的最小疏散净宽度应不小于表 2-102 的规定。

③ 除剧场、电影院、礼堂、体育馆外的其他公共建筑，其房间门、建筑疏散出口的各自总净宽度，应符合下列规定：

A. 每层的房间门、建筑疏散出口的各自总净宽度，应根据疏散人数按每 100 人的最小疏散净宽度不小于表 2-104 的规定计算确定。

表 2-104　房间门、建筑疏散出口的每 100 人最小疏散净宽度（m/百人）

建筑层数		耐火等级		
		一、二级	三级	四级
地上楼层	1~2 层	0.65	0.75	1.00
	3 层	0.75	1.00	—
	≥4 层	1.00	1.25	—
地下楼层	与地面出入口地面的高差 $\Delta H \leqslant 10m$	0.75	—	—
	与地面出入口地面的高差 $\Delta H > 10m$	1.00	—	—

B. 地下或半地下人员密集的厅、室和歌舞、娱乐、放映、游艺场所，其房间门、建筑疏散出口的各自总净宽度，应根据疏散人数每 100 人不小于 1.00m 计算确定。

C. 首层疏散外门的总净宽度应按该建筑疏散人数最多一层的人数计算确定，不供其他楼层人员疏散的外门，可按本层的疏散人数计算确定。

D. 歌舞、娱乐、放映、游艺场所中录像厅的疏散人数，应根据该厅、室的建筑面积按不小于 1.0 人/m² 计算；其他歌舞、娱乐、放映、游艺场所的疏散人数，应根据厅、室的建筑面积按不小于 0.50 人/m² 计算。

④ 高层公共建筑楼梯间的首层疏散门、建筑物首层疏散外门的最小净宽度应按表 2-105 的规定取值。

表 2-105 高层公共建筑楼梯间的首层疏散门、建筑物首层疏散外门的最小净宽度（m）

建筑类别	楼梯间的首层疏散门	建筑物首层疏散外门
高层医疗建筑	1.30	1.30
其他高层公共建筑	1.20	1.20

3）疏散门的洞口尺寸与代号

（1）洞口尺寸

① 宽度：单扇门的常用宽度为 700mm、800mm、900mm、1000mm；双扇门或大小扇门的常用宽度为 1100mm、1200mm、1400mm、1500mm、1800mm；四扇门的常用宽度为 2100mm、2400mm。（按使用需求和便于开启的原则，一般没有三扇门。）

② 高度：无上亮子（门上部的小窗）门的高度为：2000mm、2100mm；有上亮子门的高度为：2400mm、2700mm、3000mm。

（2）门的代号

① 基本代号：M

② 专用代号：TM（推拉门）；PM（平开门）；JM（夹板门）等。

4）疏散门的布置要求

（1）两个相邻并经常开启的门，应有防止风吹碰撞的措施；

（2）向外开启的平开外门，应有防止风吹碰撞的措施；

（3）经常出入和玻璃幕墙下的外门宜设置雨篷。楼梯间外门的雨棚下部设置吸顶灯时，应注意防止吸顶灯被门扇碰碎；

（4）高层建筑、公共建筑底层入口均应设置挑檐、门斗或雨篷，防止上层坠物伤人；

（5）变形缝处不得利用门框盖缝，门扇开启时不得跨越缝隙，以防止变形时卡住。

7. 采光窗的数量与洞口大小的确定

采光窗的数量与洞口大小的确定因素为：

（1）窗地面积比（窗地比）

窗地面积比（窗地比）是窗洞口面积与房间地面面积之比，主要建筑窗地面积比的最低值见表 2-106。

表 2-106 主要建筑窗地面积比（窗地比）的最低值

建筑类别	房间或部位名称	窗地面积比
住宅	卧室、起居室（厅）、厨房	1/7
	楼梯间（设置采光窗时）	1/10
宿舍	居室	1/7
	楼梯间	1/12
	公共厕所、公共浴室	1/10

建筑类别	房间或部位名称	窗地面积比
中、小学校	普通教室、合班教室等	1/5
	科学教室、实验室	1/5
	计算机教室	1/5
	舞蹈教室、风雨操场	1/5
	办公室、保健室	1/5
	饮水处、厕所、淋浴	1/10
	走道、楼梯间	约为 1/7
老年人照料设施	单元起居厅、老年人集中使用的餐厅、居室、休息室、文娱与健身用房、康复与医疗用房	1/6
	公用卫生间、盥洗室	1/9

2）窗墙面积比（窗墙比）

窗墙面积比（窗墙比）是指窗洞口面积与房间立面单元面积的比值。限制窗墙面积比的目的在于节能。立面单元面积指的是建筑层高与开间定位轴线所围成的面积。

（1）住宅建筑（表 2-107）

表 2-107　不同地区住宅建筑和公共建筑的窗墙面积比（窗墙比）限值

地区	窗墙面积比					
	北向	东向	西向	南向	水平（天窗）	非水平向（斜向）
严寒地区（Ⅰ区）	0.25	0.30	0.30	0.35	—	—
寒冷地区（Ⅱ区）	0.25	0.35	0.35	0.50	—	—
夏热冬冷地区	0.40	0.35	0.35	0.45		
夏热冬暖地区	≯0.40	≯0.30	≯0.30	≯0.40	—	—
温和地区	0.40	0.35	0.35	0.50	0.10	0.60

注：1."表中东、西"代表从东或西偏北 30°（含 30°）至偏南 60°（含 60°）的范围；"南"代表从南偏东 30°至偏西 30°的范围；

2. 非水平向是指每套住宅允许一个房间。

（2）公共建筑

严寒地区甲类公共建筑单一立面窗墙面积比（包括透光幕墙）均宜不大于 0.60；其他地区甲类公共建筑单一立面窗墙面积比（包括透光幕墙）均宜不大于 0.70。

3）采光系数

（1）定义

采光系数是指在给定平面上的一点，由直接或间接地接收来自假定和已知天空亮度分布的天空漫射光而产生的照度与同一时刻该天空半球在室外无遮挡水平面上产生的天空漫射光照度之比。

通俗地讲，采光系数是室内某一点的照度与室外同一时间、同一地点、且无遮挡水平面上室外照度的比值，用百分数表示。

（2）采光系数标准值的定义

《建筑采光设计标准》GB 50033—2013 规定的采光系数标准值指的是在规定的室外天然光设计照度下，满足视觉功能要求时的采光系数值，共分为 5 级。各级的采光系数标准值应符合表 2-108 的规定。

表 2-108　各采光等级参考平面上的采光系数标准值

采光等级	侧面采光		顶部采光	
	采光系数标准值（%）	室内天然光照度标准值（lx）	采光系数标准值（%）	室内天然光照度标准值（lx）
I	5.0	750	5.0	750
II	4.0	600	3.0	450
III	3.0	450	2.0	300
IV	2.0	300	1.0	150
V	1.0	150	0.5	75

注：1. 民用建筑参考平面取距地面 0.75m；

2. 表中所列采光系数标准值适用于我国 III 类光气候区。采光系数标准值是按室外设计照度值 15000lx 制定的；

3. 采光系数标准的上限值不宜高于上一采光等级的级差，采光系数标准值不宜高于 7%。

（3）采光系数标准值的大小

① 住宅建筑

A. 卧室、起居室（厅）、厨房应有直接采光。

B. 卧室、起居室（厅）的采光不应低于采光等级 IV 级的采光等级标准值，侧面采光的采光系数标准值不应低于 2.0%，室内天然光照度不应低于 300lx。

C. 住宅建筑的采光系数标准值应不低于表 2-109 的规定。

表 2-109　住宅建筑的采光系数标准值

采光等级	场所名称	侧面采光	
		采光系数标准值（%）	室内天然光照度标准值（lx）
IV	厨房	2.0	300
V	卫生间、过道、餐厅、楼梯间	1.0	150

② 办公建筑

办公建筑的采光系数标准值应不低于表 2-110 的规定。

表 2-110　办公建筑的采光系数标准值

采光等级	场所名称	侧面采光	
		采光系数标准值（%）	室内天然光照度标准值（lx）
II	设计室、绘图室	4.0	600
III	办公室、会议室	3.0	450
IV	复印室、档案室	2.0	300
V	走道、卫生间、楼梯间	1.0	150

③ 教育建筑

A. 教育建筑的普通教室的采光应不低于采光等级 III 级的采光系数标准值，侧面采光的采光系数标准值应不低于 3.0%，室内天然光照度应不低于 450lx。

B. 教育建筑的采光系数标准值应不低于表 2-111 的规定。

表 2-111　教育建筑的采光系数标准值

采光等级	场所名称	侧面采光	
		采光系数标准值（%）	室内天然光照度标准值（lx）
Ⅲ	专用教室、实验室、阶梯教室、教师办公室	3.0	450
Ⅴ	走道、卫生间、楼梯间	1.0	150

（4）采光系数标准值与窗地面积比的对应关系

① 采光系数标准值为 0.5% 时，相当于窗地面积比为 1/12；

② 采光系数标准值为 1.0% 时，相当于窗地面积比为 1/7；

③ 采光系数标准值为 2.0% 时，相当于窗地面积比为 1/5。

（5）窗地面积比的应用

【例】确定住宅居室南向窗的洞口大小，并选择塑料窗的窗型。

【条件】北京地区，居室开间尺寸 3300mm，进深尺寸 5100mm，层高尺寸 2700mm，外墙厚度 360mm（轴线偏中，轴线里侧 120mm、轴线外侧 240mm），内墙厚度 240mm（轴线居中，轴线两侧均为 120mm）。

【解】先把单位尺寸的单位由"mm"调成以"m"为单位。找出居室的窗地面积比为 1/7，北京地区南向的窗墙面积比最大值为 0.50。

第一步：求房间净面积（3.30—2×0.12）×（5.10—2×0.12）＝14.87m²

第二步：求窗洞口净面积　14.87×1/7＝2.12 m²

第三步：分析层高尺寸，确定窗高。层高应由窗台尺寸＋窗高尺寸＋窗台尺寸。窗台尺寸取 0.85m，窗上口尺寸取 0.45m，窗高尺寸取 1.40m。

第四步：分析开间尺寸，确定窗宽。满足抗震需求，窗间垛必须保证 1.20m，开间尺寸扣除窗间垛尺寸后得到窗宽为 2.10m。

第五步：满足结构需要的尺寸后的最大洞口尺寸为 2.10×1.40＝2.94m²

第六步：求住宅南墙的允许最大开洞率　2.70×3.30×0.50＝4.455m²

第七步：分析相关数字，窗洞口的最小值为 2.12 m²，最大值为 4.455m²。考虑抗震要求，窗洞口的最大尺寸只能取 2.94m²。介于 2.12 m² 和 4.455m² 之间，符合要求。

第八步：最终确定洞口尺寸为：宽度 2.10m，高度 1.40m。选择窗型尺寸为 2100mm×1400mm。窗的代号为 2114WC。

8. 常用窗型的代号及尺寸

由于窗型较多，这里以塑料窗为例进行介绍。

1）塑料窗的常用尺寸

（1）宽度：窗的常用宽度为 600mm、900mm、1200mm、1500mm、1800mm、2100mm、2400mm。

（2）高度：窗的常用高度为 600mm、900mm、1200mm、1400mm、1500mm、1800mm、2100mm。

2）塑料窗的代号

（1）基本代号：C

（2）专用代号：TC（推拉窗）、PC（平开窗）、WC（外开窗）等。

3）塑料窗的应用

如：建筑图纸上标注的1215WC，表示窗的宽度是1200mm，窗的高度是1500mm，窗的类型是外平开窗。

9. 采光窗的构造要求

1）选用

（1）7层和7层以上的建筑不应采用平开窗，可以采用推拉窗、内侧内平开窗或外翻窗；

（2）开向公共走道的外开窗扇，其底面高度应不低于2.00m；

（3）住宅底层外窗和屋顶外窗，其窗台高度低于2.00m的应采取防护措施；

（4）有空调的建筑外窗应设可开启窗扇，其数量为5％；

（5）可开启的高侧窗或天窗应设手动或电动机械开窗机。

2）布置

（1）楼梯间外创应结合各层休息平台布置；

（2）楼梯间外窗如向内开启时，开启后不得在人的高度内凸出墙面；

（3）需防止太阳光直射的窗及厕浴等需隐蔽的窗，宜采用翻窗，并应采用半透明玻璃；

（4）中小学教学用房2层及2层以上的临空外窗的开启扇不得外开。

3）窗台

（1）窗台高度不应小于0.80m（住宅0.90m）；

（2）低于规定高度的窗台叫作低窗台，低窗台应采取防护措施。通常做法是采用护栏或固定窗来实现。固定窗应采用6.38mm的夹层玻璃。

（3）窗台的防护高度计算起点是：

① 窗台高度低于0.45m时，护栏或固定扇的高度从窗台起算；

② 窗台高度高于0.45m时，护栏或固定扇的高度可从地面起算；但护栏下部不得设置水平栏杆或高度小于0.45m，宽度大于0.22m的可踏部位；

③ 当室内外高度差不大于0.60m时，首层的低窗台可不加防护措施。

4）凸窗

（1）凡凸窗范围内设有宽窗台可供人坐或放置花盆时，护栏和固定窗的护栏高度一律从窗台面算起；

（2）当凸窗范围内无宽窗台，且护栏紧贴凸窗内墙面设置时，按低窗台规定执行；

（3）外窗台应低于内窗台。

5）安全玻璃的采用

建筑物的下列部位应采用安全玻璃。安全玻璃包括钢化玻璃、夹层玻璃、防火玻璃以及采用上述玻璃制作的中空玻璃。

（1）7层和7层以上建筑物的外窗；

（2）面积大于1.50m²的窗玻璃或玻璃底边离最终装修面小于500mm（铝合金窗）或900mm（塑料窗）的落地窗；

（3）公共建筑的出入口；

（4）室内隔断、浴室围护和屏风；

（5）与水平面夹角不大于 75° 的倾斜玻璃窗、各类天棚（包括天窗、采光顶）、顶棚。

二、门的构造

1. 门的类型

1）按开启形式划分

（1）平开门：水平开启的门，开启角度最大时为 90°。平开门可以内开或外开，做疏散使用时应外开。为满足寒冷地区的保温要求，经常采用双层平开门，分别内开和外开。需加强通风和防止蚊蝇的地区可以将玻璃门和纱门合并安装，纱门一般在外侧；

（2）弹簧门：分为单面弹簧门和双面弹簧门两种。这种门主要用于人流出入频繁的部位。托儿所、幼儿园等类型建筑中，儿童经常出入的门，不得采用弹簧门。为避免弹簧门两扇相互碰撞的预留缝隙不宜过大；

（3）推拉门：门扇悬挂在门洞口上部的支承铁件上，然后左右推拉。这种门的特点是不占用室内空间，但封闭不够严实。电梯门多采用这种门；

（4）转门：这种门为双扇门，呈十字形交叉布置，安装于圆形门框的中心，进出时应缓慢行进。这种门的隔绝能力强、保温性能好、卫生条件好，多用于大型公共建筑的主要出入口；

（5）卷帘门：使用时门扇可以将门扇帘片放下，不用时可将帘片卷起。多用于商店橱窗和商店大门外侧的安全门；

（6）折门：又称"折叠门"。门关闭时，几个门扇可以折叠靠拢，减少占用房间有效面积。

图 2-190 所示为各种类型门的外观示意图。

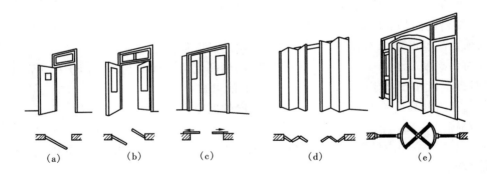

图 2-190　门的类型
（a）平开门；（b）弹簧门；（c）推拉门；（d）折叠门；（e）转门

2）按使用材料划分

（1）木门：应用较为普遍。分为胶合板门、镶板门、拼板门、半截玻璃门等。用于外门时多采用镶板门和半截玻璃门；用于内门时多采用胶合板门；拼板门多用于库房等空间；

（2）钢板门：采用型材钢框和钢板制作的门。多用于农村院落的外门和库房大门；

（3）钢筋混凝土门：多用于人民防空地下室的密闭门和防护密闭门。由于门扇自重较大，与主体连接必须妥善处理；

（4）铝合金门：采用铝合金型材制作，表面呈银白色或深青铜色，给人以轻松、舒适的感觉。多用于大型建筑的主要出入口；

（5）彩色钢板门：采用彩色镀锌钢板制作，可以和铝合金门相互替换；

（6）玻璃门：采用安全玻璃（钢化玻璃）制作，分为有框和无框两种形式。多用于建筑出入口处。

3）其他类型的门

这种门的类型较多，用于通风和遮阳的"百叶门"；用于保温和隔热的"保温门"；用于隔声和减噪的"隔声门"；以及专门用于防火的"防火门"和专门用于防爆的"防爆门"等。近期，用于住宅户门的"四防门"集"防盗、防火、防噪、隔热"多功能于一体，正在向多功能的方向发展。

2. 门的各部名称

以木门为例，门的组成包括门框和门扇两部分。下面以木门为例说明其构成。

1）门框：由上槛、横档和边框、中框组成；

2）门扇：由上冒头、中冒头、下冒头、边梃和门心板组成；

3）附件：由筒子板、贴脸、玻璃等构成（图 2-191）。

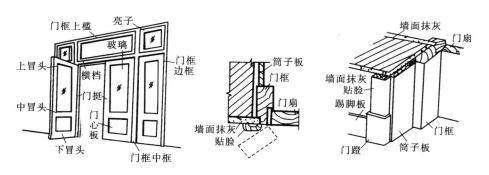

图 2-191　门的各部名称

3. 门的构造

1）实木镶板门

（1）门框：实木镶板门的门框形状和尺寸由门扇的厚度、开启方式、裁口大小等决定。门框和上槛的最小断面为 45mm×90mm，裁口宽度应稍大于门扇的宽度，裁口深度为 10～12mm。

（2）门扇：门扇的断面形状和尺寸大小与门扇大小、立面划分、安装方式有关。上冒头和边梃的尺寸一般相等，其断面约为 45mm×90mm，下冒头的断面约为 45mm×140mm。

（3）开启方式的表达：在门的立面图上，用开启线表达门扇的开启，实线表示门扇外开，见图 2-192。

2）夹板木门

夹板木门一般中间为骨架，两面铺贴胶合板或纤维板的门，多用于非受潮部位的内门（图 2-193）。

3）实木玻璃门

实木玻璃门的门扇四周采用实木制作，中间镶嵌玻璃的门。多用于房间内门，见图2-194。

239

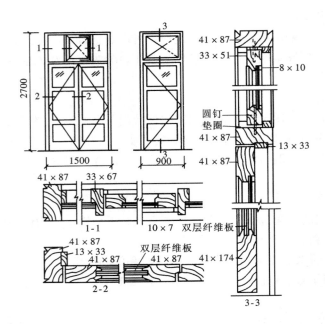

图 2-192 实木镶板门的构造

4）玻璃门

玻璃门包括活动门、固定门两种类型，构造做法分为有框式和无框式两种。玻璃门应采用钢化玻璃或夹层玻璃等安全玻璃，玻璃厚度应满足《建筑玻璃应用技术规程》JGJ 113—2015 的规定。

（1）有框玻璃门的玻璃按门的幅面大小决定厚度，并应符合表 2-69 的规定；

（2）无框玻璃门的玻璃必须使用厚度不小于 12mm 的钢化玻璃。

5）铝合金门的构造要求

（1）型材：铝合金门的主型材截面壁厚不应小于 2.0mm。铝合金型材必须通过阳极氧化、电泳涂漆、粉末喷涂、氟碳漆喷涂的方法之一进行表面处理。

（2）玻璃：铝合金门的玻璃可以选用浮法玻璃、着色玻璃、镀膜玻璃、中空玻璃、真空玻璃、钢化玻璃、夹层玻璃、夹丝玻璃等。中空玻璃的单片玻璃厚度相差宜不大于 3mm；镀膜玻璃宜采用 Low-E 玻璃；夹层玻璃的单片玻璃厚度相差宜不大于 3mm。人员流动性大的公共场所，受到人员和物体碰撞的铝合金门应采用安全玻璃。

4. 门的安装

门的安装分为两步：即门框与墙的安装、门扇与门框的安装。

（1）门框与墙的安装位置（图 2-194）

① 门框安装于承重墙的中部

② 门框安装于承重墙的里侧（无筒子板）

③ 门框安装于承重墙的里侧（有筒子板）

④ 门框安装于轻质墙（隔墙）的中部

⑤ 门框安装于轻质墙（隔墙）的中部

（2）不同类型的门与墙的安装方法

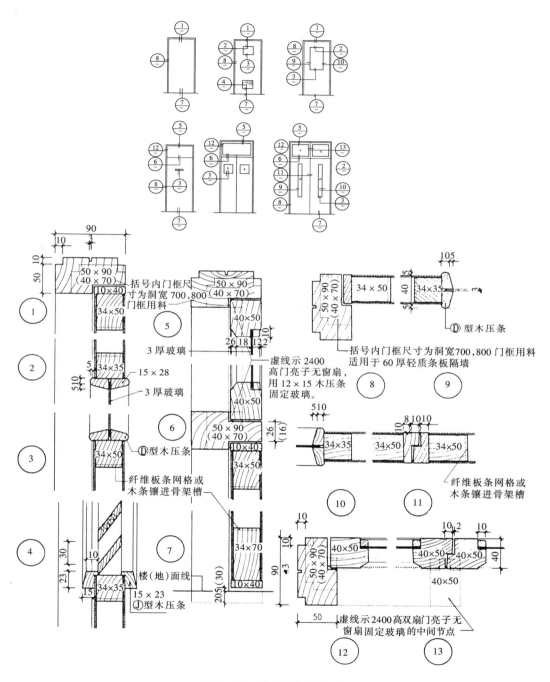

图 2-193　夹板木门的构造

① 木门：通过防腐木砖连接，防腐木砖间距一般为 600mm，每侧应不少于 3 块。

② 钢板门：通过特质连接铁件连接，每侧应不少于 3 个。

③ 铝合金门：一般通过连接件进行连接，每侧应不少于 3 个。

④ 玻璃门：有框时，门框通过特质连接铁件与墙体连接；无框时门扇通过金属件与门

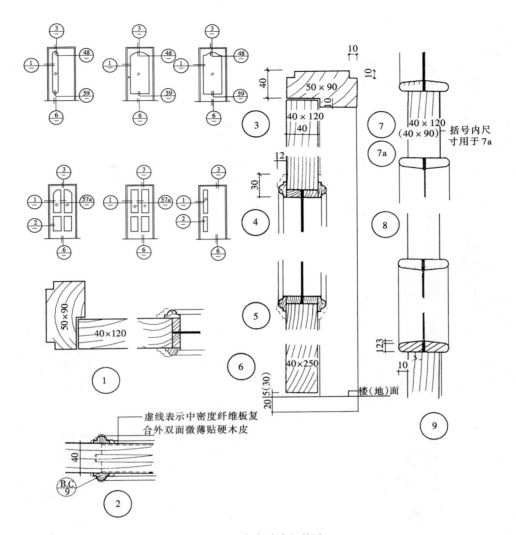

图 2-194 实木玻璃门构造

上过梁、门下地面连接。

（3）门扇与门框的连接

门扇与门框一般均通过铰链（合页）进行连接。

三、窗的构造

1. 窗的类型

窗的类型很多，常见的有以下几种：

1）平开窗：

（1）内平开窗：玻璃扇在室内、纱扇在室外。这种做法便于玻璃扇的安装、擦洗、维修，玻璃扇不易损坏。缺点是纱扇在室外，容易产生锈蚀，且挂窗帘有难度。除有特殊要求的建筑（如中小学教室）外，一般很少采用。

（2）外平开窗：玻璃扇向室外开启。特点是玻璃扇开启后不占用室内空间，但安装、擦

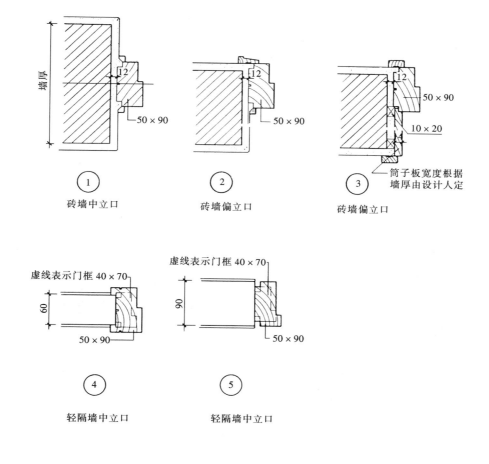

①
砖墙中立口

②
砖墙偏立口

③
砖墙偏立口

筒子板宽度根据
墙厚由设计人定

④
轻隔墙中立口

⑤
轻隔墙中立口

图 2-195 门的安装位置

洗、维修均有一定难度，且容易受风、雨的侵袭。规范规定 7 层及 7 层以上的外窗应该用推拉窗。

2）推拉窗：推拉窗可以左右推拉或上下推拉。左右推拉窗构造简单，应用较为广泛。上下推拉是采用重锤通过钢丝绳平衡窗扇，构造较为复杂。

3）旋转窗：这种窗通过安装在框上的金属旋转轴开启窗扇，分为上悬窗、中悬窗、下悬窗。必要时还可以做垂直旋转窗。

4）固定窗：只供采光，不能开启的窗。

5）百叶窗：这是一种由斜向安装的木片或金属片构成的通风窗。多用于厕所门的下部或有特殊要求的部位。

各类窗型的示意图见图 2-196。

2. 窗的构造

1）木窗

（1）组成

窗不论是采用哪种材料，一般均由窗框、窗扇、附属构件等部分组成。图 2-197 和

图 2-198所示为木窗的构造组成。

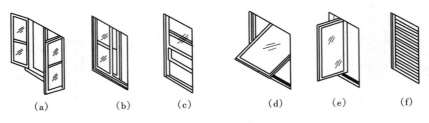

图 2-196 窗的类型

(a) 平开窗；(b) 推拉窗；(c) 提拉窗；(d) 中悬窗；(e) 立转窗；(f) 百叶窗

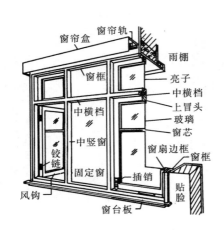

图 2-197 窗的构造组合图

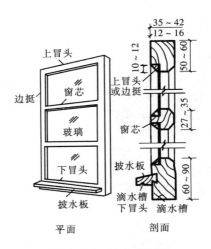

图 2-198 窗扇构造图

① 窗框：窗框的水平构件称为"槛"（又称为"横档"），包括上槛（上横档）、下槛（下横档）、腰槛（中横档）；窗框的竖直构件称为"框"，包括边框、中框等；窗框的断面，单层窗（无纱窗）约为 60mm×80mm，双层窗（有纱窗）约为 100mm×120mm，裁口尺寸应稍大于窗扇厚度，深度应为 10～12mm。

② 窗扇：窗扇的水平构件称为"冒头"，上部称为"上冒头"，下部称为"下冒头"，中间部分称为"窗芯"（或称为"窗棂"），两侧的竖直构件称为"边挺"。窗框的断面，边框和冒头约为 40mm×55mm，窗棂的断面约为 40mm×30mm。纱扇的断面应略小于玻璃扇。

③ 附属构件：包括窗台板、窗帘盒、玻璃、铰链、其他小五金（风钩、插销等）等。

（2）开启线的应用

为了准确表达窗扇的开启形式，常用开启线来表达。开启线是通过窗的外立面进行表达，实线为玻璃扇向外开启，虚线为玻璃扇向内开启，开启线的交叉点为铰链（合页）的安装位置。开启线的表达见图 2-199。

2）塑料窗

（1）料型：塑料窗的型材采用为增塑聚氯乙烯（PVC-U）制作的空心料型，窗的增强型钢的壁厚不应小于1.5mm。料型以框料的宽度为系列，有 80 系列、88 系列等，通常采用 88 系列。窗玻璃可以采用普通中空玻璃或 Low-E 中空玻璃，中空玻璃的空气层厚度一般为

9mm。中空玻璃的内外层玻璃采用不同厚度时，单片玻璃厚度差值宜不大于3mm。一般情况下较厚玻璃应安在外侧。

（2）构造要求

① 单扇外开塑料窗窗扇的宽度宜不大于600mm，高度不应大于1200mm，开启角度不应大于85°。

② 居住建筑外窗（含阳台门）的可开启面积不应小于外窗所在房间地面的5%；公共建筑外窗（含阳台门）的可开启面积不应小于窗面积的30%。

（3）连接

① 当墙体为混凝土时，应采用塑料膨胀螺栓固定。

② 当墙体为烧结普通砖时，应采用膨胀螺栓或水泥钉固定，应固定在砖面上，不得固定在砖缝处。

③ 当墙体为加气混凝土时，应采用木螺钉将连接件固定在砖缝处。

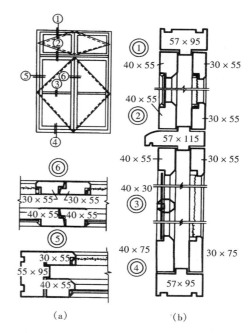

图2-199 双扇窗的组合与开启线

④ 设有预埋件的窗洞应采用焊接的方法，也可先在预埋件上按紧固件规格打基孔，然后用紧固件固定。

（4）构造

塑料推拉窗的构造见图2-200。

（5）连接

① 塑料窗的安装分为有副框（固定片）做法和无附框做法。

② 固定片：固定片是金属连接片。固定片的位置应距墙角、中竖框、中横框的间距为150～200mm，固定片之间的间距应不大于600mm，不得将固定片安装在中竖框、中横框的档头上。见图2-201。

3）铝塑复合窗（断桥铝合金窗）

（1）特点

铝塑复合窗又称为断桥铝合金窗。铝塑复合窗的原理是利用塑料型材（隔热性高于铝型材1250倍）将室内外两层铝合金既隔开又紧密地连接成一个整体，构成一种新的隔热型的铝型材。用这种型材做门窗，其隔热性与塑料窗一样可以达到国标级，彻底解决了铝合金传导散热快、不符合节能要求的致命问题。同时采取一些新的结构配合形式，彻底解决了铝合金推拉窗密封不严的老大难问题。该产品两面为铝材，中间用塑料型材腔体做断热材料。这种创新结构的设计，兼顾了塑料和铝合金两种材料的优势，同时满足装饰效果和门窗强度以及耐老化性能的多种要求。

（2）构造

断桥铝塑料型材可实现门窗的超级三道密封结构，合理分离水气腔，成功实现气水等压

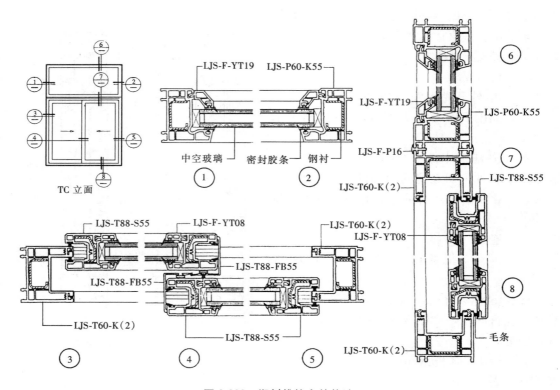

图 2-200　塑料推拉窗的构造

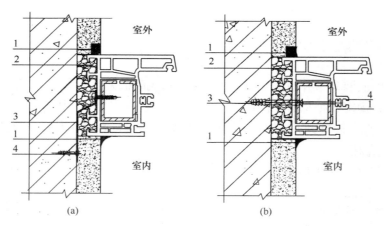

图 2-201　有副框（固定片）和无副框的连接构造

（a）有副框做法；　　　　　（b）无副框做法

1—密封胶；2—聚氨酯发泡胶；1—密封胶；2—聚氨酯发泡胶；

3—固定片；4—膨胀螺钉；3—膨胀螺钉；4—工艺孔帽

平衡，显著提高门窗的水密性和气密性。这种窗的气密性比任何单一铝窗、塑料窗都好，能保证风沙大的地区室内窗台和地板无灰尘，同时可以保证在高速公路两侧 50m 内的居民不受噪音干扰，其性能接近平开窗。铝塑复合窗有 65 系列、70 系列、72 系列可供选用。

（3）性能

断桥铝合金窗的热阻值远高于其他类型门窗，节能效果十分明显。北京地区各向窗（阳台门）的传热系数 K_0 应小于等于 $2.80W/(m^2 \cdot K)$，相当于总热阻值 R_0 为 $0.357(m^2 \cdot K)/W$。断桥铝合金窗的总热阻值 R_0 为 $0.560[(m^2 \cdot K)/W]$。

3. 窗的附属构件

（1）窗台板：可以采用 30mm 厚的木质板材或预制水磨石板材，现场安装；

（2）窗帘盒：窗帘盒可以采用 $25mm \times 100 \sim 150mm$ 的木材或塑料板材制成，用角钢或特质连接件与墙体固定。窗帘杆可以采用木、铜、铁等多种材料制作；

（3）窗帘杆：窗帘杆可以选用金属杆件或木杆件（图 2-202）。

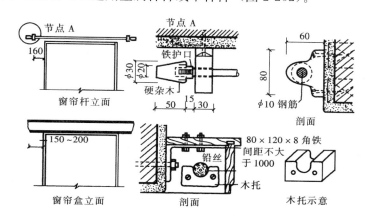

图 2-202　窗帘盒构造

四、特种门窗的构造

1. 防火门

1）《建筑设计防火规范》GB 50016—2014（2018 年版）规定：

（1）设置在建筑内经常有人通行处的防火门宜采用常开防火门，常开防火门应能在火灾时自行关闭，并应有信号反馈功能；

（2）其他位置的防火门应采用常闭防火门，常闭防火门应在其明显位置设置"保持防火门关闭"等提示标识；

（3）除管井检修门和住宅的户门外，防火门应具有自行关闭功能。双扇防火门应具有按顺序自行关闭的功能；

（4）防火门应能在其两侧手动开启；

（5）设置在变形缝附近的防火门应设置在楼层较多的一侧，并应保证防火门开启时门扇不跨越变形缝；

（6）防火门关闭后应具有防烟功能。

2）《防火门》GB 12955—2008 规定：

（1）防火门的材料

① 木质防火门：用难燃木材或难燃木材制品制作门框、门扇骨架和门扇面板，门扇内若填充材料应填充对人体无毒无害的防火隔热材料，并配以防火五金配件所组成的具有一定耐火性能的门。

② 钢质防火门：用钢质材料制作门框、门扇骨架和门扇面板，门扇内若填充材料应填充对人体无毒无害的防火隔热材料，并配以防火五金配件所组成的具有一定耐火性能的门。

③ 钢木质防火门：用钢质和难燃木质材料制作门框、门扇骨架和门扇面板，门扇内若填充材料应填充对人体无毒无害的防火隔热材料，并配以防火五金配件所组成的具有一定耐火性能的门。

④ 其他材质防火门：采用除钢质、难燃木材或难燃木材制品之外的无机不燃材料或部分钢质、难燃木材、难燃木材制品制作门框、门扇骨架和门扇面板，门扇内若填充材料应填充对人体无毒无害的防火隔热材料，并配以防火五金配件所组成的具有一定耐火性能的门。

（2）防火门的开启方式：主要采用单向开启的平开式，而且应向疏散方向开启。

（3）防火门的综合功能

① 隔热防火门（A类）：在规定的时间内，能同时满足耐火完整性和隔热性要求的防火门。

② 部分隔热防火门（B类）：在规定大于等于 0.50h 时间内，能同时满足耐火完整性和隔热性要求，在大于 0.50h 后所规定的时间内，能满足耐火完整性要求的防火门。

③ 非隔热防火门（C类）：在规定的时间内，能满足耐火完整性要求的防火门。

（4）防火门按耐火性能的分类

防火门按耐火性能的分类见表 2-112。

（5）其他

① 防火门安装的门锁应是防火锁。

② 防火门上镶嵌的玻璃应是防火玻璃，并应分别满足 A 类、B 类和 C 类防火门的要求。

③ 防火门上应安装防火闭门器。

2. 防火窗

《防火窗》GB 16809—2008 规定：

1）防火窗的分类

（1）固定式防火窗：无可开启窗扇的防火窗。

（2）活动式防火窗：有可开启窗扇、且装配有窗扇启闭控制装置的防火窗。

表 2-112　防火门按耐火性能的分类

名称	耐火性能	代号
隔热防火门（A类）	耐火隔热性≥0.50h 耐火完整性≥0.50h	A 0.50（丙级）
	耐火隔热性≥1.00h 耐火完整性≥1.00h	A 1.00（乙级）
	耐火隔热性≥1.50h 耐火完整性≥1.50h	A 1.50（甲级）
	耐火隔热性≥2.00h 耐火完整性≥2.00h	A 2.00
	耐火隔热性≥3.00h 耐火完整性≥3.00h	A 3.00

名称	耐火性能		代号
部分隔热防火门（B类）	耐火隔热性≥0.50h	耐火完整性≥1.00h	B 1.00
		耐火完整性≥1.50h	B 1.50
		耐火完整性≥2.00h	B 2.00
		耐火完整性≥3.00h	B 3.00
非隔热防火门（C类）	耐火完整性≥1.00h		C 1.00
	耐火完整性≥1.50h		C 1.50
	耐火完整性≥2.00h		C 2.00
	耐火完整性≥3.00h		C 3.00

（3）隔热防火窗（A类）：在规定时间内，能同时满足耐火完整性和隔热性要求的防火窗。

（4）非隔热防火窗（C类）：在规定时间内，能满足耐火完整性要求的防火窗。

2）防火窗的产品名称

防火窗的产品名称见表2-113。

表2-113　防火窗的产品名称

产品名称	含义	代号
钢质防火窗	窗框和窗扇框架采用钢材制造的防火窗	GFC
木质防火窗	窗框和窗扇框架采用木材制造的防火窗	MFC
钢木复合防火窗	窗框采用钢材、窗扇框架采用木材制造或窗框采用木材、窗扇框架采用钢材制造的防火窗	GMFC

3）防火窗的使用功能

防火窗的使用功能见表2-114。

表2-114　防火窗的使用功能

使用功能分类	代号
固定式防火窗	D
活动式防火窗	H

4）防火窗的耐火性能

防火窗的耐火性能见表2-115。

表2-115　防火窗的耐火性能

防火性能分类	耐火等级代号	耐火性能
隔热防火窗（A类）	A0.50（丙级）	耐火隔热性≥0.50h且耐火完整性≥0.50h
	A1.00（乙级）	耐火隔热性≥1.00h且耐火完整性≥1.00h
	A1.50（甲级）	耐火隔热性≥1.50h且耐火完整性≥1.50h
	A2.00	耐火隔热性≥2.00h且耐火完整性≥2.00h
	A3.00	耐火隔热性≥3.00h且耐火完整性≥3.00h

防火性能分类	耐火等级代号	耐火性能
非隔热防火窗（C类）	C0.50	耐火完整性≥0.50h
	C1.00	耐火完整性≥1.00h
	C1.50	耐火完整性≥1.50h
	C2.00	耐火完整性≥2.00h
	C3.00	耐火完整性≥3.00h

5）其他

（1）防火窗安装的五金件应满足功能要求并便于更换。

（2）防火窗上镶嵌的玻璃应是复合防火玻璃或单片防火玻璃，最小厚度为5mm。

（3）防火窗的气密等级应不低于3级。

五、门窗的遮阳措施

1. 遮阳的作用

1）遮阳是为了防止阳光直接射入室内，减少进入室内的太阳辐射热量，特别是避免局部过热和产生眩光，以及保护物品而采取的建筑措施。北方地区应以防止西晒为主，除建筑物采取相应的措施外，还可以通过绿化或遮阳措施来实现。建筑物中的挑檐、外廊、阳台、花格等做法均有一定的遮阳作用。

2）门窗玻璃应满足遮阳系数（SC）与透光率的要求，不同地区的建筑应根据当地气候特点选择不同遮阳系数的玻璃。既要考虑夏季遮阳，又要考虑冬季利用阳光及室内采光的舒适度，因此根据工程的具体情况选择较合理的平衡点。严寒和寒冷地区一般选择SC大于0.6的玻璃。南方炎热地区一般选择SC小于0.3的玻璃，其他地区宜选择SC在0.3~0.6的玻璃。

注：遮阳系数指的是在给定条件下，玻璃、外窗或玻璃幕墙的太阳能总透射比与相同条件下相同面积的标准玻璃（3mm厚透明玻璃）的太阳能总透射比的比值。

2. 遮阳规范的规定：

《建筑遮阳工程技术规范》JGJ 237—2011规定：

1）南向、北向宜采用水平式遮阳和综合式遮阳；

2）东向、西向宜采用垂直或挡板式遮阳；

3）东南向、西南向宜采用综合式遮阳。

3. 遮阳板的基本形式

1）水平遮阳

能够遮挡高度角较大的从窗口上方照射下来的阳光，适用于南向的窗口。

2）垂直遮阳

能够遮挡高度角较小、从窗口侧方照射进来的阳光；对高度角较大的、从窗口上方照射下来的阳光，或接近日出、日落时对窗口的正射阳光，它不起遮挡作用。这种做法主要适用于偏东、偏西的南向或北向及其附近的窗口。

3）综合遮阳

能够遮挡从窗口左右侧及前上方斜射下来的阳光，遮挡效果比较均匀。主要适用于南、东南及其附近的窗口。

4）挡板遮阳

能够遮挡高度角较小的、正射窗口的阳光，主要适用于东、西向及附近的窗口。

图 2-203 所示为遮阳板的基本形式；图 2-204 所示为连续遮阳的构造形式。

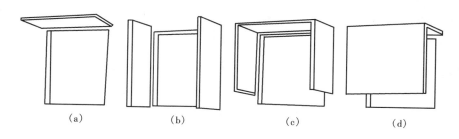

图 2-203　遮阳板的基本形式
（a）水平遮阳；（b）垂直遮阳；（c）综合遮阳；（d）挡板遮阳

4.《温和地区居住建筑节能设计标准》JGJ 475—2019 规定：固定遮阳有 5 大类型，分别是：

1）水平室外遮阳及水平式格栅遮阳（图 2-204）

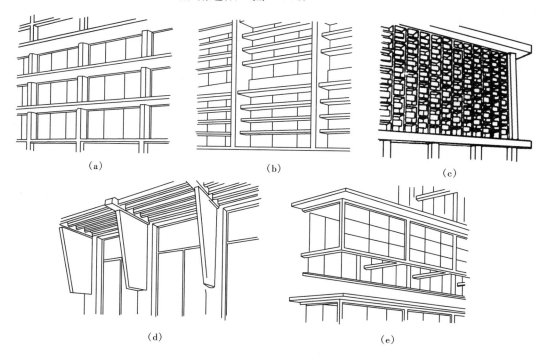

图 2-204　连续遮阳的构造形式
（a）水平式连续遮阳；（b）多层水平式连续遮阳；（c）花格式连续遮阳；
（d）斜板支承式水平连续遮阳；（e）挡板式连续遮阳

2）垂直式外遮阳（图 2-205）

3）挡板式外遮阳（图 2-206）

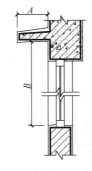

图 2-205　水平式外遮阳及水平式格栅遮阳的示意图

A—水平式遮阳板宽度；*B*—遮阳板距窗台距离

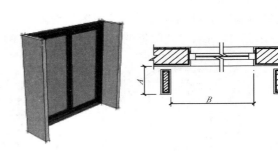

图 2-206　垂直式外遮阳的示意图

A—垂直式遮阳板宽度；*B*—遮阳板与窗最大距离

4）水平百叶挡板式外遮阳（图 2-207）

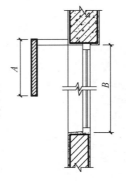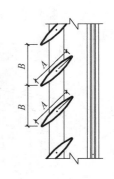

图 2-207　挡板式外遮阳的示意图

A—挡板遮阳板高度；*B*—窗高

图 2-208　水平百叶挡板式外遮阳的示意图

A—水平百叶挡板长度；*B*—水平百叶挡板间距

5）垂直百叶挡板式外遮阳（图 2-209）

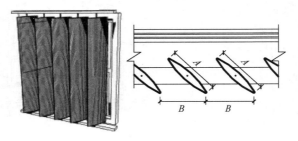

图 2-209　垂直百叶挡板式外遮阳的示意图

A—垂直百叶挡板间距；*B*—垂直百叶挡板长度

复 习 思 考 题

1．简述门的作用、数量及洞口大小的确定。

2. 简述窗的作用、数量及洞口大小的确定。

3. 简述门窗的常用类型。

4. 简述木门的构造做法。

5. 简述塑料窗的构造做法。

6. 简述门窗与墙体的连接。

7. 简述门窗的遮阳措施。

第三章 框架结构建筑构造

第一节 概　述

一、基本特点

1. 框架结构的构成

框架结构由柱子、纵向梁、横向梁、楼板、楼梯、屋顶板等构件组成骨架，属于承重结构。框架结构中的墙体，外墙属于围护结构，内墙属于分隔结构。

2. 框架结构的特点

框架结构的最大特点是承重部分与围护、分隔部分完全分开。其中承重部分包括柱子、梁、板。板的荷载传递给梁、梁的荷载传递给柱子、柱子的荷载传递给基础。外围护墙和内分隔墙的荷载由基础梁承托，并传递给柱子。框架结构中的所有墙体均没有基础。

3. 框架结构的应用

框架结构可以用于民用建筑和工业建筑中。建造层数可以是单层、多层和高层建筑。考虑抗震设防要求，目前以现浇钢筋混凝土框架为主。

图 3-1 所示为框架结构的组成示意图，可供对照学习。

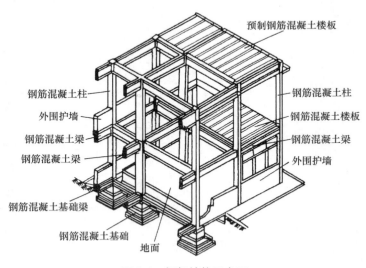

图 3-1　框架结构示意图

二、框架结构的分类

1. 按材料分

1）钢筋混凝土框架：常见的框架做法，柱、梁、楼板（屋顶板）等主要构件均采用钢筋混凝土制作。

2）钢框架：这种做法的特点是柱、梁采用钢材制作，楼板（屋顶板）采用钢筋混凝土板、组合楼板等，多用于高层建筑中。

　　3）木框架：这是传统的做法。柱、梁、楼板（屋顶板）等主要构件均采用木材制作。应用于层数较低的建筑中。

　　2. 按构件数量分

　　1）完全框架：柱、梁（横向梁和纵横向梁）、楼板（屋顶板）等完全具备的框架。

　　2）不完全框架：构件有柱、楼板（屋顶板）和纵向梁（缺少横向梁）的框架。

　　3）板柱式框架（无梁框架）：只有柱、楼板（屋顶板）的框架结构。

　　3. 按受力分

　　1）纯框架：竖向荷载与水平荷载全部由柱、梁（横向梁和纵横向梁）、板（楼板和屋顶板）承担的框架。

　　2）框架加抗震墙（框剪结构）：竖向荷载和 20％ 左右的水平荷载由柱、梁（横向梁和纵横向梁）、板（楼板和屋顶板）承担，其余 80％ 的水平荷载由抗震墙承担的框架。

　　3）框架加筒体（框筒结构）：框架中的筒体多为建筑中交通设施（楼梯、电梯）的所在地，结构上承担剪力墙的作用。

　　4. 按承托楼板梁的方向分

　　1）横向框架：楼板荷载主要由横向梁承担。横向梁是主梁，纵向梁是连系梁。

　　2）纵向框架：楼板荷载主要由纵向梁承担。纵向梁是主梁，横向梁是连系梁。

　　3）纵横向框架：楼板荷载由纵向梁和横向梁共同承担。

　　5. 按施工方法分

　　（1）装配式框架：指柱、梁（横向梁和纵横向梁）、板（楼板和屋顶板）全部采用预制、拼装的框架。也包括柱子现浇、梁（横向梁和纵横向梁）、板（楼板和屋顶板）预制的框架。这种做法目前应用较少。

　　（2）现浇框架：指柱、梁（横向梁和纵横向梁）、板（楼板和屋顶板）全部采用现场浇筑，这是目前的主导做法。

第二节　现浇钢筋混凝土框架的构造

一、应用高度和体形高宽比

　　现浇钢筋混凝土框架的结构类型包括框架（纯框架）、框架—抗震墙（框架—剪力墙）、部分框支抗震墙（部分框支剪力墙）、框架核心筒、板柱—抗震墙（板柱—剪力墙）五种类型。

　　《建筑抗震设计规范》GB 50011—2010（2016 年版）对现浇钢筋混凝土框架的应用高度和高宽比的规定：（表 3-1）

表 3-1　钢筋混凝土框架的应用高度和高宽比

结构类型	应用高度	体形高宽比
框架	45	6.0
框架-抗震墙	100	6.0
部分框支抗震墙	80	6.0
框架核心筒	100	6.0
板柱—抗震墙	30	6.0

二、主要构件

1. 柱子

《建筑抗震设计规范》GB 50011—2010（2016年版）规定，钢筋混凝土框架结构中柱子的截面尺寸宜符合下列要求：

1）截面尺寸

（1）矩形柱：截面的宽度和高度，抗震等级为四级或层数不超过2层时，不宜小于300mm，抗震等级为一、二、三级且层数超过2层时，不宜小于400mm。

（2）圆柱：圆柱的直径，抗震等级为四级或层数不超过2层时不宜小于350mm，抗震等级为一、二、三级且层数超过2层不宜小于450mm。

（3）柱的截尺寸应是50mm的倍数。

注：钢筋混凝土结构的抗震等级由建筑高度确定，具体数值可查阅表1-3。

2）剪跨比宜大于2。（剪跨比是简支梁上集中荷载作用点到支座边缘的最小距离 a 与截面有效高度 h_0 之比。它反映计算截面上正应力与剪应力的相对关系，是影响抗剪破坏形态和抗剪承载力的重要参数）。

3）截面长边与短边的边长比不应大于4。

4）抗震等级为一级时，柱子的混凝土强度等级不应低于C30。

5）柱子与轴线的关系最佳方案是双向轴线通过柱子的中心或圆心，尽量减少偏心力的产生。

工程实践中，采用现浇钢筋混凝土梁和板时，柱子截面的最小尺寸为400mm×400mm。采用现浇钢筋混凝土梁、预制钢筋混凝土板时柱子截面的最小尺寸为500mm×500mm。柱子的宽度应大于梁的截面尺寸，且每侧至少50mm。

2. 梁

《建筑抗震设计规范》GB 50011—2010（2016年版）规定的钢筋混凝土框架结构中梁的截面尺寸宜符合下列要求：

1）截面宽度宜不小于200mm。

2）截面高宽比宜不大于4。

3）净跨与截面之比宜不小于4。

4）抗震等级为一级时，梁的混凝土强度等级应不低于C30。

工程实践中经常按跨度的1/10左右估取截面高度，并按1/2～1/3的截面高度估取截面宽度，且应为50mm的倍数。截面形式多为矩形。

采用预制钢筋混凝土楼板时，框架梁分为托板梁与连系梁。托板梁的截面一般为"十"字形，截面高度一般按1/10左右的跨度估取，截面宽度可以按1/2柱子宽度并不得小于250mm；连系梁的截面型式多为矩形，截面高度多为按托板梁尺寸减少100mm估取，梁的宽度一般取250mm。上述各种尺寸均应按50mm进级。

3. 板

《混凝土结构设计规范》GB 50010—2010规定：

1）钢筋混凝土框架结构中的现浇钢筋混凝土板的厚度应以表3-2的规定为准。

2）现浇钢筋混凝土板的厚度单向板可以按1/30、双向板可以按1/40板的跨度估取，且应是10mm的倍数。

表 3-2　现浇钢筋混凝土板的最小厚度（mm）

板的类型		最小厚度	板的类型		最小厚度
单向板	屋面板	60	密肋楼盖	面板	50
	民用建筑楼板	60		肋高	250
	工业建筑楼板	70	悬臂板（根部）	悬臂长度不大于 500mm	60
	行车道下的楼板	80		悬臂长度 1200mm	100
双向板		80	无梁楼板		150
			现浇空心楼盖		200

预制钢筋混凝土板也可以用于框架结构的楼板和屋盖，但由于其整体性能较差，采用时必须处理好以下 4 个问题：

（1）保证板缝宽度并在板缝中加钢筋及填塞细石混凝土；

（2）保证预制板在梁上的搭接长度应不小于 80mm；

（3）预制板的上部浇筑不小于 50mm 的加强面层；

（4）8 度设防时应采用装配整体式楼板和屋盖。

4. 抗震墙（剪力墙）

现行国家规范《建筑抗震设计规范》GB 50011—2010（2016 年版）规定的钢筋混凝土框架结构中梁的截面尺寸宜符合下列要求：

1）抗震墙的厚度应不小于 160mm 且宜不小于层高或无支长度的 1/20；底层加强部位不应小于 200mm 且宜不小于层高或无支长度的 1/16。

2）抗震墙的混凝土强度等级应不低于 C30。

3）抗震墙的布置应注意抗震墙的间距 L 与框架宽度之比应不大于 4。

4）抗震墙的作用主要是承受剪力（风力、地震力），不属于填充墙的范围，因而是有基础的墙。

5. 填充墙与隔墙

由于钢筋混凝土框架结构墙体只承自重、不承外重，所以外墙只起围护作用，称为"填充墙"，内墙只起分隔作用，称为"隔墙"。

1）材料

（1）《建筑抗震设计规范》GB 50011—2010（2016 年版）规定：框架结构中的填充墙应优先选用轻质墙体材料。轻质墙体材料包括陶粒混凝土空心砌块、加气混凝土砌块和空心砖等。

（2）《砌体结构设计规范》GB 50003—2011 规定：框架结构中的填充墙除应满足稳定要求外，还应考虑水平风荷载及地震作用的影响。框架结构填充墙的使用年限宜与主体结构相同。结构安全等级可按二级考虑。填充墙宜选用轻质块体材料，如陶粒混凝土空心砌块（强度等级应不低于 MU3.5）和蒸压加气混凝土砌块（强度等级应不低于 A2.5）等。

2）厚度

填充墙的墙体厚度应不小于 90mm。北京地区的外墙由于考虑保温，厚度通常取用 250～300mm，内墙由于考虑隔声和自身稳定，厚度通常取用 150～200mm。

3）应用高度

钢筋混凝土框架结构的非承重隔墙的应用高度参考值见表 3-3。

表 3-3　钢筋混凝土框架结构的非承重隔墙的应用高度参考值

墙体厚度（mm）	墙体高度（mm）	墙体厚度（mm）	墙体高度（mm）
75	1.50～2.40	175	3.90～5.60
100	2.10～3.20	200	4.40～6.40
125	2.70～3.90	250	4.80～6.90
150	3.30～4.70	—	—

4）构造要求

（1）《建筑抗震设计规范》GB 50011—2010（2016 年版）指出框架结构的填充墙应符合下列要求：

① 填充墙在平面和竖向的布置，宜均匀对称，宜避免形成薄弱层或短柱（柱高小于柱子截面宽度的 4 倍时称为短柱）；

② 砌体的砂浆强度等级应不低于 M5，实心块体的强度等级应不低于 MU2.5，空心块体的强度等级应不低于 MU3.5，墙顶应与框架梁密切结合；

③ 填充墙应沿框架柱全高每隔 500～600mm 设置 2φ6 拉筋。拉筋伸入墙体内的长度：6、7 度时宜沿墙全长贯通；8、9 度时应沿墙全长贯通；

④ 墙长大于 5.00m，墙顶与梁应有拉结；墙长超过 8.00m 或层高的 2 倍时，宜设置钢筋混凝土构造柱；墙高超过 4.00m 时，墙体半高处处宜设置与柱拉结沿墙全长贯通的钢筋混凝土水平系梁；

⑤ 楼梯间和人流通道的填充墙，还应采用钢丝网砂浆面层加强（图 3-2）。

（2）《砌体结构设计规范》GB 50003—2011 规定：填充墙与框架柱的连接有脱开法连接和不脱开法连接两种。

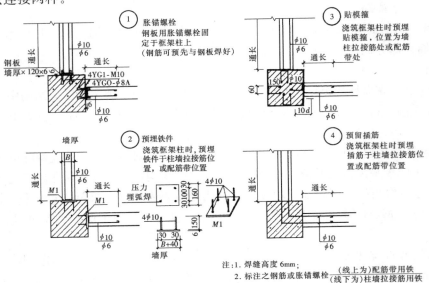

图 3-2　墙体与柱子的连接

① 脱开法连接

A. 填充墙两端与框架柱、填充墙顶面与框架梁之间留出不小于 20mm 的间隙。

B. 填充墙端部应设置构造柱，柱间距宜不大于 20 倍墙厚且不大于 4.00m，柱宽度应不小于 100mm。竖向钢筋宜不小于 φ10，箍筋宜为 φ^R5，间距宜不大于 400mm。柱顶与框架梁（板）应预留不小于 15mm 的缝隙，用硅酮胶或其他密封材料封缝。当填充墙有宽度大于 2.10m 的洞口时，洞口两侧应加设宽度不小于 50mm 的单筋混凝土柱。

C. 填充墙两端宜卡入设在梁、板底及柱侧的卡口铁件内，墙侧卡口板的竖向间距宜不大于 500mm，墙顶卡口板的水平间距宜不大于 1.50m。

D. 墙体高度超过 4m 时宜在墙高中部设置与柱连通的水平系梁。水平系梁的截面高度应不小于 60mm。填充墙高宜不大于 6.00m。

E. 填充墙与框架柱、梁的缝隙可采用聚苯乙烯泡沫塑料板条或聚氨酯发泡填充材料充填，并用硅酮胶或其他弹性密封材料封缝。

② 不脱开法连接

A. 填充墙沿柱高每隔 500mm 配置 2 根直径为 6mm 的拉结钢筋（墙厚大于 240mm 时配置 3 根）。钢筋伸入填充墙的长度宜不小于 700mm，且拉结钢筋应错开截断，相距宜不小于 200mm。填充墙墙顶应与框架梁紧密结合。顶面与上部结构接触处宜用一皮砖或配砖斜砌楔紧。

B. 当填充墙有洞口时，宜在窗洞口的上端或下端、门窗洞口的上端设置钢筋混凝土带，钢筋混凝土带应与过梁的混凝土同时浇筑，过梁的截面与配筋应由计算确定。钢筋混凝土带的混凝土强度等级应不小于 C20。当有洞口的填充墙尽端至门窗洞口边距离小于 240mm 时，宜采用钢筋混凝土门窗框。

C. 填充墙长度超过 5.00m 或墙长大于 2 倍层高时，墙顶与梁宜有拉结措施，墙体中部应加设构造柱；填充墙高度超过 4.00m 时宜在墙高中部设置与柱连结的水平系梁，填充墙高度超过 6.00m 时，宜沿墙高每 2.00m 设置与柱连接的水平系梁，梁的截面高度应不小于 60mm。

（3）行业标准《非结构构件抗震设计规范》JGJ 339—2015 规定：

① 层间变形较大的框架结构，宜采用钢材或木材为龙骨的隔墙及轻质隔墙；

② 砌体填充墙宜与主体结构采用柔性连接，当采用刚性连接时应符合下列规定：

A. 填充墙在平面和竖向的布置，宜均匀对称，避免形成薄弱层或短柱。

B. 砌体的砂浆强度等级应不低于 M5，实心砌体的强度等级应不低于 MU2.5，空心砌体的强度等级应不低于 MU3.5，柱顶应与框架梁紧密结合。

③ 填充墙应沿框架柱全高每隔 500～600mm 设 2φ6 拉筋，拉筋伸入墙内的长度，6、7 度时宜沿墙全长贯通，8、9 度时应沿墙全长贯通。

④ 墙长大于 5.0m 时，墙顶与梁应有拉结；墙长超过 8.0m 或层高的 2 倍时，宜设置钢筋混凝土构造柱，构造柱间距宜不大于 4.0m。框架结构底部两层的钢筋混凝土构造柱宜加密；填充墙上开有大于 2.0m 的门洞或窗洞时，洞边宜设置钢筋混凝土构造柱；层高超过 4.0m 时，墙体半高宜设置与柱连接且沿墙全长贯通的钢筋混凝土水平系梁。

图 3-3 所示为墙体与楼板（梁）的连接构造；图 3-4 所示为墙体中构造柱的构造。

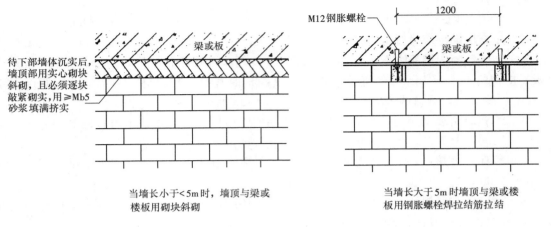

当墙长小于<5m时，墙顶与梁或楼板用砌块斜砌

当墙长大于5m时墙顶与梁或楼板用钢胀螺栓焊拉结筋拉结

图 3-3　墙体与楼板（梁）的连接

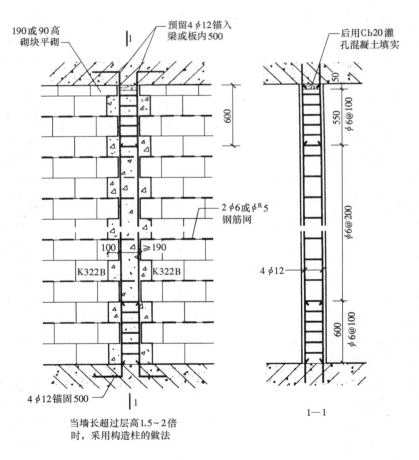

当墙长超过层高1.5~2倍时，采用构造柱的做法

1—1

图 3-4　墙体中的构造柱

三、构造要求

框架结构与砌体结构在构造做法上有以下明显的不同，它们是：

1. 利用框架梁代替窗过梁。意即将窗的上部紧靠框架梁布置，也就是不单独加设窗过梁。

2. 基础大多采用钢筋混凝土独立基础。上部墙体荷载由墙梁承托、墙体下部荷载由基础梁承托（图 3-5）。

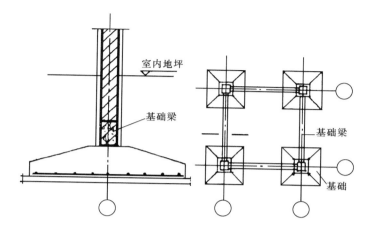

图 3-5　框架结构的基础

3. 框架横梁的截面形式与墙体和柱子的位置有密切关系（图 3-6）。

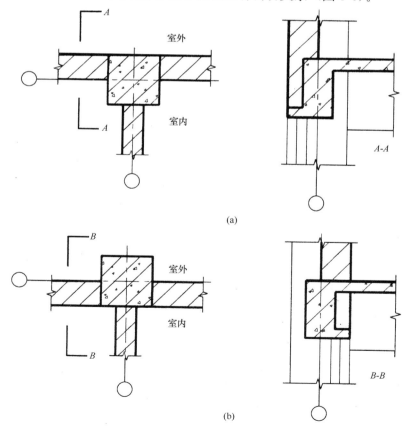

(a)

(b)

图 3-6　框架结构墙体位置与梁的关系

4. 当框结构的楼板采用预应力钢筋混凝土预制楼板时，应加做不小于 50mm 的混凝土面层，内放 $\phi6$ 钢筋、间距 200mm 的双向网片，其作用是加强楼板的整体性。

5. 由于楼梯的休息平台在半层高度处，无法直接将楼梯荷载直接传递给框架梁。解决办法是通过门式支架或 H 形支架进行过渡，并应避免短柱的出现。（短柱即柱高小于柱子截面的 4 倍）（图 3-7）。

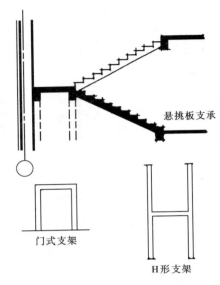

悬挑板支承

门式支架

H形支架

图 3-7　楼梯休息板的支承

6. 窗台处应加做水平系梁，以固定窗下框并做窗台使用。水平系梁的高度应不小于 80mm，水平系梁的宽度应与墙的厚度相同。两内应放置 $3\phi10$ 的通长钢筋，分布筋为 $\phi6$，间距为 300mm。

7. 框架结构的墙体，以防潮层为界，上部墙体应选用轻质材料墙体或空心墙体，下部应采用实心墙体。

8. 框架结构的变形缝
框架结构的变形缝一般按防震缝处理，防震缝处应设置双柱、双梁、双墙做法。具体规定是：

1）框架结构（包括设置少量抗震墙的框架抗震墙结构）防震缝的宽度取值原则是：当建筑高度不超过 15m 时，应不小于 100mm，建筑高度超过 15m 时，以 15m 为基数，取 100mm；6 度、7 度、8 度和 9 度时分别按增加高度 5m、4m、3m 和 2m 时，缝宽宜增加 20mm。

2）框架-抗震墙结构防震缝的宽度应不小于框架结构的 70%，且宜不小于 100mm。

3）抗震墙结构防震缝的宽度应不小于框架结构的 50%，且宜不小于 100mm。

4）防震缝两侧结构类型不同时，宜按较宽防震缝的结构类型和较低房屋高度确定缝宽。

9. 现浇钢筋混凝土框架结构的外墙剖面构造图见图 3-8（下部节点）、图 3-9（中间节点）、图 3-10（下部节点）。

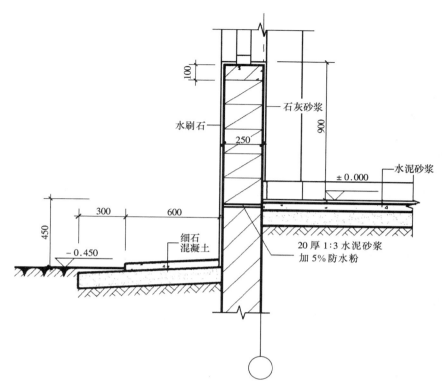

图 3-8　墙身下部节点

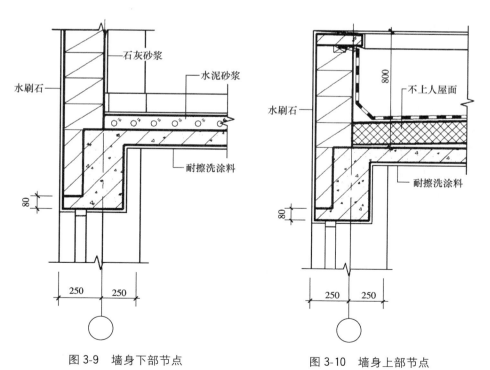

图 3-9　墙身下部节点　　　　　图 3-10　墙身上部节点

第三节 钢框架构造

一、柱子：钢框架结构的柱子宜采用 H 形柱、箱形柱、圆管柱和钢骨混凝土柱。钢骨混凝土柱中的钢骨宜采用 H 形或十字形。

二、梁：钢框架结构的梁一般为工字形截面。

三、板

1. 宜采用压型钢板现浇钢筋混凝土组合楼板、现浇钢筋桁架混凝土楼板或钢筋混凝土楼板，楼板应与钢梁有可靠连接。

2. 6、7 度时房屋高度不超过 50m 的高层民用建筑，尚可采用装配整体式钢筋混凝土楼板，也可采用装配式楼板或其他轻型楼盖，应将楼板预埋件与钢梁焊接，或采取其他措施保证楼板的整体性。

3. 对转换楼层楼盖或楼板有大洞口等情况，宜在楼板内设置钢水平支撑。

四、基础和地下室

1. 房屋高度超过 50m 的高层民用建筑宜设置地下室。

2. 采用天然地基时，基础埋置深度宜不小于房屋总高度的 1/15。

3. 采用桩基时，基础埋置深度宜不小于房屋总高度的 1/20。

五、抗震缝

钢框架结构的抗震缝宽度应不小于钢筋混凝土框架结构缝宽的 1.5 倍。

六、非结构构件

1. 高层民用建筑的填充墙、隔墙等非结构构件宜采用轻质板材，应与主体结构可靠连接。房屋高度不低于 150m 的高层民用建筑外墙宜采用建筑幕墙。

2. 高层民用建筑钢结构构件的钢板厚度宜不大于 100mm。

复习思考题

1. 简述框架结构的构成与特点。

2. 简述框架结构的分类。

3. 现浇钢筋混凝土框架的构件截面尺寸如何确定？

4. 框架结构的墙体材料如何确定？连接方法有几种？

5. 框架结构与砌体结构在构造上有哪些明显特点？

6. 简述钢框架的构造特点。

第四章　高层民用建筑构造

第一节　概　　述

一、高层民用建筑的高度

目前，世界各国对高层建筑的划分标准不完全一致。根据我国的具体情况，划分标准也不尽相同。

1. 联合国的建议

联合国教科文卫组织所属高层建筑委员会在 1974 年针对当时世界高层建筑的发展情况，建议把高层建筑划分为 4 种类型：低高层建筑、中高层建筑、高高层建筑、超高层建筑。具体的建造层数和建造高度可参阅第一章所述。

2.《建筑高层混凝土结构技术规程》JGJ 3—2010 规定：10 层及 10 层以上的住宅以及建筑高度超过 24m 的公共建筑属于高层建筑。

3.《民用建筑设计统一标准》GB 50352—2019 规定：

1) 高层民用建筑

（1）高层住宅建筑：建筑高度高于 27m 的住宅建筑；

（2）高层公共建筑：建筑高度高于 24m 的非单层公共建筑，且建筑高度不大于 100m 的公共建筑；

（3）超高层民用建筑：建筑高度大于 100m 的建筑。

4.《建筑设计防火规范》GB 50016—2014（2018 年版）规定：

1) 高层住宅建筑

（1）一类高层住宅建筑：建筑高度大于 54m 的住宅建筑（包括设置商业服务网点的住宅建筑）；

（2）二类高层住宅建筑：建筑高度大于 27m，但不大于 54m 的住宅建筑（包括设置商业服务网点的住宅建筑）。

2) 高层公共建筑

（1）一类高层公共建筑

① 建筑高度大于 50m 的公共建筑；

② 建筑高度 24m 以上部分任一楼层建筑面积大于 1000m² 的商店、展览、电信、邮政、财贸金融建筑和其他多种功能组合的建筑；

③ 医疗建筑、重要公共建筑、独立建造的老年人照料设施；

④ 省级及以上广播电视和防灾指挥调度建筑、网局级和省级电力调度建筑；

⑤ 藏书超过 100 万册的图书馆、书库。

（2）二类高层公共建筑：除一类高层公共建筑外的其他高层公共建筑。

5.《智能建筑设计标准》GB 50314—2015 规定：建筑高度为 100m 或 35 层及以上的住

宅建筑为超高层住宅建筑。

图 4-1 所示为高层建筑的塔楼的外观图。图中可以看到高层建筑的主体和裙房两个部分。

图 4-1　高层建筑塔楼的外观图

二、高层民用建筑的应用

高层民用建筑按其功能要求的不同，主要包括以下类型：

1. 高层住宅建筑：包括塔式住宅、板式住宅以及底部为商业用房的商住楼；

2. 高层办公建筑：包括写字楼、综合楼、科研楼、档案楼、广播电视楼、电力调度楼等；

3. 高层旅馆建筑：包括星级酒店、大型饭店等；

4. 其他高层建筑：包括医院、展览楼、财贸金融楼、电视塔等。

第二节　高层民用建筑承受的荷载与建筑布置

一、高层民用建筑承受的荷载

高层民用建筑主要承受的荷载有：竖向荷载（包括自重和使用荷载等）、水平荷载（风荷载）及地震荷载等。

各种荷载产生的变形见图 4-2。

1. 竖向荷载

1）楼面活荷载：具体数值应符合现行国家标准《建筑结构荷载规范》GB 50009—2012 的规定。如：住宅、办公楼的楼面活荷载的标准值为 $2.0\ kN/m^2$；教室、食堂的楼面活荷载

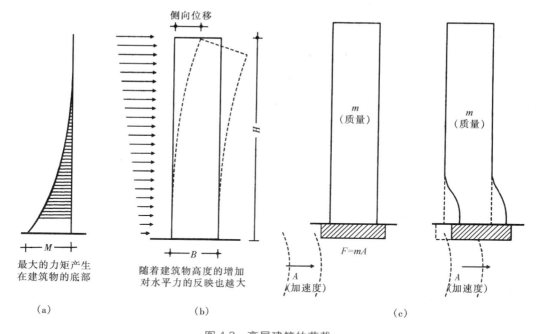

图 4-2　高层建筑的荷载

（a）侧线作用力下的力矩图；（b）风力的作用；（c）地震横波的作用

的标准值为 2.5 kN/m^2；书库、档案库的楼面活荷载的标准值为 5.0 kN/m^2 等；

2）施工中采用的附墙塔、爬塔等对结构受力有影响的起重机械或其他施工设备，应根据具体情况验算施工荷载对结构的影响；

3）旋转餐厅轨道和驱动设备的自重应根据实际情况确定；

4）擦窗机等清洗设备应根据实际情况确定其自重大小和作用位置；

5）直升飞机平台的等效均布活荷载按 5.0kN/m^2 取用。

2. 水平荷载（风荷载）

1）建筑物高度越高，风荷载也越大。呈倒三角形分布；

2）基本风压应按照 50 年重现期的风压，但不得小于 0.3 kN/m^2 取用。并应符合《建筑结构荷载规范》GB 50009—2012 的规定；

3）高层建筑的基本风荷载取值应适当提高；

4）位于平坦或稍有起伏的地形，风压高度变化系数应根据地面粗糙度分为 A、B、C、D 四类：A 类指近海海面和海岛、海岸、湖岸及沙漠地区；B 类指田野、乡村、丛林、丘陵以及房屋比较稀疏的乡镇；C 类指有密集建筑群的城市市区；D 类指有密集建筑群且房屋较高的城市市区。以下为风压高度变化系数的数值，可供参考（表 4-1）。

表 4-1　风压高度变化系数

离地面或海平面高度（m）	地面粗糙度类别			
	A	B	C	D
30	1.67	1.39	0.88	0.51
40	1.79	1.52	1.00	0.60

离地面或海平面高度 (m)	地面粗糙度类别			
	A	B	C	D
50	1.89	1.62	1.10	0.69
60	1.97	1.71	1.20	0.77
70	2.05	1.79	1.28	0.84
80	2.12	1.87	1.36	0.91
90	2.18	1.93	1.43	0.98
100	2.23	2.00	1.50	1.04

通过表 4-1 可以看到近海海面等空旷地区的风压最大，有密集建筑群的城市市区风压最小；建筑高度是影响风压的主导因素。建筑高度越高，风压也最大。

5）不同平面形式，计算风荷载的调整系数也不尽相同。如：圆形平面为 0.8；方形、十字形平面为 1.3（高宽比不大于 4 时）等。

3. 地震荷载

高层建筑必须考虑地震的影响，其设防类别应符合《建筑工程抗震设防分类标准》GB 50223—2008 规定：抗震设防类别是根据遭遇地震后，可造成人员伤亡、直接和间接经济损失、社会影响的程度及其在抗震救灾中的作用等因素，对各类建筑所做的设防类别划分。

1）地震设防的分类：地震设防的类别分为特殊设防类（甲类）、重点设防类（乙类）、标准设防类（丙类）、适度设防类（丁类）。

2）地震设防的标准

（1）标准设防类：通俗解释为 8 度区按 8 度设防标准进行设防。如居住建筑。

（2）重点设防类：通俗解释为 8 度区按 9 度设防标准进行设防。幼儿园、中小学校教学用房、宿舍、食堂、电影院、剧场、礼堂、报告厅等均属于重点设防类。

（3）特殊设防类：通俗解释为 9 度区以上的建筑，按特殊设防标准进行设防。如国家级的电力调度中心、国家级卫星地球站上行站等均属于特殊设防类。

（4）适度设防类：指低于 8 度区的建筑，若采取地震设防时，设防标准不应低于 6 度。如仓库类等人员活动少、无次生灾害的建筑。

详细内容可参阅"第二章第二节"所述。

二、高层建筑的平面布置与竖向造型

1. 高层建筑的平面布置

1）在高层建筑的一个独立单元内，宜使结构平面形状简单、规则，刚度和承载力分布均匀。不应采用严重不规则的平面布置。

2）高层建筑宜选用风荷载作用效应较小的平面形状。

3）较低高度的钢筋混凝土高层建筑，其平面布置宜符合下列要求：

（1）平面宜简单、规则、对称，减少偏心。

（2）平面长度 L 不宜过长，突出部分不宜过大（图 4-3）。

（3）不宜采用角部重叠的平面图形或细腰形平面。

（4）高度较高的钢筋混凝土建筑、钢-钢筋混凝土建筑及复杂高层建筑，其平面布置应简单、规则，减少偏心。

2. 高层建筑的竖向造型

1）高层建筑的竖向造型宜规则、均匀，避免有过大的外挑与内收。结构的侧向刚度宜下大上小，逐渐均匀变化，不应采用竖向布置严重不规则的结构。

2）需进行抗震设计的高层建筑结构，其楼层侧向刚度不宜小于相邻上部楼层侧向刚度的 70% 或其上相邻三层侧向刚度平均值的 80%。

3）较低高度的高层建筑的楼层层间抗侧力结构的受剪承载力不宜小于其上一层受剪承载力的 80%，不应小于其上一层受剪承载力的 65%；B 级高度高层建筑的楼层层间抗侧力结构的受剪承载力不应小于其上一层受剪承载力的 75%。

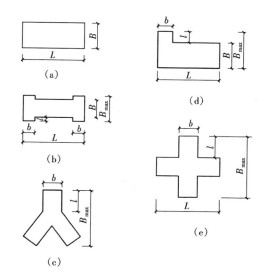

图 4-3　建筑平面的形式
（a）矩形；（b）两端突出矩形；（c）人字形；
（d）L 形；（e）十字形

4）抗震设计时，结构竖向抗侧力构件宜上下连续贯通。

5）抗震设计时，当结构上部楼层收进部位到室外地面的高度 H_{1y} 与房屋高度 H 之比大于 0.2 时，上部楼层收进后的水平尺寸 B_1 不宜小于下部楼层水平尺寸的 0.75 倍（图 4-4a、b）；当上部结构楼层相对于下部楼层外挑时，下部楼层的水平尺寸 B 不宜小于上部楼层水平尺寸 B_1 的 0.9 倍，且水平外挑尺寸 a 不宜大于 4m。

6）结构顶层取消部分墙、柱形成空旷房间时，应进行弹性动力时程分析计算并采取有效构造措施。

7）高层建筑宜设地下室。

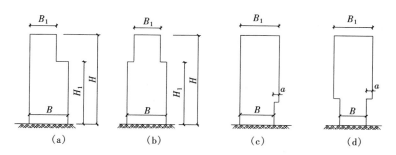

图 4-4　结构竖向的收进和外挑示意图
（a）上端一侧收进形；（b）上端两侧收进形；（c）下端一侧收进形；（d）下端两侧收进形

三、高层建筑的结构选型

高层建筑的结构有钢筋混凝土结构、钢-钢筋混凝土混和结构、钢结构三大类型。

1. 现浇钢筋混凝土结构

1）现浇钢筋混凝土结构的类型

现浇钢筋混凝土结构包括框架结构、剪力墙结构、框架-剪力墙结构、筒体结构和板柱-剪力墙结构等类型。这些结构的特点是：

（1）框架结构：由梁（横向梁和纵向梁）和柱子为主要构件组成的共同承受竖向荷载和水平荷载的结构体系；允许建造高度8度（0.2g）时为40m、（0.3g）时为35m。

（2）抗震墙（剪力墙）结构：由抗震墙（剪力墙）组成的承受竖向荷载和水平荷载的结构体系；允许建造高度8度（0.2g）时为100m、（0.3g）时为80m。

（3）框架-抗震墙结构：由框架和抗震墙共同组成的结构体系。竖向荷载大多由框架承担，水平荷载一般由抗震墙承担；允许建造高度8度（0.2g）时为100m、（0.3g）时为80m。

（4）筒体结构：由竖向筒体为主组成的承受竖向荷载和水平荷载的高层结构。筒体包括由剪力墙组成的薄壁筒和由密柱框架或壁式框架围成的框筒。一般有两种类型：

① 框架-核心筒结构：由核心筒与外围的稀柱框架组成的结构；允许建造高度8度（0.2g）时为100m、（0.3g）时为90m。

② 由核心筒与外围框架筒组成的结构。允许建造高度8度（0.2g）时为120m、（0.3g）时为100m。

（5）板柱-抗震墙结构：由无梁楼板与柱子组成的板柱框架和抗震墙共同承受竖向荷载与水平荷载的结构。允许建造高度8度（0.2g）时为55m、（0.3g）时为40m。

注：上述5种结构在6度、7度、9度时的允许建造高度可查阅第一章表1-2。

2）现浇钢筋混凝土结构的构造要点

（1）框架结构（图4-5）

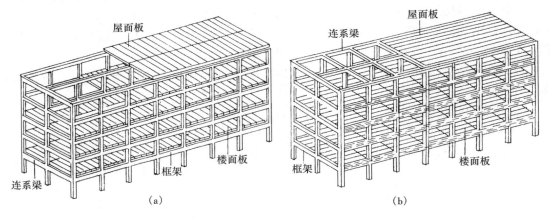

图4-5　框架结构的体系

（a）纵向框架体系；（b）横向框架体系

① 柱子

《建筑抗震设计规范》GB 50010—2010（2016年版）规定：

A. 截面的宽度和高度，四级或层数不超过2层时，不宜小于300mm，一、二、三级且层数超过2层时，不宜小于400mm；圆柱的直径，四级或层数不超过2层时不宜小于350mm，一、二、三级且层数超过2层不宜小于450mm。柱子截面应是50mm的倍数。

B. 抗震等级为一级时，柱子的混凝土强度等级不应低于C30。

② 梁

《建筑抗震设计规范》GB 50010—2010（2016年版）规定：

A. 截面宽度：不宜小于200mm。

B. 截面高度：工程实践中经常按跨度的1/10左右估取截面高度，并按1/2～1/3的截面高度估取截面宽度，且应为50mm的倍数。截面形式多为矩形。

C. 截面高宽比不宜大于4。

D. 抗震等级为一级时，梁的混凝土强度等级不应低于C30。

③ 板

《混凝土结构设计规范》GB 50010—2010规定：钢筋混凝土框架结构中的现浇钢筋混凝土板的厚度分为单向板、双向板、密肋楼盖、悬臂板、无梁楼板、现浇空心楼盖等类型。具体厚度可查阅表3-2。

通常现浇钢筋混凝土板的厚度单向板可以按1/30的跨度估取、双向板可以按1/40板的跨度估取，且应是10mm的倍数。最小厚度为60mm。

（2）抗震墙（剪力墙）结构

抗震墙（剪力墙）结构的示意图，见图4-6。

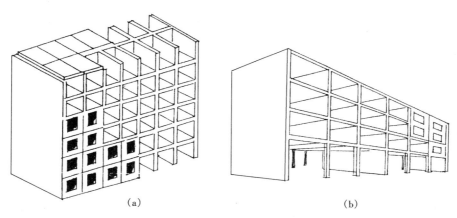

（a）　　　　　　　　　　　　（b）

图4-6　抗震墙（剪力墙）结构体系

（a）抗震墙结构；（b）框支-抗震墙结构

《建筑抗震设计规范》GB 50010—2010（2016年版）规定：

① 一般规定

抗震墙结构的应用高度为：6度时为140m；7度时为120m；8度（0.2g）时为100m；（0.3g）时为80m；9度时为60m。

② 截面设计与构造

A. 一、二级抗震墙：底部加强部位不应小于200mm，其他部位不应小于160mm；一字形独立抗震墙的底部加强部位不应小于220mm，其他部位不应小于180mm。

B. 三、四级抗震墙：不应小于160mm，一字形独立抗震墙的底部加强部位不应小于180mm。

C. 非抗震设计时不应小于160mm。

D. 抗震墙井筒中，分隔电梯井或管道井的墙肢截面厚度可适当减小，但不宜低于160mm。

E. 高层抗震墙结构的竖向和水平分布钢筋不应单排设置，抗震墙截面厚度不大于400mm时，可采用双排钢筋，抗震墙截面厚度大于400mm但不大于700mm时，宜采用三排配筋；抗震墙截面厚度大于700mm时，宜采用四排钢筋。各排分布钢筋之间拉筋的间距不应大于600mm，直径不应小于6mm。

（3）框架-抗震墙结构

框架-抗震墙结构的抗震墙与柱子的组合示意图，见图4-7。

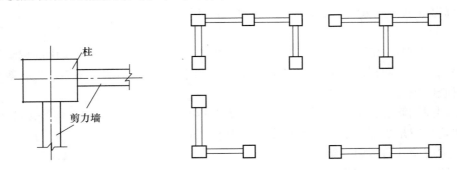

图4-7 抗震墙（剪力墙）与柱子的组合示意图

《建筑抗震设计规范》GB 50010—2010（2016年版）规定：

① 一般规定

框架-抗震墙结构的应用高度为：6度时为130m；7度时为120m；8度（0.2g）时为100m；（0.3g）时为80m；9度时为50m。

② 构造要求

A. 框架-抗震墙结构中柱、梁的构造要求与框架结构的要求相同。

B. 抗震墙的厚度不应小于160mm且不应小于层高或无支长度的1/20；底部加强部位不应小于200mm且不宜小于层高或无支长度的1/16。

C. 抗震墙的混凝土强度等级不应低于C30。

D. 抗震墙的布置应注意抗震墙的间距L与框架的宽度B之比不应大于4。

E. 抗震墙的竖向和横向分布钢筋，配筋率均不应小于0.25%，钢筋直径不宜小于10mm，间距不宜大于300mm，并应双排布置，双排分布钢筋应设置拉筋。

F. 抗震墙是主要承受剪力（风力、地震力）的墙，不属于填充墙的范围，因而是有基础的墙。

（4）筒体结构

筒体结构的构造示意图，见图4-8。

《高层建筑混凝土结构技术规程》JGJ 3—

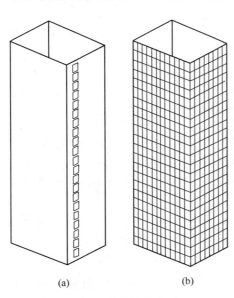

图4-8 筒体结构体系

(a) 实腹筒体；(b) 开口筒体

2010 中规定:

① 框架-核心筒结构

A. 核心筒宜贯通建筑物的全高。核心筒的宽度不宜小于筒体总高的 1/12。当筒体结构设置角筒、剪力墙或增强结构整体刚度的构件时,核心筒的宽度可适当减小。

B. 抗震设计时,核心筒墙体设计应符合下列规定:

a. 底部加强部位主要墙体的水平和竖向分布钢筋的配筋率均不宜小于 0.30%;

b. 底部加强部位约束边缘构件沿墙肢的长度宜取墙肢截面高度的 1/4,约束边缘构件范围内应主要采用箍筋;

c. 底部加强部位以上应设置约束构件。

C. 框架-核心筒结构的周边柱间必须设置框架梁。

D. 核心筒连梁的受剪截面应符合构造要求。

E. 当内筒偏置、长宽比大于 2 时,宜采用框架-双筒结构。

F. 当框架-双筒结构的双筒间楼板开洞时,其有效楼板宽度不宜小于楼板典型宽度的 50%,洞口附近楼板应加厚,并应采用双层双向配筋,每层单向配筋率不应小于 0.25%;双筒间楼板宜按弹性板进行细化设计。

② 筒中筒结构

A. 筒中筒结构的平面外形宜选用圆形、正多边形、椭圆形或矩形等,内筒宜居中。

B. 矩形平面的长宽比不宜大于 2。

C. 内筒的宽度可为高度的 1/12～1/15,如有另外的角筒或剪力墙时,内筒平面尺寸可适当减小。内筒宜贯通建筑物全高,竖向刚度宜均匀变化。

D. 三角形平面宜切角,外筒的切角长度不宜小于相应边长的 1/8,其角部可设置刚度较大的角柱或角筒;内筒的切角长度不宜小于相应边长的 1/10,切角处的筒壁宜适当加厚。

E. 外框筒应符合下列规定:

a. 柱距不宜大于 4m,框筒柱的截面长边应沿筒壁方向布置,必要时可采用 T 形截面;

b. 洞口面积不宜大于墙面面积的 60%,洞口高宽比宜与层高和柱距之比接近;

c. 外框筒梁的截面高度可取柱净距的 1/4;

d. 角柱截面面积可取中柱的 1～2 倍。

e. 外框筒梁和内筒连梁的构造配筋应符合下列要求:

(a) 非抗震设计时,箍筋直径不应小于 8mm;抗震设计时,箍筋直径不应小于 10mm;

(b) 非抗震设计时,箍筋间距不应大于 150mm;抗震设计时,箍筋间距沿梁长不变,且不应大于 100mm;当梁内设置交叉暗撑时,箍筋间距不应大于 200mm。

F. 框架梁上、下纵向钢筋的直径不应小于 16mm,腰筋的直径不应小于 10mm,腰筋间距不应大于 200mm。

G. 跨高比不大于 2 的框筒梁和内筒连梁宜增配对角斜向钢筋。跨高比不大于 1 的框筒梁和内筒连梁宜采用交叉暗撑,且应符合下列规定:

a. 梁截面宽度不宜小于 400mm;

b. 全部剪力应由暗撑承担,每根暗撑应由不少于 4 根纵向钢筋、钢筋直径不小于 14mm 组成;

c. 两个方向暗撑的纵向钢筋应采用矩形箍筋或螺纹箍筋绑成一体,箍筋直径不应小于

8mm，箍筋间距不应大于 150mm。

（5）板柱-抗震墙结构：

《建筑抗震设计规范》GB 50010—2010（2016 年版）规定：

① 一般规定

板柱-抗震墙结构的应用高度为：6 度时为 80m；7 度时为 70m；8 度（0.2g）时为 55m；（0.3g）时为 40m；9 度时不应采用。

② 构造要求

A. 板柱-抗震墙结构中的抗震墙应符合框架-抗震墙的相关规定。板柱-抗震墙结构中的柱（包括抗震墙端柱）、梁应符合框架结构的相关规定。

B. 板柱-抗震墙的结构布置，应符合下列要求：

a. 抗震墙厚度不应小于 180mm，且不宜小于层高或无支长度的 1/20；房屋高度大于 12m 时，墙厚不应小于 200mm。

b. 房屋的周边应采用有梁结构，楼梯、电梯洞口周边宜设置边框梁。

c. 8 度时宜采用有托板或柱帽的板柱节点，托板或柱帽根部的厚度（包括板厚）不宜小于柱纵筋直径的 16 倍，托板或柱帽的边长不宜小于 4 倍板厚和柱截面对应边长之和。

d. 房屋的地下一层顶板，宜采用梁板结构。

2. 钢-钢筋混凝土混合结构

钢-钢筋混凝土混合结构的构造示意图，见图 4-9。

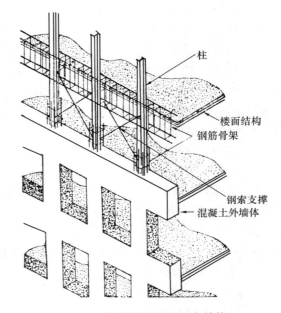

图 4-9　钢-钢筋混凝土混合结构

《高层建筑混凝土结构技术规程》JGJ 3—2010 规定：混合结构是指由外围钢框架或型钢混凝土、钢管混凝土与钢筋混凝土核心筒所组成的框架-核心筒结构，或由外围钢框筒或型钢混凝土、钢管混凝土框筒与钢筋混凝土核心筒所组成的筒中筒结构。

1）一般规定

（1）混合结构高层建筑的最大适用高度见表 4-2。

表 4-2　混合结构高层建筑的最大适用高度（m）

结构体系		非抗震设计	抗震设防烈度				
			6 度	7 度	8 度		9 度
					0.20g	0.30g	
框架-核心筒	钢框架-钢筋混凝土核心筒	210	200	160	120	100	70
	型钢（钢管）混凝土框架-钢筋混凝土核心筒	240	220	190	150	130	70

结构体系		非抗震设计	抗震设防烈度				
			6度	7度	8度		9度
					0.20g	0.30g	
筒中筒	钢框筒-钢筋混凝土核心筒	280	260	210	160	140	80
	型钢(钢管)混凝土外筒-钢筋混凝土核心筒	300	280	230	170	150	90

注：平面和竖向不规则的结构，最大适用高度应适当降低。

（2）抗震设计时，混合结构房屋应根据设防类别、烈度、结构类型和房屋高度采用不同的抗震等级，并应符合相应的计算和构造措施要求。钢-混凝土混合结构的抗震等级见表4-3。

表4-3　钢-混凝土混合结构抗震等级

结构类型		抗震设防烈度						
		6度		7度		8度		9度
房屋高度(m)		≤150	>150	≤130	>130	≤100	>100	≤70
钢框架-钢筋混凝土核心筒	钢筋混凝土核心筒	二	一	一	特一	一	特一	特一
型钢(钢管)混凝土框架-钢筋混凝土核心筒	钢筋混凝土核心筒	二	二	二			特一	特一
	型钢(钢管)混凝土框架	三	二	二				
房屋高度(m)		≤180	>180	≤150	>150	≤120	>120	≤90
钢外筒-钢筋混凝土核心筒	钢筋混凝土核心筒	二	二	二	特一		特一	特一
型钢(钢管)混凝土外筒-钢筋混凝土核心筒	钢筋混凝土核心筒	二	二	二			特一	特一
	型钢(钢管)混凝土外筒	三	二	二				

注：钢结构构件抗震等级，抗震设防烈度为6、7、8、9度时应分别取四、三、二、一级。

（3）当采用型钢楼板混凝土楼板组合时，楼板混凝土可采用轻骨料混凝土，其强度等级不应低于CL25；高层建筑钢-混凝土混合结构的内部隔墙应采用轻骨料隔墙。

2）混合结构的结构布置

（1）混合结构的平面布置应符合下列要求：

① 平面宜简单、规则、对称，具有足够的整体抗扭刚度，平面宜采用方形、矩形、多边形、圆形、椭圆形等规则平面，建筑的开间、进深宜统一。

② 筒中筒结构体系中，当外围钢框架柱采用H形截面柱时，宜将柱截面强轴方向布置在外围筒体平面内；角柱宜采用十字形、方形或圆形平面。

③ 楼盖主梁不宜搁置在核心筒或内筒的连梁上。

（2）混合结构的竖向布置应符合下列要求：

① 结构的侧向刚度和承载力沿竖向宜均匀变化、无突变，构件截面宜由下至上逐渐减小。

② 混合结构的外围框架柱沿高度宜采用同类结构构件；当采用不同类型结构构件时，应设置过渡层，且单柱的抗弯刚度变化不宜超过 30%。

③ 对于刚度变化较大的楼层，应采用可靠的过渡加强措施。

④ 钢框架部分采用支撑时，宜采用偏心支撑和耗能支撑，支撑宜双向连续布置；框架支撑宜延伸至基础。

（3）混合结构中，外围框架平面内梁与柱应采用刚性连接；楼面梁与钢筋混凝土筒体及外围框架柱的连接可采用刚接或铰接。

（4）楼盖体系应具有良好的水平刚度和整体性，其布置应符合下列要求：

① 楼面宜采用压型钢板现浇混凝土组合楼板、现浇混凝土楼板或预应力混凝土叠合楼板，楼板与钢梁应可靠连接。

② 机房设备层、避难层及外伸臂桁架上下杆件所在楼层的楼板宜采用钢筋混凝土楼板，并应采取加强措施。

③ 对于建筑物楼面有较大开洞或为转换楼层时，应采用现浇混凝土楼板；对楼板大开洞部位宜采取设置刚性水平支撑等加强措施。

（5）当侧向刚度不足时，混合结构可设置刚度适宜的加强层。加强层宜采用伸臂桁架，必要时可配合布置周边带状桁架，加强层设计应符合下列要求：

① 伸臂桁架和周边带状桁架宜采用钢桁架。

② 伸臂桁架应与核心筒连接，上、下弦杆均应延伸至墙内且贯通，墙体内宜设置斜腹杆或暗撑；外伸臂桁架与外围框架柱宜采用铰接或刚接，周边带状桁架与外框架柱的连接宜采用刚性连接。

③ 核心筒墙体与伸臂桁架连接处宜设置构造柱，型钢柱宜至少延伸至伸臂桁架高度范围以外上、下各一层。

④ 当布置有外伸桁架加强层时，应采取有效措施减少由于外框柱与混凝土筒体竖向变形差异引起的桁架杆件内力。

3. 钢结构

《高层民用建筑钢结构技术规程》JGJ 99—2015 规定：

1）钢结构的抗震分类

钢结构的抗震设计分为甲类建筑（特殊设防类）、乙类建筑（重点设防类）、丙类建筑（标准设防类）。

2）钢结构的抗震等级

（1）当建筑场地为Ⅲ、Ⅳ类时，对设计基本地震加速度为 0.15g 和 0.30g 的地区，宜分别按抗震设防烈度 8 度（0.20g）和 9 度时各类建筑的要求采取抗震构造措施。

（2）抗震设计时，钢结构应根据抗震设防分类、烈度和房屋高度采用不同的抗震等级，并应符合相应的计算和构造措施要求。丙类建筑的抗震等级应按《建筑抗震设计规范》GB 50011—2010（2016 年版）的有关规定确定。对甲类建筑和房屋高度超过 50m，抗震设防烈度 9 度时的乙类建筑应采取更有效的抗震措施。

3）钢结构的结构体系

（1）框架结构；

（2）框架-支撑结构：包括框架-中心支撑、框架-偏心支撑和框架-屈曲约束支撑结构；

（3）框架-延性板墙结构；

（4）筒体结构：包括框筒、筒中筒、桁架筒和束筒结构；

（5）巨型框架结构。

4）钢结构体系的应用高度

非抗震设计和抗震设防烈度为 6～9 度的乙类和丙类高层民用建筑钢结构适用的最大高度应符合表 4-4 的规定。

表 4-4　高层民用建筑钢结构适用的最大高度（m）

结构体系	6、7 度 (0.10g)	7 度 (0.15g)	8 度		9 度 (0.40g)	非抗震设计
			(0.20g)	(0.30g)		
框架	110	90	90	70	50	110
框架-中心支撑	220	200	180	150	120	240
框架-偏心支撑 框架-屈曲约束支撑 框架-延性墙板	240	220	200	180	160	260
筒体（框筒，筒中筒，桁架筒，束筒）巨型框架	300	280	260	240	180	360

注：1. 房屋高度指室外地面到主要屋面板板顶的高度（不包括局部突出屋顶部分）；

　　2. 超过表内高度的房屋，应进行专门研究和论证，采取有效的加强措施；

　　3. 表内筒体不包括混凝土筒；

　　4. 框架柱包括全钢柱和钢管混凝土柱；

　　5. 甲类建筑，6、7、8 度时宜按本地区设防烈度提高 1 度后应符合本表要求，9 度时应专门研究。

5）钢结构的高宽比

钢结构的高宽比宜不大于表 4-5 的规定。

表 4-5　钢结构的高宽比

烈度	6、7	8	9
最大高宽比	6.5	6.0	5.5

注：1. 计算高宽比的高度从室外地面算起；

　　2. 当塔形建筑底部有大底盘时，计算高宽比的高度从大底盘顶部算起。

6）钢结构的选用

（1）房屋高度不超过 50m 的高层民用建筑可采用框架、框架-中心支撑或其他体系的结构；

（2）房屋高度超过 50m 的高层民用建筑，8、9 度时系采用框架-偏心支撑、框架-延性墙板或框架-屈曲约束支撑等结构；

（3）钢结构不应采用单跨框架结构。

7）非结构构件

（1）填充墙、隔墙等非结构构件宜采用轻质板材，应与主体结构可靠连接。房屋高度不低于150m的高层民用建筑外墙宜采用建筑幕墙。

（2）钢结构构件的钢板厚度宜不大于100mm。

8）钢结构的变形缝

（1）高层民用建筑宜不设防震缝。体形复杂、平立面不规则的建筑，应根据不规则程度、地基基础等因素，确定是否设防震缝；当在适当部位设置防震缝时，宜形成多个较规则的抗侧力结构单元。

（2）防震缝应根据抗震设防烈度、结构类型、结构单元的高度和高差情况，留有足够的宽度，其上部结构应完全分开；防震缝的宽度应不小于钢筋混凝土框架结构缝宽的1.5倍。

9）高层民用建筑钢结构的楼盖

（1）宜采用压型钢板现浇钢筋混凝土组合楼板、现浇钢筋桁架混凝土楼板或钢筋混凝土楼板，楼板应与钢梁有可靠连接。

（2）6、7度时房屋高度不超过50m的高层民用建筑，尚可采用装配整体式钢筋混凝土楼板，也可采用装配式楼板或其他轻型楼盖，应将楼板预埋件与钢梁焊接，或采取其他措施保证楼板的整体性。

（3）对转换楼层楼盖或楼板有大洞口等情况，宜在楼板内设置钢水平支撑。

10）钢结构的材料

（1）主要承重构件所用钢材的牌号宜选用Q345钢、Q390钢，有依据时可选用更高强度级别的钢材。

（2）主要承重构件所用的板材宜选用高性能建筑用板材。

（3）外露承重钢结构可选用Q235NH、Q355NH或Q415NH等牌号的焊接耐候钢。选用时宜附加要求保证晶粒度不小于7级，耐腐蚀指数不小于6.0。

（4）承重构件所用钢材的质量等级宜不低于B级；抗震等级为二级及以上的高层民用建筑钢结构，其框架梁、柱和抗侧力支撑等主要抗侧力构件钢材的质量等级不宜低于C级。

（5）承重构件中厚度不小于40mm的受拉板材，当其工作温度低于零下20℃时，宜适当提高其所用钢材的质量等级。

（6）选用Q235A或Q235B级钢时应选用镇静钢（图4-10）。

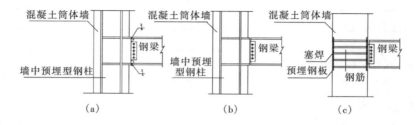

图4-10 钢柱与钢梁的连接示意图
（a）刚接；（b）铰接（一）；（c）铰接（二）

第三节 高层民用建筑的基础和地下室构造

一、基础

1. 高层民用建筑基础的设计原则

1) 地基基础的设计等级

1)《高层建筑混凝土结构技术规程》JGJ 3—2010 的规定：

（1）高层建筑宜设置地下室；

（2）高层建筑的基础，应综合考虑工程地质和水文地质、上部结构类型、房屋高度、施工技术、经济条件等因素，使建筑物不致发生过量的沉降或倾斜，满足正常使用要求，还应了解邻近地下构筑物及相关设施的位置和标高等，减少与相邻建筑物的相互影响；

（3）在地震区，高层建筑宜避开对抗震不利的地段；否则，应采取可靠的措施避免地基失效或产生过量的下沉或倾斜；

（4）基础设计宜考虑基础与上部结构相互作用的影响。施工期间需降低地下水时，应避免影响邻近建筑物、构筑物、地下设施等安全和正常使用；

（5）高层建筑应采用整体性好、能满足地基承载力和变形要求并能调节不均匀沉降的基础形式。宜采用筏形基础，必要时可选用箱形基础。当地质条件好且能满足地基承载力和变形要求时，亦可采用交叉梁式基础或其他形式基础；当地基承载力或变形不满足要求时，可采用桩基或复合基础；

（6）基础底面的形心宜与重力荷载的中心相重合；

（7）在重力荷载与水平荷载代表值与多遇水平荷载标准值共同作用下，高宽比大于 4 的高层建筑，基础底面不应出现零应力区；高宽比不大于 4 的高层建筑，基础底面与地基之间零应力区面积不应超过基础地面面积的 15％。质量偏心较大的裙楼可分别计算基底应力；

（8）基础应综合考虑建筑物的高度、体形、地基土质、抗震设防等因素综合确定基础埋置深度，并应符合下列规定：

① 天然地基或复合地基，可取房屋高度的 1/15。

② 桩基础（不计桩长），可取房屋高度的 1/18。

当建筑物采用岩石地基或采用有效措施时，满足地基承载力、稳定性要求和上述（6）的前提下，基础埋深可适当放宽。

（9）当基础有可能产生滑移时，应采取有效的抗滑移措施；

（10）高层建筑的基础和与其相连的裙房的基础，当设置沉降缝时，应考虑高层主楼基础有可靠的侧向约束及有效埋深；不设沉降缝时，应采取有效措施减少差异沉降及其影响；

（11）高层建筑基础的混凝土强度等级宜不小于 C25。当有防水要求时，混凝土的抗渗等级应根据基础埋置深度确定，必要时可设置架空排水层；

（12）基础及地下室的外墙、地板，当采用粉煤灰混凝土时，可采用 60d 或 90d 龄期的强度指标作为混凝土的设计强度；

（13）抗震设计时，独立基础宜沿两个主轴方向设置基础系梁，剪力墙基础应具有良好的抗震能力。

2)《高层民用建筑钢结构技术规程》JGJ 99—2015 的规定：

（1）高层民用建筑钢结构的基础形式，应根据上部结构、地下室、工程地质、施工条件等综合确定，宜选用筏形基础、箱形基础、桩筏基础。当基岩较浅、基础埋深不符合要求时，应验算基础抗拔能力。

（2）钢框架柱应至少延伸至计算嵌固端以下一层，并且宜采用钢骨混凝土柱，以下可采用钢筋混凝土柱。基础埋深宜一致。

（3）房屋高度超过 50m 的高层民用建筑宜设置地下室。采用天然地基时，基础埋置深度不宜小于房屋总高度的 1/15；采用桩基时，宜不小于房屋总高度的 1/20。

（4）当主楼与裙房之间设置沉降缝时，应采用粗砂等松散材料将沉降缝地面以下部分夯实。当不设沉降缝时，施工中宜设后浇带。

（5）高层民用建筑钢结构与钢筋混凝土基础或地下室的钢筋混凝土结构层之间，宜设置钢骨混凝土过渡层。

（6）在重力荷载与水平荷载标准值或重力荷载代表值与多遇水平地震作用标准值共同作用下，高宽比大于 4 时基础底面不宜出现零应力区；高宽比不大于 4 时，基础底面与基础之间零应力区面积不应超过基础底面积的 15％。质量偏心较大的裙楼和主楼，可分别计算基底应力。

2. 高层民用建筑基础的类型及构造要点

1）筏形基础

（1）筏形基础的平面尺寸应根据地基土的承载力、上部结构的布置及其荷载的分布等因素确定，偏心距应符合要求。

（2）平板式筏形基础的板厚可根据受冲切承载力计算确定，板厚宜不小于 400mm。冲切计算时，应考虑作用在冲切临界截面重心上的不平衡弯矩所产生的附加剪力。

当个别柱的冲切力较大而不能满足板的冲切承载力要求时，可将该柱下的筏板局部加厚或配置抗冲切钢筋。

（3）当地基比较均匀，上部结构刚度较好，筏板的厚跨比不小于 1/6，柱间距及柱荷载的变化不超过 20％时，高层建筑的筏形基础可仅考虑局部弯曲作用，按倒楼盖法进行计算。当不符合上述条件时，宜按弹性地基板理论进行计算。

（4）筏形基础的钢筋间距不应小于 150mm，宜为 200～300mm，受力钢筋直径宜不小于 12mm。采用双向钢筋网片配置在板的顶面和底面。

（5）梁板式筏形基础的肋梁宽度不宜过大，在满足设计剪力的条件下，当梁宽小于柱宽时，可将肋梁在柱边加腋宜满足构造要求。墙柱的纵向配筋要贯通基础梁而插入筏板中，并且应从梁上皮起满足锚固长度的要求。

（6）梁板式筏形基础的梁高取值应包括底板厚度在内，梁高宜不小于平均柱距的 1/6。应综合考虑荷载大小、柱距、地质条件等因素，经计算满足承载力要求。

（7）在满足地基承载力时，筏形基础的周边不宜向外有较大的伸挑扩大。当需要外挑时，有肋梁的筏形基础宜将梁一同挑出。周边有墙体的筏形基础，筏板可以不向外伸出。

图 4-11 所示为筏形基础的构造示意图。

2）箱形基础

（1）箱形基础的平面尺寸应根据地基土的承载力、上部结构的布置及其荷载的大小等因素确定。外墙宜沿建筑物周边布置，内墙沿上部结构的柱网或剪力墙位置纵横均匀布置，墙

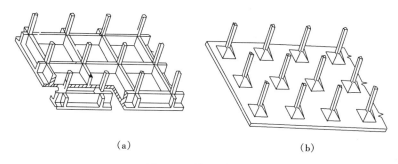

图 4-11 筏形基础

体水平截面总面积不宜小于箱形基础外墙外包尺寸的水平投影面积的 1/10。对基础平面长宽比大于 4 的箱形基础，其纵墙水平截面面积不应小于箱形基础外墙外包尺寸水平投影面积的 1/18。箱形基础的偏心距应符合前述要求。

（2）箱形基础的高度应满足结构的承载力和刚度要求，并根据建筑使用要求确定。一般不宜小于箱形基础长度的 1/20，且不宜小于 3m。此处箱形基础长度不计墙外悬挑板部分。

（3）箱形基础的顶板、底板及墙体的厚度，应根据受力情况、整体刚度和防水要求确定。无人防设计要求的箱形基础，基础底板不应小于 300mm，外墙厚度不应小于 250mm，内墙厚度不应小于 200mm，顶板厚度不应小于 200mm，可用合理的简化方法计算箱形基础的承载力。

（4）与高层主楼相连的裙房基础若采用外挑箱基墙体或外挑基础梁的方法，则外挑部分的基底应采取有效措施，使其具有适应差异变形的能力。

（5）墙体的门洞宜设在柱间距中部位，洞口上下过梁应进行承载力计算。

（6）当地基压缩层深度范围内的土层在竖向和水平方向皆较均匀，且主体结构为平面、立面布置较规则的框架、剪力墙、框架剪力墙结构时，箱形基础的顶板、底板可仅考虑局部弯曲计算。计算时底板反力应扣除板的自重及其上面层和填土的自重，顶板荷载按实际考虑。整体弯曲的影响可在构造上加以考虑。箱形基础的顶板和底板钢筋配置除符合计算要求外，纵横方向支座钢筋尚应有 1/3～1/2 的钢筋连通，且连通钢筋的配筋率分别不小于 0.15%（纵向）、0.10%（横向），跨中钢筋按实际需要的配筋全部连通。钢筋接头宜采用机械连接；采用搭接接头时，搭接长度应按受拉钢筋考虑。

（7）箱形基础的顶板、底板及墙体均应采用双层双向配筋。墙体的竖向和水平钢筋直径均不应小于 10mm，间距均不应大于 200mm。除上部为剪力墙外，内墙外墙的墙顶处宜配置两根直径不小于 20mm 的通长构造钢筋。

（8）上部结构底层柱纵向钢筋伸入箱形基础墙体的长度，应符合下列要求：

① 柱下三面或四面有箱形基础墙的内柱，除柱四角纵向钢筋直通到地基外，其余钢筋可伸入顶板顶面以下 40 倍纵向钢筋直径处；

② 外柱、与剪力墙相连的柱及其他内柱的纵向钢筋应直通到基底。

图 4-12 所示为箱形基础的构造示意图。

3）桩基础

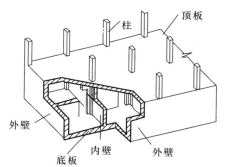

图 4-12 箱形基础

（1）桩基础的类型

① 依据桩基础选用的材料分有钢筋混凝土预制桩、钢筋混凝土灌注桩或钢桩 3 大类型。

② 桩顶承台的类型：桩承台依据构造不同有柱下单独承台、双向交叉梁承台、筏形承台、箱形承台。

（2）桩基础和桩顶承台的选择

桩基础和桩顶承台的选择应依据上部结构类型、荷载大小、土层分布、持力层土的类型、地下水位、施工条件等综合考虑，做到技术先进、经济合理，确保工程质量。

（3）桩基础的布置

① 等直径桩的中心距不应小于 3 倍桩横截面的边长或直径；扩底桩中心距不应小于扩底直径的 1.5 倍，且两个扩大头间的净距不宜小于 1m；

② 布置桩时，宜使各桩承台承载力合理点与相应竖向永久荷载合力作用点重合，并使桩基在水平力产生的力矩较大方向有较大的抵抗矩；

③ 平板式桩筏基础桩宜布置在柱下或墙下，必要时可满堂布置，核心筒下可适当加密布桩；梁板式桩筏基础，桩宜布置在基础梁下或柱下；桩箱基础，宜将桩布置在墙下。直径不大于 800mm 的大直径桩可采用一柱一桩，并宜设置双向连系梁连接各桩；

④ 应选择较硬土层作为桩端持力层。若桩的直径为 d，桩端全截面进入持力层的深度，对于黏性土、粉土不宜小于 $2d$；砂土不宜小于 $1.5d$；碎石类土不宜小于 $1d$。当存在软弱下卧层时，桩基以下应持力层厚度不宜小于 $4d$。

抗震设计时，桩进入碎石土、砾砂、粗砂、中砂、密实壤土、坚硬黏性土的深度尚不应小于 1.5m。

（4）较高等级的桩基础、建筑体形复杂或桩端以下存在软弱土层的一般设计等级的桩基础、对沉降有严格要求的桩基础以及采用摩擦型桩的基础，应进行沉降计算。

（5）钢桩的规定

① 钢桩可采用管形或 H 形，其材质应符合相关规定；

② 钢桩的分段长度不宜超过 12～15m，焊接接头应采用等强连接；

③ 钢桩的防腐处理可采用增加腐蚀余量等措施；当钢管桩内壁同外界隔绝时，可不考虑内壁防腐。钢桩的腐蚀速率当无实测资料时，如桩顶在地下水位以下且地下水无腐蚀性，可按每年 0.03mm 考虑，且腐蚀预留量不应小于 2mm。

（6）桩与承台的连接，应符合下列要求：

① 桩顶嵌入承台的长度，对大直径桩不宜小于 100mm，对中、小直径桩不宜小于 100mm；

② 混凝土桩的桩顶纵筋应伸入承台内，其锚固长度应符合《混凝土结构设计规范》GB 50010—2010 的有关规定。

图 4-13 为桩基础的构造示意。

4）柱下条形基础

柱下条形基础的构造，除必须满足扩展基础的构造外，还应符合下列规定：

（1）柱下条形基础梁的高度宜为柱距的 $1/4～1/8$。翼板厚度不应小于 200mm。当翼板厚度大于 250mm 时，宜采用变厚度翼板，其顶面坡度宜小于或等于 1∶3。

（2）条形基础的端部宜向外伸出，其长度宜为第一跨距的 0.25 倍。

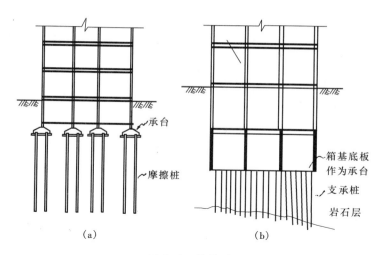

图 4-13　桩基础

（a）摩擦桩；（b）支承桩

（3）现浇柱与条形基础梁的交接处，基础梁的平面尺寸应大于柱的平面尺寸，且柱的边缘至基础梁边缘的距离不得小于 50mm。

（4）条形基础梁顶部和底部的纵向受力钢筋应满足计算要求外，顶部钢筋应按计算配筋全部贯通，底部通长钢筋不应少于底部受力钢筋截面总面积的 1/3。

（5）柱下条形基础的混凝土强度等级，不应低于 C20。

柱下条形基础的构造示意图见图 4-14。

5）岩石锚杆基础

（1）岩石锚杆基础适用于直接建在基岩上的柱基，以及承受拉力或水平力较大的建筑物基础，并应符合下列要求：

① 锚杆孔直径，宜取锚杆筋体直径的 3 倍，但不应小于一倍锚杆筋体直径加 50mm。锚杆基础的构造要求，应符合图 4-15 的要求；

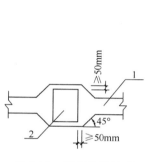

图 4-14　柱下条形基础

1—基础梁；2—柱

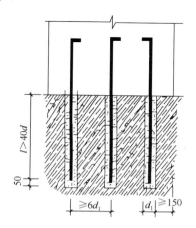

图 4-15　锚杆基础

d_1—锚杆直径；l—锚杆的有效锚固长度；

d—锚杆筋体直径

② 锚杆筋体插入上部结构的长度，应符合钢筋的锚固长度要求；

③ 锚杆筋体宜采用热轧带肋钢筋，水泥砂浆强度不宜低于 30MPa，细石混凝土强度不宜低于 C30。灌浆前，应将锚杆孔清理干净。

（2）锚杆基础中单根锚杆所承受的拔力应满足要求；

（3）对设计等级为甲级的建筑物，单根锚杆抗拔承载力特征值应通过现场试验确定。

二、地下室

《民用建筑设计术语标准》GB/T 50504—2009 的定义是：室内地平面低于室外地平面的建筑空间叫地下室。

1. 地下室的分类

1）普通地下室

普通的地下空间，一般按地下楼层进行设计。其分类为：

（1）按埋入地下的深度分

① 地下室：地下室是指地下室地平面低于室外地坪的高度超过该房间净高 1/2 者。

② 半地下室：半地下室是指地下室地面低于室外地坪面高度超过该房间净高 1/3，且不超过 1/2 者。

（2）按建造方式分

① 单建式地下室：单独建造的地下室（地下室上部无建筑物），构造组成为底板、侧墙、顶板三部分。如单独建造的地下车库等。

② 附建式地下室：上部有建筑物的地下室，构造组成为底板、侧墙两部分。

（3）构造组成

地下室属于箱形基础的范畴。包括顶板、侧墙、底板、楼梯、门窗等。

2）防空地下室

有防空要求的地下空间。防空地下室应妥善解决紧急状态下的人员隐蔽与疏散，应有保证人身安全的技术措施。

（1）防空地下室的分类

防空地下室按预防核武器与常规武器进行分类。《人民防空地下室设计规范》GB 50038—2005 规定：

① 甲类：以预防核武器为主。分为 4 级（核 4 级）、4B 级（核 4B 级）、5 级（核 5 级）、6 级（核 6 级）、6B 级（核 6B 级）。

② 乙类：以预防常规武器为主。分为 5 级（常 5 级）、6 级（常 6 级）。

建筑工程的人防设计等级由当地人防主管部门提供，一般工程均按 5 级（核 5 级）进行设计。

（2）防空地下室应考虑的问题

防空地下室除预防核武器、常规武器、化学武器、生物武器外，还应预防次生灾害，如火灾以及由上部建筑倒塌所产生的倒塌荷载。对于倒塌荷载主要通过结构来解决（如加大结构的厚度、选择强度高的材料等）；对于早期核辐射应通过结构厚度和相应的密闭措施来解决。对于化学武器应通过密闭措施及加强通风、滤毒的措施解决。

（3）防空地下室的房间组成

防空地下室的房间组成应包括防护室、防毒通道（前室）、通风滤毒室、洗消间、厕所等。防空地下室的防护室出口应不设门，以空门洞为主。与外界联系的出入口应设置密闭门和防护密闭门。防空地下室的出入口至少应有两个。其中一个与地上楼梯连通；另一个应与防护通道或专用出口连接。为保证平战结合，做到平时利用，一般均在外墙部位设置外窗，并设置采光井。采光井应有足够的宽度，窗的外侧应加设钢筋混凝土制作的板门，平时敞开、战时关闭。

（4）防空地下室的空间高度

用于人员隐蔽的防空地下室的掩蔽面积标准应按每人 $1.00m^2$ 计算。室内地面至顶板底面的高度不应低于 2.40m，梁下净高不应低于 2.00m。地下机动车库走道的净高不应低于 2.20m，车位净高不应低于 2.00m。住宅地下自行车库不应低于 2.00m。

（5）防空地下室的材料选择和厚度确定

① 防空地下室的材料强度等级见表 4-6。

表 4-6　防空地下室的材料强度等级

构件类别	混凝土		砌体			
	现浇	预制	砖	料石	混凝土砌块	砂浆
基础	C25	—	—	—	—	—
梁、楼板	C25	C25	—	—	—	—
柱	C30	C30	—	—	—	—
内墙	C25	C25	MU10	MU30	MU15	MU5
外墙	C25	C25	MU15	MU30	MU15	MU7.5

注：1. 防空地下室结构不得采用硅酸盐砖和硅酸盐砌块；

　　2. 严寒地区、饱和土中砖的强度等级不应低于 MU20；

　　3. 装配填缝砂浆的强度等级不应低于 M10；

　　4. 防水混凝土基础底板的混凝土垫层，其强度等级不应低于 C25。

② 防空地下室的构件最小厚度见表 4-7。

表 4-7　防空地下室的构件最小厚度（mm）

构件类别	材料种类			
	钢筋混凝土	砖砌体	料石砌体	混凝土砌块
顶板、中间楼板	200	—	—	—
承重外墙	250	490（370）	300	250
承重内墙	200	370（240）	300	250
临空墙	250	—	—	—
防护密闭门门框墙	300	—	—	—
密闭门门框墙	250	—	—	—

注：1. 表中最小厚度不包括甲类防空地下室防早期核辐射对结构厚度的要求；

　　2. 表中顶板、中间楼板最小厚度系指实心楼面，如为密肋板，其实心截面不宜小于 100mm；如为现浇空心板，其板顶厚度不宜小于 100mm，且其折合厚度均不应小于 200mm；

　　3. 砖砌体项括号内最小厚度适用于乙类防空地下室和核 6 级、核 6B 级甲类防空地下室；

　　4. 砖砌体包括烧结普通砖、烧结多孔砖以及非黏土砖砌体。

2. 地下室的防水构造

1）防水方案的确定

（1）地下工程必须进行防水设计，防水设计应定级准确、方案可靠、施工简便、经久耐用、经济合理；

（2）地下工程防水方案应根据工程规划、结构设计、材料选择、结构耐久性和施工工艺等确定；

（3）地下工程的防水设计，应考虑地表水、地下水、毛细管水等的作用，以及由于人为因素引起的附近水文地质改变的影响确定。单建式的地下工程，应采用全封闭、部分封闭防排水设计；附建式的全地下或半地下工程的防水设防高度，应高出室外地坪高程 500mm 以上；

（4）地下工程迎水面主体结构应采用防水混凝土，并根据防水等级的要求采用其他防水措施；

（5）地下工程的变形缝（诱导缝）、施工缝、后浇带、穿墙管（盒）、预埋件、预留通道接头、桩头等细部构造，应加强防水措施；

（6）地下工程的排水管沟、地漏、出入口、窗井、风井等，应采取防倒灌措施，寒冷及严寒地区的排水沟应采取防冻措施。

总之，地下工程的防水做法应以防水混凝土为主，并根据防水等级的不同辅以其他防水材料，还应做好细部构造的处理。

2）防水等级的确定

地下室防水等级的确定应以《地下工程防水技术规范》GB 50108—2008 为准（表 4-8、表 4-9）。

表 4-8　地下工程防水等级标准

防水等级	标准
一级	不允许渗水，结构表面无湿渍
二级	不允许漏水，结构表面可有少量湿渍； 工业与民用建筑：总湿渍面积不应大于总防水面积(包括顶板、墙面、地面)的 1/1000；任意 100m² 防水面积上的湿渍不超过 1 处，单个湿渍的最大面积不大于 0.1m²； 其他地下工程：总湿渍面积不应大于总防水面积的 6/1000；任意 100m² 防水面积上的湿渍不超过 4 处，单个湿渍的最大面积不大于 0.2m²
三级	有少量漏水点，不得有线流和漏泥砂； 任意 100m² 防水面积上的漏水点数不超过 7 处，单个漏水点的最大漏水量不大于 2.5L/d，单个湿渍的最大面积不大于 0.3m²
四级	有漏水点，不得有线流和漏泥砂； 整个工程平均漏水量不大于 2L/(m²·d)，任意 100m² 防水面积的平均漏水量不大于 4L/(m²·d)

表 4-9　不同防水等级的适用范围

防水等级	适用范围
一级	人员长期停留的场所，因有少量湿渍会使物品变质、失效的贮物场所及严重影响设备正常运转和危及工程安全运营的部位，极重要的战备工程
二级	人员经常活动的场所，在有少量湿渍的情况下不会使物品变质、失效的贮物场所及基本不影响设备正常运转和工程安全运营的部位，重要的战备工程
三级	人员临时活动的场所，一般战备工程
四级	对渗漏水无严格要求的工程

3）防水材料的选择

《地下工程防水技术规范》GB 50108—2008 规定：地下工程的防水材料共有 8 种，它们分别是防水混凝土、水泥砂浆、防水卷材、防水涂料、塑料防水板、金属防水板、膨润土防水材料、种植顶板防水等 8 种，具体构造是：

（1）防水混凝土

① 防水混凝土可通过调整配合比，或掺加外加剂、掺合料等措施配制而成，其抗渗等级不得小于 P6。

② 防水混凝土的施工配合比应通过试验确定，试配混凝土的抗渗等级应比设计要求高 0.2kPa（相当于提高一个等级）。

③ 防水混凝土应满足抗渗等级的要求，并应根据地下工程所处的环境和工作条件，满足抗压、抗冻和抗侵蚀性等耐久性要求。

④ 防水混凝土设计的抗渗等级，应符合表 4-10 的规定。

表 4-10　防水混凝土设计抗渗等级

工程埋置深度 H(m)	设计抗渗等级
$H<10$	P6
$10{\leqslant}H<20$	P8
$20{\leqslant}H<30$	P10
$H{\geqslant}30$	P12

⑤ 防水混凝土的环境温度不得高于 80℃，处于侵蚀性介质中防水混凝土的耐侵蚀要求应根据介质的性质按有关标准执行。

⑥ 防水混凝土结构底板的混凝土垫层，强度等级不应小于 C15，厚度不应小于 100mm，在软弱土层中不应小于 150mm。

⑦ 防水混凝土结构的构造要求：

A. 结构厚度不应小于 250mm；

B. 裂缝宽度不得大于 0.2mm，并不得贯通；

C. 钢筋保护层厚度应根据结构的耐久性和工程环境选用，迎水面钢筋保护层厚度不应小于 50mm。

⑧ 防水混凝土的施工要求：

防水混凝土应连续浇筑，宜少留施工缝。当留设施工缝时，应符合下列规定：

A. 墙体水平施工缝不应留在剪力最大处或底板与侧墙的交接处，应留在高出底板表面不小于 300mm 的墙体上。拱（板）墙结合的水平施工缝，宜留在拱（板）墙接缝线以下 150～300mm 处。墙体有预留孔洞时，施工缝距孔洞边缘不应小于 300mm；

B. 垂直施工缝应避开地下水和裂隙水较多的地段，并宜与变形缝相结合；

C. 施工缝防水构造形式宜按图 4-16～图 4-19 选用，当采用两种以上构造措施时可进行有效组合。

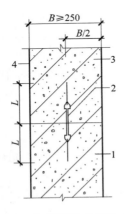

图 4-16　施工缝防水构造（一）

钢板止水带 $L \geqslant 150$，橡胶止水带 $L \geqslant 200$

钢边橡胶止水带 $L \geqslant 120$

1—先浇混凝土；2—中埋式止水带；

3—后浇混凝土；4—结构迎水面

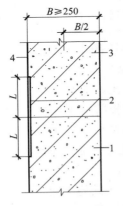

图 4-17　施工缝防水构造（二）

外贴止水带 $L \geqslant 150$，外涂防水涂料 $L = 200$

外抹防水砂浆 $L = 200$

1—先浇混凝土；2—外贴止水带；

3—后浇混凝土；4—结构迎水面

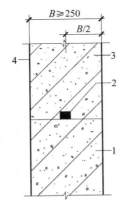

图 4-18　施工缝防水构造（三）

1—先浇混凝土；2—遇水膨胀止水条（胶）；

3—后浇混凝土；4—结构迎水面

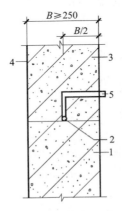

图 4-19　施工缝防水构造（四）

1—先浇混凝土；2—预埋注浆管；3—后浇

混凝土；4—结构迎水面；5—注浆导管

（2）水泥砂浆

① 水泥砂浆的类型

A. 水泥砂浆包括聚合物水泥防水砂浆、掺外加剂或掺合料的防水砂浆；

B. 水泥砂浆宜采用多层抹压法施工。

② 水泥砂浆的位置

水泥砂浆防水层可用于地下工程主体结构的迎水面或背水面，不应用于受持续振动或温度高于 80℃的地下工程防水。

③ 水泥砂浆的厚度：

A. 聚合物水泥防水砂浆厚度：单层施工宜为 6～8mm，双层施工宜为 10～12mm；

B. 掺外加剂或掺合料的水泥防水砂浆厚度宜为 18～20mm。

④ 水泥砂浆的构造要求：

A. 水泥砂浆防水层的基层混凝土强度或砌体用的砂浆强度均不应低于设计值的 80％。

B. 水泥砂浆防水层各层应紧密黏合，每层宜连续施工；必须留设施工缝时，应采用阶梯坡形槎，但离阴阳角处的距离不得小于 200mm。

⑤ 水泥砂浆的施工要求：

A. 水泥砂浆防水层不得在雨天、5 级及以上大风中施工。冬期施工时，气温不应低于 5℃。夏季不宜在 30℃以上或烈日照射下施工；

B. 水泥砂浆防水层终凝后，应及时进行养护，养护温度不宜低于 5℃，并应保持砂浆表面湿润，养护时间不得少于 14d。

（3）防水卷材

① 防水卷材的应用范围：卷材防水层宜用于经常处在地下水环境，且受侵蚀性介质作用或受振动作用的地下工程。

② 防水卷材的选用

防水卷材的品种、规格和层数，应根据地下工程防水等级、地下水位高低及水压力作用状况、结构构造形式和施工工艺等因素确定。

③ 卷材防水层的防水卷材应铺设在混凝土结构的迎水面。

④ 防水卷材的品种

防水卷材的品种见表 4-11。

表 4-11　防水卷材的品种

类别	品种名称
高聚物改性沥青类防水卷材	改性沥青聚乙烯胎防水卷材
	弹性体改性沥青防水卷材
	自粘聚合物改性沥青防水卷材
合成高分子类防水卷材	三元乙丙橡胶防水卷材
	聚氯乙烯防水卷材
	聚乙烯丙纶复合防水卷材
	高分子自粘胶膜防水卷材

⑤ 防水卷材的厚度

防水卷材的厚度应符合表 4-12 的规定。

表 4-12　不同品种防水卷材的厚度

卷材品种	高聚物改性沥青类防水卷材			合成高分子类防水卷材			
	弹性体改性沥青防水卷材、改性沥青聚乙烯胎防水卷材	自粘聚合物改性沥青防水卷材		三元乙丙橡胶防水卷材	聚氯乙烯防水卷材	聚乙烯丙纶复合防水卷材	高分子自粘胶膜防水卷材
		聚酯毡胎体	无胎体				
单层厚度（mm）	≥4	≥3	≥1.5	≥1.5	≥1.5	卷材：≥0.9 黏结料：≥1.3 芯材厚度≥0.6	≥1.2
双层总厚度（mm）	≥(4+3)	≥(3+3)	≥(1.5+1.5)	≥(1.2+1.2)	≥(1.2+1.2)	卷材：≥(0.7+0.7) 黏结料：≥(1.3+1.3) 芯材厚度≥0.5	—

⑥ 防水卷材的构造要求

A. 卷材防水层用于建筑物地下室时，应铺设在结构底板垫层至墙体防水设防高度的结构基面上；用于单建式的地下工程时，应从结构底板垫层铺设至顶板基面，并应在外围形成封闭的防水层；

B. 卷材防水层阴阳角处应做成圆弧或 45°坡角，其尺寸应根据卷材品种确定。在阴阳角等特殊部位，应增做卷材加强层，加强层宽度宜为 300～500mm；

C. 不同品种防水卷材的搭接宽度，应符合表 4-13 的要求。

表 4-13　防水卷材搭接宽度

卷材品种	搭接宽度（mm）
弹性体改性沥青防水卷材	100
改性沥青聚乙烯胎防水卷材	100
自粘聚合物改性沥青防水卷材	80
三元乙丙橡胶防水卷材	100/60（胶粘剂/胶粘带）
聚氯乙烯防水卷材	60/80（单焊缝/双焊缝）100（胶粘剂）
聚乙烯丙纶复合防水卷材	100（黏结料）
高分子自粘胶膜防水卷材	70/80（自粘胶/胶粘带）

⑦ 卷材防水层的施工要求

A. 铺贴卷材严禁在雨天、雪天、5 级及以上大风中施工；冷粘法、自粘法施工的环境气温不宜低于 5℃，热熔法、焊接法施工的环境气温不宜低于－10℃。施工过程中下雨或下雪时，应做好已铺卷材的防护工作；

B. 防水卷材施工前，基面应干净、干燥，并应涂刷基层处理剂；当基面潮湿时，应涂刷湿固化型胶粘剂或潮湿界面隔离剂。基层处理剂的配制与施工应符合下列要求：

a. 基层处理剂应与卷材及其黏结材料的材性相容；

b. 基层处理剂喷涂或刷涂应均匀一致，不应露底，表面干燥后方可铺贴卷材。

⑧ 卷材防水层的保护

卷材防水层经检查合格后，应及时做保护层，保护层应符合下列规定：

A. 顶板

顶板卷材防水层上浇筑细石混凝土保护层时，应符合下列规定：

a. 采用机械碾压回填土时，保护层厚度不宜小于70mm；

b. 采用人工回填土时，保护层厚度不宜小于50mm；

c. 防水层与保护层之间宜设置隔离层。

B. 底板：底板卷材防水层上浇筑的细石混凝土保护层，其厚度不应小于50mm；

C. 侧墙：侧墙卷材防水层宜采用软质保护材料或铺抹20mm厚1：2.5水泥砂浆层。

（4）防水涂料

① 防水涂料的种类

A. 无机防水涂料：无机防水涂料可选用掺外加剂、掺合料的水泥基防水涂料、水泥基渗透结晶型防水涂料；

B. 有机防水涂料：有机防水涂料可选用反应型、水乳型、聚合物水泥等涂料。

② 防水涂料的位置

A. 无机防水涂料宜施涂于结构主体的背水面。用于背水面的有机防水涂料应具有较高的抗渗性，且与基层有较好的黏结性；

B. 有机防水涂料宜施涂于地下工程主体结构的迎水面。

③ 防水涂料的选用

A. 潮湿基层宜选用与潮湿基面黏结力大的无机防水涂料或有机防水涂料，也可采用先涂无机防水涂料而后再涂有机防水涂料构成复合防水涂层；

B. 冬期施工宜选用反应型涂料；

C. 埋置深度较深的重要工程，有振动或有较大变形的工程，宜选用高弹性防水涂料；

D. 有腐蚀性的地下环境宜选用耐腐蚀性较好的有机防水涂料，并应做刚性保护层；

E. 聚合物水泥防水涂料应选用Ⅱ型产品。

④ 防水涂料的厚度

A. 掺外加剂、掺合料的水泥基防水涂料厚度不得小于3.0mm；

B. 水泥基渗透结晶型防水涂料的用量不应小于$1.5kg/m^2$，且厚度不应小于1.0mm；

C. 有机防水涂料的厚度不得小于1.2mm。

⑤ 防水涂料的构造要求

A. 防水涂料应分层刷涂或喷涂，涂层应均匀，不得漏刷漏涂；接槎宽度不应小于100mm；

B. 铺贴胎体增强材料时，应使胎体层充分浸透防水涂料，不得有露槎及褶皱；

C. 有机防水涂料施工后应及时做保护层，保护层应符合下列规定：

a. 底板、顶板：底板、顶板应采用20mm厚1：2.5水泥砂浆层和40～50mm厚的细石混凝土保护层，防水层与保护层之间宜设置隔离层；

b. 侧墙：侧墙背水面保护层应采用20mm厚1：2.5水泥砂浆；侧墙迎水面保护层宜选用软质保护材料或20mm厚1：2.5水泥砂浆。

D. 采用有机防水涂料时，基层阴阳角应做成圆弧形，阴角直径宜大于50mm，阳角直径宜大于10mm，在底板转角部位应增加胎体增强材料，并应增涂防水涂料。

⑥ 防水涂料的施工要求

A. 防水涂料宜采用外防外涂或外防内涂；

B. 无机防水涂料基层表面应干净、平整、无浮浆和明显积水；

C. 有机防水涂料基层表面应基本干燥，不应有气孔、凹凸不平、蜂窝麻面等缺陷。涂料施工前，基层阴阳角应做成圆弧形；

D. 涂料防水层严禁在雨天、雾天、5级及以上大风时施工，不得在施工环境温度低于5℃及高于35℃或烈日暴晒时施工。涂膜固化前如有降雨可能时，应及时做好已完涂层的保护工作。

地下工程防水材料中，除防水混凝土、水泥砂浆、防水卷材、防水涂料外，还有塑料防水板、金属防水板和膨润土防水材料。由于这3种材料均应用于特殊的环境中（如：侵蚀性介质多、振动较大、长期浸水、含盐量较高的土层等），很少在一般建筑工程中应用，故这里就不再单独介绍。

（5）地下工程种植顶板防水

① 基本要求

A. 地下工程种植顶板的防水等级应为一级；

B. 种植土与周边自然土体不相连，且高于周边地坪时，应按种植屋面要求设计。

② 种植顶板的结构要求

A. 种植顶板应为现浇防水混凝土，结构找坡，坡度宜为1‰～2‰；

B. 种植顶板厚度不应小于250mm，最大裂缝宽度不应大于0.2mm，并不得贯通；

C. 种植顶板的结构荷载应按现行行业标准《种植屋面工程技术规程》JGJ 155—2013 的有关规定执行。

③ 种植顶板的防排水构造要求

A. 耐根穿刺防水层应铺设在普通防水层上面；

B. 耐根穿刺防水层表面应设置保护层，保护层与防水层之间应设置隔离层；

C. 防水层下不得埋设水平管线。垂直穿越的管线应预埋套管，套管超过种植土的高度应大于150mm；

D. 变形缝应作为种植分区边界，不得跨缝种植；

E. 种植顶板的泛水部位应采用现浇钢筋混凝土，泛水处防水层高出种植土应大于250mm；

F. 泛水部位、水落口及穿顶板管道四周宜设置200～300mm 宽的卵石隔离带。

3. 地下工程防水层的保护

1）防水保护层的位置

（1）外包防水：保护层设置在防水层的外侧（迎水面），多用于新建工程。

（2）内包防水：保护层设置在防水层的内侧（背水面），只有在修缮工程中才会使用。

2）防水保护层的材料

传统做法一般采用120mm 砖砌体（硬保护）；近代做法可以采用50mm 聚苯乙烯泡沫塑料板（软保护）或抹20mm 厚水泥防水砂浆。

3）外包防水保护层的构造

（1）钢筋混凝土墙体

① 做法一：钢筋混凝土底板不向外延伸，在墙体卷材外侧粘贴50mm 聚苯乙烯保护层一道，并回填2：8 灰土做隔水层（图4-20）。

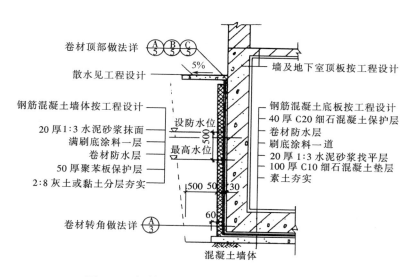

图 4-20　钢筋混凝土墙体防水保护做法（一）

② 做法二：钢筋混凝土底板向外延伸，在墙体卷材外侧粘贴 50mm 聚苯乙烯保护层一道，并回填 2：8 灰土做隔水层（图 4-21）。

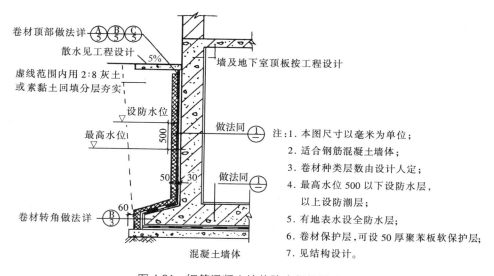

注：1. 本图尺寸以毫米为单位；
2. 适合钢筋混凝土墙体；
3. 卷材种类层数由设计人定；
4. 最高水位 500 以下设防水层，以上设防潮层；
5. 有地表水设全防水层；
6. 卷材保护层，可设 50 厚聚苯板软保护层；
7. 见结构设计。

图 4-21　钢筋混凝土墙体防水保护做法（二）

（2）砖墙体

① 做法一：钢筋混凝土底板不向外延伸，地下水位高、有地表水，在墙体卷材外侧粘贴 50mm 聚苯乙烯保护层一道，并回填 2：8 灰土做隔水层（图 4-22）。

② 做法二：钢筋混凝土底板不向外延伸，地下水位高、无地表水，在墙体卷材外侧粘贴 50mm 聚苯乙烯保护层一道，并回填 2：8 灰土做隔水层（图 4-23）。

4. 地下工程防水的细部构造

《地下工程防水技术规范》GB 50108—2008 规定：

1）窗井

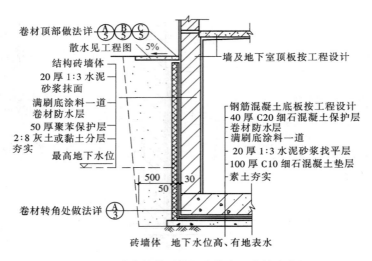

图 4-22　砖砌墙体（地下水位高、有地表水）

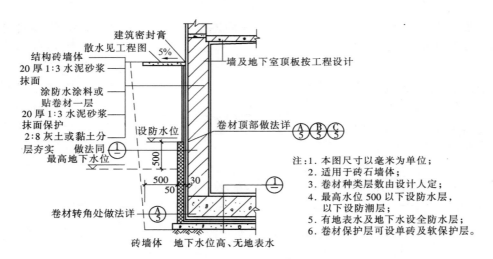

图 4-23　砖砌墙体（地下水位高、无地表水）

注：1. 本图尺寸以毫米为单位；
　　2. 适用于砖石墙体；
　　3. 卷材种类层数由设计人定；
　　4. 最高水位 500 以下设防水层，以下设防潮层；
　　5. 有地表水及地下水设全防水层；
　　6. 卷材保护层可设单砖及软保护层。

　　窗井又称为采光井。它是为地下室的平时利用，在外墙的外侧设置的采光竖井。窗井可以在每个窗户的外侧单独设置，也可以将若干个窗井连在一起，中间用墙体分开。

　　（1）构造要求

　　① 窗井的宽度应不小于 1000mm，它由底板和侧墙构成，侧墙可以采用砖墙或钢筋混凝土墙，底板则采用钢筋混凝土板，并应有坡坡向外侧、1％～3％的坡度。

　　② 窗井的上部应有铸铁算子或用聚碳酸酯板（阳光板）覆盖，以防物体掉入或人员坠入。

　　（2）《地下工程防水技术规范》GB 50108—2008 规定：

　　① 窗井的底部在最高地下水位以上时，窗井的底板和墙应做防水处理，并宜与主体结构断开（图 4-24）。

　　② 窗井或窗井的一部分在最高地下水位以下时，窗井应与主体结构连成整体，其防水层也应连成整体，并应在窗井内侧设置集水井（图 4-25）。

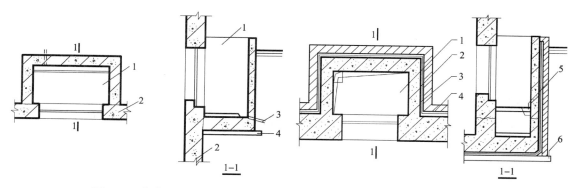

图 4-24　窗井的构造
1—窗井；2—主体结构；3—排水管；4—垫层

图 4-25　有集水井的窗井构造
1—窗井；2—防水层；3—主体结构；4—防水层保护层；
5—集水井；6—垫层

③ 无论地下水位高低，窗台下部的墙体和底板均应做防水层。

④ 窗井内的底板，应低于窗下缘 300mm，窗井墙应高出地面并不得小于 500mm。窗井外地面应做散水，散水与墙面间应采用密封材料嵌填。

2）变形缝

《地下工程防水技术规范》GB 50108—2008 规定：

（1）一般要求

① 变形缝应满足密封防水、适应变形、施工方便、检修容易等要求。

② 用于伸缩的变形缝宜少设，可根据不同的工程结构类别、工程地质情况采用后浇带、加强带、诱导缝等替代措施。

③ 变形缝处混凝土结构的厚度不应小于 300mm。

（2）设计要点

① 用于沉降的变形缝最大允许沉降差值不应大于 30mm。

② 变形缝的宽度宜为 20～30mm。

③ 变形缝的防水措施可根据工程开挖方法及防水等级确定。变形缝的几种复合防水构造形式，见图 4-26、图 4-27。

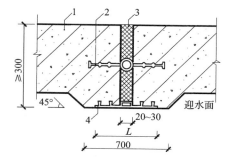

图 4-26　中埋式止水带与外贴防水层复合使用
外贴式止水带 $L \geqslant 300$；外贴防水卷材 $L \geqslant 400$；
外涂防水涂层 $L \geqslant 400$
1—混凝土结构；2—中埋式止水带；
3—填缝材料；4—外贴止水带

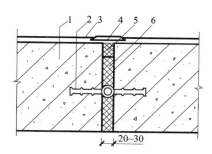

图 4-27　中埋式止水带与嵌缝材料复合使用
1—混凝土结构；2—中埋式止水带；3—防水层；
4—隔离层；5—密封材料；6—填缝材料

3）后浇带

《地下工程防水技术规范》GB 50108—2008 规定：

（1）一般要求

① 后浇带宜用于不允许设置变形缝的部位。（注：后浇带多用于基础中的伸缩缝或高层建筑主体与裙房的连接部位）。

② 后浇带应在其两侧混凝土龄期达到 42d 后再施工，高层建筑的后浇带施工应按规定时间进行。

③ 后浇带应采用补偿收缩混凝土浇筑，其抗渗和抗压强度等级不应低于两侧混凝土。

（2）设计要点

① 后浇带应设在受力和变形较小的部位，其间距宜为 30～60m，预留宽度宜为 700～1000mm。

② 后浇带两侧可做成平直缝或阶梯缝。

③ 采用掺膨胀剂的补偿收缩混凝土，水中养护 14d 后的限制膨胀率不应小于 0.015%，膨胀剂的掺量应根据不同部位的限制膨胀率设定值经试验确定。

④ 后浇带混凝土应一次浇筑完成，不得设置施工缝；混凝土浇筑后应及时养护，养护时间不得少于 28d。

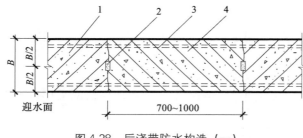

图 4-28　后浇带防水构造（一）
1—先浇混凝土；2—遇水膨胀止水条（胶）；
3—结构主筋；4—后浇补偿收缩混凝土

⑤ 后浇带需超前止水时，后浇带部位的混凝土应局部加厚，并应增设外贴式或中埋式止水带（图 4-28、图 4-29）。

4）穿墙管

《地下工程防水技术规范》GB 50108—2008 规定：

（1）穿墙管（盒）应在浇筑混凝土前预埋。

（2）穿墙管与内墙角、凹凸部位的距离应大于 250mm，相邻穿墙管间的间距应大于 300mm。

（3）结构变形或管道伸缩量较小时，穿墙管可采用主管直接埋入混凝土内的固定式防水法，主管应加焊止水环或环绕遇水膨胀止水圈，并应在迎水面预留凹槽，槽内应采用密封材料嵌填密实。其防水构造形式见图 4-30。

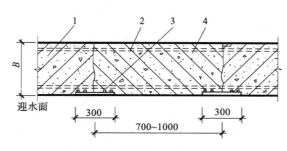

图 4-29　后浇带防水构造（二）
1—先浇混凝土；2—结构主筋；
3—外贴式止水带；4—后浇补偿收缩混凝土

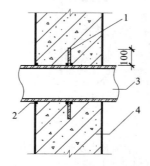

图 4-30　固定式穿墙管防水构造
1—止水环；2—密封材料；
3—主管；4—混凝土结构

（4）结构变形或管道伸缩量较大或有更换要求时，应采用套管式防水法，套管应加焊止水环（图4-31）。

5）孔口

《地下工程防水技术规范》GB 50108—2008规定：

（1）地下工程通向地面的各种孔口应采取防止地面水倒灌的措施。人员出入口高出地面的高度宜为500mm，汽车出入口设置明沟排水时，其高度宜为150mm，并应采取防雨措施。

（2）通风口应与窗井同样处理，竖井窗下缘离室外地面高度不得小于500mm。

6）坑、池

《地下工程防水技术规范》GB 50108—2008规定：

（1）坑、池、储水库宜采用防水混凝土整体浇筑，内部应设防水层。受振动作用时应设柔性防水层。

（2）底板以下的坑、池，其局部底板应相应降低，并应使防水层保持连续（图4-32）。

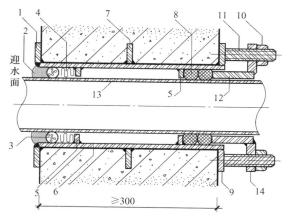

图4-31 套管式穿墙管防水构造

1—翼环；2—密封材料；3—背衬材料；4—充填材料；5—挡圈；6—套管；7—止水环；8—橡胶圈；9—翼盘；10—螺母；11—双头螺栓；12—短管；13—主管；14—法兰盘

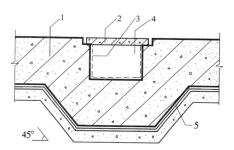

图4-32 底板下坑、池的防水构造

1—底板；2—盖板；3—坑、池防水层；4—坑、池；5—主体结构防水层

第四节　高层民用建筑的室内楼梯间与室外楼梯构造

高层民用建筑的室内楼梯和室外楼梯，必须遵照《建筑设计防火规范》GB 50016—2014（2018年版）的相关规定。

一、高层建筑的室内楼梯间

1.敞开式楼梯间

1）特点

疏散用楼梯间的一种做法。与走道或前厅连通的部位开敞式，不设墙体和门分隔。

（1）楼梯间应能天然采光和自然通风，并宜靠外墙设置。靠外墙设置时，楼梯间、前室及合用前室外墙上的窗口与两侧的门、窗、洞口之间的水平距离不应小于1.00m。

（2）楼梯间内不应设置烧水间、可燃材料储藏室、垃圾道。

（3）楼梯间内不应有影响疏散的凸出物或其他障碍物。

（4）公共建筑的敞开楼梯间内不应敷设可燃气管道。

（5）住宅建筑的敞开楼梯间内确需设置可燃气体管道和可燃气体计量表时，应采用金属管和设置切断气源的阀门。

（6）楼梯间在各层的平面位置不应改变（通向避难层的楼梯除外）。

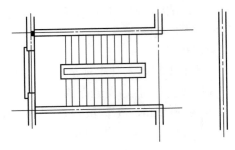

图 4-33　敞开式楼梯间

2）设置原则

不需设置封闭式楼梯间和防烟式楼梯间的居住建筑和公共建筑（图 4-33）。

2. 封闭式楼梯间

封闭式楼梯间是在楼梯间入口处设置门，以防止烟和热气进入的楼梯间为封闭楼梯间（图 4-34、图 4-35）。

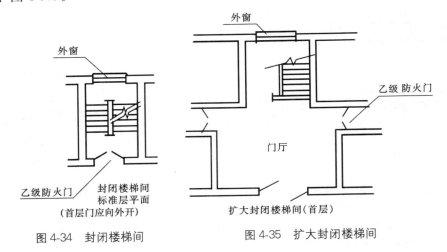

图 4-34　封闭楼梯间　　　　图 4-35　扩大封闭楼梯间

1）特点：

（1）封闭楼梯间应满足开敞楼梯间的各项要求。

（2）不能自然通风或自然通风不能满足要求时，应设置机械加压送风或采用防烟楼梯间。

（3）除楼梯的出入口和外窗外，楼梯间的墙上不应开设其他门、窗、洞口。

（4）高层建筑、人员密集的公共建筑，其封闭楼梯间的门应采用乙级防火门，并应向疏散方向开启；其他建筑，可以采用双向弹簧门。

（4）楼梯间的首层可将走道和门厅等包括在楼梯间内形成扩大的封闭楼梯间，但应采用乙级防火门等与其他走道或房间分隔。

（5）封闭楼梯间门不应用防火卷帘替代。

2）设置原则

（1）《建筑设计防火规范》GB 50016—2014（2018 年版）规定：

① 建筑高度不大于 32m 的二类高层建筑；

② 下列多层公共建筑（除与敞开式外廊直接连通的楼梯间外）均应采用封闭楼梯间：

A. 医疗建筑、旅馆、老年人建筑及类似功能的建筑；

B. 设置歌舞、娱乐、放映、游艺场所的建筑；

C. 商店、图书馆、展览建筑、会议中心及类似使用功能的建筑；

D. 6 层及以上的其他建筑。

③ 下列住宅建筑应采用封闭楼梯间：

A. 建筑高度不大于 21m 的敞开楼梯间与电梯井相邻布置时；

B. 建筑高度大于 21m、不大于 33m；

C. 室内地面与室外出入口地坪高差不大于 10m 或 2 层及以下的地下、半地下建筑（室）。

（2）《宿舍建筑设计规范》JGJ 36—2016 规定：楼梯间宜有天然采光和自然通风。

（3）《商店建筑设计规范》JGJ 48—2014 中规定：大型商店的营业厅设置在五层及以上时，应设置不少于 2 个直通屋顶平台的疏散楼梯间。屋顶平台上无障碍物的避难面积不宜小于最大营业面积层建筑面积的 50%。

（4）《档案馆建筑设计规范》JGJ 25—2010 规定：档案库区内设置楼梯时，应采用封闭楼梯间，门应采用不低于乙级防火门。

（5）其他相关规范的规定

① 居住建筑超过 6 层或任一楼层建筑面积大于 500m² 时，如果户门或通向疏散走道、楼梯间的门、窗为乙级防火门、窗时可以例外。

② 地下商店和设置歌舞、娱乐、放映、游艺场所的地下建筑（室），不符合设置防烟楼梯间的条件时。

③ 博物馆建筑的观众厅。

3. 防烟式楼梯间

1）特点

防烟式楼梯间是在楼梯间入口处设置防烟的前室（开敞阳台或凹廊），且通向前室和楼梯间的门均为乙级防火门，以防止烟和热气进入的楼梯间为防烟楼梯间（图 4-36～图 4～38）。

（1）防烟楼梯间应满足开敞楼梯间的各项要求。

（2）应设置防烟措施。

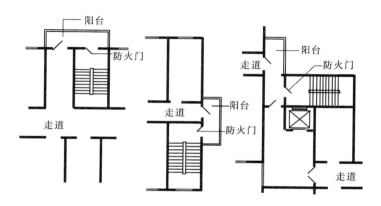

图 4-36 带阳台的防烟楼梯间

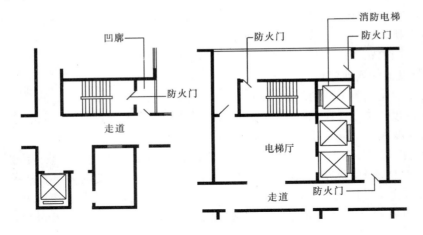

图 4-37　带开敞式前室的防烟楼梯间

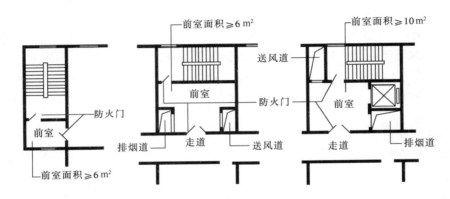

图 4-38　带封闭式前室的防烟楼梯间

（3）前室的使用面积：公共建筑，不应小于 $6.00m^2$；居住建筑，不应小于 $4.50m^2$。

（4）与消防电梯前室合用时，合用前室的使用面积：公共建筑不应小于 $10.00m^2$；居住建筑不应小于 $6.00m^2$。

（5）疏散走道通向前室以及前室通向楼梯间的门应采用乙级防火门（不应设置防火卷帘）。

（6）除住宅建筑的楼梯间前室外，防烟楼梯间和前室的墙上不应开设除疏散门和送风口外的其他门、窗、洞口。

（7）楼梯间的首层可将走道和门厅等包括在楼梯间前室内形成扩大的前室，但应采用乙级防火门等与其他走道和房间分隔。

2）设置原则

（1）一类高层公共建筑和建筑高度大于 32m 的二类高层公共建筑、居住建筑。

（2）室内地面与室外出入口地坪高差大于 10m 或 3 层及以上的地下、半地下建筑（室）。

（3）设置在公共建筑、居住建筑中的剪刀式楼梯。

（4）建筑高度大于 33m 的居住建筑。

4. 剪刀式楼梯间

1）特点

剪刀楼体指的是在一个开间和一个进深内，设置两个不同方向的单跑（或直梯段的双跑）楼梯，中间用不燃墙体分开，从任何一侧均可到达上层（或下层）的楼梯（图4-39、图4-40）。

（1）剪刀式楼梯间应为防烟楼梯间。

（2）梯段之间应设置耐火极限不低于1.00h的防火隔墙。

（3）楼梯间的前室不宜共用；共用时前室的使用面积不应小于6.00m²。

（4）居住建筑楼梯间的前室不宜与消防电梯的前室合用；楼梯间的共用前室与消防电梯的前室合用时，合用前室的使用面积不应小于12.00m²，且短边不应小于2.40m。

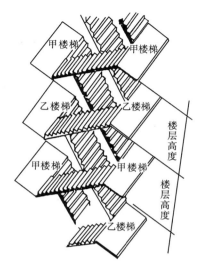

图4-39 剪刀式楼梯剖面图

2）设置原则

（1）高层公共建筑的疏散楼梯，当分散设置确有困难且从任一疏散门至最近疏散楼梯间入口的距离不大于10m时可采用剪刀楼梯。和多层住宅建筑分散设置有困难时且任一疏散门或户内两座楼梯独立设置有困难时。

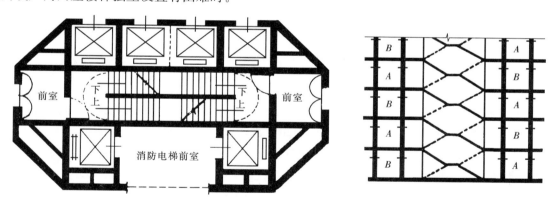

图4-40 设置一个前室的剪刀式楼梯间

（2）多层住宅的疏散楼梯，当分散设置确有困难且从任一户门至最近疏散楼梯间入口的距离不大于10m时可采用剪刀楼梯。

5. 曲线形楼梯

曲线形楼梯包括螺旋楼梯或弧线楼梯等类型，这种楼梯大多在大堂的公共空间设置。

1）《建筑设计防火规范》GB 50016—2014（2018年版）规定：疏散用楼梯和疏散通道上的阶梯不宜采用螺旋楼梯和扇形踏步；确需使用时，踏步上下两级所形成的平面角度不应大于10°，且每级离扶手250mm处的踏步深度不应小于220mm。

2）《老年人照料设施建筑设计标准》JGJ 450—2018规定：老年人使用的楼梯严禁采用弧形楼梯和螺旋楼梯。

二、高层建筑的室外楼梯

《建筑设计防火规范》GB 50016—2014（2018 年版）规定室外楼梯应满足：

1. 特点

1）栏杆扶手的高度不应小于 1.10m，楼梯的净宽度不应小于 0.90m；

2）倾斜角度不应大于 45°；

3）楼梯段和平台均应采用不燃材料制作。平台的耐火极限不应低于 1.00h。楼梯段的耐火极限不应低于 0.25h；

4）通向室外楼梯的门宜采用乙级防火门，并应向室外开启；门开启时，不得减少楼梯平台的有效宽度；

5）除设疏散门外，楼梯周围 2.00m 内的墙面上不应设置门窗洞口，疏散门不应正对梯梯段（图 4-41）。

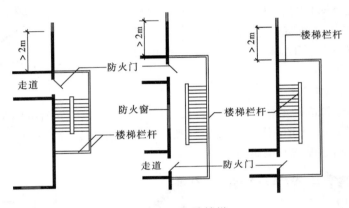

图 4-41　室外楼梯

2. 设置原则

1）《建筑设计防火规范》GB 50016－2014（2018 年版）规定：要求设置室内封闭楼梯间或防烟楼梯间的建筑，可用符合上述楼梯间设置条件的室外楼梯替代。

2）《托儿所、幼儿园建筑设计规范》JGJ39－2016 规定：严寒地区的托儿所、幼儿园建筑不应设置室外楼梯。

3）多层建筑设置室外楼梯时，同样应符合上述条件。

第五节　高层民用建筑的楼板构造

由于高层建筑多为大空间的房间，竖向抗风构件的间距也较大。高层建筑常用的形式有钢筋混凝土楼板、压型钢板组合式楼板等类型。

一、钢筋混凝土楼板

1. 类型

高层建筑常用的楼板形式有钢筋混凝土平板（现浇或预制）、无梁楼板、肋梁楼板、密肋楼板等类型。

2. 选用

1) 钢筋混凝土平板

（1）抗震设防地区、建筑高度大于50m、建筑的顶板、开洞较多的楼板、平面复杂的楼层、结构转换层等处，应采用现浇钢筋混凝土平板。

（2）非抗震设防地区、建筑高度小于50m的建筑可以采用预制钢筋混凝土平板。

（3）普通钢筋混凝土平板的跨度不宜大于6m；预应力钢筋混凝土平板的跨度不宜大于9m。

2) 钢筋混凝土无梁楼板

钢筋混凝土无梁楼板适用于跨度较小的公共建筑。采用这种楼板时，应同时采用剪力墙或筒体作为抗震构件。普通钢筋混凝土无梁楼板的跨度不宜大于6m；预应力钢筋混凝土无梁楼板的跨度不宜大于9m。

3) 钢筋混凝土肋形楼板

钢筋混凝土肋形楼板中的梁和板均采用现场浇筑的现浇类型楼盖，也可选用预制平板和现浇梁组合的装配整体式肋形楼板。当采用框架抗震墙（剪力墙）结构时，应在预制板面浇筑一层40mm、配有钢筋网片的混凝土整浇层，以增强楼板的整体性。若整浇层中需埋设设备管线时，整浇层应适当加厚。

4) 密肋楼板

密肋楼板是肋梁间距小于1.5m的钢筋混凝土楼板，适用于中等跨度的公共建筑。普通混凝土密肋楼板的跨度不宜超过9m，预应力混凝土密肋楼板的跨度不宜超过12m。可以做成单向密肋楼板或双向密肋楼板。

高层建筑楼板的结构布置示意见图4-42。

二、压型钢板组合式楼板

压型钢板组合式楼板是采用截面为凹凸形压型钢板与现浇混凝土面层组合形成整体性很强的楼盖结构。其中，压型钢板既是施工时的模板，也是结构楼板。它可以增加楼板的侧向刚度和竖向刚度。压型钢板组合式楼板的优点是加大结构跨度、减少梁的数量，使楼板自重减轻，从而加快施工进度。这种做法在国外高层建筑中已广泛采用（图4-43）。

1. 类型

1) 压型钢板只作为永久性模板使用，承受施工荷载和混凝土的质量。混凝土达到设计强度后，单向密肋板即可承受全部荷载，压型钢板已无结构功能。

2) 压型钢板承受全部静荷载和动荷载，混凝土层只用作耐磨面层，并分布集中荷载。混凝土层可使压型钢板的强度增大90%，工作荷载下刚度提高。

3) 压型钢板既是模板，又是底面受拉钢筋。其结构性能取决于混凝土层和钢板之间的黏结式连接。

压型钢板的跨度可为1.5～4m，经济跨度为2～3m。截面高度一般为35～120mm，面荷载一般为100～270N/m²。

2. 构造

压型钢板组合式楼板的整体性是由栓钉（抗剪螺钉）将钢筋混凝土、压型钢板和钢梁组合成整体。如图4-44（a）、（b）。

栓钉是组合楼板的剪力连接件，楼面的水平荷载通过它传递到梁、柱、框架。栓钉应与钢梁牢固焊接。栓钉用钢应与其焊接的钢梁相同，见图4-44（c）。

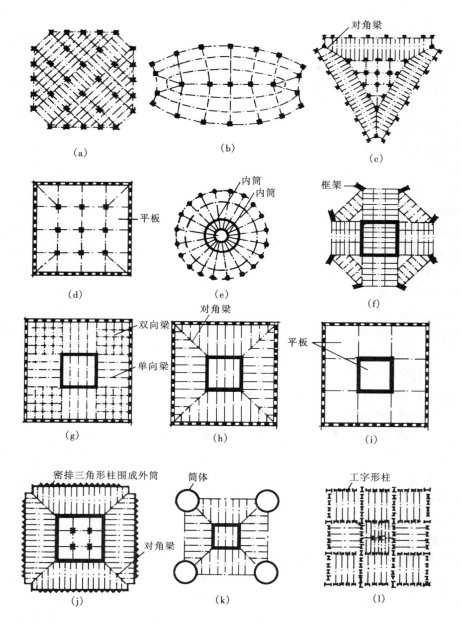

图 4-42　高层建筑楼板的结构布置示意图

(a) 框架（八边形）；(b) 框架（椭圆形）；(c) 框架（三角形）；(d) 外筒内框架（方形）；(e) 外框架内筒（圆形）；(f) 外框架内筒（八角形）；(g) 筒中筒（方形）；(h) 筒中筒（方形）；(i) 筒中筒（方形）；(j) 筒中筒（缺角方形）；(k) 群筒组合（方形）；(l) 束筒（方形）

三、楼板上的建筑设备安装

1. 水泵间

高层建筑中，由于供水系统的不同，至少应设 1 个水泵间，内设生活水泵和消防水泵。水泵间在运转时会产生振动及噪声，一般应放在建筑的首层、地下一层、地下室、半地下室，个别还会放在楼层。有集中热水系统时，还应增加热水泵。此外还要设置周转水箱及水

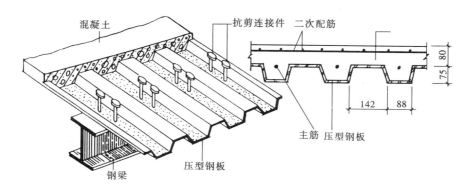

图 4-43　压型钢板组合楼板

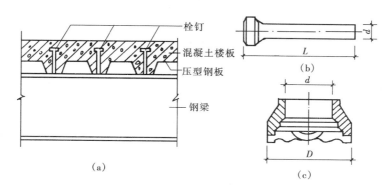

图 4-44　抗剪螺钉连接构造

（a）组合楼盖结构示意图；（b）栓钉示意图；（c）凹座示意图

池。水泵应有基础。

　　水泵间的楼板应采用现浇钢筋混凝土楼板，并设置排水沟和集水井。集水井下凹时，不应影响下部楼层的正常使用。水泵四周地面要高出相邻地面 50～60mm。水箱在楼层时，与上层楼板的底面应留出不小于 800mm 的检修间隙。

　　2. 共用天线

　　高层建筑的共用天线的线杆应固定在屋顶上。按位置预埋钢板，将线杆焊接固定。同轴电缆通过预埋钢管穿越屋面进入室内（图 4-45）。

　　为便于共用天线基座的检修，可设置专用房间。专用房间的面积宜为 $6m^2$。房间位置宜

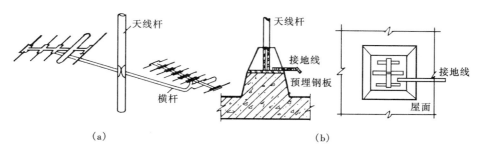

图 4-45　共用天线基座

（a）共用天线杆；（b）天线杆在屋顶上的固定

靠近引入电缆处，最大距离不宜超过 15m。

3. 电话机房

高层建筑设置电话总机房时，顶面应做好绝缘处理。机房内地板应采用架空活动地板。采用水泥类地板时，地面面层上应铺设橡胶地面或塑料地板。

四、设备层

设备层是在高层建筑地下室、楼层中间或顶层设置的专供设备安装的专用楼层。建筑高度在 30m 以下时，设备层可以放置在地下室或顶层。高度在 30m 以上时，设备层可以放置在楼层中间。设备层的层高一般为不多于 2.20m。并按 1/2 计算建筑面积（图 4-46）。

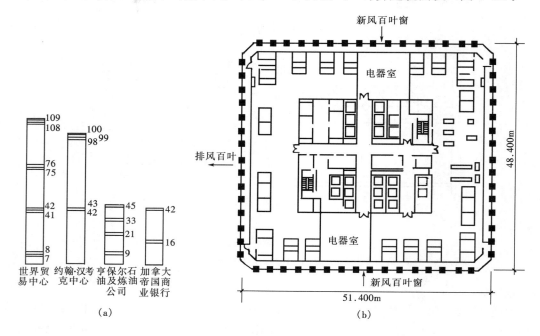

图 4-46　设备层的布置方式

（a）国外知名高层建筑的设备层位置；（b）日本世界贸易中心设备层的布置

第六节　高层民用建筑的墙体与幕墙构造

一、概述

1. 墙体功能

高层建筑的墙体，依据选用结构形式的不同，类型也多种多样。除抗震墙结构的墙体具有承重和围护双重作用，必须选用钢筋混凝土材料外，大多数墙体均为围护结构。选用的材料均为轻质材料，如陶粒混凝土、加气混凝土、矿渣混凝土、膨胀珍珠岩、石棉水泥等。还可以选用金属材料（如钢材、铝材、不锈钢等）、玻璃、人工合成材料等。

2. 墙板选用

高层建筑的外墙板除采用上述材料制成单一板（实心板、空心板）外，还可以选用不同材料组合的复合板。

复合板一般由承重层、保温层和饰面层等构成。承重层多采用钢筋混凝土、空心砖和各种轻质水泥制品；保温层多采用高效能的有机或无机材料，如矿棉、玻璃棉、泡沫玻璃、硬质泡沫塑料、蜂窝纸板等；饰面层可以采用饰面砖、陶瓷板、化学纤维板、水泥薄板等。

3. 墙板制作

墙板制作有现浇和预制两种方法。

1）现浇法：现浇可以采用大型模板、滑升模板等方法在施工现场进行，适用于建筑立面单一、朴素、无过多装饰的建筑物。特点是整体性能好、防水性能优越，但劳动强度较大。

2）预制法：墙板在工厂中预制，适用于外墙变化较多、形式多样的建筑造型。特点是施工速度快、现场安装劳动量减轻等。常见的预制板型有平板式、肋形式、箱形式、立体式等。图 4-47 为水泥预制板的各种类型可供参考。

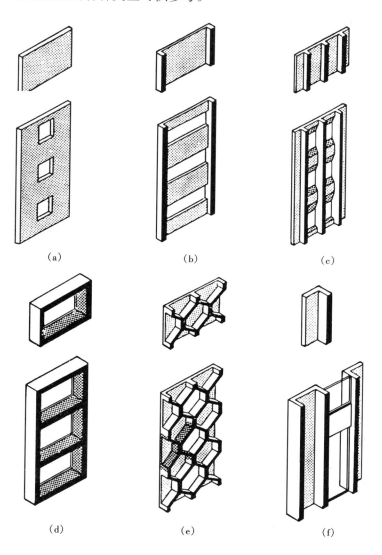

图 4-47　水泥预制板的各种类型

（a）平板；（b）肋形；（c）多肋；（d）箱形；（e）格子式；（f）立体式

4. 墙板安装

1）自承重法：上层板直接接下层板，左右板间靠铰接连接。

2）支挂法：将预制板通过锚固件搁置或悬挂在主体结构上（图 4-48）。

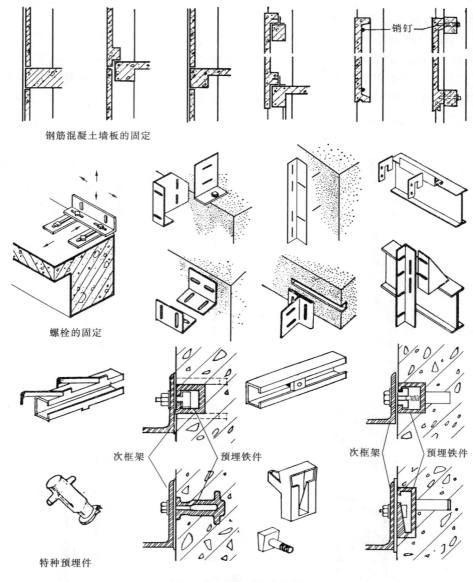

钢筋混凝土墙板的固定

螺栓的固定

次框架　　　预埋铁件　　　　　　　　次框架　　　预埋铁件

特种预埋件

图 4-48　支挂法安装墙板

5. 板缝处理

1）特点

高层建筑墙板接缝的特点是层数越高，承受的风力越大；层数越高，从上向下倾注的雨水累积量也越大；层数越高，极易出现雨水向墙上淋打的现象；层数越高，受机械作用、温度影响、材料蠕变的影响也越大；层数越高，板缝极难维修。因此，处理好板缝极为关键。

2）选用

外墙板接缝一般可做成刚性构造。变形较大时可采用柔性构造。

目前，常采用的做法有：

（1）采用嵌缝膏或嵌缝带密封；

（2）采用不同形式的防水构造缝（板缝边缘做成特殊形式）；

（3）弹性材料密封与防水构造相结合。

二、高层建筑抗侧向力的立面

高层建筑抗侧向力的结构是抗震墙（剪力墙）、剪力核心筒、剪力支承以及剪力框架等，这些构造一般都反映在外墙面，形成一种抗侧向力的结构立面形式。图 4-49 所示为抗侧向力的建筑实例。

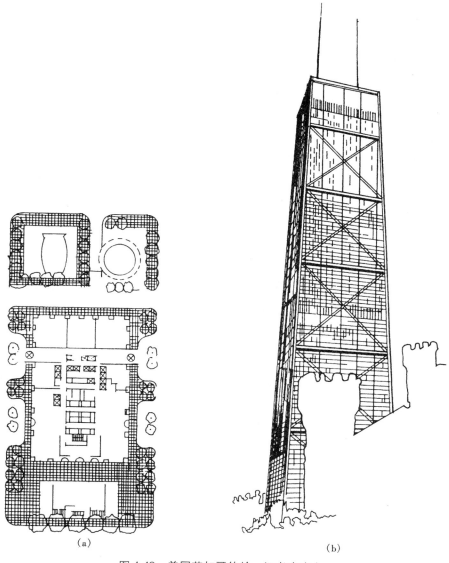

（a）　　　　　　　　　　　　　　（b）

图 4-49　美国芝加哥约翰·汉考克中心

（a）首层平面图；（b）透视图

资料：

约翰·汉考克中心为一座大型多功能实体，共100层，总高为344m，地面以上建筑面积26万m²。投资约一亿美元。

该大楼的1～4层为门厅及商业用房，5～11层为车库，可停放汽车1000辆；12～15层和17～40层为办公用房；45～91层为公寓用房，共705套，供分套出售；92～93层供电视台租用；94～96层为餐厅。

结构采用筒中筒钢结构，由于外筒为钢框架和交叉斜撑共同组成，这样做可减少钢材用量的1/2；楼板为钢筋混凝土结构；外墙为玻璃幕墙。

三、高层民用建筑外墙上的门窗

由于高层建筑外墙除了承受较大的风荷载外，还有如烟囱般的吸风作用。安装在墙体上的门窗空气渗透量比低层、多层建筑要多很多。因而处理门窗缝隙十分关键。目前，国外许多高层建筑均采用全封闭的大块玻璃，用挤压成型的人造橡胶弹性密封条固定。

由于高层建筑外墙的烟囱拔风作用，使得冷空气从底层门缝侵入量显著增加。为了减少底层门厅的热损耗和温度降低，一般均采用双层门、旋转门或暖风幕等措施。通往楼梯间的入口处亦应加门封闭（封闭楼梯间）。

四、高层民用建筑的外墙擦洗设备

高层建筑的外墙设计应考虑擦窗和维修方便。常用的做法有：

（1）架设临时梯或临时脚手架；

（2）从室内进行操作，如采用全旋转式窗扇或采用长脚合页；

（3）建筑上设挑出构件。如利用防火分隔、雨篷、遮阳、阳台做永久性操作平台；

（4）悬挂吊篮或操作平台。在女儿墙内侧架设轨道并安装擦洗设备（图4-50）。

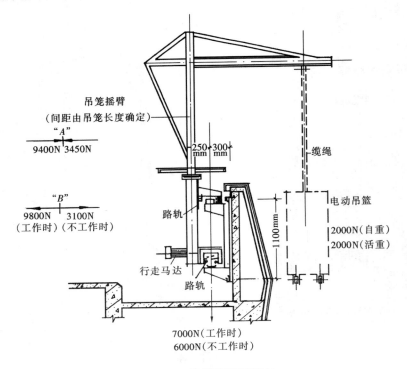

图4-50　裙楼擦窗机断面

五、建筑幕墙的构造

1. 建筑幕墙的定义

1）《民用建筑设计术语标准》GB/T 50504—2009 规定：由金属骨架与板材组成的，不承担主体结构荷载与作用的建筑外围护结构称为幕墙。

2）《玻璃幕墙工程技术规范》JGJ 102—2003 规定：建筑幕墙是由支撑结构体系与面板组成的、可相对主体结构有一定位移能力、不分担主体结构所受作用的建筑外围护结构或装饰性架构。

2. 建筑幕墙应满足的要求

《民用建筑设计统一标准》GB 50352—2019 规定：

1）建筑幕墙应综合考虑建筑物所在地的地理、气候、环境及使用功能、高度等因素，合理选择幕墙的形式。

2）建筑幕墙应根据不同的面板材料，合理选择幕墙结构形式、配套材料、构造方式等。

3）建筑幕墙应满足抗风压、水密性、气密性、保温、隔热、隔声、防火、防雷、耐撞击、光学性能等要求，且应符合国家现行有关标准的规定。

4）建筑幕墙设置的防护设施应符合"窗的设置"的规定。

5）建筑幕墙工程宜有安装清洗设备的条件。

3. 建筑幕墙的分类

当前建筑采用的幕墙分为以下几种，它们是：

1）玻璃幕墙

玻璃幕墙有 3 种类型，即：框支承玻璃幕墙、全玻璃墙、点支承玻璃幕墙。

2）金属幕墙

3）石材幕墙

4）人造板材幕墙

人造板材幕墙包括瓷板幕墙、陶板幕墙、微晶玻璃板幕墙、石材蜂窝板幕墙、木纤维板幕墙、纤维水泥板幕墙等 6 种类型。

4. 建筑幕墙的构造

1）玻璃幕墙

（1）玻璃幕墙的基本规定

①《民用建筑热工设计规范》GB 50176—2016 规定：

A. 严寒地区、寒冷地区、夏热冬冷地区、温和地区 A 区的玻璃幕墙应采用有断热构造的玻璃幕墙系统，非透光的玻璃幕墙、金属幕墙、石材幕墙和其他人造板材幕墙面板背后应采用高效保温材料保温。幕墙与围护结构间（除结构连接部位外）不应形成热桥，并宜对跨越室内外的金属构件或连接部位采取隔断热桥措施。

B. 严寒地区、寒冷地区、夏热冬冷地区、温和 A 区的透光幕墙周边与墙体、屋面板或其他围护构件连接处应采取保温、密封构造；当采用非防潮型保温材料填塞时，缝隙应采用密封材料或密封胶密封。其他地区应采取密封构造。

C. 严寒地区、寒冷地区可采用空气内循环的双层幕墙。

D. 夏热冬冷地区不宜采用双层幕墙。

②《玻璃幕墙工程技术规范》JGJ 102—2003 的规定：

A. 一般规定

a. 玻璃幕墙应与建筑物整体及周围环境相协调;

b. 玻璃幕墙立面的分格宜与室内空间相适应,不宜妨碍室内功能和视觉。在确定玻璃板块尺寸时,应有效提高玻璃原片的利用率,同时应适用钢化、镀膜、夹层等生产设备的加工能力;

c. 幕墙中的玻璃板块应便于更换;

d. 幕墙开启窗的设置,应满足使用功能和立面效果的要求,并应启闭方便,避免设置在梁、柱、隔墙的位置。开启扇的开启角度不宜大于 30°,开启距离不宜大于 300mm(其他技术资料指出:开启扇面积的总量不宜超过幕墙总面积的 15%,开启方式以上悬式为主)。

e. 玻璃幕墙应便于维护和清洁。高度超过 40m 的幕墙工程宜设置清洗设备。

B. 构造设计

a. 明框玻璃幕墙的接缝部位、单元式玻璃幕墙的组件对插部位以及幕墙开启部位,宜按雨幕原理进行构造设计。对可能渗入雨水和形成冷凝水的部位,应采取导排构造措施。

b. 玻璃幕墙的非承重胶缝应采用硅酮建筑密封胶。开启扇的周边缝隙宜采用氯丁橡胶、三元乙丙橡胶或硅橡胶密封条制品密封。

c. 有雨篷、压顶及其他突出玻璃幕墙墙面的建筑构造时,应完善其结合部位的防、排水设计。

d. 玻璃幕墙应选用具有防潮性能的保温材料或采取隔汽、防潮构造措施。

e. 单元式玻璃幕墙,单元间采用对插式组合构件时,纵横缝相交处应采取防渗漏封口构造措施。

f. 幕墙的连接部位,应采取措施防止产生摩擦噪声,构件式幕墙的立柱与横梁连接处应避免刚性接触,可设置柔性垫片或预留 1～2mm 的间隙,间隙内填胶;隐框幕墙采用挂钩式连接固定玻璃组件时,挂钩接触面宜设置柔性垫片。

g. 除不锈钢外,玻璃幕墙中不同金属接触处,应合理设置绝缘垫片或采取其他防腐蚀措施。

h. 幕墙玻璃之间的胶缝宽度应能满足玻璃和胶的变形要求,并不大于 10mm。

i. 幕墙玻璃表面周边与建筑内、外装饰物之间的缝隙不宜小于 5mm,可采用柔性材料嵌缝。全玻璃墙的玻璃应符合相关规定。

j. 明框幕墙玻璃下边缘与下边框槽底之间应采用橡胶垫块衬托,垫块数量应为 2 个,厚度不应小于 3mm,每块长度不应超过 100mm。

k. 玻璃幕墙的单元板块不应跨越主体结构的变形缝,与其主体建筑变形缝相对应的构造缝的设计,应能够适应主体建筑变形的要求。

C. 安全规定

a. 框支承玻璃幕墙,宜采用安全玻璃。

b. 点支承玻璃幕墙的面板玻璃应采用钢化玻璃。

c. 采用玻璃肋支承的全玻璃墙,其玻璃肋应采用钢化夹层玻璃。

d. 人员流动密度大、青少年或幼儿活动的公共场所以及使用中容易受到撞击的部位,其玻璃幕墙应采用安全玻璃;对使用中容易受到撞击的部位,还应设置明显的警示标志。

e. 当与玻璃幕墙相邻的楼面外缘无实体墙时，应设置防撞措施。

f. 玻璃幕墙与其周边防火分隔构件间的缝隙，与楼板或隔墙外沿间的缝隙、与实体墙面洞口边缘间的缝隙等，应进行防火封堵设计。

g. 玻璃幕墙的防火封堵系统，在正常使用条件下，应具有伸缩变形能力、密封性和耐久性；在遇火状态下，应在规定的耐火极限内，不发生开裂或脱落，保持相对稳定性。

h. 玻璃幕墙的防火封堵构造系统的填充料及其保护性面层材料，应选择不燃烧材料与难燃烧材料。

i. 无窗槛墙的玻璃幕墙，应在每层楼板外沿设置耐火极限不低于1.00m、高度不低于0.80m的不燃烧实体裙墙或防火玻璃裙墙。

j. 玻璃幕墙与各层楼板、隔墙外沿间的缝隙，当采用岩棉或矿棉封堵时，其厚度不应小于100mm，并应填充密实；楼层间水平防烟带的岩棉或矿棉宜采用厚度不小于1.5mm的镀锌钢板承托；承托板与主体结构、幕墙结构及承托板之间的缝隙宜填充防火密封材料。当建筑要求防火分区间设置通透隔断时，可采用符合设计要求的防火玻璃。

k. 同一玻璃幕墙单元，不宜跨越建筑物的两个防火分区。

l. 幕墙的金属框架应与主体结构的防雷体系可靠连接，连接部位应清除非导电保护层。

（2）玻璃幕墙的材料选择

① 玻璃

A. 总体要求

a. 应采用安全玻璃，如钢化玻璃、夹层玻璃、夹丝玻璃等，并应符合相关规范的要求。

b. 钢化玻璃宜经过二次均质处理。

c. 玻璃应进行机械磨边和倒角处理，倒棱宽度不宜小于1mm。

d. 中空玻璃产地与使用地或与运输途经地的海拔高度相差超过1000m时，宜加装毛细管或呼吸管平衡内外气压差。

e. 玻璃的公称厚度应经过强度和刚度验算后确定，单片玻璃、中空玻璃的任一片玻璃厚度不宜小于6mm。

B. 个性要求

a. 夹层玻璃的要求

（a）夹层玻璃宜为干法合成，夹层玻璃的两片玻璃相差不宜大于3mm；

（b）夹层玻璃的胶片宜采用聚乙烯醇缩丁醛（PVB）胶片，胶片厚度不应小于0.76mm。有特殊要求时，也可以采用（SGP）胶片，面积不宜大于2.50m²。

（c）暴露在空气中的夹层玻璃边缘应进行密封处理。

b. 中空玻璃的要求

（a）中空玻璃的间隔铝框可采用连续折弯型。中空玻璃的气体层不应小于9mm。

（b）玻璃宜采用双道密封结构，明框玻璃幕墙可采用丁基密封胶和聚硫密封胶；隐框、半隐框玻璃幕墙应采用丁基密封胶和硅酮结构密封胶。

c. 防火玻璃的要求

（a）应根据建筑防火等级要求，采用相应的防火玻璃。

（b）防火玻璃按结构分为：复合防火玻璃（FFB）和单片防火玻璃（DFB）。单片防火玻璃的厚度一般为5mm、6mm、8mm、10mm、12mm、15mm、19mm；

（c）防火玻璃按耐火性能分为：隔热型防火玻璃（A类），即同时满足防火完整性、耐火隔热性要求的防火玻璃；非隔热型防火玻璃（B类），即仅满足防火完整性要求的防火玻璃；防火玻璃按耐火极限分为 5 个等级，即 0.50h、1.00h、1.50h、2.00h、3.00h 五类。

d. 钢化夹层玻璃的要求

全玻璃幕墙的玻璃肋应采用钢化夹层玻璃，如两片夹层、三片夹层玻璃等，具体厚度应根据不同的应用条件，如板面大小、荷载、玻璃种类等具体计算。最小截面厚度为 12mm，最小截面高度为 100mm。

② 钢材

A. 钢材表面应具有抗腐蚀能力，并采取避免双金属的接触腐蚀。

B. 支承结构应选用的碳素钢和低碳合金高强度钢、耐候钢。

C. 钢索压管接头应采用经固溶处理的奥氏体不锈钢。

D. 碳素结构钢和低合金高强度钢应采取有效的防腐处理：

a. 采用热浸镀锌防腐蚀处理时，镀锌厚度应符合规范要求；

b. 采用防腐涂料时，涂层应完全覆盖钢材表面和无端部衬板的闭口型材结构钢；

c. 采用氟碳漆喷涂或聚氨酯喷涂时，涂抹的厚度不应小于 $35\mu m$，在空气污染严重及海滨地区，涂膜厚度不应小于 $45\mu m$。

E. 主要受力构件和连接件不宜采用壁厚小于 4mm 的钢板、壁厚小于 3mm 的钢管、尺寸小于 1.45 mm×4mm（等肢角钢）和 1.56mm×36mm×4mm（不等肢角钢）以及壁厚小于 2mm 的冷成型薄壁型钢。

③ 铝合金型材

A. 型材尺寸允许偏差应满足高精级或超高精级要求。

B. 立柱截面主要受力部位的厚度，应符合下列要求：

a. 铝型材截面开口部位的厚度不应小于 3.0mm，闭口部位的厚度不应小于 2.5mm；型材孔壁与螺钉之间直接采用螺纹受力连接时，其局部厚度尚不应小于螺钉的公称直径；

b. 对偏心受压立柱，其截面宽厚比应符合《玻璃幕墙工程技术规范》（JGJ102－2003）中的规定。

C. 铝合金型材保护膜厚应符合下列规定：

a. 阳极氧化（膜厚级别 AA15）镀膜最小平均厚度不应小于 $15\mu m$，最小局部膜厚不应小于 $15\mu m$；

b. 粉末喷涂涂层局部不应小于 $40\mu m$，且不应大于 $120\mu m$；

c. 电泳喷涂（膜厚级别 B）、阳极氧化膜平均膜厚应不小于 $10\mu m$、局部膜厚应不小于 $8\mu m$；漆膜局部膜厚应不小于 $7\mu m$；复合膜局部厚度不应小于 $16\mu m$；

d. 氟碳喷涂涂层平均厚度不应小于 $40\mu m$，局部厚度不应小于 $34\mu m$。

注：1. 阳极氧化镀膜：一般铝合金型材常用的表面处理方法。处理后的型材表面硬度高、耐磨性好、金属感强，但颜色种类不多。

2. 静电粉末喷涂：用于对铝板和钢板的表面进行处理，可喷涂任何颜色，包括金属色。但其耐候性较差，近来已较少使用。

3. 电泳喷涂：又称为电泳涂装。这种工艺是将具有导电性的被涂物浸渍在经过稀释的、浓度比较低的水溶液电泳涂料槽中作为阳极（或阴极），在槽中另外设置与其相对应的阴极（或阳极），在两极间通过一定时间的直流电，使被涂物上析出均一的、永不溶的涂膜的一种涂装方法。这种方法的优点是附着力强、不容易脱落；防腐蚀性强，表面平整光滑，符合环保要求。

4. 氟碳树脂喷涂：氟碳树脂的成分为聚四氯乙烯（PVF4），到目前为止它被认为是既具备很好的耐候性能，又以颜色多样而适应建筑幕墙需要的表面处理方式。氟碳漆的适用性还在于它可以用于非金属表面的处理，并可以现场操作，甚至可以在金属构件的防火涂料上涂刷，满足对钢结构的装饰和保护要求。

D. 铝合金隔热型材的隔热条应符合下列规定：

a. 总体要求

（a）采用的密封材料必须在有效期内使用。

（b）采用橡胶材料应符合相关规定，宜采用三元乙丙橡胶、氯丁橡胶或丁基橡胶、硅橡胶。

b. 个别要求

（a）隐框和半隐框玻璃幕墙，其玻璃与铝型材的黏结必须采用中性硅酮结构密封胶；全玻璃墙和点支承幕墙采用镀膜玻璃时，不应采用酸性硅酮结构密封胶黏结。

（b）玻璃幕墙用硅酮结构密封胶的宽度、厚度尺寸应通过计算确定，结构胶厚度不宜小于 6mm 且不宜大于 12mm，其宽度不宜小于 7mm 且不大于厚度的 2 倍。位移能力应符合设计位移量的要求，不宜小于 20 级。

（c）结构密封胶、硅酮密封胶同幕墙基材、玻璃和附件应具有良好的相容性和黏结性。

（d）石材幕墙的金属挂件与石材间宜选用干挂石材和环氧胶粘剂，不得使用不饱和聚酯类胶粘剂。

（3）玻璃幕墙的构造

① 框支承玻璃幕墙

A. 组成

框支承玻璃幕墙由竖框、横框和玻璃面板组成。这种幕墙既是围护结构也是建筑装饰。适用于多层建筑和建筑高度不超过 100m 的高层建筑。图 4-56 所示为框支承玻璃幕墙的外观。

B. 材料选用

a. 玻璃：单片玻璃的厚度不应小于 6mm，夹层玻璃的单片厚度不宜小于 5mm。夹层玻璃和中空玻璃的单片玻璃厚度相差不宜大于 3mm。玻璃幕墙应尽量减少光污染。若选用热反射玻璃，其反射率不宜大于 20%。

图 4-56　框支承玻璃幕墙

b. 横梁：横梁可以采用铝合金型材或钢型材（高耐候钢、碳素钢），其截面厚度不应小于 2.5mm。铝合金型材的表面处理可以采用阳极氧化镀膜、电泳喷涂、粉末喷涂、氟碳树脂喷涂；钢型材应进行热浸镀锌或其他有效的防腐措施。

注：热浸镀锌是对金属表面进行镀锌处理的一种工艺，可以提高钢结构的耐磨性能。近几年热浸镀锌工艺又采用了镀铝锌、镀铝锌硅等工艺处理使金属的耐候性能又提高了一倍，使用寿命可以达到 30～50 年。缺点是它的颜色比较单一，变化较少。

c. 立柱：立柱可以采用铝合金型材或钢型材（高耐候钢、碳素钢），表面处理与横梁相同。立柱与主体结构之间的连接应采用螺栓。每个部位的连接螺栓不应少于 2 个，直径不宜小于 10mm。

d. 内衬墙：内衬墙可以是窗槛墙。对于无窗槛墙的玻璃幕墙，应在每层楼板外沿设置耐火极限不低于 1.00m、高度不低于 0.80m 的不燃烧实体裙墙或防火玻璃裙墙。

C. 玻璃幕墙的类型

a. 元件式

元件式玻璃幕墙是在施工现场将金属边框、玻璃、填充层和内衬墙，按一定顺序进行安装组成（图 4-57）。

b. 单元式

单元式玻璃幕墙是在加工厂预制组合，将铝型材加工、墙框组合、玻璃安装、嵌条密封等拼装组合成幕墙板，在施工现场直接进行拼装（图 4-58）。

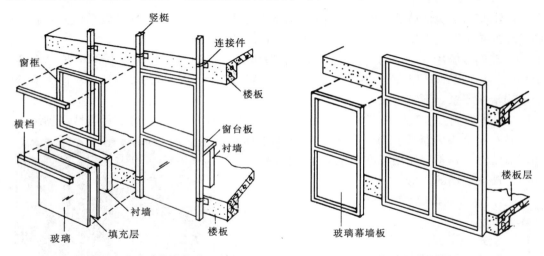

图 4-57 元件式玻璃幕墙构成示意   图 4-58 单元式玻璃幕墙构成示意

② 全玻璃墙

A. 构成

全玻璃墙由玻璃肋、玻璃面板组成。这种幕墙既是围护结构也是建筑装饰。适用于首层大厅或大堂（图 4-59）。

B. 连接方式

全玻璃墙与主体结构的连接有下部支承式与上部悬挂式两种做法。下部支承式的最大应用高度见表 4-14。

表 4-14　下部支承式全玻璃墙的最大高度

玻璃厚度（mm）	10，12	15	19
最大高度（m）	4	5	6

两种连接做法见图 4-60。

图 4-59 全玻璃墙

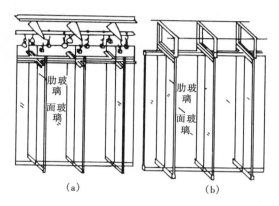

图 4-60 两种连接方式
(a) 上部悬挂式；(b) 下部支承式

C. 材料要求

a. 玻璃：面板玻璃应采用钢化玻璃，厚度不宜小于 10mm；夹层玻璃单片厚度不应小于 8mm。

b. 玻璃肋：玻璃肋应采用截面厚度不小于 12mm、截面高度不小于 100mm 的钢化夹层玻璃。

c. 胶缝：采用胶缝传力的全玻璃墙，其胶缝必须采用硅酮结构密封胶。

③ 点支承玻璃幕墙

A. 构成

点支承玻璃幕墙由支承结构、支承装置和玻璃面板组成。这种幕墙既是围护结构也是建筑装饰。由于这种幕墙的通透性好，最适宜用在建筑的大厅、餐厅等视野开阔的部位。亦可用于门上部的雨篷、室外通道侧墙和顶板、花架顶板等部位。但由于技术原因，点支承玻璃幕墙开窗较为困难（图 4-61）。

B. 材料要求

a. 玻璃面板

（a）玻璃面板有三点支承、四点支承和六点支承等做法。玻璃幕墙支承孔边与板边的距离不宜小于 70mm。

（b）采用浮头式连接件（连接件凸出玻璃表面）的幕墙玻璃厚度不应小于 6mm；采用沉头式连接件（连接件与玻璃表面持平）的幕墙玻璃厚度不应小于 8mm。

（c）玻璃之间的空隙宽度不应小于 10mm，且应采用硅酮建筑密封胶。

图 4-61　点支承玻璃幕墙

b. 支承装置

采用专用的点支承装置支承。

两种连接方式见图 4-62、图 4-63。

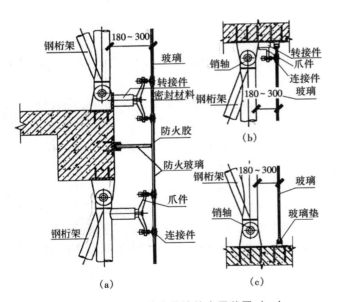

图 4-62　点支承玻璃幕墙的支承装置（一）

（a）层间垂直节点；（b）上封口节点；（c）下封口节点

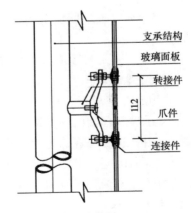

图 4-63　点支承玻璃幕墙的支承装置（二）

c. 支承结构

支承结构有单根型钢或钢管结构体系、桁架或空腹桁架体系和张拉杆索体系等 5 种，其特点和应用高度见表 4-15。

表 4-15　不同支承体系的特点和应用范围

项目	分类				
	拉索点支承玻璃幕墙	拉杆点支承玻璃幕墙	自平衡索桁架点支承玻璃幕墙	桁架点支承玻璃幕墙	立柱点支承玻璃幕墙
特点	轻盈、纤细、强度高、能实现较大跨度	轻巧、光亮、有极好的视觉效果	杆件受力合理、外形新颖、有较好的观赏性	有较大的刚度和强度，适合高大空间，综合性能好	对主体结构要求不高、整体效果简洁明快
适用范围	拉索间距 $b=1.2\sim3.5\mathrm{m}$；层高 $h=3\sim12\mathrm{m}$；拉索矢高 $f=h/(10\sim15)$	拉杆间距 $b=1.2\sim3.0\mathrm{m}$；层高 $h=3\sim9\mathrm{m}$；拉杆矢高 $f=h/(10\sim15)$	自平衡间距 $b=1.2\sim3.5\mathrm{m}$；层高 $h\leqslant15\mathrm{m}$；自平衡索桁架矢高 $f=h/(5\sim9)$	桁架间距 $b=3.0\sim15.0\mathrm{m}$；层高 $h=6\sim40\mathrm{m}$；桁架矢高 $f=h/(10\sim20)$	立柱间距 $b=12\sim35\mathrm{m}$；层高 $h\leqslant8.0\mathrm{m}$

不同支承结构见图 4-64。

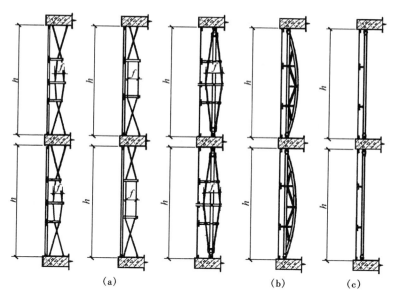

图 4-64　不同支承结构示意图
（a）张拉式悬索体系；（b）桁架式；（c）立柱式

④ 双层幕墙

A. 构成

双层幕墙是双层结构的新型幕墙，它由外层幕墙和内层幕墙两部分组成。外层幕墙通常采用点支承玻璃幕墙、明框玻璃幕墙或隐框玻璃幕墙；内层幕墙通常采用明框玻璃幕墙、隐框玻璃幕墙或铝合金门窗（图 4-65）。

B. 技术要求

a. 抗风压性能：双层幕墙的抗风压性能应根据幕墙所受的风荷载标准值确定，且不应小于 $1\mathrm{kN/m^2}$，并应符合《建筑结构荷载规范》GB 50009—2012 的规定。

图 4-65　双层幕墙

b. 热工性能：双层幕墙的热工性能优良，提高热工性能的关键是玻璃的选用。一般选用中空玻璃或 LOW-E 玻璃效果较好。采用加大空腔厚度只能带来热工性能下降。

c. 遮阳性能：在双层幕墙的空气腔中设置固定式或活动式遮阳可提高遮阳效果。

d. 光学性能：双层幕墙的总反射比应不大于 0.30。

e. 声学性能：增加双层幕墙每层玻璃的厚度对提高隔声效果较为明显。增加空气腔厚度对提高隔声性能作用不大。

f. 防结露性能：严寒地区不宜设计使用外循环双层幕墙。因为外循环的外层玻璃一般多用单层玻璃和普通铝型材，容易在空腔内结露。

g. 防雷性能：双层幕墙系统应与主体结构的防雷体系有可靠的连接。双层幕墙设计应符合《建筑物防雷设计规范》GB 50057—2010 和《民用建筑电气设计标准》GB 51348—2019 的规定。

C. 类型

双层幕墙通常可分为内循环、外循环和开放式三大类型，是一种新型的建筑幕墙系统。具有环境舒适、通风换气的功能，保温、隔热和隔声效果非常明显。

D. 构造要点

a. 内循环双层幕墙

（a）内循环双层幕墙的构成

外层幕墙封闭，内层幕墙与室内有进气口和出气口连接，使得双层幕墙通道内的空气与室内空气进行循环。外层幕墙采用隔热型材，玻璃通常采用中空玻璃或 LOW-E 中空玻璃；内层幕墙玻璃可采用单片玻璃，空气腔厚度通常在 150～300mm 之间。根据防火设计要求进行水平或垂直方向的防火分隔，可以满足防火规范要求。

（b）内循环双层幕墙的特点

※ 热工性能优越：夏季可降低空腔内空气的温度，增加舒适性；冬季可将幕墙空气腔封闭，增加保温效果。

※ 隔声效果好：由于双层幕墙的面密度高，所以隔声性能优良，也不容易发生"串声"现象。

※ 防结露明显：由于外层幕墙采用隔热型材和中空玻璃，外层幕墙内侧一般不结露。

※ 便于清洁：由于双层幕墙的外层幕墙封闭，空气腔内空气与室内空气循环，便于清洁和维修保养。

（e）防火达标：双层幕墙在水平方向和垂直方向进行分隔，符合防火规范的规定。

b. 外循环双层幕墙

（a）构成

内层幕墙封闭，外层幕墙与室外有进气口和出气口连接，使得双层幕墙通道内的空气可与室外空气进行循环。内层幕墙应采用隔热型材，可设开启扇，玻璃通常采用中空玻璃或 LOW-E 中空玻璃；外层幕墙设进风口、出风口且可开关，玻璃通常采用单片玻璃，空气腔宽度通常为 500mm 以上。

（b）类型

外循环双层幕墙通常可分为整体式、廊道式、通道式和箱体式 4 种类型。

（c）特点

外循环双层幕墙同样具有防结露、通风换气好、隔声优越、便于清洁的优点。

c. 开放式双层幕墙

（a）构成

外层幕墙仅具有装饰功能，通常采用单片幕墙玻璃且与室外永久连通，不封闭。

（b）特点

※ 主要功能是建筑立面的装饰性，多用于旧建筑物的改造；

※ 有遮阳作用；

※ 改善通风效果，恶劣天气不影响开窗换气。

2）金属幕墙的构造

《金属与石材幕墙工程技术规范》JGJ 133—2001 规定：

（1）金属幕墙的构造特点

金属幕墙属于有基层墙体的幕墙，意即金属幕墙应固定于基层墙体上。

（2）金属幕墙的材料

① 金属幕墙采用的不锈钢宜采用奥氏体不锈钢材。

② 钢结构幕墙高度超过 40m 时，钢构件宜采用高耐候结构钢，并应在其表面涂刷防腐涂料。处理方法多采用热浸镀锌的方法。

③ 钢构件采用冷弯薄壁型钢时，其壁厚不应小于 3.5mm。

④ 面材主要选用铝合金材料，具体做法有铝合金单板（单层铝板）、铝塑复合板、铝合金蜂窝板（蜂窝铝板）。铝合金的表面应通过阳极氧化镀膜、电泳喷涂、静电粉末喷涂、氟碳树脂喷涂等方法进行表面处理。

⑤ 采用氟碳树脂喷涂进行表面处理时，氟碳树脂含量不应低于 75%。海边及严重酸雨地区，可采用三道或四道氟碳树脂涂层，其厚度应大于 40μm；其他地区，可采用两道氟碳树脂涂层，其厚度应大于 25μm。

⑥ 铝合金面材的厚度

A. 铝合金单板：厚度不应小于 2.5mm；

B. 铝塑复合板：铝塑复合板的上、下两层铝合金板的厚度均为 0.5mm，中间填以 3～

6mm 的聚乙烯材料，总厚度不应小于 4mm；

C. 蜂窝铝板：蜂窝铝板由正面应采用 1mm 的铝合金板、背面采用 0.5～0.8mm 的铝合金板及中间的蜂窝铝板（纸蜂窝、玻璃钢蜂窝）组成，总厚度为 10mm、12mm、15mm、20mm、25mm。

（3）金属幕墙的连接

金属幕墙通过龙骨安装、焊接、黏结等方法与结构连接。

金属幕墙的连接见图 4-66。

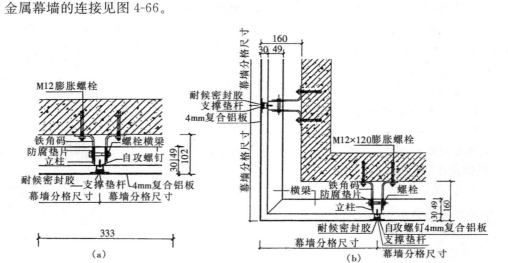

图 4-66　铝塑复合板构造节点

（a）水平节点大样；（b）转角节点大样

3）石材幕墙的构造

（1）石材幕墙的构造特点

石材幕墙属于有基层墙体的幕墙，是将幕墙石材固定于基层墙体上的构造做法。

（2）石材幕墙的材料

① 石材幕墙宜采用火成岩（花岗石），石材吸水率应小于 0.8%；

② 用于石材幕墙的抛光花岗石板的厚度应为 25mm，火烧石板的厚度应比抛光石板的厚度厚 3mm；

③ 单块石板的面积不宜大于 1.50m²。

（3）石材幕墙的连接

① 钢销式连接

钢销式安装可以在非抗震设计或 6 度、7 度的抗震设计的幕墙中采用，幕墙高度不宜高于 20m，石板面积不宜大于 1.00m²。钢销和连接板应采用不锈钢。连接板截面尺寸不宜小于 40mm×4mm（图 4-67）。

② 通槽式连接

通槽式连接的石板通槽厚度宜为 6～7mm，不锈钢支撑板厚度不宜小于 3mm，铝合金支撑板厚度不

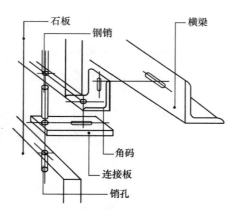

图 4-67　钢销式石材幕墙构造连接

宜小于 4mm（图 4-68）。

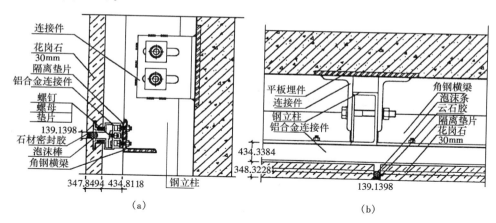

图 4-68　通槽式石材幕墙构造连接
（a）垂直节点；（b）水平节点

③ 短槽式连接

短槽式连接应在每块板的上下两端各设宽度为 6～7mm、深度不小于 15mm 的短槽。不锈钢支撑板厚度不宜小于 3mm，铝合金支撑板厚度不宜小于 4mm。弧形槽的有效长度不应小于 80mm（图 4-69）。

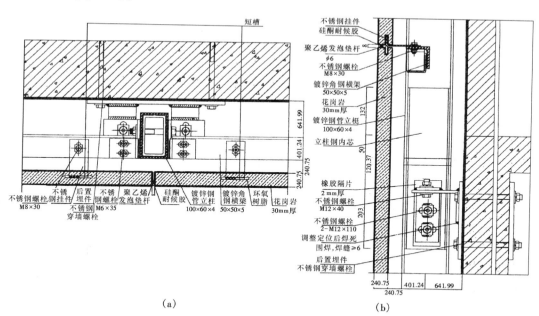

图 4-69　短槽式石材幕墙构造连接
（a）水平节点；（b）垂直节点

4）人造板材幕墙的构造

《人造板材幕墙工程技术规范》JGJ 336—2016 规定：（摘编）

（1）定义

人造板材幕墙指的是面板材料为人造板材的建筑幕墙，属于在墙体的外表面进行装修的做法。包括以下类型：

① 瓷板幕墙：建筑幕墙采用瓷板为面板的人造板材幕墙。

② 陶板幕墙：建筑幕墙采用陶板为面板的人造板材幕墙。

③ 微晶玻璃板幕墙：建筑装饰采用微晶玻璃板为面板的人造板材幕墙。

④ 石材蜂窝板幕墙：建筑装饰采用石材蜂窝复合板为面板的人造板材幕墙。

⑤ 木纤维板幕墙：建筑幕墙采用高压热固化木纤维板为面板的人造板材幕墙。

⑥ 纤维水泥板幕墙：建筑幕墙采用高密度无石棉纤维水泥板为面板的人造板材幕墙。

（2）应用范围

人造板材幕墙适用于地震区和抗震设防烈度不大于 8 度地区的民用建筑外墙。应用高度不宜大于 100m。

（3）燃烧性能等级

① 幕墙支承构件和连接件材料的燃烧性能应为 A 级。

② 幕墙用面板材料的燃烧性能，当建筑高度大于 50m 时应为 A 级；当建筑高度不大于 50m 时不应低于 B_1 级。

③ 幕墙用保温材料的燃烧性能应为 A 级。

（4）建筑设计的有关问题

① 一般规定

A. 幕墙的立面分格设计应考虑面板材料适宜的规格尺寸。瓷板、微晶玻璃和纤维水泥板幕墙的单块面板的面积不宜大于 1.50m²。石材蜂窝板单边边长不宜大于 2.00m，单块最大面积不宜大于 2.00m²。

B. 幕墙开启窗的大小、数量、位置及外观应满足立面效果和使用功能的要求。

C. 高层建筑的幕墙宜设置清洗设备配套装置，并便于操作。

② 面板接缝

A. 接缝类型

a. 封闭式幕墙板缝：幕墙板块之间缝隙采取密封措施，包括注胶封闭式幕墙板缝和胶条封闭式幕墙板缝两种。

b. 开放式幕墙板缝：幕墙板块之间缝隙不采取密封措施的幕墙面板接缝，包括开缝式和遮挡式（搭接遮挡、嵌条遮挡）两种。

B. 面板接缝设计

a. 幕墙的面板接缝应能够适应由于风荷载、地震作用和温度变化以及自重作用而产生的面板相对位移。

b. 幕墙面板接缝设计应根据建筑装饰效果和面板材料特性确定，并应符合下列规定：

（a）瓷板、微晶玻璃幕墙可采用封闭式或开放式板缝；

（b）石材蜂窝板幕墙宜采用封闭式板缝，也可采用开放式板缝；

（c）陶板、纤维水泥板幕墙宜采用开放式板缝，也可采用封闭式板缝；

（d）木纤维板幕墙应采用开放式板缝。

c. 封闭式幕墙板缝的构造要求

（a）注胶封闭式的胶缝宽度不宜小于 6mm，密封胶与面板的黏结厚度不宜小于 6mm；

板缝底部宜采用衬垫材料填充，防止密封胶三面黏结；

（b）胶条封闭式幕墙，面板之间"十字"接头部位的纵、横密封胶条交叉处应采取防水密封措施；

（c）封闭式石材蜂窝板面板接缝宜采用注胶密封处理。

d. 开放式幕墙板缝的构造要求

（a）开缝式：板缝宽度不宜小于 6mm，瓷板、微晶玻璃板、陶板等脆性材料的面板接缝应由计算确定；面板后部空间应防止积水并采取有效排水措施。

（b）遮挡式：

※ 搭接遮挡式的面板最小搭接宽度应满足防渗要求，防止雨水大量渗入幕墙内部；背部空间应防止积水，并采取有效排水措施；

※ 嵌条遮挡式的面板与嵌条之间应预留一定的空隙；

※ 竖向板缝采用嵌条遮挡式的幕墙，其水平方向板缝宜采用开缝式或搭接式；

※ 竖向和水平方向板缝均采用嵌条遮挡式的幕墙，应在该幅幕墙的底部和顶部设置一定通风面积的进风口和出风口，应形成有效的背部通风空间；

※ 面板背面有保温材料时，应有防水、防潮和保持通风的措施；

※ 封闭式石材蜂窝板面板接缝采用开放式时，石材蜂窝板边缘应采取封边防水等断面保护措施，黏结层不得外露。

③ 构造设计

A. 采用封闭式板缝设计的幕墙，板缝密封采用注胶封闭时宜设水蒸气透气孔，采用胶条封闭时应有渗漏雨水的排水措施；采用开放式板缝设计的幕墙，面板后部应设计防水层。

B. 开放式幕墙宜在面板的后部空间设置防水构造，或者在幕墙后部的其他墙体上设置防水层，并宜设置可靠的导排水系统和采取通风除湿构造措施。面板与其背部墙体外表面的最小间距不宜小于 20mm，防水构造及内部支承金属结构应采用耐候性好的材料制作，并采取防腐措施。寒冷及严寒地区的开放式人造板材幕墙，应采取防止积水、积冰和防止幕墙结构及面板冻胀损坏的措施。

C. 幕墙的保温构造设计应符合下列规定：

a. 当幕墙设置保温层时，保温材料的厚度应符合设计要求，保温材料应采取可靠措施固定。

b. 在严寒和寒冷地区，保温层靠近室内的一侧应设置隔汽层，隔汽层应完整、密封，穿透保温层、隔汽层处的支承连接部位应采取密封措施。

c. 幕墙与周边墙体、门窗的接缝以及变形缝等应进行保温设计，在严寒、寒冷地区，保温构造应进行防结露验算。

d. 有雨篷、压顶以及其他凸出结构时，应完善其结合部位的防水构造设计。

e. 幕墙与主体结构变形缝相对应的构造缝，应能够适应主体结构的变形要求，构造缝可采用柔性连接装置或设计易修复的构造。幕墙面板不宜跨越主体结构的变形缝。

f. 幕墙构件之间的连接构造应采取措施，适应构件之间产生的相对位移和防止产生摩擦噪声。

g. 幕墙中不同种类金属材料的直接接触处，应设置绝缘垫片或采取其他有效的防止双金属腐蚀措施。

D. 防火设计

a. 幕墙的防火设计，人造板材幕墙的耐火极限，人造板材幕墙与楼板、隔墙处的建筑缝隙封堵均应符合《建筑设计防火规范》GB 50016—2014（2018 年版）的有关规定。

b. 幕墙与楼板、防火分区隔墙间的缝隙采用岩棉或矿渣棉封堵时，其填充厚度不应小于 100mm；其支撑材料应采用厚度不低于 1.5mm 的镀锌钢板或厚度不小于 10mm 的不燃无机复合板。

E. 面板的连接

a. 瓷板、微晶玻璃板宜采用短挂件连接、通长挂件连接和背栓连接；

b. 陶板宜采用短挂件连接，也可采用通长挂件连接；

c. 纤维水泥板宜采用穿透支承连接或背栓支承连接，也可采用通长挂件连接。穿透连接的基板厚度不应小于 8mm，背栓连接的基板厚度不应小于 12mm，通长挂件连接的基板厚度不应小于 15mm；

d. 石材蜂窝板宜通过板材背面预置螺母连接；

e. 木纤维板宜采用末端为刮削式（SC）的螺钉连接或背栓连接，也可采用穿透连接。采用穿透连接的板材厚度不应小于 6mm，采用背面连接或背栓连接的木纤维板厚度不应小于 8mm。

5. 建筑幕墙的擦窗设备

为解决高层建筑的建筑幕墙维修和擦窗问题，应设置擦窗设备。擦窗机一般由主机和吊笼两部分构成。

1）主楼擦窗机

（1）主机沿位于屋顶的轨道上运行，主机可以做 360°旋转，机身上方设有两根摇臂以缆绳吊动吊笼升降（图 4-70）。

（2）吊笼一般可容纳 1～2 人操作，操纵室应设有对讲机，以便于与主机联系（图 4-71）。

（3）吊笼与墙体的固定方式

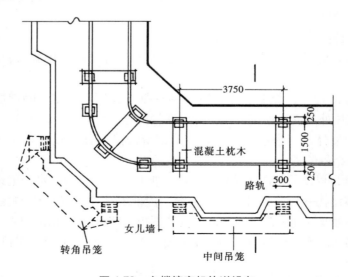

图 4-70　主楼擦窗机轨道设备

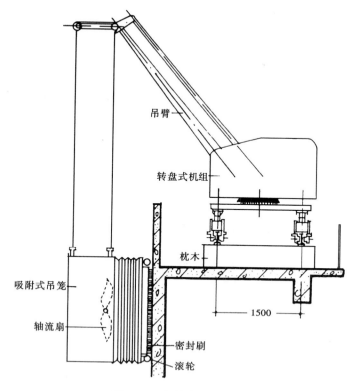

图 4-71　主楼擦窗机断面

① 轨道式：吊笼沿轨道运行是常用的做法。擦窗机轨道安装见图 4-72。

图 4-72　擦窗机轨道安装

② 吸附式：每个吊笼有两个吸附吸盘，吸附在外墙或玻璃上。吸附处是一个松软的尼龙刷。需要吸附时，将位于尼龙刷后面的排气扇打开，抽出空气使吸附部分形成真空，从而使吊笼牢牢地吸附在外墙上。当需要移位时，将轴流风扇反向打开，吸入空气，吸盘自动脱离墙面。建筑立面要求较高的高层建筑多采用此种做法。

2）裙楼擦窗机

擦窗机主机沿女儿墙上下两根轨道运行，摇臂带动吊笼上下升降。

3）旋转餐厅擦窗机

擦窗机主机沿外墙上下环形不锈钢轨道运行，电动开关自动操控（图 4-73）。

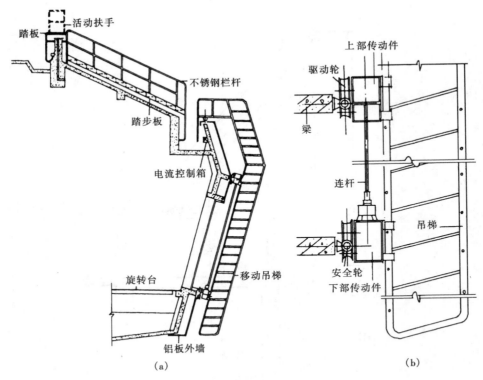

图 4-73　擦窗机轨道安装

（a）旋转餐厅外墙擦窗机断面；（b）吊梯立面

复 习 思 考 题

1. 简述高层建筑的高度界限要求
2. 简述高层建筑的应用范围
3. 简述高层建筑的平面形式与体形选择
4. 简述高层建筑的结构选型要求
5. 简述高层建筑的基础与地下室要求
6. 简述高层建筑的室内楼梯要求
7. 简述高层建筑的室外楼梯要求
8. 简述高层建筑的楼板层构造要求
9. 简述高层建筑的外墙构造要求
10. 简述玻璃幕墙的构造与选用要求
11. 简述金属幕墙的构造与选用要求
12. 简述石材幕墙的构造与选用要求
13. 简述人造板材幕墙的构造与选用要求

第五章 建筑工业化和装配式混凝土建筑

第一节 建筑工业化

一、建筑工业化的概念

1. 建筑工业化的含义

由于各国的社会制度、经济能力、资源条件、自然状况和传统习惯不同，各国建筑工业化所走的道路也不尽相同，对建筑工业化的理解也不尽相同。

1974 年联合国经济事务部对建筑工业化的解释如下：在建筑上应用现代工业的组织和生产方法，用机械化进行大批量生产和流水作业。

1978 年我国提出："建筑工业化，就是用大工业的生产方法来建造工业与民用建筑。针对某一类房屋，采用统一的结构形式，成套的标准构件，运用先进的工艺，按专业分工，集中在工厂进行均衡的连续的大批量生产，在现场包括混凝土浇筑和装修工程采用机械化施工，使建筑业从分散的、落后的、手工业的生产方式转移到大工业生产的轨道上来，从根本上来一个全面的技术改造"。

建筑工业化包括以下 4 项内容：

1）设计标准化

设计标准化包括构件定型和房屋定型两大部分。

（1）构件定型：又称为"通用体系"，它主要是将房屋的主要构件（代号"G"）、配件（代号"J"）按模数要求配套生产，从而提高构件、配件自身的互换性。

（2）房屋定型：又称为"专用体系"，它主要是将各类不同的房屋进行定型，做成标准设计。

（3）设计规范（标准）定型：当前执行的规范（标准）定型文件有国家规范（代号为"GB"）、行业标准（代号为"JGJ"、"CJJ"、"JG"）等。

2）构件工厂化

构件工厂化是建立完整的预制加工企业，形成施工现场的技术能力，提高建筑物的施工速度。目前预制加工企业有预制构件厂、混凝土搅拌厂、门窗加工厂、钢筋加工厂、模板制作厂等。

3）施工机械化

施工机械化是建筑工业化的核心。施工机械应注意标准化、通用化、系列化，既注意发展大型机械（如塔式起重机），也注意发展中小型机械（如钢筋切断机、焊接机等）。

4）管理科学化

现代工业生产的组织管理是一门科学，如计算管理、网络监控等方面。

2. 实现建筑工业化的途径

1）发展预制装配化结构

这条途径是在加工厂生产预制构件、将构件运至施工现场、再用各类机械进行吊装形成的预制装配化结构。这种做法的优点是：生产效率高、构件连接好、受季节影响小、可以均衡生产。但构件的预制和运输是关键。发展预制装配化结构包括以下类型：

（1）砌块建筑

砌块建筑是装配式建筑的初期阶段。具有适应性强、生产工艺简单、技术效果良好、造价低等特点。砌块应就地取材或利用工业废料，如粉煤灰、煤矸石、炉渣、矿渣、加气混凝土等。砌块按质量分为小型砌块（20kg以下）、中型砌块（20～350kg之间）和大型砌块（350kg以上）。

（2）大板建筑

大板建筑是装配式建筑的主导做法。它是将墙体、楼板等构件制作成预制板，在施工现场进行拼装，形成不同类型的建筑。我国北方地区（如北京、沈阳）以实心混凝土大板为主；我国南方地区（如南宁地区）则以空心混凝土大板为主。

（3）预制框架建筑

预制框架建筑可以采用钢材或钢筋混凝土制作。特点是柱、梁、板组成的骨架是承重结构，外墙属于围护结构、内墙属于分隔结构，两者均属于非承重构件。墙体材料多选用轻质材料，可以采用焦砟空心砖、加气混凝土、镀锌薄钢板、轻质铝板等。框架建筑的最大特点是承重与围护分开、抗震性能好、布局灵活、容易获得大开间等特点，因而应用较为广泛。

（4）盒子建筑

盒子建筑是装配式建筑的高级阶段。它是以"间"为单位进行预制，分为六面体盒子、五面体盒子、四面体盒子。材料可以采用钢筋混凝土、铝材、木材、塑料等制作。我国推行的"轻型模块化钢结构组合房屋"就属于盒子结构的房屋。

2）发展工具式模板现浇与预制相结合的体系

这条途径的承重墙、楼板（屋顶板）采用大型模板、台形模板、滑升模板、隧道模等现场浇筑，其他小型构件可以采用预制构件。这种做法的优点是生产基地减小、适应面广、结构整体性好，但施工周期较长。发展工具式模板现浇与预制相结合的体系包括以下类型：

（1）大模板建筑

大模板建筑的内墙必须采用钢筋混凝土现场浇筑，外墙可以采用预制板、砌筑砖墙或现浇混凝土制作。这种建筑的优点是抗震性能好、造价低；缺点是用钢量多、模板的损耗较大。上海市推广的"一模三板"就属于大模板建筑。其中："一模"即大模板浇筑内墙；"三板"即预制外墙板、轻质隔墙板、整间大楼板。

（2）滑升模板建筑

滑升模板建筑是边浇筑混凝土，边提升模板的统称。可以建造高层住宅，也可以建造烟囱、水塔等构筑物。特点是工程质量高、劳动强度低、整体性强等。缺点是需要配置成套的设备，一次性投资较大。

（3）隧道模建筑

隧道模建筑是采用一种特制的三面"Ⅱ"形模板，拼装、对接后可同时浇筑墙体和楼板。隧道模的整体性极强，可以用来建造住宅或公共建筑。

（4）升板升层建筑

升板升层建筑的特点是先立柱子，然后在柱子空间叠浇楼板和屋顶板，通过特制的提升设备将楼板及屋顶板提升。只提升楼板的称为"升板";在提升楼板前,将屋顶板上的女儿墙砌好或楼板上的墙体砌好,将板及墙体同时提升称为"升层"。这种建筑施工时占地很少,其他建筑机械用量也相对不多。

二、装配式大板建筑

图5-1所示为大板建筑的剖面详图,图中可以看到大板建筑的构成。

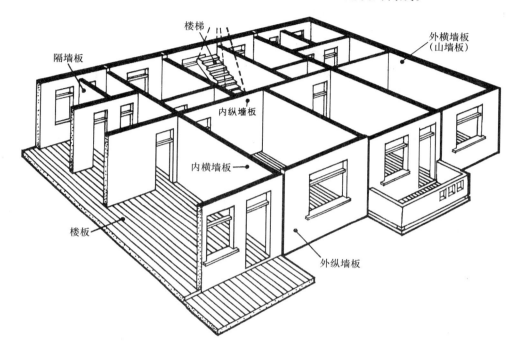

图5-1 大板建筑的构成

1. 装配式大板建筑的定义

大板建筑是大楼板、大墙板和大屋顶板的统称。特点是除基础外,地上的全部构件、配件均为预制构件和预制配件,通过装配整体式节点连接而建成的建筑。大板建筑的构件主要有内墙板、外墙板、楼板、楼梯、挑檐板和其他主要构件。

2. 装配式大板建筑的主要构件

1) 外墙板

横墙承重下的外墙板是只承自重,不承外重的墙板。外墙板中的纵向墙板除满足自身的质量外,满足保温、隔热、防风雨等维护要求和立面的装饰作用。外墙板中的横向墙板(山墙板)应具有承重、保温、隔热、防风雨和立面装饰作用。

墙板的材料可以是单一材料或复合材料。采用复合材料时,应包括以下构造层次:

(1)承重层:复合墙板的支承结构。它在墙板的内侧,这样可以减少水蒸气对墙板的渗透,从而减少墙板内部的凝结水。一般选用普通的钢筋混凝土、轻骨料混凝土和振动砖板制作。

(2)保温层:一般在复合板的中间夹层部位,保温材料可以选用高效能的无机或有机的、隔热与保温性能较好的材料做成。如加气混凝土、泡沫混凝土、聚苯乙烯泡沫塑料、蜂窝纸板等。静止的空气层同样具有保温隔热性能，亦可采用。

（3）装饰层：复合板的外层，主要起装饰、保护和防水作用。装饰层的做法很多，经常采用的有水刷石、干粘石、釉面砖、陶瓷锦砖等。也可以采用衬模反打，使混凝土墙板表面具有各种纹理、质感，还可以采用 V 形、山字形、波纹性和曲线形的塑料板和金属板饰面。

外墙面的顶部应有吊环，下部应有混凝土浇筑孔，侧边应留有键槽和环形筋。图 5-2 所示为一般位置外墙板；图 5-3 所示为阳台处外墙板。

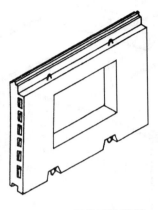 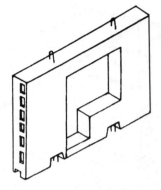

图 5-2　一般位置外墙板　　　　图 5-3　阳台处外墙板

2）内墙板

横向内墙板是建筑物的主要承重构件，要求有足够的强度，以满足承重的要求。内墙板应具有足够的厚度，以保证楼板的搭接长度和现浇的加筋板缝需要的宽度。墙板一般采用单一材料的实心板，如钢筋混凝土板、粉煤灰矿渣混凝土板、振动烧结普通砖板等。

纵向内墙板是非承重构件，不承担楼板荷载。但应具有一定的强度和刚度。在与横向内墙相连起主要的纵向刚度保障作用，图 5-4 所示为内墙板的外观。

3）隔墙板

隔墙板主要用于建筑物内部房间的分隔，是非承重构件。为了减轻自重，提高隔声效果和防火、防潮性能，可选用钢筋混凝土薄板、加气混凝土薄板、碳化石灰板、石膏板等，图 5-5 所示为隔墙板的外观。

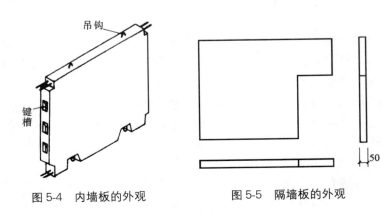

图 5-4　内墙板的外观　　　　　图 5-5　隔墙板的外观

4）楼板

楼板可以采用钢筋混凝土空心板进行拼装，也可采用整块的钢筋混凝土实心板。北京地区一般采用110mm的实心板，在板的四周留有"胡子筋"，安装时与对面板的胡子筋进行焊接。

在地震区，楼板与楼板之间、楼板与墙板之间的接缝，应利用楼板四角的连接钢筋与吊环互相焊接并与竖向插筋锚接。此外，楼板的四边应预留缺口及连接钢筋，并与墙板的预埋钢筋互相连接后，浇筑混凝土。

连接钢筋的锚固长度应不小于纵向钢筋的30倍直径，坐浆的强度等级不应低于M10，灌注用细石混凝土的强度等级不应低于C15，也不应低于墙板混凝土的强度等级。

楼板在承重墙上的设计搁置长度不应小于60mm；地震区楼板的非承重边应伸入墙内不小于30mm。图5-6所示为实心大楼板的详图。

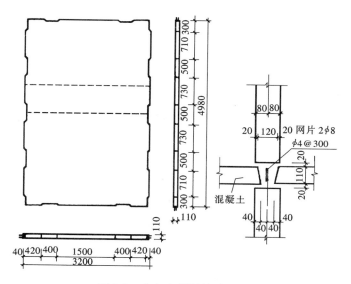

图5-6　实心大楼板的详图

5）阳台板

阳台板一般采用槽形板，两个肋边的挑出部分压入墙内，并与楼板预埋件焊接，然后浇筑混凝土。阳台上的栏杆或栏板亦可以制作成预制件，在现场焊接。

阳台板也可采用由楼板挑出的做法，成为楼板的向外延伸部分（图5-7）。

6）楼梯构件

楼梯分成楼梯段和休息板（休息平台）两大部分。

休息板与墙板之间必须有可靠的连接，平台的横梁预留搁置长度不宜小于100mm。常用的做法是在墙上预留洞槽或挑出牛腿支承楼梯平台（图5-8）。

7）屋面板和挑檐板

屋面板一般与楼板的做法相同。多采用预制钢筋混凝土整间大楼板。

挑檐板一般采用钢筋混凝土预制构件，其挑出尺寸应在500mm以内（图5-9）。

8）烟风道

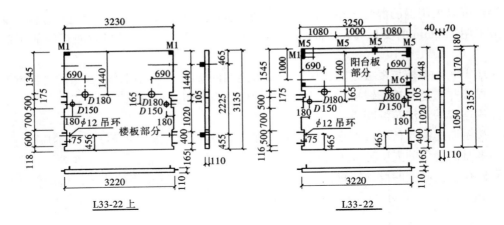

图 5-7　楼板外伸之阳台板详图

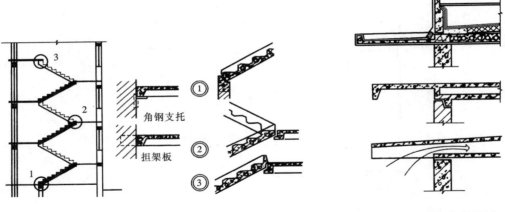

图 5-8　楼梯构造详图　　　　　　　图 5-9　屋面板与挑檐板

　　烟风道一般为钢筋混凝土或水泥石棉板制作的筒装构件。一般一层为一节,在楼板处上下交接。交接处坐浆要严密,不得窜烟漏气。出屋顶后应砌筑排烟口并用预制钢筋混凝土板块作压顶(图 5-10)。

　　3. 装配式大板建筑的节点构造

　　节点设计合理和施工方便是大板建筑的一个关键问题。节点应满足强度、刚度、延性、抗腐蚀、防水、保温等要求。采用的方法是否方便施工亦应引起重视。

　　1) 焊接

　　焊接又称为"整体式连接"。它是通过构件上的预留铁件、通过连接钢板或钢筋焊接而成。属于"干接头"做法。这种做法的优点是施工简单、速度快、养护时间少。缺点是局部应力集中、容易锈蚀、对预埋件的要求精度高、位置必须准确,但耗钢量较大(图 5-11)。

　　2) 混凝土整体连接

　　构件是装配的、节点是整浇的,是混凝土整体连接的最大特点。这种做法属于"湿接

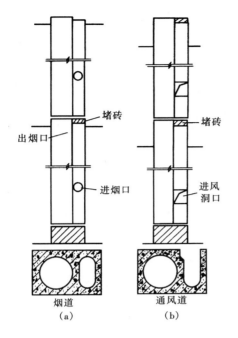

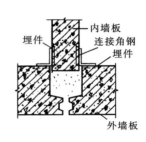

图 5-10　烟风道　　　　　　　图 5-11　焊接连接节点

头"做法。这种做法的优点是刚度好、强度大、整体性强、耐腐蚀性能好。缺点是施工工序多、操作复杂、养护时间长、浇筑后不能立即加载（图 5-12）。

3）螺栓连接

螺栓连接属于"装配式接头"，是靠构件制作时预埋的铁件，用螺栓连接而成。这种做法不太适应变形，多用于围护结构的墙板和承重墙板的连接。螺栓连接要求精度高，位置准确（图 5-13）。

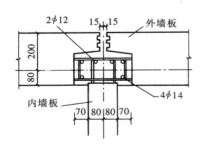

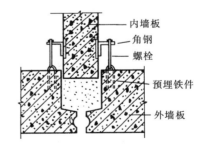

图 5-12　混凝土整体连接节点　　　　图 5-13　螺栓连接节点

4. 装配式大板建筑的板缝处理

大板建筑的外墙连接，是材料干缩、温度变形和施工误差的集中点。施工处理应当根据当地气温变化、风雨条件、湿度状况做到满足防水、保温、耐久、经济、美观和便于施工等要求。

1）防水处理

335

在墙板四边设置滴水线或挡水台凹槽，利用水的重力作用排除雨水，切断连接的毛细管通路，达到防水效果。

外墙板的接缝包括水平缝和垂直缝。接缝要求紧密，防止"热桥"现象出现。

（1）水平缝

水平缝的类型见图5-14。

上下墙板之间的水平缝，一般多采用水泥砂浆勾缝。由于温度的变化会导致裂缝，若产生通缝，会导致渗漏。因而在工程中多做成"高低缝"或"企口缝"。

① 高低缝：上下墙板互相咬口，构成"高低缝"。下板前端应做成斜坡状，以利于排除雨水（图5-15）。

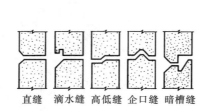

图5-14 水平缝的类型

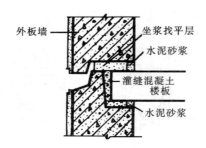

图5-15 高低缝的构造

② 企口缝：上下墙板做成"企口状"，中间为空腔（图5-16）。

水平缝不论采用哪种做法，都必须注意以下三点：

① 墙板与楼板（屋面板、基础）之间的水平接缝必须坐浆。

② 地震区各墙板的水平缝内应至少设一个销键，其做法可将墙板、楼板（屋面板、基础）预留缺口处的吊环或预埋钢筋互相焊接，并浇筑混凝土或做其他抗剪措施。

③ 水平缝还应嵌入保温条，然后在外侧勾抹防水砂浆（图5-17）。

图5-16 企口缝的构造

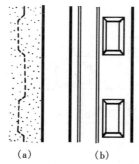

图5-17 销键的做法

（a）板面装修；（b）板侧销槽

（2）垂直缝

垂直缝的类型见图5-18。

① 垂直防水：构造简单，必须采用水泥砂浆勾缝，以避免漏水。

② 空腔防水：在板侧的前壁，两立槽之间插入塑料挡水板，板的外侧勾抹水泥砂浆（图 5-19）。

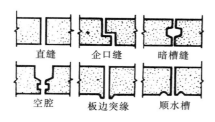

图 5-18　垂直缝的类型

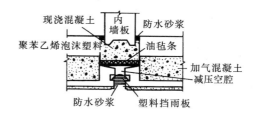

图 5-19　空腔防水

2）保温处理

保温处理的热工问题是防止在节点处出现结露。消除"热桥"和阻止空气渗透是关键。节点处的空腔既可防水，又能保温。节点处的防水材料应以防水砂浆为主；保温材料以聚苯乙烯泡沫塑料为最佳选择（图 5-20）。

三、大模板建筑

图 5-21 所示为大模板建筑的剖面详图，图中可以看到大模板建筑的构成。

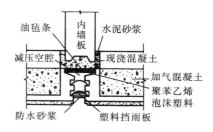

图 5-20　节点保温处理

1. 大模板建筑的定义

大模板建筑的内墙采用工具式大模板现场浇筑钢筋混凝土板墙（非抗震设防区可采用混凝土墙），外墙可以采用预制钢筋混凝土墙板（俗称"外板内模"）、现砌砖墙（俗称"外砖内模"）和现浇钢筋混凝土（俗称"外浇内浇"）。

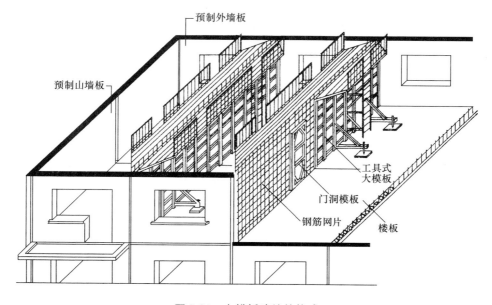

图 5-21　大模板建筑的构成

大模板建筑在结构上属于剪力墙体系。剪力属于水平力，地震力是最大的水平力。大模板建筑在住宅平面布置时采用小开间、横墙承重、纵墙拉通、横墙对正的做法，对抗震极为有利。

大模板建筑的模板多采用钢材制作，有平模、筒模等类型。

2. 大模板建筑的分类

1）现浇与预制相结合

内墙采用现场浇筑钢筋混凝土，外墙采用预制钢筋混凝土墙板。俗称"外板内模"或"内浇外挂"。这种做法可以建造多层住宅或高层住宅。

2）现浇与砌砖相结合

内墙采用现场浇筑钢筋混凝土，外墙采用现砌砖墙。俗称"外砖内模"或"内浇外砌"。这种做法可以建造多层住宅。

3）全现浇

内墙和外墙均采用现场浇筑钢筋混凝土。俗称"全现浇"或"内浇外浇"。这种做法可以建造高层住宅。

3. 大模板建筑的主要构件

这里以现浇与预制相结合（外板内模）为重点，概要介绍构件的特点。

1）内墙板

现场浇筑，内横墙厚度一般为 160mm，内纵墙厚度一般为 180mm。内放 $\phi6\sim\phi8$、间距为 200mm 的双向钢筋网片，采用强度等级为 C20 的混凝土浇筑。

2）外墙板

在加工厂预制，可以采用单一材料（如陶粒混凝土）或复合材料（如采用岩棉填芯、两侧为钢筋混凝土的复合板材）。厚度为 280～300mm。

3）楼板

在加工厂预制，可以采用 130mm 的预应力短向圆孔板或 110mm 的双向预应力实心大板。

4）楼梯构件

高层大模板建筑的楼梯有"双跑"和"单跑"，其组成包括楼梯段、楼梯梁、休息板等。休息板一般采用"担架"形，插入墙板中的预留孔内（图 5-22）。

5）阳台板

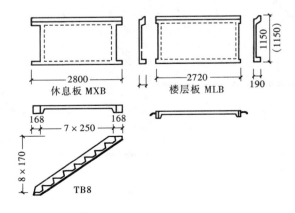

图 5-22　大模板建筑的楼梯构件

加工场预制，呈"正槽形"。挑出墙板外皮 1160mm，压墙尺寸为 100mm（图 5-23）。

6）通道板

加工场预制，呈"反槽形"。挑出墙板外皮 1300mm，压墙尺寸为 100mm（图 5-24）。

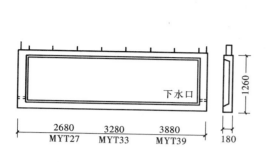

图 5-23 大模板建筑的阳台板

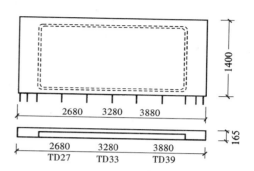

图 5-24 大模板建筑的通道板

7）女儿墙板

加工厂预制，它是一种不带门窗的小型外墙板。其高度为 1500mm（图 5-25）。

8）隔墙

一般采用 50mm 的钢筋混凝土板墙，可以在加工厂预制或现场制作。

4. 大模板建筑的节点连接

1）结构连接

（1）外墙板间或内外墙板交接处应设置构造柱，构造柱的配筋，一般部位的主筋为 4φ12，边角部位的主筋为 4φ14，箍筋为预制板侧边的环形筋。混凝土强度等级为 C20。

（2）楼板与外墙板交接处应设置圈梁，其配筋主筋为 4φ10，箍筋为 φ6，间距为 200mm。混凝土强度等级为 C20。

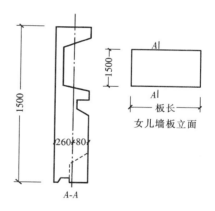

图 5-25 大模板建筑的女儿墙板

（3）楼板与内墙板交接处应保证搭接，最小搭接尺寸为 60mm。采用强度等级为 C20 混凝土进行浇筑。

2）建筑处理

（1）建筑处理包括板缝保温和板缝防水两大部分。

（2）板缝保温多采用聚苯乙烯泡沫塑料板材，现场插入节点中。

（3）板缝防水可以采用防水卷次、塑料条、防水砂浆等做法。一般在做好结构连接后做板缝防水。

四、其他工业化体系建筑

1. 台模

台模一般与大模板共同使用。它是在采用大模板浇筑的墙体达到规定强度时，拆去大模，放入台模。在台模上放置楼板钢筋网，浇筑楼板。这种做法又称为"飞模"（图 5-26）。

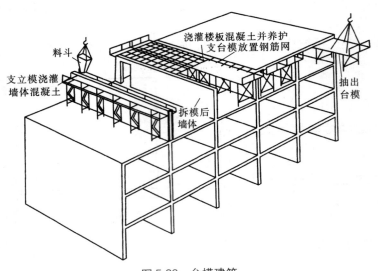

图 5-26　台模建筑

2. 隧道模

利用隧道模可以同时浇筑内墙与楼板，其模板呈"Π"形。拆模式应先抽出模板，再起吊至下一个流水段（图 5-27）。

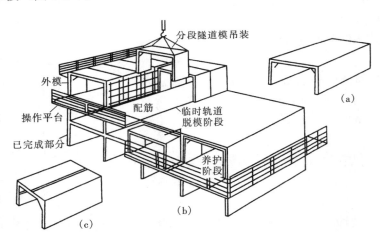

图 5-27　隧道模建筑

（a）整体隧道模；（b）施工现场；（c）拼装隧道模

3. 滑升模板

采用墙体内的钢筋作导杆，用油压千斤顶逐层提升模板，连续浇筑墙体的施工方法称滑升模板筋工。适用于简单的垂直形体、上下相同壁厚的建筑物。如烟囱、水塔、筒仓等构筑物和 25 层以下的建筑物（图 5-28）。

4. 升板升层

升板升层建筑是在房屋做完基础或底层地坪后，在底层地坪上重叠浇筑各层楼板和屋顶板，插立柱子，并以柱子为导杆，用提升设备逐层提升。只提升楼板的称为"升板"，连同楼板上墙体一同提升的叫作"升层"（图 5-29）。

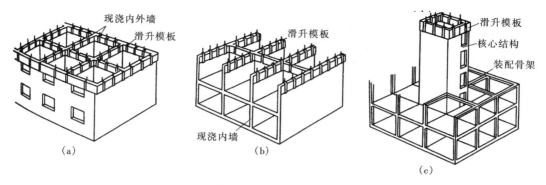

图 5-28　滑升模板建筑
（a）纵横墙滑升；（b）横墙滑升；（c）核心结构滑升

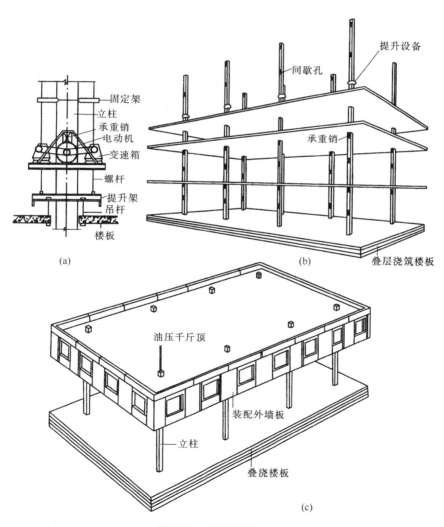

图 5-29　升层升板建筑
（a）设备构造；（b）升板；（c）升层

5. 盒子结构

指在加工厂预制的整间盒子拼装组合而成的建筑物。盒子有六面体、五面体、四面体等类型（图 5-30）。

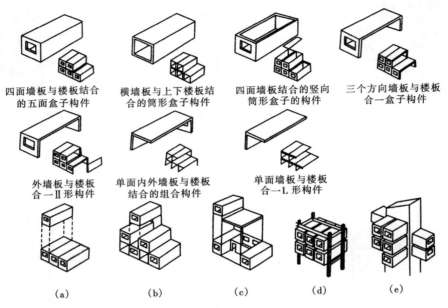

图 5-30　盒子结构建筑

（a）逐间拼装；（b）隔间拼装；（c）中间大厅两侧拼装；（d）框架中间拼装；（e）筒体周边拼装

第二节　装配式混凝土建筑

一、装配式混凝土建筑的特点

《装配式混凝土建筑技术标准》GB/T 51231—2016 指出：装配式混凝土建筑指的是结构系统、外围护系统、设备与管线系统、内装修系统的主要部分采用预制部件、预制部品通过集成设计方法而建成的建筑。当前重点在住宅建筑中进行推广。

1. 结构系统：结构构件统称为"部件"，在加工厂或施工现场预先制作完成，通过可靠的连接方法装配而成，以承受或传递荷载作用。

2. 外围护系统：外围护系统由统称为"部品"的元件组装而成，包括建筑外墙、屋面、外门窗等单一产品或复合产品。

3. 设备与管线系统：由给水排水、供暖、通风、空调、电气、智能化、燃气等设备与管线组合而成。

4. 内装修系统：由楼地面、墙面、轻质隔墙、吊顶、内门窗、厨房和卫生间等组合而成。

二、装配式混凝土建筑的应用

1. 装配式混凝土高层建筑

1）结构类型

装配式混凝土高层建筑的类型有装配整体式框架结构、装配整体式框架-现浇剪力墙结构、装配整体式框架-现浇核心筒结构、装配整体式剪力墙结构、装配整体式部分框支剪力墙结构等5种。（注：装配整体式指的是构件是预制的，采用装配的方法连接，节点处采用浇筑混凝土而建成的结构）

2）最大应用高度（表5-1）

表5-1　最大应用高度（m）

结构类型	抗震设防烈度			
	6度	7度	8度（0.20g）	8度（0.30g）
装配整体式框架结构	60	50	40	30
装配整体式框架-现浇剪力墙结构	130	120	100	80
装配整体式框架-现浇核心筒结构	150	130	100	90
装配整体式剪力墙结构	150（120）	110（100）	90（80）	70（60）
装配整体式部分框支剪力墙结构	110（100）	90（80）	70（60）	40（30）

注：1. 房屋高度指室外地面到主要屋面的高度，不包括局部突出屋面的部分；

　　2. 部分框支剪力墙结构指地面以上有部分框支剪力墙的剪力墙结构，不包括仅个别框支墙的情况；

　　3. 括号内数字适用于装配整体式剪力墙结构和装配整体式部分框支剪力墙结构的预制剪力墙构件的底部总剪力大于该层总剪力的50%时。

2. 装配式混凝土多层建筑

1）结构类型

装配式混凝土多层建筑的结构类型有全部墙体采用预制墙板和部分墙体采用预制墙板两种类型。

2）最大层数和最大高度（表5-2）

表5-2　装配式混凝土多层建筑适用的最大层数和最大高度

设防烈度	6度	7度	8度（0.20g）
最大适用层数	9	8	7
最大适用高度（m）	28	24	21

三、装配式混凝土建筑的模数协调

1. 开间（柱距）、进深（跨度）、门窗洞口宽度等宜采用水平扩大模数数列 $2nM$、$3nM$（n 为自然数）。

2. 层高和门窗洞口高度等宜采用竖向扩大模数 nM。

3. 梁、柱、墙等部位的截面尺寸宜采用竖向扩大模数数列 nM。

4. 构造节点和部件的接口尺寸宜采用分模数数列 $nM/2$、$nM/5$、$nM/10$。

5. 定位宜采用中心定位法与界面定位法相结合的方法。对于部件的水平定位宜采用中心定位法，部件的竖向定位和部品的定位宜采用界面定位法。

四、装配式混凝土建筑的结构规定

1. 当设置地下室时，宜采用现浇混凝土；

2. 剪力墙结构和部分框支剪力墙结构底部加强部位宜采用现浇混凝土；

3. 框架结构的首层柱宜采用现浇混凝土；

4. 当底部加强部位的剪力墙、框架结构的首层柱采用预制混凝土时，应采取可靠技术措施。

五、装配式混凝土建筑的标准化设计

1. 设计组合

1）公共建筑应采用楼电梯、公共卫生间、公共管井、基本单元等模块进行组合设计。

2）住宅建筑应采用电梯、公共管井、集成式厨房、集成式卫生间等模块进行组合设计。

3）装配式混凝土建筑的部品、部件应采用标准化接口。

2. 建筑平面设计

1）应采用大开间、大进深、空间灵活可变的布置方式；

2）平面布置应规则，承重构件布置应上下对齐贯通，外墙洞口宜规整有序；

3）设备与管线宜集中设置，并应进行管线综合设计、

3. 建筑立面设计

1）外墙、阳台板、空调板、外窗、遮阳设施及装饰等部件宜进行标准化设计。

2）装配式混凝土建筑宜通过建筑体量、材质肌理、色彩等变化，形成丰富多样的立面效果。

3）混凝土建筑外墙的装饰面层宜采用清水混凝土、装饰混凝土、免抹灰涂料和反打面砖等耐久性强的建筑材料。

六、装配式混凝土建筑的外围护系统

装配式混凝土建筑的外围护系统包括预制外墙、现场组装骨架外墙、建筑幕墙、外门窗和屋面等部分。

1. 预制外墙

预制外墙可以采用整体预制混凝土条板、内叶和外叶为混凝土、芯材为保温材料的复合夹芯条板、蒸压加气混凝土板等做法。

1）预制外墙露明的金属支撑件及外墙板内侧与主体结构的调整间隙，应采用燃烧性能等级为 A 级的材料进行封堵，封堵构造的耐火极限不得低于墙体的耐火极限，封堵材料在耐火极限内不得开裂、脱落。

2）防火性能应按非承重外墙的要求执行，当夹芯保温材料的燃烧性能为 B_1 级或 B_2 级时，内、外叶墙板应采用不燃材料且厚度均不应小于 50mm。

3）板材饰面材料应采用耐久性好、不易污染的材料；当采用面砖时，应采用反打工艺（板面朝下的施工工艺）在工厂内完成，面砖应选择背面设有黏结后防止脱落措施的材料。

4）预制外墙接缝应符合下列规定：

（1）接缝位置宜与建筑立面分格相适应。

（2）竖缝宜采用平口或槽口构造，水平缝宜采用企口构造。

（3）当板缝空腔需设置导水管排水时，板缝内侧应增设密封构造。

（4）宜避免接缝跨越防火分区；当接缝跨越防火分区时，接缝室内侧应采用耐火材料封堵。

5）蒸压加气混凝土外墙板应符合下列规定：

（1）可采用拼装大板、横条板、竖条板的构造形式；

（2）当外围护系统需同时满足保温、隔热要求时，板厚应满足保温或隔热要求的较大值；

（3）可根据技术条件选择钩头螺栓法、滑动螺栓法、内置锚法、摇摆型工法等安装方式；

（4）外墙室外侧板及有防潮要求的外墙室内侧板面应用专用防水界面剂进行封闭处理。

2. 现场组装骨架外墙

1）金属骨架组合外墙应符合下列规定：

（1）金属骨架应设置有效的防腐蚀措施；

（2）骨架外部、中部和内部可分别设置防护层、隔离层、保温隔汽层和内饰层，并根据使用条件设置防水透气材料、空气间层、反射材料、结构蒙皮材料和隔汽材料等。

2）木骨架组合外墙应符合下列规定：

（1）材料种类、连接构造、板缝构造、内外面层做法等要求应符合现行国家标准的相关规定；

（2）木骨架组合外墙与主体结构之间应采用金属连接件进行连接；

（3）内侧墙面材料宜采用普通型、耐火型或防潮型纸面石膏板，外侧墙面材料宜采用防潮型纸面石膏板或水泥纤维板材等材料；

（4）保温隔热材料宜采用岩棉或玻璃棉等；

（5）隔声吸声材料宜采用岩棉、玻璃棉或石膏板材等；

（6）填充材料的燃烧性能等级应为 A 级。

3. 建筑幕墙

1）幕墙与主体结构的连接设计应符合下列规定：

（1）应具有适应主体结构层间变形的能力；

（2）主体结构中连接幕墙的预埋件、锚固件应能承受幕墙传递的荷载和作用，连接件与主体结构的锚固承载力设计值应大于连接件本身的承载力设计值。

2）玻璃幕墙、金属幕墙、石材幕墙、人造板材幕墙的设计均应符合相关规范的规定。

4. 外门窗

1）外门窗应采用在工厂生产的标准化系列部品，并应采用带有披水板等的外门窗配套系列部品。

2）外门窗应有可靠连接，门窗洞口与外门窗框接缝处的气密性能、水密性能和保温性能不应低于外门窗的规定标准。

3）预制外墙中的外门窗宜采用企口或预埋件等方法固定，外门窗可采用先装法或后装法设计，并应满足下列要求：

（1）采用先装法时，外门窗框应在工厂与预制外墙整体成型；

（2）采用后装法时，预制外墙的门窗洞口左右两侧（必要时洞口上部或上下部）应设置预埋件。

4）铝合金门窗及塑料门窗均应符合相关规范的规定。

5. 屋面

1）屋面应按屋面防水等级进行设防，并应具有良好的排水功能，宜采用有组织的排水系统。

2）太阳能系统应与屋面进行一体化设计。

3）采光顶与金属屋面的设计应符合规范的规定。

七、装配式混凝土建筑的内装修系统

1. 一般规定

1）装配式混凝土建筑的内装修设计应遵循标准化设计和模数协调的原则，宜采用建筑信息模型（BIM）技术与结构系统、外围护系统、设备管线系统进行一体化设计。

2）装配式混凝土建筑的内装修设计应满足内装部品的连接、检修更换和设备及管线使用年限的要求，宜采用管线分离。

3）装配式混凝土建筑宜采用工业化生产的集成化部品进行装配式装修。

4）装配式混凝土建筑的内装修部品与室内管线应与预制构件的深化设计紧密配合，预留接口位置应准确到位。

2. 内装修部品设计选型

1）装配式混凝土建筑应在建筑设计阶段对轻质隔墙系统、吊顶系统、楼地面系统、墙面系统、集成式厨房、集成式卫生间、内门窗等进行部品设计选型。

2）内装部品应与室内管线进行集成设计，并应满足干式工法的要求。

3）内装部品应具有通用性和互换性。

4）轻质隔墙系统设计应符合下列规定：

（1）宜结合室内管线的敷设进行构造设计，避免管线安装和维修更换对墙体造成破坏；

（2）应满足不同功能房间的隔声要求；

（3）应在吊挂空调、画框等部位设置加强板或采取其他可靠加固措施。

5）吊顶系统设计应满足室内净高的需求，并应符合下列规定：

（1）宜在预制楼板（梁）内预留吊顶、桥架、管线等安装所需预埋件；

（2）应在吊顶内设备管线集中部位设置检修口。

6）楼地面系统宜选用集成化部品系统，并应符合下列规定：

（1）楼地面系统的承载力应满足不同房间的使用要求；

（2）架空地板系统宜设置减震构造；

（3）架空地板系统的架空高度应根据管径尺寸、敷设路径、设置坡度等确定，并应设置检修口。

7）墙面系统宜选用具有高差调平作用的部品，并应与室内管线进行集成设计。

8）集成式厨房设计应符合下列规定：

（1）应合理设置洗涤池、灶具、操作台、排油烟机等设施，并预留厨房电气设施的位置和接口；

（2）应预留燃气热水器及排烟管道的安装及留孔条件；

（3）给水排水、燃气管线等应集中设置、合理定位，并在连接处设置检修口。

9）集成式卫生间设计应符合下列规定：

（1）宜采用干湿分离的布置方式；

（2）应综合考虑洗衣机、排气扇（管）、暖风机等的位置；

（3）应在给水排水、电气管线等连接处设置检修口；

（4）应做等电位连接。

复习思考题

1. 建筑工业化包含哪些内容？
2. 实现建筑工业化的途径有哪几条？
3. 简述大板建筑的构件划分与构造要点。
4. 简述大模板建筑的类型与构造要点。
5. 台模、隧道模、滑升模板有哪些特点？
6. 升板建筑与升层建筑有哪些区别？
7. 简述装配式混凝土建筑的构造要点。

第六章　民用建筑设计的基本知识

第一节　建筑设计前的准备工作

一、熟悉建筑设计任务书

建筑设计任务书一般包括以下内容：

1. 城市与乡镇规划管理部门的批准文件，基地范围及周边状况，规划部门对建筑设计的要求（如建筑层数、建筑高度）等。

2. 地质勘测部门提供的地质资料、水文资料、土层分布状况、土壤承载力数值、建议持力层的位置等。

3. 建设单位对拟建建筑物的功能要求、总建筑面积、房间数量及使用面积、总投资金额等。

二、熟悉与查找相关的原始数据

1. 气象资料与热工资料

所在地区的温度、湿度、日照、雨雪、风向、风速、冻结深度等。

2. 建筑基地的地形资料

建筑基地的地形特点、标高变化。

3. 建筑基地的水文地质资料

土壤承载力的大小、地下水位的高度、地面平整度等。

4. 水、电、煤气、网络、智能化等要求

基地周围的给水、排水、电源、煤气、热力、有线电视、网络、智能化等的布置与走向。

5. 抗震设防要求

地震管理部门提供的地震烈度、基本加速度、设计分组及设防要求等。

6. 设计规范与标准的要求

包括现行国家标准、现行行业标准及其他相关规定。

三、设计前的调查研究

1. 建筑物的使用要求

深入访问建设单位使用人员的需求，采访已建成的相同建筑物的优缺点和实际使用情况，寻找需改进和提高的地方，通过分析总结做到对所设计的建筑物的需求了如指掌。

2. 建筑材料供应及结构施工等技术条件

深入了解新设计建筑所在地的建筑材料供应情况（种类、规格、价格、运输状况等）、构件制作、门窗供应、施工条件和起重运输等条件，对结构选型、材料选用提供方便。

3. 建筑基地勘察资料

深入了解城市与乡镇规划部门对建筑基地的规划要求，进行基地勘察。从基地的地形、方位、面积、形状以及周围原有建筑、道路、绿化等因素，为总图设计提供方便。

4. 熟悉当地的生活习俗与建筑经验

深入了解建筑基地周围的居民生活习惯和民风民俗、原有建筑立面风格、建筑形象，为建筑体形和立面处理提供依据。

四、学习与熟悉建筑设计的方针政策

建筑设计应遵循"适用、经济、在可能的条件下注意美观"的设计方针。认真解决适用、经济、美观三者既关联又辩证的关系，灵活运用。

应深入学习相关的现行建筑设计规范、规定、标准。学习其中的具体规定，认真选用。当前执行的规范、规定，标准有国家标注、地方标准、特殊标准等。国家标准中又分为 GB（国家标准）、JGJ（行业标准）、CJJ（市政标准）、JC（建材标准）等。

第二节 建筑设计阶段的划分

建筑设计应根据建筑物的重要性、面积大小、功能繁简等确定。较复杂的建筑一般采用三段设计（初步设计、技术设计、施工图设计），简单、面积小的建筑可采用二段设计（扩大初步设计、施工图设计）。

建筑设计应由总图设计，建筑设计，结构设计，水、电、气、道路、网络、有线电视等设备设计及工程预算等部分组成。

一、三段设计

1. 初步（方案）设计：

初步（方案）设计一般由建筑专业担当，在已确定的基地范围内，遵照设计任务书的具体要求，依据设计规范的规定，综合处理建筑技术与建筑艺术的辩证关系，提出以下具体内容。

1）总平面图：应反映新建建筑物的具体位置、室外标高、道路走向、绿化种植和有关的文字说明。常用比例为 1：500（特殊时可采用 1：1000 或 1：2000）。

2）平面图（首层及相应楼层）：反映房间布置、交通设施布置、出入口布置等，房间布置不同时，应逐层绘制。若有相同布置的楼层，可采用标准层（标注不同楼层标高）的出图方式。

3）剖面图：包括横剖面和纵剖面两部分，主要反映层间高度和建筑物总高度。常用比例为 1：100（特殊时可采用 1：200）。

4）立面图：包括各个朝向的立面外观图。常用比例为 1：100（特殊时可采用 1：200）。

5）设计说明：说明设计意图、方案特点及主要技术经济指标等。

6）设计概算。

7）必要时应辅以建筑透视图或建筑模型。

2. 技术设计

在建筑专业提供的初步设计的基础上，建筑专业、结构专业、设备专业等结合本专业特点，解决相关的技术问题。

在技术设计时，各专业要相互协调、提供技术资料、提出本专业的技术要求、完善初步设计的不足，为绘制各专业的施工图奠定基础。

技术设计中建筑专业应将初步设计的内容进一步深化，选择材料、建筑配件等内容。结构专业应完成结构布置、选取结构材料等内容。设备专业应完成设备选择与布置、线路走向等内容。

各专业应提供相应的图纸和说明。

3. 施工图设计

施工图设计应在确定各专业的用料、主要尺寸后，绘制各专业的施工图纸（建筑专业包括总平面图，平、立、剖及详图；结构专业包括结构平面布置和相关节点；设备专业包括平面布置、线路走向和相关节点详图等以及设计说明；预算人员提供预算报价等内容）。其中：

（1）建筑专业：包括总平面图，各层平面图，主要剖面图，主要朝向立面图，楼梯间、外墙、装饰等节点详图。

2）结构专业：包括基础平面布置图、楼层结构平面布置图、现浇钢筋混凝土结构配筋图及其他详图等。

3）设备专业：包括各工种的平面布置图、线路走向图、详图等。

各专业的平面图常用比例为 1：100（特殊时可采用 1：200），节点详图常用比例为 1：20、1：10、1：5、1：2 和 1：1。

4）预算报价：由从事概算、预算的专门工作人员提出工程的总造价与单方（每 $1m^2$）造价。

二、两段设计

1. 扩大初步设计（简称"扩初"）：将初步设计与技术设计合并为扩大初步设计。

2. 施工图设计：设计要求与三段设计的要求一样。

3. 预算报价：由从事概算、预算的专门人员提出工程的总造价与单方（每 $1m^2$）造价。

第三节　建筑设计的依据

一、尺度

包括人体尺度和人体活动所需要的空间尺度。建筑物中的家具、设备的尺寸，建筑构配件中的踏步、窗台、门窗洞口、楼梯踏步的高度和宽度，以及建筑物的房间高度等都与人体的尺度有密切的关系。20 世纪 50 年代我国成年男子的平均高度为 1670mm，成年女子的平均高度为 1560mm。

人体的各种活动均需要有一定的空间尺度，其具体数值可参阅图 6-1 的规定。

二、家具、设备尺度与使用空间

进行房间布置时，应首先考虑有几件家具、设备，还应考虑每件家具及设备的基本尺寸及使用时所占用的空间。如办公室除办公桌外，还应有书柜（书架）、茶几、文件柜等家具；宿舍居室除安排床铺外，还应有组合柜、写字台等设备。教室除安排学生桌椅外，还应布置讲台（讲桌）等基本家具。

三、气象和地震资料

气象资料包括温度、湿度、日照、雨雪、风向、风速等内容。严寒及寒冷地区应重点考虑采暖和保温问题；夏热冬冷地区应重点考虑保温、隔热、通风、遮阳等问题；夏热冬暖地

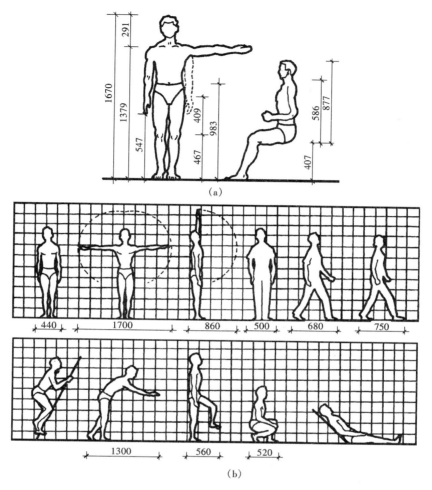

图 6-1　人体尺度和人体活动所需要的空间尺度（mm）

(a) 人体站、坐的尺度；(b) 各种活动的需用尺度

区和温和地区应重点考虑通风、遮阳的措施。相关问题介绍如下：

1. 风速：风速是高层建筑应重点考虑的问题之一。在高层建筑平面布置时，应考虑通风顺畅，避免形成高楼风产生的"烟囱效应"。

2. 日照

日照的标准包括日照间距和每日保证的日照时间两项内容。

1）日照间距：日照间距指的是在小区楼群中，后排房屋的首层应保证有一定的日照时间。通过保证后排房屋的日照时间确定房屋之间的距离。日照间距的计算，通常是以当地冬至日正午 12 时的太阳高度角除以前排房屋檐口至后排房屋底层窗台处的高度差所得的数值。北京地区采用的数值为 1.5 左右。

（1）《综合医院建筑设计规范》GB 51039—2014 规定：病房建筑的前后间距应满足日照和卫生间距要求，且不宜小于 12m。

（2）《疗养院建筑设计标准》JGJ/T 40—2019 规定：疗养室应能获得良好的朝向、日照，建筑间距不宜小于 12m。

2）日照时间

（1）《城市居住区规划设计规范》GB 50180—2018 规定：

① 新建住宅区的日照时间见 6-1。

表 6-1　新建住宅建筑日照时间标准

建筑气候区划	Ⅰ、Ⅱ、Ⅲ、Ⅶ类气候区	Ⅳ类气候区	Ⅴ、Ⅵ类气候区
日照标准日	大寒日		冬至日
日照时数（h）	≥2	≥3	≥1
有效日照时间带（当地真太阳时）	8～16 时		9～15 时
计算起点	底层窗台面		

注：底层窗台面是指距室内地坪 0.90m 高的外墙位置。

② 旧区改建项目内新建住宅建筑日照时间不应低于大寒日日照时数 1h。

③ 老年人居住建筑日照标准不应低于冬至日日照时数 2h。

（2）《老年人照料设施建筑设计标准》JGJ 450—2018 规定：老年人照料设施的居室日照标准不应低于冬至日日照时数 2h。

（3）《托儿所、幼儿园设计规范》JGJ 39—2016 规定：托儿所、幼儿园的生活用房应布置在当地最好朝向的位置，冬至日底层满窗日照时数不应少于 3h。

3. 风向频率

风向频率用玫瑰图表达。它是根据某一地区统计的各个方向吹风次数的百分数值，并按一定比例绘制而成。一般多用八个或十六个罗盘方位表示。玫瑰图上标识的风的吹向是指外面吹向中心。实线代表全年，虚线代表夏季。我国主要城市的风向玫瑰频率图见图 6-2。

4. 地形

地形平缓或起伏、地质构成、土壤特性和地基承载力的大小对建筑物的平面组合、结构布置和建筑体形具有明显的影响。较陡的地形，房屋可以错层建造；复杂的地质条件，应在基础和主体结构上采取相应的构造措施。

5. 降雨和降雪

降雨和降雪对建筑构造影响很大，特别是屋顶应采取相应的构造措施。

6. 地震

地震应考虑地震震级、设防烈度、设计基本地震加速度和设计地震分组的关系，一般建筑特别是 6 度区以上建筑物必须采取相应的预防措施。

《建筑抗震设计规范》GB 50011—2010（2016 年版）规定：

1）抗震设防烈度

抗震设防烈度是按国家规定的权限批准作为一个地区的抗震设防依据。一般情况下，取 50 年内超越概率 10% 的地震烈度。

2）设计基本地震加速度

设计基本地震加速度是 50 年设计基准期超越概率 10% 的地震加速度的设计取值。

3）抗震设防烈度与设计基本地震加速度的关系

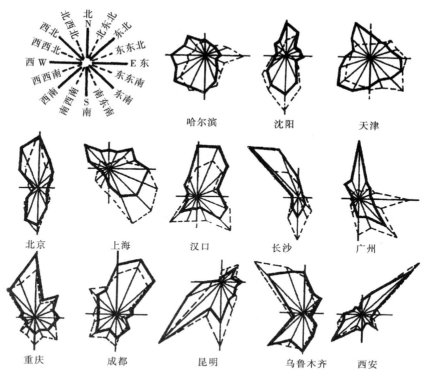

图 6-2 我国主要城市的风向玫瑰频率图

抗震设防烈度与设计基本地震加速度的关系见表6-2。

表 6-2　抗震设防烈度与设计基本地震加速度的关系

抗震设防烈度	6	7	8	9
设计基本地震加速度	$0.05g$	$0.10(0.15)g$	$0.20(0.30)g$	$0.40g$

注：g 为重力加速度。

4）设计地震分组

相关资料表明：设计地震分组是用来表征地震震级及震中距离影响的一个参量，用来替代原有的"设计近震和远震"，它是一个与场地特征周期与峰值加速度有关的参量。设计地震分组共分为三组，第一组为近震区、第二组为中远震区、第三组为远震区。北京市的抗震设防烈度、设计基本地震加速度和设计地震分组的对应关系见表 6-3。

表 6-3　北京市的抗震设防烈度、设计基本地震加速度和设计地震分组的对应关系

烈度	加速度	分组	所属区级
8度	$0.20g$	第二组	东城区、西城区、朝阳区、丰台区、石景山区、海淀区、门头沟区、房山区、通州区、顺义区、昌平区、大兴区、怀柔区、平谷区、密云区、延庆区

第四节 建筑平面设计

一、建筑平面的构成

建筑平面一般由使用部分（主要使用房间、辅助使用房间）、交通联系部分（走道、楼梯、电梯）和结构构件所占用面积组成。如住宅的主要使用房间是居室、起居室（厅）；辅助使用房间是厨房、衣帽间；交通联系部分是室内走道等。

建筑平面的设计任务是确定使用房间和辅助房间的具体位置、交通联系部分的位置以及它们的组合关系。重点是要集中反映建筑物的功能关系，布置要合理，使用方便。

二、主要使用房间的设计

1. 主要使用房间的分类

1) 生活用房间：如住宅建筑中的居室；宿舍建筑中的居室、盥洗室等。

2) 工作用房间：如办公建筑中的办公室、会议室；学校中的普通教室、合班教室等。

3) 公共活动用房间：如营业厅、观众厅、休息厅等。

上述各类房间的使用要求不尽相同。生活、工作和学习类的房间要求安静、干扰少、朝向好等；公共活动房间人流比较集中、出入频繁，除应保证使用空间和使用面积外，必须处理好疏散问题。

2. 主要使用房间的设计要求

1) 房间的面积、形状和尺寸要满足室内使用活动空间和家具、设备的合理布置要求。

2) 门窗的大小和布置。门应考虑使用方便、出入简捷、疏散安全；窗应保证采光、通风良好。

3) 材料选择经济合理、方便结构布置、施工方便。

4) 墙面、地面、顶棚构造合理，符合审美要求。

3. 房间面积的确定

1) 住宅

《住宅设计规范》GB 50096—2011 规定：

（1）住宅应按套型设计，每套住宅应有卧室、起居室（厅）、厨房和卫生间等基本功能空间。

（2）套型的使用面积应符合下列规定：

① 套型一：由卧室、起居室（厅）、厨房和卫生间等组成的套型，其使用面积不应小于 $30m^2$；

② 套型二：由兼起居的卧室、厨房和卫生间等组成的最小套型，其使用面积不应小于 $22m^2$。

（3）各类房间的使用面积

① 双人卧室不应小于 $9m^2$；

② 单人卧室不应小于 $5m^2$；

③ 兼起居的卧室不应小于 $12m^2$；

④ 起居室（厅）的使用面积不应小于 $10m^2$；

⑤ 无直接采光的餐厅、过厅等，使用面积不宜大于 $10m^2$。

2) 办公建筑

《办公建筑设计标准》JGJ/T 67—2019 规定：

（1）办公室的类别

办公室的类别见表6-4。

表6-4　办公室的类别

类别	定义
开放式办公室	灵活隔断的大空间办公空间形式
半开放式办公室	由开放式办公室和单间式办公室组合而成的办公空间形式
单元式办公室	由特殊空间、办公空间、专用卫生间及服务空间等组成的相对独立的办公空间形式
单间式办公室	一个开间（或多个开间）和以一个进深为尺度而隔成的独立办公空间形式

2）办公室的面积指标

① 普通办公室每人使用面积不应小于 $6m^2$；单间办公室的净面积不应小于 $10m^2$；

② 手工绘图室每人使用面积不应小于 $6m^2$；研究工作室每人使用面积不应小于 $7m^2$；

③ 小会议室使用面积不宜小于 $30m^2$；中会议室使用面积宜为 $60m^2$。

④ 中、小会议室可分散布置。中、小会议室每人使用面积：有会议桌的不应小于 $2.00m^2$；无会议桌的不应小于 $1.00m^2$；

3）中、小学校建筑

《中小学校设计规范》GB 50099—2011 规定：

（1）规模

① 完全小学应为每班45人，非完全小学应为每班50人。

② 完全中学、初级中学、高级中学应为每班50人。

③ 九年制学校中1～6年级应与完全小学相同，7～9年级应与初级中学相同。

（2）面积指标

① 主要教学用房的使用面积指标（m^2/座）（表6-5）。

表6-5　主要教学用房的使用面积指标（m^2/座）

房间名称	小学	中学	房间名称	小学	中学
普通教室	1.36	1.39	音乐教室	1.70	1.64
计算机教室	2.00	1.92	舞蹈教室	2.14	3.15
语言教室	2.00	1.92	合班教室	0.89	0.90
美术教室	2.00	1.92	学生阅览室	1.80	2.00
书法教室	2.00	1.92	教师阅览室	1.80	2.30

② 主要辅助教学用房的使用面积指标（m^2/每间）（表6-6）。

表6-6　主要辅助教学用房的使用面积指标（m^2/每间）

房间名称	小学	中学
普通教室之教员休息室	3.50（每位教师）	3.50（每位教师）
实验员室	12.00	12.00
仪器室	15.00	24.00
历史资料室	12.00	12.00

房间名称	小学	中学
地理资料室	12.00	12.00
计算机教室资料室	24.00	24.00
语言教室资料室	24.00	24.00
美术教室教具室	24.00	24.00
乐器室	24.00	24.00
舞蹈教室更衣室	12.00	12.00

（3）学生宿舍

① 不得设在地下室和半地下室。

② 每室居住人数不得超过 6 人，每个学生的使用面积不应小于 $3.00m^2$。

③ 每个学生的储藏空间宜为 $0.30 \sim 0.45m^2$。

（4）普通教室的布置

① 单人课桌的平面尺寸为 $0.60 \times 0.40m^2$。

② 课桌排距不应小于 0.90m，独立的非完全小学可为 0.85m。

③ 最前排课桌的前沿与前方黑板的水平距离不宜小于 2.20m。

④ 最后排课桌的前沿与前方黑板的水平距离：小学不宜大于 8.00m、中学不宜大于 9.00m。

⑤ 最后排座椅之后应预留不小于 1.10m 的横向疏散走道。

⑥ 纵向走道：中小学不应小于 0.60m，独立的非完全小学可为 0.55m。

⑦ 沿纵墙布置的课桌端部与墙面或壁柱、管道等墙面凸出部位的净距不宜小于 0.15m。

⑧ 前排边座座椅与黑板远端的水平视角不应小于 30°。

（5）黑板与讲台的布置

① 黑板

A. 黑板的长度：小学不宜小于 3.60m，中学不宜小于 4.00m；

B. 黑板的高度不应小于 1.00m；

C. 黑板下边缘与讲台面的垂直距离：小学宜为 0.80m，中学宜为 $1.00 \sim 1.10m$。

② 讲台

讲台的长度应大于黑板的长度，宽度不应小于 0.80m，高度宜为 0.20m。讲台边缘应大于黑板边缘，每边不应小于 0.40m。

4. 房间的平面形状和尺寸

房间的平面形状与建筑类型、室内活动特点、家具布置、采光、通风的要求有关。有时还要考虑人们对室内空间的观感。

建筑设计规范、标准对建筑平面布局、房间形状的影响也必须考虑，如《建筑模数协调标准》GB/T 50002—2013、《民用建筑设计统一标准》GB 50352—2019 等。

住宅中的居室、宿舍中的卧室、学校中的教室、办公建筑中的办公室等大多采用矩形房间。其他类型的建筑，其房间平面形状大多依据建筑要求和特点确定。

5. 门窗洞口的大小与位置

1）窗洞口大小及位置的确定

（1）住宅建筑：依据窗地比数值确定窗洞口大小。卧室、起居室（厅）、厨房的窗地比为1/7。位置一般均在外墙处开窗。

（2）办公建筑

办公建筑的采光标准可采用窗地面积比确定。其中：设计室、绘图室为1/4；办公室、会议室为1/5；复印室、档案室为1/6；走道、楼梯间、卫生间为1/10。

（3）中小学校建筑

① 窗洞口大小应依据窗地比确定。其中教室、阅览室为1/5、饮水处为1/10。

② 应保证教室中无暗角和炫光。

③ 教室中应保证左侧采光。

④ 窗的布置应能实现自然通风，条件许可时应能实现"穿堂风"。

2）门洞口大小及位置的确定

（1）住宅建筑

① 房间门：应以满足家具搬运和人们正常出入为确定依据。《住宅设计规范》GB 50096—2011规定的门洞口最小尺寸见表6-7。

表6-7　门洞口最小尺寸（m）

类型	宽度	高度	类型	宽度	高度
户（套）门	1.00	2.00	厨房	0.80	2.00
起居室（厅）	0.90	2.00	卫生间	0.70	2.00
卧室	0.90	2.00	阳台（单扇）	0.70	2.00

注：1. 表中门洞口高度不包括门的上亮子高度；宽度以平开门为主；
　　2. 洞口两侧地面有高差时，以较高的一侧为准。

② 对外出入口

对外出入口外门的宽度应不小于1.20m，高度应不小于2.10m。出入口上部应设置雨罩。

（2）办公建筑

① 房间门

办公用房的门洞口宽度不应小于1.00m，高度不应小于2.10m。

② 特殊房间门

机要办公室、财务办公室、重要档案库、贵重仪表件和计算机中心的门应采取防盗措施，室内宜设防盗报警装置。

（3）中小学校建筑

① 房间门

教室门的宽度一般取0.90m带观察小窗的单开门。实验室可以选取双扇门。

② 对外出入口

对外出入口的宽度应通过"百人指标"计算确定。出入口数量不应少于2个。出入口上部应设置雨罩。

三、辅助使用房间的设计

1. 住宅

1）厨房

（1）使用面积：套型一：不应小于4.00m²；套型二：不应小于3.50m²。

（2）布置要求

A. 宜靠近户门处布置；

B. 厨房内应设置洗涤、操作台、灶台及油烟机等设备；

C. 单排布置时，厨房净宽度不应小于 1.50m；双排布置时，厨房净宽度应保证两排设备之间不应小于 0.90m。

2）厕所

（1）使用面积：每套卫生间应至少配备大便器、洗浴器、洗手盆等卫生洁具。使用面积不应小于 2.50m²。

（2）布置要求：厕所不宜直接面对厨房和起居室（厅）布置；厕所不应布置在下层用户的卧室、起居室（厅）、厨房（餐厅）的上方。

3）其他

（1）每套住宅均应预留洗衣机的位置；

（2）每套住宅均应设置阳台或平台；顶层阳台应设置雨罩。

2. 中小学校

1）教学用建筑每层应在不变位置设置男、女卫生间和教师专用男、女厕所；

2）卫生间内除布置卫生洁具外，还应布置盥洗（洗涤设备）及拖布池；

3）男生卫生间中每 40 人设置一个大便器或 0.60m 大便槽；每 20 人设置一个小便斗或 0.60m 小便槽；女生卫生间中每 13 人设置一个大便器或 0.60m 大便槽；

4）每 40～45 人设置 1 个洗手盆或 0.60m 的盥洗槽；

5）卫生间内或靠近卫生间的地方设置拖布池。

3. 办公建筑

1）公用厕所服务半径不宜大于 50m；

2）公用厕所应设前室，门不宜直接开向办公用房、门厅、电梯厅等主要公共空间，并宜有防止视线干扰的措施；

3）公用厕所宜有天然采光、通风，并应采取机械通风措施；

4）男女厕所应分开设置，其卫生洁具数量应按表 6-8 的规定配置。

表 6-8 卫生洁具数量

女性使用人数	便器数量（个）	洗手盆数量（个）	男性使用人数	大便器数量（个）	小便器数量（个）	洗手盆数量（个）
1～10	1	1	1～15	1	1	1
11～20	2	2	16～30	2	1	2
21～30	3	2	31～45	2	2	2
31～50	4	3	46～75	3	2	3
当女性使用人数超过 50 人时，每增加 20 人增设 1 个便器和 1 个洗手盆			当男性使用人数超过 75 人时，每增加 30 人增设 1 个便器和 1 个洗手盆			

注：1. 当使用人数不超过 5 人时，可设置无性别卫生间，内设大、小便器及洗手盆各 1 个；

　　2. 办公门厅及大会议室服务的公共厕所应至少各设 1 个男、女无障碍厕位；

　　3. 每间厕所大便器为 3 个以上者，其中 1 个宜设坐式大便器；

　　4. 设有大会议室（厅）的楼层应根据人员规模相应增加卫生洁具数量。

四、交通联系部分的设计

1. 住宅

1) 走道

（1）套内入口的过道净宽不宜小于 1.20m；

（2）通往居室、起居室（厅）的过道净宽不宜小于 1.00m；

（3）通往厨房、卫生间、贮藏室的过道净宽不宜小于 0.90m。

2) 楼梯

（1）梯段净宽不应小于 1.10m；不超过 6 层的住宅，一侧设有栏杆的梯段净宽不应小于 1.00m；

（2）踏步宽度不应小于 0.26m；踏步高度不应小于 0.175m；

（3）休息平台的净宽应不小于梯段净宽，且不得小于 1.20m（剪刀式楼体为 1.30m）。

（4）从踏步前缘计起的扶手高度不应小于 0.90m。

3) 台阶与坡道

（1）公共出入口处台阶的踏步宽度不宜小于 0.30m，踏步高度不宜大于 0.15m，并不宜小于 0.15m。

（2）建筑出入口处设台阶时，应同时设置供轮椅通行的坡道和扶手。坡道的坡度与高度的关系见表 6-9。

表 6-9　出入口处坡道的坡度与高度的关系

坡度	1：20	1：16	1：12	1：10	1：8
最大高度（m）	1.50	1.00	0.75	0.60	0.35

（3）供轮椅通行门净宽不应小于 0.80m。

（4）供轮椅通行的走道和通道的净宽不应小于 1.20m。在适当位置应预留轮椅回转空间。

4) 电梯与自动扶梯

（1）7 层及 7 层以上的住宅应设置电梯。

（2）住宅入口层楼面距室外设计地面的高度超过 16m 时应设置电梯。

（3）电梯候梯厅的深度不应小于 1.50m。

2. 中小学校

1) 走道

（1）应根据该走道的疏散总人数，按百人指标计算确定。百人指标的数值见表 6-10。

表 6-10　百人指标的数值

所在楼层位置	耐火等级		
	一、二级	三级	四级
一、二层	0.70	0.80	1.05
三层	0.80	1.05	—
四、五层	1.05	1.30	—
地下一、二层	0.80	—	—

（2）每股人流应按 0.60m 计算。疏散走道的宽度应不少于 2 股人流。

（3）教学用房内走道净宽不应小于 2.40m，单侧走道及外廊的净宽度不应小于 1.80m。

2）门厅及过厅

（1）教学用房在建筑入口处宜设置门厅。

（2）建筑出入口的净通行宽度不得小于 1.40m，门内外各 1.50m 的范围内不宜设置台阶。

3）楼梯

（1）梯段宽度不应小于 1.20m，并应按 0.60m 的整倍数增加。每个梯段可增加 0.15m 的摆幅宽度。

（2）踏步尺寸：小学为 0.26m×0.15m；中学为 0.26m×0.16m。

（3）梯段的坡度不得大于 30°。

（4）梯井宽度不得大于 0.11m。

（5）斜扶手的高度应为 0.90m，水平扶手的高度应为 1.10m。

3. 办公建筑

1）走道

（1）办公建筑的走道宽度应满足防火要求，最小净宽度应满足表 6-11 的要求。

表 6-11　走道最小净宽

走道长度（m）	走道净宽（m）	
	单面布房	双面布房
≤40	1.30	1.50
>40	1.50	1.80

注：高层内筒结构的回廊式走道净宽最小值同单面布房走道。

2）走道中若有高差，且高差不足 0.30m 时，不应设置台阶，应设坡道，其坡度不应大于 1：8。

2）电梯

（1）4 层及 4 层以上或楼面距室外设计地面高度超过 12m 的办公建筑应设电梯。

（2）通常可按建筑面积 5000m² 设置 1 台电梯的标准计算电梯数量。

五、建筑平面组合应考虑的因素

1. 抗震因素

下列做法对抗震不利，平面设计时应尽量避免，它们是：

1）局部设置地下室。

2）大房间设在顶层的端部。

3）楼梯间放在建筑物的边角部位。

4）设置转角窗。

5）平面凹凸不规则（平面凹进的尺寸不应大于相应投影方向总尺寸的 30%）。

6）采用砌体墙与混凝土墙混合承重方式。

2. 位置要求

1）《民用建筑设计统一标准》GB 50352—2019 规定：

地下室不应布置居室；当居室布置在半地下室时，必须采取满足采光、通风、日照、防潮、防霉及安全防护等要求的相关措施。

2）《住宅设计规范》GB 50096—2011 规定：

（1）卫生间不应直接布置在下层住户的卧室、起居室（厅）和厨房的上层，可布置在本套内的卧室、起居室（厅）和厨房的上层。当卫生间布置在本套内的卧室、起居室（厅）、厨房和餐厅的上层时，均应有防水和便于检修的措施。

（2）卧室、起居室（厅）、厨房不应布置在地下室；当布置在半地下室时，必须对采光、通风、日照、防潮、排水及安全防护采取措施，并不得降低各项指标要求。

（3）除卧室、起居室（厅）、厨房以外的其他功能房间可布置在地下室；当布置在地下室时，应对采光、通风、防潮、排水及安全防护采取措施。

3）《中小学校设计规范》GB 50099—2011 规定：学生宿舍不得设在地下室或半地下室。

4）《办公建筑设计标准》JGJ/T 67—2019 规定：

（1）办公用房宜有良好的天然采光和自然通风，并不宜布置在地下室。办公室宜有避免西晒和眩光的措施。

（2）小会议室的使用面积不宜小于 30m²；中会议室的使用面积不宜小于 60m²；大会议室应根据使用人数和桌椅布置情况确定使用面积，房间平面长宽比不宜大于 2：1。

（3）设备用房不宜毗邻办公用房和会议室，也不宜布置在办公用房和会议室的直接上层。

3. 结构因素

1）当房间的开间大部分相同，并符合钢筋混凝土板的经济跨度时，多采用横向墙体承重体系。层数低时可采用砌体结构，层数多时可采用抗震墙（剪力墙）结构。

2）当房间的进深基本相同，并符合钢筋混凝土板的经济跨度时，多采用纵向墙体承重体系。

3）当房间的进深与开间尺寸均符合钢筋混凝土板的经济跨度时，可采用纵向墙体与横向墙体混合承重体系。

4）当房间面积较大、层高较高、荷载较大或建筑层数较高时，可采用框架结构。

5）当房间的面积和体量均较大时，可以采用空间结构。空间结构包括折板结构、壳体结构、网架结构、悬索结构、充气（膜）结构。

六、建筑平面的组合设计

1.《民用建筑设计统一标准》GB 50352—2019 规定：

1）建筑平面应根据建筑的使用性质、功能、工艺等要求合理布局，并具有一定的灵活性。

2）根据使用功能，建筑的使用空间应充分利用日照、采光、通风和景观等自然条件。对有私密性要求的房间，应防止视线干扰。

3）建筑出入口应根据场地条件、建筑使用功能、交通组织以及安全疏散等要求进行设置。

4）地震区的建筑平面布置宜规整。

2. 建筑平面的组合方式：

1）走廊式组合

在走廊的一侧或两侧布置房间，这种平面相互连接比较方便。当中间走道的光线偏暗时，可在走道尽端开窗或在房间门的上部加设亮子。

走廊式组合适用于办公、教学、旅馆、宿舍等类建筑中（图 6-3）。

2）套间式组合

套间式组合指的是房间之间可以直接穿通，联系方便、简捷。

主要用于使用顺序和联系较强，且不用于分隔的建筑中。如展览馆、美术馆等建筑中（图 6-4）。

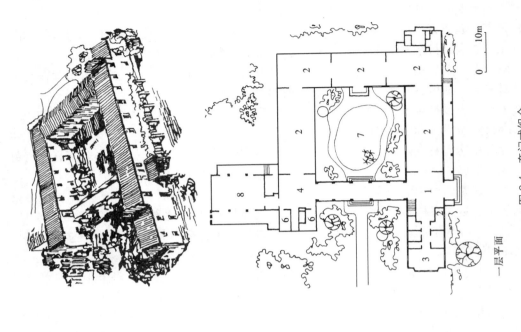

一层平面

图 6-4 套间式组合

1—门厅；2—陈列厅；3—接待；4—休息；5—办公；6—厕所；7—内院；8—报告厅

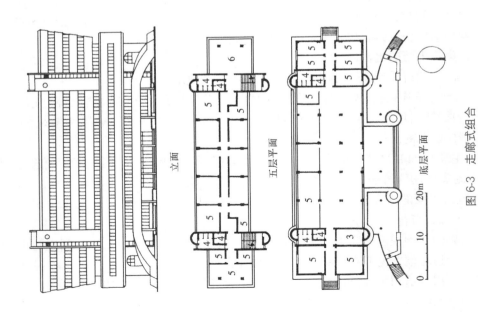

立面

五层平面

底层平面

图 6-3 走廊式组合

3）大厅式组合

这种方式是在人流集中、厅内具有一定活动特点并需要较大空间的建筑组合。

大厅式组合常以一个面积较大、活动人数较多、有一定视听要求的房间在中央部位，周围布置辅助房间。如剧场、影院、报告厅、会堂、体育馆等建筑（图6-5）。

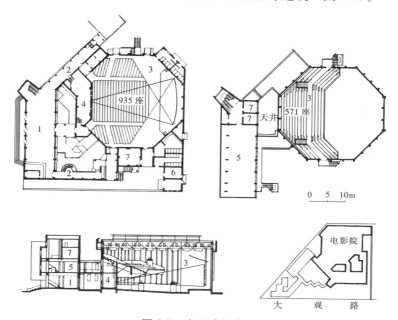

图6-5　大厅式组合

1—门厅；2—休息厅；3—报告厅；4—放映机房；5—文娱厅；6—通风机房；7—办公区

七、建筑平面组合与基地环境的关系

1. 基地大小和形状，与房屋的层数、平面布局的关系极为密切。图6-6所示为不同条件下的中学教学楼的平面组合。

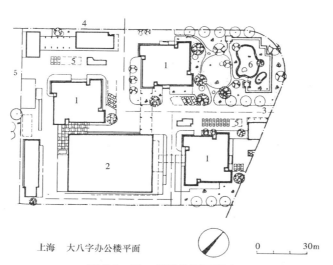

上海　大八字办公楼平面

0　　　30m

图6-6　同一场地的不同组合

1—主楼；2—综合楼；3—主要出入口；4—辅助出入口；5—停车场；6—喷水池

2. 在一定条件下，建筑物之间必要的间距和建筑朝向，与进深尺寸和平面组合关系密切。房屋的朝向与间距必须满足日照、防火、通风和使用要求的关系。

3. 基地的地形条件。坡地建筑的平面组合应依山就坡，使建筑物的内部组合、剖面关系与地形相符合。当建筑平行于等高线布置时，应采用阶梯状的平面组合；当建筑垂直或斜交于等高线布置时，应采用错层式的平面组合。

第五节　建筑剖面设计

一、剖面设计的任务

1. 确定建筑物各部分的高度和剖面形式。

2. 确定建筑层数。

3. 确定空间组合和利用。

4. 确定建筑结构的布置与建筑构造的关系。

二、房间的高度和剖面类型

1. 房间剖面的确定因素

1) 使用性质和活动特点

（1）对于室内使用人数少、房间面积较小的房间，应以矩形房间为主；

（2）对于室内使用人数多、房间面积较大且有视听要求的房间，应做成阶梯形或斜坡形房间。

2) 采光和通风要求

（1）以自然通风为主，合理确定窗台、窗高、窗上口的关系。

（2）低于常规尺寸的窗台应采取相应的防护措施。

（3）单面采光时，窗的上沿离地面的高度，应大于房间进深尺寸的1/2；双面采光时，窗的上沿离地面的高度，应不小于房间进深尺寸的1/4。

3) 结构与设备的选型

（1）砌体结构中，当采用钢筋混凝土梁板布置时，可采用"T"形或"＋"字形，以降低梁的高度。

（2）设备的位置与高度：如手术室的无影灯、舞台的吊景设备都直接影响剖面的形状与高度。

2. 房间的层高与净高

1) 住宅

（1）住宅层高宜为 2.80m；

（2）卧室、起居室（厅）的室内净高不应低于 2.40m，室内面积不大于1/3的区域局部净高不应低于 2.10m；

（3）利用坡屋顶内的空间作卧室、起居室（厅）时，至少有1/2的使用面积的室内净高不应低于 2.10m；

（4）厨房、卫生间的室内净高不应低于 2.20m；

（5）厨房、卫生间内排水横管下表面与楼面、地面的净高不应低于 1.90m，且不得影响门扇、窗扇开启。

2）中小学校

（1）中小学校主要教学用房的最小净高，见表 6-12。

表 6-12　中小学校主要教学用房的最小净高（m）

教室	小学	初中	高中
普通教室，史地、美术、音乐教室	3.00	3.05	3.10
舞蹈教室	4.50		
科学、计算机、劳动、技术、合班、实验室	3.10		
阶梯教室	最后一排（楼地面最高处）距顶棚或 上方突出物最小距离为 2.20m		

（2）学生宿舍

采用单层床时，居室净高不宜低于 3.00m；采用双层床时，居室净高不宜低于 3.10m；采用高架床时，居室净高不宜低于 3.35m。

（3）教师用房

按办公室用房的室内高度选取。

3）办公建筑

（1）有集中空调设施并有吊顶的单间式和单元式办公室净高不应低于 2.50m；

（2）无集中空调设施并有吊顶的单间式或单元式办公室净高不应低于 2.70m；

（3）有集中空调设施并有吊顶的开放式和半开放式办公室净高不应低于 2.70m；

（4）无集中空调设施并有吊顶的开放式和半开放式办公室净高不应低于 2.90m；

（5）走道净高不应低于 2.20m；储藏间净高不宜低于 2.00m；

（6）非机动车库净高不得低于 2.00m。

3. 构造措施

1）住宅：除卧室、起居室（厅）、厨房等房间外，其他房间若布置在地下室时，应对采光、通风、防潮、排水、安全防护等采取相应构造措施。

2）中小学校

（1）学生宿舍与教学用房不宜在同一幢建筑中分层合建，可在同一幢建筑中以防火墙分隔贴建。学生宿舍应便于自行封闭管理，不得与教学用房合用建筑的同一出入口。

（2）中小学校的饮用水管线与室外公厕、垃圾站等污染源间的距离应大于 25m。

（3）中小学校的食堂与室外公厕、垃圾站等污染源间的距离应大于 25m。

（4）卫生室（保健室）应设在首层，宜邻近体育场地，并方便急救车辆就近停靠。卫生室（保健室）宜朝南设置。

3）办公建筑

（1）办公综合楼内办公部分的安全出口不应与同一楼层内对外营业的商场、营业厅、娱乐、餐饮等人员密集场所的安全出口共用；

（2）机要室、档案室、电子信息系统机房和重要库房等隔墙的耐火极限不应小于 2.0h，楼板不应小于 1.5h，并应采用甲级防火门。

三、房间层数的确定

影响建筑层数的因素很多，包括建筑面积的多少、建筑的使用要求、城乡规划部门的要求、结构的要求、建筑防火的要求、建筑抗震的要求等。

中小学校、幼儿园、门诊部、商业用房等建筑一般以单层或多层为主。

住宅根据需要可以设计为多层或高层。

四、剖面的组合方式

剖面的组合方式有单一方式和组合方式。图 6-7 所示为剧场的剖面组合，其中高差变化较多，单功能非常明确，可供参考。

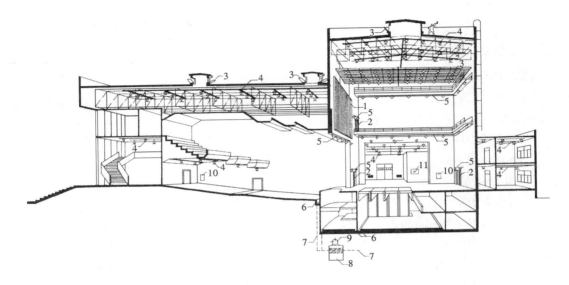

图 6-7　剧场的剖面组合

1—防火幕；2—防火门；3—排烟窗；4—闭式喷头；5—开式喷头与水幕喷头；6—消防排水明沟；7—消防排水管；8—消防污水池；9—消防污水泵；10—消火栓；11—消防控制室观察窗

常见的剖面组合形式有：

1. 平层：层数不变的组合，各类建筑均可选用。

2. 错层：根据使用需求采用的不同层数的组合，多用于标高变化较大的地区。

3. 跃层：多用于住宅中，每个住户有上下两个楼层的房间，通过户内专用楼梯进行联系。

4. 主楼加裙房：多用于高层建筑中。裙房指的是与高层建筑相连的建筑高度不超过 24m 的房屋（高层建筑与裙房之间应加设沉降缝）。裙房多用于交通联系、消防通道、服务性的用房等。

五、边角空间的利用

建筑物边角空间多出现于楼梯间的斜坡下空间、走道尽端的部位和面积不大而层高较高的上部空间。

1. 利用楼梯间的斜坡下空间做储藏室，楼梯间的顶部做水箱间等。

2. 利用楼梯间走道尽端的部位做储藏室，房间门必须加上亮子。

3. 面积不大而层高较高的上部空间可以做吊柜、搁板、夹层等。

第六节　建筑体形和立面设计

一、建筑体形和立面设计的任务

建筑物在满足平面要求、剖面要求的同时，还应满足建筑体形、立面处理、空间组合等要求，给人以精神上的享受。

1. 反映建筑功能要求和建筑类型的特征

功能要求不同、内部空间组合不同、建筑的形象也应反映建筑的特点。如建筑的进深小、使用人数少、分组设置阳台的建筑为住宅；有大面积橱窗和人流出入口部位明显的建筑为商业用房等。

2. 符合材料性能、结构构造和施工技术的特点

不同的材料、构造和施工方法对建筑体形和立面处理影响很大。墙体承重的砌体结构容易取得朴实、稳重的建筑造型效果。钢筋混凝土框架结构和钢结构框架体系，由于受力分配的变化，容易取得设计轻巧、立面灵活的特点。以高强钢材或钢丝网水泥等材料构成的空间结构可以提供大型活动空间，立面造型也容易多种多样。

施工技术的不同，也会给建筑体形带来不少变化。如大板建筑、盒子结构等的建筑外观，必然是简洁、规整的建筑外观。

3. 掌握建筑标准和相应的技术经济条件

严格按照国家规定的建筑标准，选用建筑材料、确定装修等级、认真处理造型和外观形象。

4. 适应基地环境和建筑规划的群体布置

乡镇总体规划和建筑基地的大小、形状，会对房屋的体形产生一定的制约。山区或丘陵地区可以采用错层布置。夏热冬暖地区和温和地区，立面宜通透或采用相应的遮阳措施。

5. 符合建筑造型和立面构图的一般规律

建筑体形和立面设计，必须遵循立面的构图规律，本着"古为今用""洋为中用""推陈出新"的原则，避免"抄袭""造假"的现象出现。应有分析地借鉴、吸收国内外的先进经验，创造为广大人民喜闻乐见、具有特色的民族风格。

二、建筑体形的组合

建筑体形应反映建筑物的体量大小、组合方式、比例尺度等，它对房屋造型的总体效果具有重大影响。

建筑体形组合，应遵守以下规律。

1. 完整均衡、比例恰当。简单的组合体和对称的体形容易达到完整均衡的效果。不对称的体形，应注意各部分的比例关系，使其协调一致，有机联系，在不对称的关系中取得平衡。

2. 主次分明、交接明确。体形组合要处理各组成部分的连接关系，主次分明、交接明确。可以通过通廊等方式连接两个主体。

3. 体形简洁、环境协调。体形应简单、避免繁琐。简洁的体形容易取得完整统一的造型效果。

建筑体形还必须考虑与地形、绿化等关系，使建筑物符合当地的环境。

三、建筑立面设计

建筑立面由许多构件、配件组成，包括墙体、梁柱、门窗、阳台、雨罩、外廊以及台基、勒脚、檐口等。建筑立面设计实际上就是处理上述构件、配件的比例、尺度、节奏、虚实等关系，使其体形完善、内容统一。

1. 比例和尺度。尺度正确、比例协调，是使建筑立面完整统一的重要方面。立面上的踏步、栏杆、窗台高度、细部处理等均应符合人的尺度。

比例包括构件自身的比例（如门窗的宽度和高度的尺寸）和细部与总体的比例等。

2. 节奏感和虚实对比。节奏感指的是既整体统一又富有变化的规律，如门窗与实体墙面的对比。虚实对比指的是门窗、柱廊、凹廊（虚的代表）等与实体墙面、栏板、柱墩（实的代表）的对比关系。

3. 材料质感和色彩配置。材料质感大多与装修材料关系密切，粗糙的表面显得厚重，平整光滑的材料显得轻巧。浅色调的颜色会感觉明快、清新；深色调则显得端庄、稳重。红色和褐色趋于热烈，蓝色则显得宁静。

4. 重点与细部处理。建筑物的重点部位是建筑物的出入口和楼梯间的部位；建筑细部包括勒脚、窗台、雨篷檐口、遮阳板及女儿墙等地方。立面设计时，应对上述部位，在形状、材料、颜色上取得变化，使立面丰富多彩。

复 习 思 考 题

1. 简述建筑设计前的准备工作。
2. 简述建筑设计的阶段划分。
3. 建筑设计应符合的要求有哪些。
4. 简述建筑设计的依据与任务
5. 简述建筑平面设计的组合与采用形式。
6. 简述建筑剖面设计的任务与组合形式。
7. 建筑体型与立面设计的任务有哪些？

第七章 工业建筑的建筑构造

第一节 概　述

图 7-1 为钢筋混凝土结构单层工业厂房的构成，从中可以看到它的构造组成关系及主要构件、配件的技术名称。

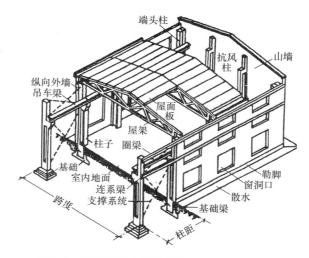

图 7-1　钢筋混凝土结构单层工业厂房的构成

一、工业建筑的分类

工业建筑是指各类为工业生产使用的建筑物和构筑物。工业建筑既要为生产服务，也要为在其中从事生产活动的广大劳动者服务。工业建筑应满足坚固适用、经济合理、技术先进的建设方针。

1. 从建筑层数划分

1）单层工业厂房：层数只有一层，一般用于重工业类的生产车间。如冶金类钢铁厂、机械类的机械制造厂、建材类的建材制品厂等。这类厂房的特点是设备体积大、质量重、生产时以水平运输为主（包括地面运输和高空运输）。

2）多层工业厂房：层数在 2 层及 2 层以上的生产厂房，常用层数为 2～6 层居多，一般用于轻工业类的生产车间。如电子类的电子元件车间；印刷类的印刷、装订车间；服装厂的剪裁车间等。这类厂房的特点是设备体积小、质量轻、生产时以垂直运输为主。

3）层次混合的工业厂房：这类生产车间既有单层又有多层，多用于化工类的建筑中。

2. 从建筑跨度的数量和方向划分

1）单跨厂房：指只有一个跨度的工业生产厂房。

2）多跨厂房：指由几个跨度组合的工业生产厂房，厂房内部彼此相通。

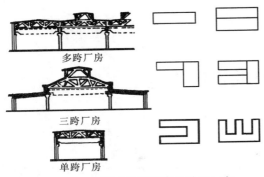

多跨厂房

三跨厂房

单跨厂房

图 7-2　不同类型平面的单层厂房

3）纵横跨相交的厂房：指既有纵向跨度又有横向跨度的工业生产厂房，厂房内部彼此相通。

图 7-2 展示了不同类型平面的单层厂房。

3. 从跨度的尺寸划分

1）小跨度：指小于或等于 12m 的厂房，结构形式以砌体结构为主。

2）大跨度：指 15～36m 的厂房，结构形式以钢筋混凝土结构为主。大于 36m 的厂房应以钢结构为主。

4. 从车间的特点划分

1）灵活车间：柱距和跨度均比规范规定的尺寸大的厂房，它可以满足设备调整的要求。

2）联合车间：把几个车间合并成一个面积较大的车间。据资料介绍，面积较大的联合车间，面积可达 200000m²。

5. 从生产性质划分

1）冷加工车间：指的是在常温状态下，加工非燃烧物质和材料的车间。如金工车间、修理车间等。

2）热加工车间：指的是在高温和熔化状态下，加工非燃烧物质和材料的车间。如铸工车间、锻压车间等。

3）恒温恒湿车间：指的是要求恒温恒湿条件的车间。如纺织车间、精密仪器车间等。

6. 按选用材料划分

1）钢筋混凝土单层工业厂房：单层工业厂房的全部构件均采用钢筋混凝土或预应力钢筋混凝土制作。主要应用于各种类型的重工业生产车间。

2）钢结构单层工业厂房：单层工业厂房的全部构件均采用钢材制作。分为普通钢结构单层厂房和轻型钢结构单层厂房两大类型。

（1）普通钢结构厂房：构件截面大多为工字形，主要用于各种类型的重工业类生产车间。

（2）轻型钢结构单层厂房：构件截面大多采用圆钢、小角钢和薄壁型钢。主要用于各种类型的轻工业类生产车间。

二、单层工业厂房的常用术语

《厂房建筑模数协调标准》GB/T 50006—2010 规定：

1. 跨度：指单层工业厂房中两条纵向定位轴线之间的距离。18m 及 18m 以下时取 3m 的倍数。18m 以上时取 6m 的倍数。常用宽度有 12m、15m、18m、24m、30m、36m。必要时 21m、27m、33m 可破例选用。

2. 柱距：指单层工业厂房中两条横向定位轴线之间的距离。一般取 6m。特殊时柱距可取 12m。

3. 厂房高度

1）柱顶高度：指从室内地面至柱顶的高度，一般取 300mm 的倍数。

2）牛腿面高度：指从室内地面至牛腿面的高度，一般取 300mm 的倍数。

3）柱网：指单层厂房纵向轴线和横向轴线交叉编织的轴线网，其交点处为柱子的位置。

又称为柱网平面（图 7-3a）。

4）轨顶高度：指从室内地面至吊车梁轨顶的高度，必要时选用（图 7-3b）。

三、单层工业建筑的组成与类型

1. 单层厂房的荷载传递

单层工业厂房中的荷载有动荷载与静荷载两大部分。动荷载来源于吊车运行时的启动与刹车。此外还有地震荷载、风荷载等。静荷载包括建筑物的自重、吊车质量、积雪荷载、积灰荷载等。上述荷载的传递路线可分为竖向荷载传递（图 7-4）、横向水平荷载传递（图 7-5）和纵向水平荷载传递（图 7-6）。

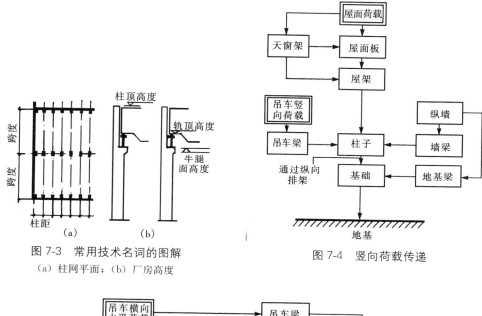

图 7-3 常用技术名词的图解
（a）柱网平面；（b）厂房高度

图 7-4 竖向荷载传递

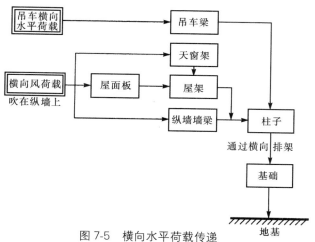

图 7-5 横向水平荷载传递

2. 单层厂房的组成构件

1）屋盖结构

（1）屋面板：铺设在屋架或屋面梁上，承受积雪、积灰、上人的荷载。

（2）屋架（屋面梁）：屋顶承重构件，将屋面板质量、屋面板上的荷载、天窗荷载传递

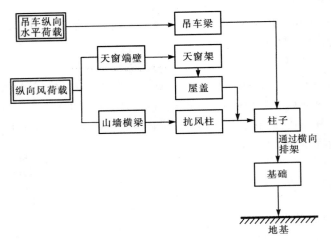

图 7-6　纵向水平荷载传递

给柱子。

（3）天窗架：具有天窗采光时的特别支架。

（4）天窗架：柱子间距为 12m、屋架间距为 6m 时，特别设置的承托屋架的构件。

2）吊车梁：支承吊车的特制梁，放在柱子的牛腿上。它承托吊车并将吊车的刹车力传递给柱子。

3）柱子：厂房的主要承重构件，它承托屋盖系统、吊车梁、纵向墙体上的荷载以及山墙传来的风荷载，并下传给基础。

4）基础：承担作用在柱子上的全部荷载，以及基础梁承担的部分墙体荷载，并下传给地基。基础一般为独立基础。

5）外墙围护系统：包括纵墙、山墙、抗风柱、各种墙梁、基础梁等，承担自重和风荷载等。

6）支撑系统：包括柱间支撑和屋面支撑两大部分。作用是加强厂房结构的整体性和稳定性。

图 7-7 所示为单层工业厂房的横剖面图，可供对照。

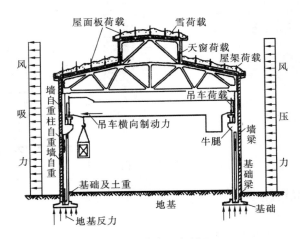

图 7-7　单层厂房剖面

3. 单层厂房的结构类型

1）排架结构：屋架（屋面梁）与柱子的连接为铰接，柱子与基础的连接为刚接。铰接一般为螺栓连接（必要时为焊接），刚接是采用混凝土浇筑牢固（图7-8）。

2）刚架结构：屋架（屋面梁）与柱子的连接为刚接（整体浇筑），柱子与基础的连接为铰接。铰接一般为柱子插入杯形基础的杯口后，空间用沥青麻丝等材料填充（图7-9）。

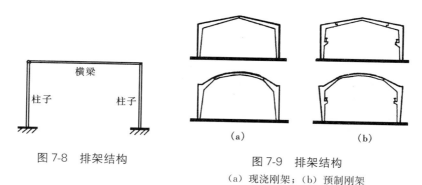

图7-8　排架结构

图7-9　排架结构
（a）现浇刚架；（b）预制刚架

四、单层工业建筑内部的起重运输设备

1. 悬挂式单轨吊车

悬挂式单轨吊车，俗称"电葫芦"。是由电动葫芦和工字钢轨道两部分组成。工字钢轨道一般悬挂在屋架或屋面梁下皮，电动葫芦沿工字钢轨道行进。起重量 Q 为 0.5 吨（图7-10）。

2. 单梁电动起重吊车

单梁电动起重吊车，俗称"梁式吊车"。支承电动葫芦的梁架可以悬挂在屋架下皮或支承在吊车梁上。运送物品时，梁架沿厂房纵向移动，电动葫芦沿工字钢横向移动。起重量 Q 为 1～5 吨（图7-11）。

3. 桥式吊车

1）构成：由桥式桁架和起重小车构成。桥式桁架支承在吊车梁上。桁架沿厂房长度方向运行，起重小车沿厂房宽度方向运行（图7-12）。

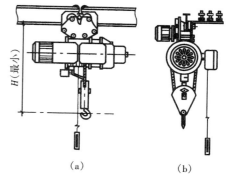

图7-10　悬挂式单轨吊车
（a）侧面；（b）正面

2）起重量：起重量为 5～350 吨，适用于 12～36m 跨度的厂房。桥式吊车有单钩和主副钩之分（主钩为大钩，起重量大；副钩为小钩，起重量小），$Q=5t$ 为单钩；$Q=50/20t$ 为主副钩。表示主钩起重量为 50t；副钩钩起重量为 20t。

3）软钩与硬钩：软钩是钢丝绳挂钩，起重量小；硬钩是铁臂挂钩，起重量大（图7-13）。

4）吊车工作制：吊车工作制表示桥式吊车工作繁忙的程度，用"JC"表示。"JC"为吊车工作时间/总生产时间，用百分制表示。"JC"在 15％～25％之间为轻型工作制；在 25％～40％之间为中型工作制；在 ≥40％时为重型工作制。

5）吊车跨度与厂房跨度：吊车跨度应小于厂房跨度。两者相差为 1000～1500mm。每侧为 500～750mm（图7-14）。

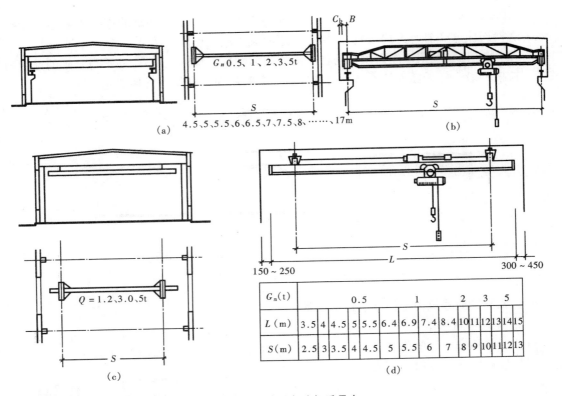

图 7-11　单梁电动起重吊车

（a）有吊车梁单梁式；（b）有吊车梁桁架式；（c）悬挂式；（d）悬挂式

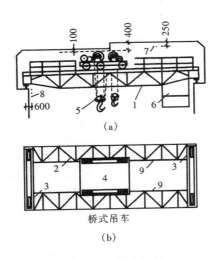

图 7-12　桥式吊车

1—吊架；2—水平系杆；3—轮子；4—带绞车的
起重行车；5—吊轮；6—司机室；7—上部触轮的位置；
8—吊车梁触轮的位置；9—吊车桥架梁

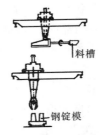

图 7-13　桥式吊车的硬钩

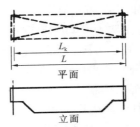

图 7-14　桥式吊车的表达方法

（L_k 表示吊车跨度；L 表示厂房跨度）

五、单层工业厂房的定位轴线

《厂房建筑模数协调标准》GB/T 50006—2010 对钢筋混凝土结构单层厂房规定：

1. 基本规定

1）厂房建筑的平面和竖向协调模数的基数，宜取扩大模数 3M（300mm）。

2）厂房建筑构件截面尺寸小于或等于 400mm 时，宜按（1/2）M（50mm）进级；小于或等于 400mm 时，宜按 1M（100mm）进级。

3）厂房建筑的纵横向定位，宜采用单轴线；当需设置插入距或联系尺寸时，可采用双轴线。

4）厂房建筑的竖向定位，可采用相应的设计标高线作为定位线。

5）厂房建筑的屋面坡度，宜采用 1∶5、1∶10、1∶15、1∶20、1∶30。

2. 具体规定

1）跨度：跨度小于或等于 18m 时，应采用扩大模数 30M（3.0m）数列，如 9m、12m、15m、18m 等；跨度大于 18m 时，应采用扩大模数 60M（6.0m）数列，如 24m、30m、36m 等；

2）承重柱柱距：承重柱柱距，应采用扩大模数 60M（6.0m）数列。一般取 6m，必要时可以采用 12m。

3）抗风柱柱距：抗风柱柱距应采用扩大模数 15M（1.5m）数列。一般采用 3m、4.5m、6m、7.5m 等。

4）柱顶高度：柱顶高度指的是室内地面至柱顶的高度，应采用扩 3M（30mm）数列。

5）牛腿高度：有吊车的厂房，自室内地面至支承吊车梁的牛腿面的高度，应采用扩大模数 3M（300mm）数列。当牛腿面的高度大于 7m 时，应采用扩大模数 6M（600m）数列。

图 7-15 所示为厂房跨度与柱距的示意图，图 7-16 所示为厂房高度示意图。

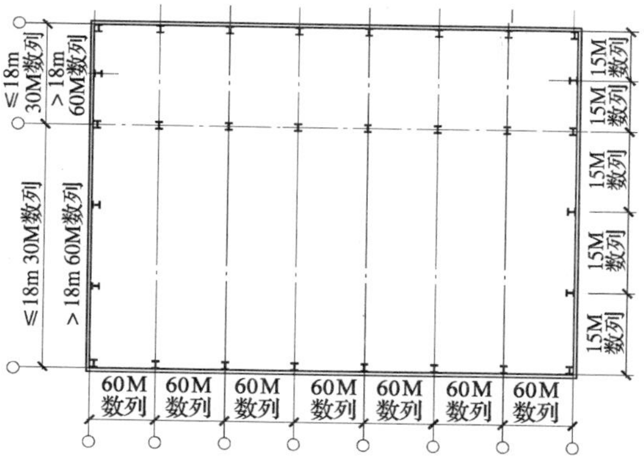

6）定位线

（1）厂房墙、柱与横向定位轴线的定位：

① 除变形缝处的柱、端部柱外，柱的中心线应与横向定位轴线相重合。

② 横向变形缝处的柱应采用双柱及两条横向定位轴线，柱的中心线均应从横向定位轴线向两侧各移动 600mm（图 7-17）。

（2）厂房墙、柱与纵向定位轴线的定位

① 边柱外缘和墙内缘宜与纵向定位轴线相重合。

② 在有吊车梁的厂房中，边柱外缘和纵向定位轴线之间可加设联系尺寸。联系尺寸应采用 3M（300mm）数列。若墙体采用砌体结构时，联系尺寸可采用（1/2）M 数列（图 7-18）。

（3）厂房中柱与纵向定位轴线的定位

① 等高厂房的中柱，柱的中心线宜与纵向定位轴线相重合。

图 7-15　厂房跨度与柱距示意图

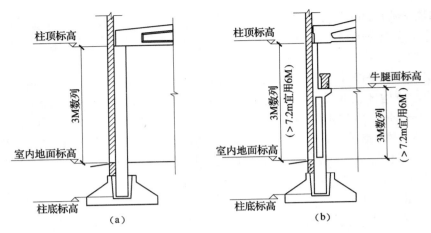

图 7-16　厂房高度示意图

(a) 无吊车剖面；(b) 有吊车剖面

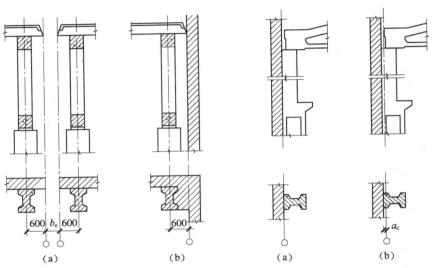

图 7-17　墙柱与横向定位轴线的定位

(a) 横向变形缝；(b) 端柱

图 7-18　墙、边柱与纵向定位轴线的定位

(a) 一般柱；(b) 有插入距的中柱

　　② 等高厂房的中柱，当相邻跨内需设插入距时，插入距应采用 3M（300mm）数列，柱中心线宜与插入距中心线相重合（图 7-19）。

　　（4）厂房高低跨柱与纵向定位轴线的定位

　　① 高低跨柱采用单柱时，高跨上柱外缘与封墙内缘参见（图 7-20）。

　　② 高低跨柱采用双柱时，应采用两条定位轴线，并应设插入距，柱与纵向定位轴线的定位可按边柱的有关规定确定（图 7-21）。

　　（5）吊车梁与纵向定位轴线的定位

　　① 吊车梁的纵向中心线与纵向定位轴线间的距离通常为 750mm，需要时亦可采用 500mm 或 1000mm（图 7-22）。

　　② 吊车梁的两端面标志尺寸应与横向定位轴线相重合。

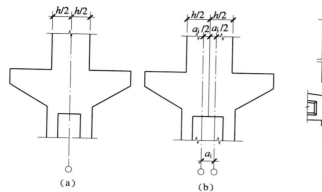

图 7-19　中柱与纵向定位轴线的定位

（a）一般中柱；（b）有插入距的中柱

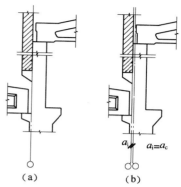

图 7-20　高低跨中柱与纵向
定位轴线的定位

（a）一般中柱；（b）有插入距的中柱

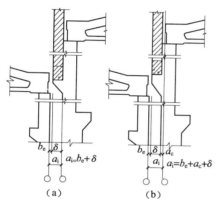

图 7-21　高低跨处双柱与纵向
定位轴线的定位

（a）一般中柱；（b）有插入距的中柱

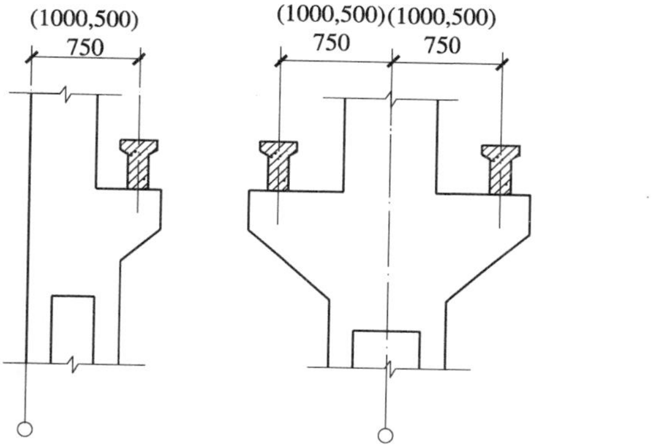

图 7-22　吊车梁与纵向定位轴线的定位

（a）边柱；（b）中柱

第二节　钢筋混凝土结构单层厂房

一、主要构件

1. 柱子

柱子是单层工业厂房的竖向承重构件，它主要承受垂直荷载，同时也承受水平荷载。柱子的材料以钢筋混凝土为主。跨度大、振动多的厂房可采用钢柱。跨度小、质量轻的厂房可采用砖柱。

1）种类

（1）从位置上划分：有边列柱、中列柱、高低跨柱、抗风柱（图 7-23）。

（2）从截面形式上划分：砖柱一般为矩形，钢柱的截面一般采用格构形。钢筋混凝土柱的截面类型有矩形、工字形、空心管柱和双肢柱。

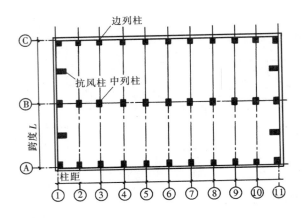

图 7-23　柱子的位置

各种类型的柱如图 7-24 所示。

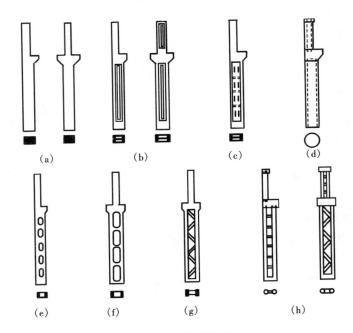

图 7-24　柱子的类型

（a）矩形柱；（b）工字形柱；（c）预制空腹工字形柱；（d）单肢管柱；（e）双肢柱；
（f）平腹杆双肢柱；（g）斜腹杆双肢柱；（h）双肢管柱

2）构造特点

（1）矩形柱：矩形柱的优点是构造简单、施工方便；缺点是自重大、材料消耗多。中心受压柱或截面较小的柱子经常采用。

（2）工字形柱：工字形柱的截面设计比较合理，整体性能好。比矩形截面可以节省材料 30%～40%。是单层厂房中的采用最多的柱型。

（3）空心管柱：空心管柱是采用高速离心方法制作的柱子，直径在 200～400mm 之间。牛腿区域需浇筑混凝土，牛腿上下均为单管。

（4）双肢柱：在荷载作用下，双肢柱主要承受轴向力。这种柱的优点是断面小、自重轻，两肢之间可通过管道，少占空间。

3）柱身上的预埋件与拉结筋

钢筋混凝土柱身上的预埋件包括焊接屋架、吊车梁、柱间支撑的铁件。拉结筋主要是连接墙体的预埋钢筋。

柱身上的预埋件与拉结筋见图 7-25。

2. 基础与基础梁

1）基础

单层工业厂房的基础主要采用钢筋混凝土杯形基础。基础外形为锥形，预留杯口内插入预制柱（图 7-26）。

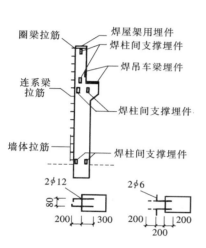

图 7-25　柱子的预埋件与拉结筋

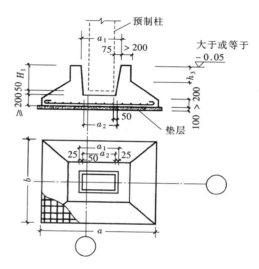

图 7-26　杯形基础

2）基础梁

采用排架结构的单层工业厂房，外墙下部不再单独做基础。墙体荷载由基础梁承托，基础梁的截面形状为"上大下小"的倒梯形（图 7-27）。基础梁放在杯形基础的顶面上。当基础埋深较深时，基础梁可放在由高杯口基础或下部牛腿支承的垫块上（图 7-28）。

基础梁在放置时应防止基础梁下部的土层产生"冻胀"，施工时把梁下的土层挖出，换成干砂、矿渣或不宜冻结的松软土层（图 7-29）。

3. 屋盖体系

1）两种体系

单层工业厂房的屋盖起着围护和承重两种作用。它包括承重构件（屋架、屋面板、托架、檩条等）和屋面板两大部分。

（1）无檩体系：这是常用做法。是将预制的大型屋面板直接放在屋架或屋面梁上，这种做法的特点是屋面的整体性好、刚度大、构件数量少、施工速度快等。

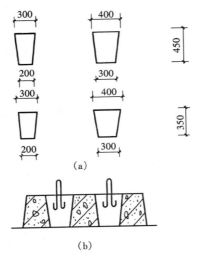

图 7-27　基础梁的断面形状

（a）基础梁断面；（b）基础梁的制作

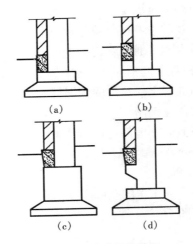

图 7-28　基础梁的放置

（a）一般类型；（b）有垫块类型；
（c）高基础类型；（d）有牛腿类型

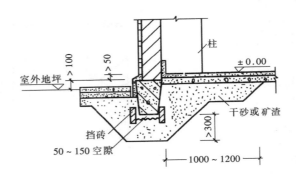

图 7-29　基础梁的防冻构造

（2）有檩体系：这种做法是将小型屋面板先搁置在檩条上，再把檩条放在屋架上的做法。檩条可以采用钢筋混凝土或型材制作。有檩体系的整体刚度较差，只适用于吊车吨位小的中小型厂房中（图 7-30）。

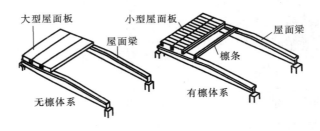

图 7-30　屋盖结构

2）屋面大梁

屋面大梁又称为"薄腹梁"。其断面呈"T"形或"工"字形。有单坡和双坡两种类型。屋面大梁的形状简单、制作和安装方便、稳定性好、不需加设支撑，但自重较大。

单坡屋面梁适用于 6m、9m、12m 跨度的厂房，双坡屋面梁适用于 9m、12m、15m、18m 跨度的厂房。

屋面大梁的坡度一般为 1/10～1/12，适用于卷材屋面和非卷材屋面中。

屋面大梁下部可以悬挂 5t 以下的电动葫芦和梁式吊车（图 7-31）。

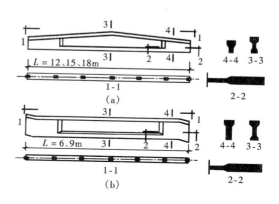

图 7-31　屋面大梁

（a）双坡屋面梁；（b）单坡屋面梁

3）屋架

（1）桁架式屋架

厂房的跨度较大时，多采用桁架式屋架。其类型有：

① 预应力钢筋混凝土折线形屋架

这种屋架的上弦杆件是由若干段折线形杆件组成。坡度分别为 1/5 和 1/15。这种屋架适用于 12m、15m、18m、21m、24m、30m、36m 的中型和重型厂房中（图 7-32）。

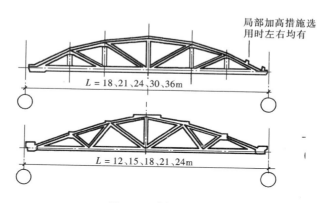

图 7-32　折线形屋架

② 钢筋混凝土梯形屋架

这种屋架的上弦杆件坡度一致，常采用 1/10 和 1/12。这种屋架适用于 18m、21m、24m、30m 跨度的厂房中。由于它的端部较高、中间更高，因而屋架的稳定性较差，需用屋架支撑来保证稳定（图 7-33）。

③ 三角形组合式屋架

这种屋架的上弦杆件采用钢筋混凝土杆件，下弦采用型钢和钢筋。屋架坡度常采用 1/3.5 和 1/5。适用于有檩屋面体系，跨度为 9m、12m、15m 的小型工业厂房中（图 7-34）。

（2）两铰拱或三铰拱屋架

从力学的原理可知，两铰拱屋架的支座节点为铰接，顶部节点为刚接；三铰拱屋架支座

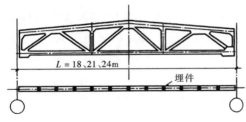

图 7-33 梯形屋架

图 7-34 三角形组合屋架

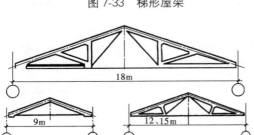

图 7-35 两铰拱屋架

节点和顶部节点均为铰接。这种屋架的上弦采用钢筋混凝土或预应力钢筋混凝土杆件，下弦采用角钢或钢筋。屋架坡度为 1/4，跨度为 12m、15m。屋架上部铺装屋面板和大型瓦。这种屋架不适合应用于振动加大的厂房中（图 7-35）。

4）屋架与柱子的连接

（1）焊接：焊接是将柱头的预埋钢板和屋架端部的预埋钢板焊接。

（2）螺栓连接：螺栓连接是将柱头的预埋螺栓与屋架端部的预埋钢板焊接孔对位后，将螺母拧牢。

屋架与柱子的连接见图 7-36。

5）屋面板

（1）预应力钢筋混凝土大型屋面板

① 一般板型

这是广泛采用的一种板型。标志尺寸宽度为 1500mm、长度为 6000mm、高度为 240mm。板型为反槽形，四周有边肋，中间有三道横肋，板面平整光滑。板的四角有预埋铁件，可以与屋架焊接。但用于变形缝和屋架端部时，预埋铁件应放在距板的端部 600mm 处。需要安装雨水管时，允许在板面上开洞，不得伤及板肋。这种板型适用于屋架间距为 6m 的一般工业厂房（图 7-37）。

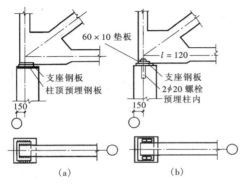

图 7-36 柱子与屋架的连接
（a）焊接；（b）螺栓连接

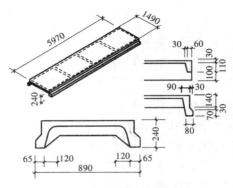

图 7-37 大型屋面板

② 特殊板型

特殊板型是一种檐口板，用于纵向外墙的檐口处。它与大型屋面板连在一起，挑出尺寸有 300mm 和 500mm 两种（图 7-38）。

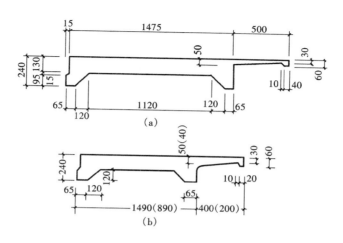

图 7-38　带挑檐的大型屋面板

（a）一般尺寸挑檐板；（b）特殊尺寸挑檐板

（2）其他类型屋面板

其他类型屋面板包括预应力钢筋混凝土 F 形屋面板、预应力钢筋混凝土单肋板、钢丝网水泥单槽板、预应力钢筋混凝土 V 形折板等。这些板型应用不多，这里不再过多介绍。

6）托架

为满足工艺要求或设备安装的需要，柱子的间距会扩大至 12m。但屋架间距和屋面板间距仍为 6m。采用的措施是加设承托屋架的专用梁，这种梁称为托架梁，简称"托架"。托架一般采用钢筋混凝土制作（图 7-39）。

4. 吊车梁

当工业厂房设有桥式吊车（梁式吊车）时必须设置吊车梁。吊车在吊车梁上的轨道上行进、运送材料或成品。吊车除承受自身质量、物品荷载等竖向荷

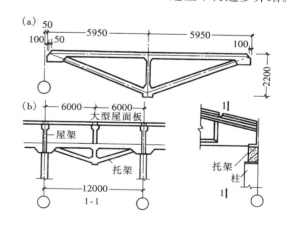

图 7-39　钢筋混凝土托架

载外，还要承受吊车的刹车力等水平荷载。由于吊车梁安装在两柱之间，起到了保障厂房纵向刚度和稳定的作用。

1）吊车梁的种类

（1）T 形吊车梁：钢筋混凝土制作，适用于 6m 柱距，2～20t 的轻级工作制；3～30t 的中级工作制；5～75t 的重级工作制。T 形吊车梁的自重轻、施工方便。两端上下表面均留有预埋铁件，安装焊接方便。梁身的圆孔为预留电线孔洞（图 7-40）。

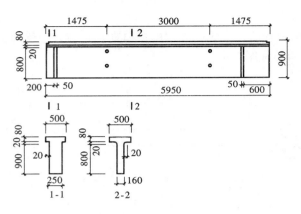

图 7-40　T 形吊车梁

（2）工字形吊车梁：预应力钢筋混凝土制作，适用于 6m 柱距，12～30m 跨度的厂房。适用于起重量为 5～75t 的轻级、中级、重级工作制（图 7-41）。

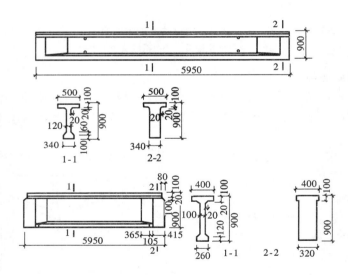

图 7-41　工字形吊车梁

（3）鱼腹式吊车梁：这种吊车梁受力合理、腹板较薄、节省材料，能较好地发挥材料的性能。适用于 6m 柱距，12～30m 跨度的厂房，起重量可达 100t（图 7-42）。

2）吊车梁与柱子的连接

吊车梁多采用焊接的方法与柱子连接。为了承受吊车的横向水平刹车力，在吊车梁的上翼缘与柱间用角钢或钢板连接。在吊车梁的下部应放在牛腿的钢垫板上，并与柱子牛腿上的钢板焊牢。吊车梁与柱子的空间应浇筑强度等级为 C20 的混凝土，以传递刹车力（图 7-43）。

3）吊车轨的安装与车挡

吊车轨道一般采用铁路钢轨，型号有 TG38（38kg/m）、TG43（43kg/m）、TG50（50kg/m）。亦可采用专用钢轨，型号有 QU70、QU80、QU100。轨道通过垫木、橡胶垫与吊车梁连接以进行减振（图 7-44）。

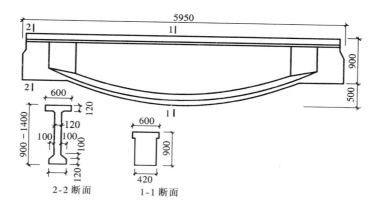

图 7-42 鱼腹式吊车梁

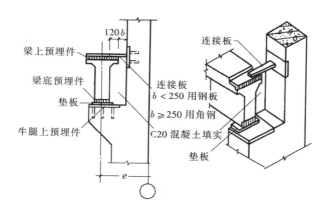

图 7-43 吊车梁与柱子的连接

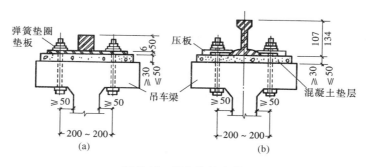

图 7-44 吊车轨的安装

（a）方形轨道；（b）工字形轨道

为防止吊车在运行时刹车不及时而撞到山墙上，一般在吊车梁的尽端设置车挡（止冲装置）（图7-45）。

5. 连系梁与圈梁

1) 连系梁

连系梁是厂房的水平联系杆件，位置一般在窗口上皮，并可替代窗过梁。连系梁对增加厂房纵向刚度、传递风力有明显作用。当墙体高度超过 15m 时，必须增设连系梁。

连系梁与柱子的连接，可以采用焊接或螺栓连接，其截面形式有矩形和 L 形，分别用于 240mm 和 365mm 的墙体中（图 7-46）。

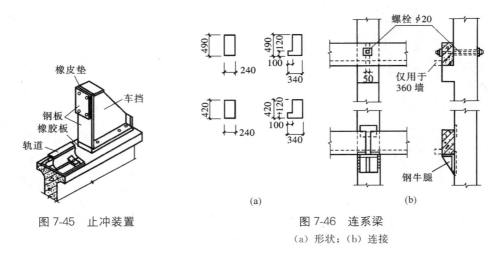

图 7-45　止冲装置

图 7-46　连系梁

（a）形状；（b）连接

2) 圈梁

圈梁的作用是将墙体和厂房的排架柱、抗风柱连接在一起，以加强整体强度和稳定性。圈梁应在墙体内，按照上密下疏的原则每 5m 左右加一道。圈梁的断面高度应不小于 180mm，主筋为 4ϕ10，箍筋直径为 ϕ6、间距为 250mm。圈梁与柱子的连接钢筋进行连接（图 7-47）。

6. 支撑系统与抗风柱

1) 支撑系统

（1）屋盖支撑：

① 水平支撑：在屋架上弦或下弦之间，沿柱距横向布置或沿跨度纵向布置。水平支撑有上弦横向水平支撑、下弦横向水平支撑、纵向水平支撑、纵向水平系杆等类型（图 7-48）。

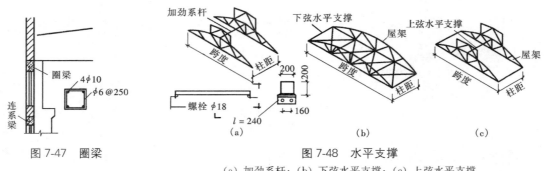

图 7-47　圈梁

图 7-48　水平支撑

（a）加劲系杆；（b）下弦水平支撑；（c）上弦水平支撑

② 垂直支撑：在屋架之间加设，保障屋架的使用稳定，以提高厂房的整体刚度（图7-49）。

（2）柱间支撑

柱间支撑一般在厂房横向变形缝的区段中部，用以承受山墙抗风柱传来的水平荷载及吊车产生的纵向刹车力，加强纵向柱列的刚度和稳定性，是工业厂房中必须设置的支撑系统。这种支撑一般采用钢材制作（图7-50）。

2）抗风柱

在厂房的山墙内侧设置。用以承受墙面传来的风荷载。在厂房高度较高或跨度较大时应设置抗风柱。抗风柱一般采用钢筋混凝土制作。必要时还应加设水平抗风梁，分解抗风柱的风荷载。

抗风柱的间距一般采用4.5m或6.0m。抗风柱的下端放入杯形基础中。上端通过特制的弹簧片与屋架（屋面梁）做构造连接（图7-51）。

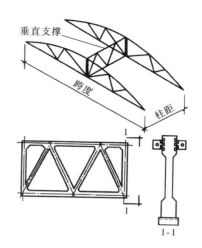

图7-49　垂直支撑

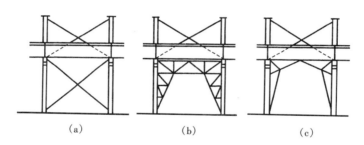

图7-50　柱间支撑

（a）剪刀式；（b）门式；（c）三角交叉式

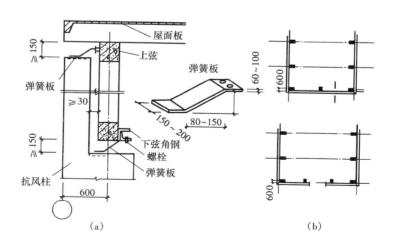

图7-51　抗风柱

（a）抗风柱与屋架的连接；（b）抗风柱的位置

二、围护构件

1. 墙体

单层工业厂房中的墙体包括外围护墙和内部分隔墙。《非结构构件抗震设计规范》JGJ 339—2015 规定：单层工业厂房的围护墙宜采用轻质墙板或钢筋混凝土大型墙板。采用砌体围护墙时应采用外贴式，并应与承重柱有可靠连接。柱距等于和大于 12m 时，必须采用轻质墙板或钢筋混凝土大型墙板。

1）烧结普通砖墙

（1）墙体厚度：烧结普通砖墙的厚度一般为 240mm（一砖墙）或 365mm（一砖板墙）。

（2）墙体位置：墙体位置一般在柱子的外侧。这种做法叫"封闭结合"。端部柱子与山墙交接处应内移，移动尺寸为 600mm（图 7-52）。

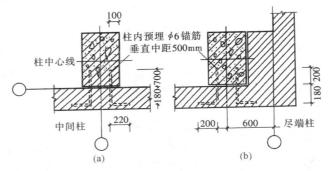

图 7-52　墙体与柱子的封闭结合

（a）一般位置；（b）尽端处

（3）墙身连接：烧结普通砖墙柱子必须有可靠的连接。《建筑抗震设计规范》GB 50011—2010（2016 年版）规定：柱身应按上下间距 500～620mm 设置 2φ6 拉筋，伸入墙体内部不应小于 500mm。

（4）墙身加固：烧结普通砖墙通过设置圈梁对墙体进行加固。圈梁宽度应与墙厚相同，圈梁高度应不小于 180mm。圈梁配筋的主筋是：抗震设防烈度为 6～8 度时为 4φ12，9 度时为 4φ14。箍筋为 φ6、间距为 200mm。

（5）墙身变形缝：墙身变形缝应采用双柱，柱中心应从横向定位轴线向两侧移动 600mm（图 7-53）。

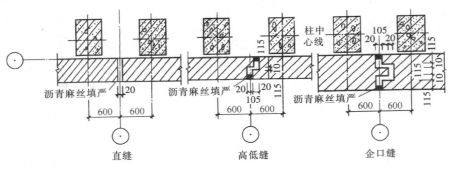

图 7-53　墙身变形缝

2）大型板材墙

（1）墙板类型：大型板材的类型包括钢筋混凝土槽型板、钢筋混凝土平板、钢筋混凝土空心板、钢丝网水泥板、加气混凝土板、陶粒混凝土板等类型（图7-54）。

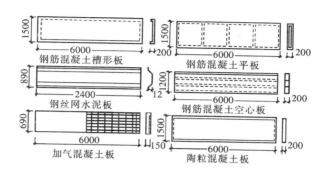

图 7-54　墙板类型

（2）墙板尺寸：用于纵墙的板长为6m，用于山墙时增加了4.5m和7.5m两种板型；板的高度一般以 1.2m 为主、考虑开窗需求增加了 0.9m 和 1.5m 两种板型；厚度为 150～200mm。

（3）墙板连接

① 柔性连接：即螺栓连接，适用于有较大震动和可能产生不均匀下沉的厂房（图 7-55）。

② 刚性连接：即焊接连接，适用于抗震设防烈度为 7 度或 7 度以下的厂房（图 7-56）。

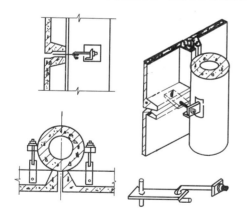

图 7-55　墙板与柱子的柔性连接

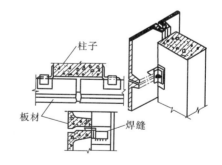

图 7-56　墙板与柱子的刚性连接

（4）板缝处理

① 板缝类型：水平缝包括平缝、外肋平缝、滴水缝、高低缝等形式（图 7-57）；垂直缝有直缝、喇叭缝、单腔缝、双腔缝等（图 7-58）。

② 变形缝处的板缝：应采用铁皮覆盖（图 7-59）。

3）开敞式外墙

热加工车间采用开敞式外墙，目的是尽快排除烟尘、废气。开敞式外墙必须设置挡雨板（图 7-60）。

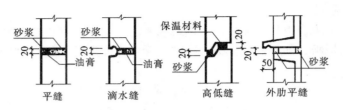

图 7-57 水平板缝

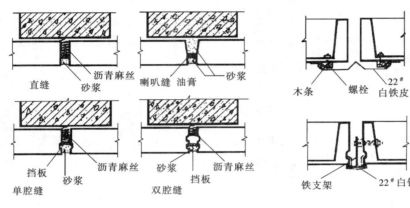

图 7-58 垂直板缝

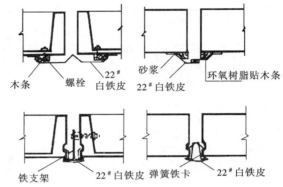

图 7-59 变形缝的盖板

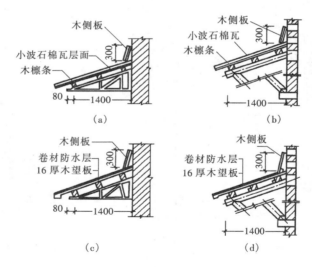

图 7-60 挡雨板的类型

（a）钢支架石棉瓦；（b）木支架石棉瓦；（c）钢支架木板；（d）木支架木板

2. 屋面

工业厂房屋面应满足保温、防水、隔热等自然因素的影响。

1）卷材防水屋面

卷材防水屋面与民用建筑构造的做法基本相同，这里不再赘述。

2）非卷材防水屋面

非卷材防水屋面指的是构件自防水屋面。这种屋面的关键是防止板面渗漏和处理好板缝。板缝的处理可以采用嵌缝油膏（图 7-61）。

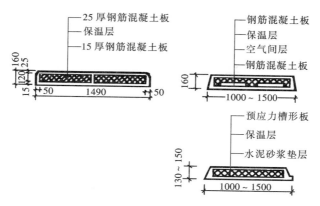

图 7-61　非卷材防水屋面之构件自防水

3）屋面排水

（1）屋面排水方式

工业厂房的屋面排水的划分方式有：

① 按有无雨水管分：有组织排水和无组织排水（自由落水）；

② 按水落管位置分：内排水和外排水。

图 7-62 是有雨水管、内排水的路线图，可供学习参考。

（2）屋面排水的构造要求：纵向坡度一般取 0.5％～1％。雨水斗间距 24～30m。雨水管直径一般为 100mm，可以采用石棉或塑料制作。排水斗和排水天沟一般采用铸铁制作（图 7-63）。

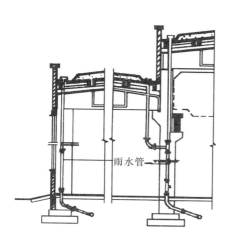

图 7-62　有组织的内排水

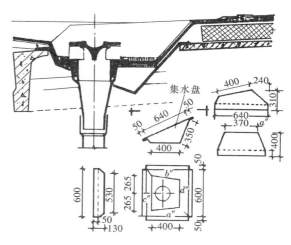

图 7-63　铸铁雨水斗

4）屋面构造

（1）纵墙挑檐

自由落水时应做挑檐，以防雨水浸湿墙面。自由落水适用于厂房高度在 4m 以下时

（图 7-64）。

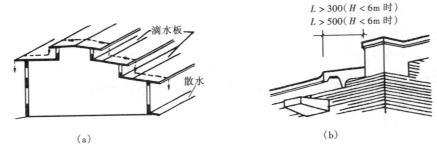

图 7-64 自由落水

（a）无组织排水示意；（b）屋面板挑檐

（2）天沟

① 檐墙天沟：檐墙天沟有两种做法。第一种做法是加设天沟板（图 7-65）；第二种做法是去除女儿墙部位的保温层，形成天沟。

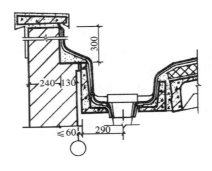

图 7-65 加设天沟板的檐墙天沟

② 中间天沟：中间天沟同样有上述两种做法（图 7-66）。

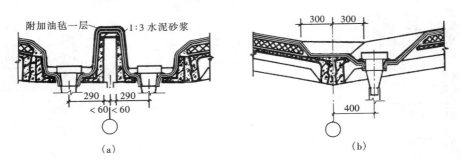

图 7-66 中间天沟

（a）加设天沟板的中间天沟；（b）删除保温层的中间天沟

（3）山墙女儿墙

山墙女儿墙的最小高度为 500mm。屋面卷材应卷至压顶底皮。压顶一般采用钢筋细石混凝土制作，并在女儿墙两侧各挑出 60mm（图 7-67）。

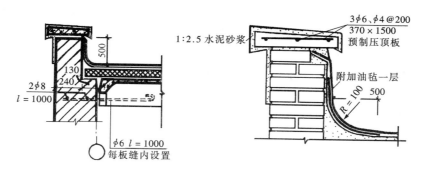

图 7-67　山墙女儿墙

（4）屋面变形缝

屋面变形缝包括横向变形缝和纵向变形缝两种。关键做法是缝中填充保温材料和盖缝处理（图 7-68）。

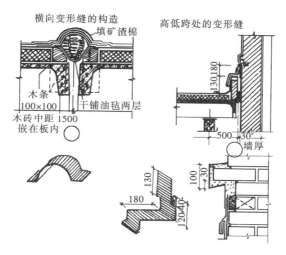

图 7-68　山墙女儿墙

5）屋面的保温与隔热

（1）屋面保温：在要求设屋面保温的北方地区采用。分为屋面保温层放在屋面板上部的"上保温"做法和将屋面保温层放在屋面板下部的"下保温"两种做法。上保温是常规做法，下保温主要用于构件自防水屋面（图 7-69）。

（2）屋面隔热：在我国炎热地区的低矮厂房中，应采用隔热处理。厂房高度在 9m 以上，可不单独考虑隔热处理，通常用通风来降温。厂房高度在 6～9m、且高度大于跨度的 1/2 时，可不考虑隔热处理；厂房高度在 6～9m、高度小于等于跨度的 1/2 时，必须考虑隔热处理（图 7-70）。

3. 天窗

天窗的作用同样是采光和通风，有些热加工车间还会通过天窗进行散热。天窗的类型很多，有上凸式天窗（包括矩形、三角形、M 形等）、下沉式天窗（横向下沉、纵向下沉、井式等）和平天窗（采光屋面板、采光罩等）三大类型（图 7-71）。

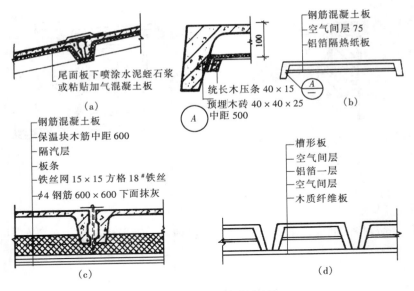

图 7-69　屋面的下保温做法

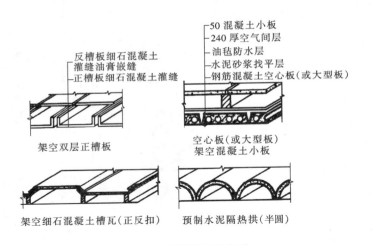

图 7-70　屋面的隔热做法

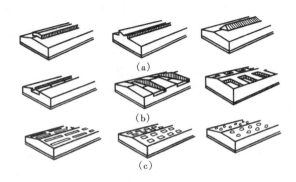

图 7-71　天窗的类型

（a）上凸式；（b）下沉式；（c）平天窗

1）上凸式天窗

上凸式天窗是应用最多的一种。它沿厂房纵向布置，采光和通风效果均比较理想。上凸式天窗最理想的形式是矩形天窗。

矩形天窗由天窗架、天窗端壁、天窗侧板、天窗窗扇和天窗屋面组成（图 7-72）。

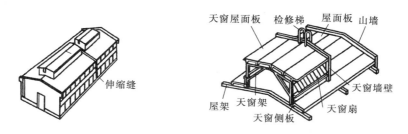

图 7-72　矩形天窗的构成

（1）天窗架

一般采用钢筋混凝土或钢材制作，它支承在屋架或屋面梁上。天窗架跨度一般占跨度的 1/2～1/3。天窗架的高度约为天窗架宽度的 0.3～0.5 倍（图 7-73）。

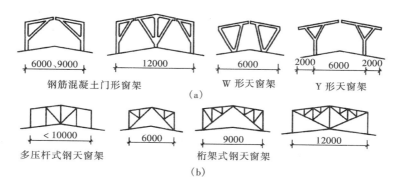

图 7-73　矩形天窗的天窗架
（a）钢筋混凝土天窗架；（b）钢天窗架

（2）天窗端壁

天窗端壁又称为天窗山墙，是天窗两端的承重构件。钢筋混凝土矩形天窗的天窗端壁是钢筋混凝土肋形板。天窗宽度为 6m 时由两块端壁板拼接而成，天窗宽度为 9m 时由三块端壁板拼接而成。

天窗端壁用于保温屋面时，应在肋形板中填充加气混凝土等保温材料（图 7-74）。

（3）天窗侧板

天窗侧板是天窗扇下的围护结构。作用是防止屋面雨水溅入室内。天窗侧板是槽形板，高度一般为 400～600mm。应高出屋面至少为 300mm。天窗侧板的长度为 6m，槽形板的槽内填充保温材料（图 7-75）。

（4）天窗窗扇

天窗窗扇可以采用钢窗扇和木窗扇。开启形式钢窗采用上悬式、木窗采用中悬式。

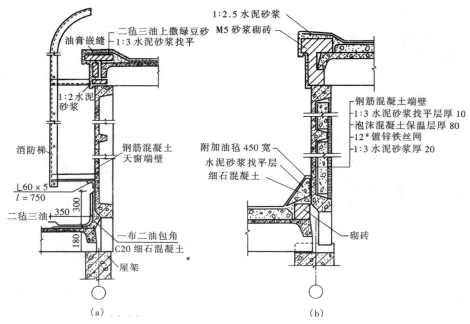

图 7-74　天窗端壁

（a）不保温屋面；（b）保温屋面

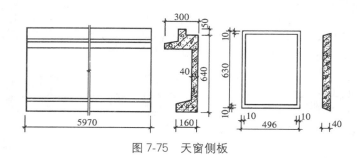

图 7-75　天窗侧板

① 上悬式钢窗扇：开启角度最大值为 45°，窗扇高度有 900mm、1200mm、1500mm（图 7-76）。

② 中悬式木窗扇：窗扇高度有 1200mm、1800mm、2400mm、3000mm（图 7-77）。

（5）天窗挡风板

天窗挡风板主要应用于热加工车间，加设挡风板的天窗叫"避风天窗"。

挡风板的构件包括立柱、挡风板材两部分。立柱下端焊接在屋架上，并加设支撑保证其稳定。挡风板材一般采用水泥石棉板，并用特制螺钉与立柱的水平檩条固定。

矩形天窗的挡风板不宜高于天窗檐口的高度。挡风板的底部与屋面板之间应留出 50～100mm 的空隙，以利于屋面排水（图 7-78）。

2）下沉式天窗

下沉式天窗的布置比较灵活，可以沿屋架的一侧、两侧或居中布置。下沉部分的屋架高度即为天窗的高度。一般热加工车间采用两端布置，冷加工车间上述方法均可采用（图 7-79）。下沉式天窗的排水做法包括直排式与天沟式。见图 7-80。

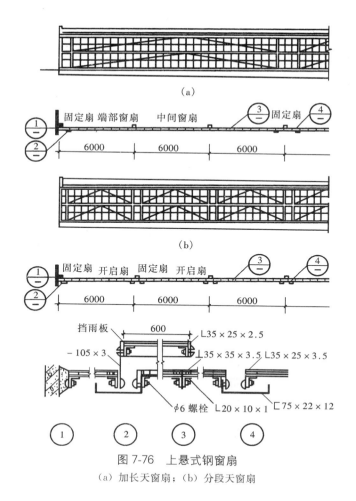

(a)

固定扇 端部窗扇 中间窗扇 ③ 固定扇 ④

① ②

6000 6000 6000

(b)

固定扇 开启扇 固定扇 开启扇 ③ ④

① ②

6000 6000 6000

挡雨板 600 L35×25×2.5

－105×3 L35×35×3.5 L35×25×3.5

φ6 螺栓 L20×10×1 L75×22×12

① ② ③ ④

图 7-76 上悬式钢窗扇

（a）加长天窗扇；（b）分段天窗扇

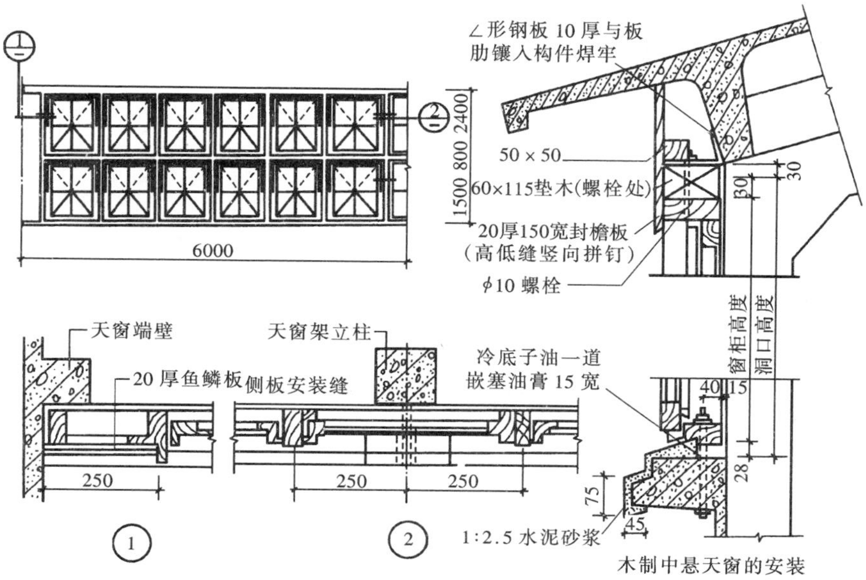

∠形钢板 10 厚与板
肋镶入构件焊牢

50×50

1500 800 2400

60×115垫木(螺栓处)

20厚150宽封檐板
(高低缝竖向拼钉)

φ10 螺栓

6000

天窗端壁 天窗架立柱

20厚鱼鳞板侧板安装缝

冷底子油一道
嵌塞油膏 15 宽

250 250 250

窗柜高度 洞口高度

40 15

28

75

45

1:2.5 水泥砂浆

木制中悬天窗的安装

① ②

图 7-77 中悬式木窗扇

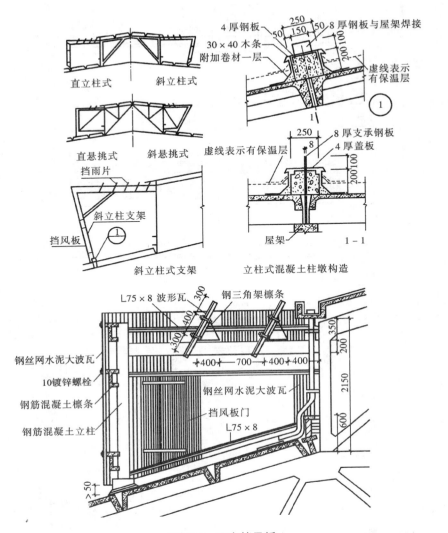

图 7-78　天窗挡风板

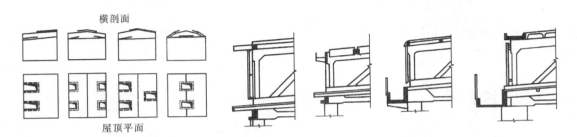

图 7-79　下沉式天窗的布置　　　　图 7-80　下沉式天窗的排水构造

3）平天窗

平天窗有采光屋面板、采光罩、采光带等做法。

采光屋面板的宽度、长度尺寸与普通屋面板的规格尺寸相同。长度为 6.0m，宽度为 1.5m，厚度略高于普通屋面板，常采用 0.45m 高，上面铺设 5mm 的采光玻璃，固定在支承角钢上，下面有防玻璃破碎金属网（图 7-81）。

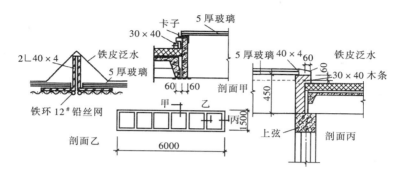

图 7-81　采光屋面板

4. 大门

1）类型与洞口尺寸

（1）厂房大门的类型有平开门、推拉门、空腹薄壁折叠门、侧挂式折叠门等多种类型。材料可以选用木材、钢木组合、普通型钢与空腹薄壁钢材等。厂房大门具有以下明显特点：大门上带有小门，小门供人员出入；门框均采用钢筋混凝土制作；门扇与门框采用铰链连接。

（2）洞口尺寸与进出车辆的尺寸关系密切，常见的尺寸为：

① 进出 3t 矿车的洞口尺寸为 2100mm×2100mm；

② 进出电瓶车车的洞口尺寸为 2100mm×2400mm；

③ 进出轻型卡车的洞口尺寸为 3000mm×2700mm；

④ 进出中型卡的洞口尺寸为 3300mm×3000mm；

⑤ 进出重型卡车的洞口尺寸为 3600mm×3600mm；

⑥ 进出汽车起重机的洞口尺寸为 3900mm×4200mm；

⑦ 进出火车的洞口尺寸为 4200mm×5100mm 及 4500mm×5400mm。

2）构造特点

（1）平开门：平开门的洞口尺寸一般不大于 3600mm×3600mm，当一般门的面积大于 5m² 时，宜采用钢木组合门。门框一般采用钢筋混凝土制作（图 7-82）。

（2）推拉门：推拉门由门扇、门轨、地槽、滑轮、门框等组成。门扇有钢板门扇、空腹薄壁钢木门扇等（图 7-83）。

（3）折叠门：折叠门的门扇采用折叠安装。一般有 3 种安装方式，分别是侧悬式、侧挂式和中悬折叠式。空腹薄壁钢折叠门是经常采用的一种形式，这种门采用空腹薄壁钢材制作，上下均装有滑轮铰链，门洞上下导轨的水平位置应与墙面成一定角度，使门扇开启后能全部折叠平行于墙面。空腹薄壁钢门的壁厚较薄，应加强保养与维护。这种门不适用于有腐蚀性介质的车间（图 7-84）。

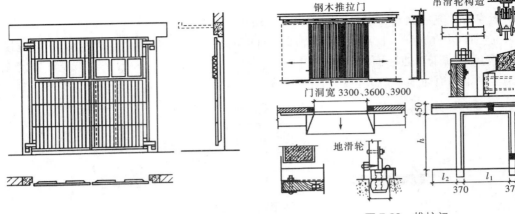

图 7-82 平开门 　　　　　　　　　　　　　　　　　图 7-83 推拉门

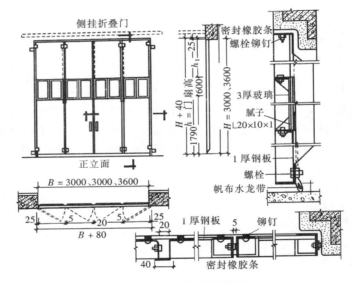

图 7-84 空腹薄壁钢折叠门

5. 侧窗

1）特点

（1）侧窗的面积较大、一般以吊车梁为界，上部的称为"高侧窗"、下部的称为"低侧窗"；

（2）侧窗多采用组合窗的做法。由基本窗扇、基本窗框和组合窗组成；

（3）侧窗的开启形式大多采用中悬式，底部可以采用平开式。

2）尺寸：侧窗的洞口尺寸应符合模数的规定。洞口宽度一般在 900～6000mm 之间。洞口宽度在 2400mm 以下时，按 300mm 的模数进级；洞口宽度在 2400mm 以上时，按 600mm 的模数进级；洞口高度一般在 900～4800mm 之间，当洞口高度在 1200～4800mm 时，按 600mm 的模数进级。

3）类型：侧窗的类型包括木侧窗（图 7-85）、钢侧窗（图 7-86）和钢筋混凝土侧窗（图 7-87）。

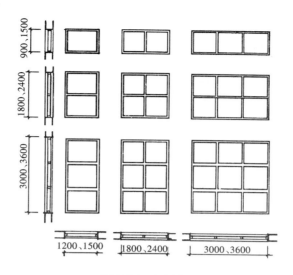

图 7-85　木侧窗

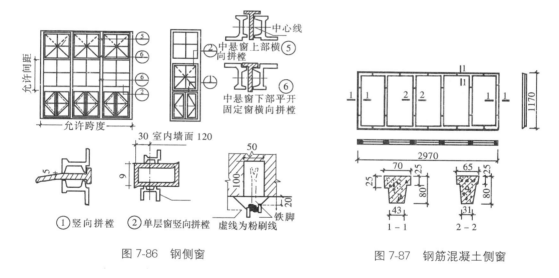

① 竖向拼樘　　② 单层窗竖向拼樘　　虚线为粉刷线

图 7-86　钢侧窗

图 7-87　钢筋混凝土侧窗

6. 其他构造

1）地面

可参阅民用建筑的构造做法，这里不再赘述。

2）坡道、散水、明沟

可参阅民用建筑的构造做法，这里不再赘述。

3）钢梯

（1）作业台钢梯

作业台钢梯的坡度有 45°、59°、73°、90°。45°钢梯的宽度一般为 800mm、休息平台高度不宜大于 4800mm。59°钢梯坡度适中，宽度有 600mm 和 800mm 两种。休息平台高度不宜大于 5400mm。90°钢梯的休息平台的高度不应超过 4800mm（图 7-88）。

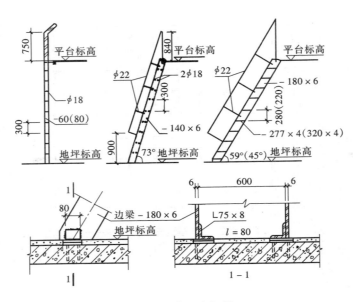

图 7-88　作业台钢梯

（2）吊车梯

吊车梯是吊车司机上下吊车的专用钢梯。一般放在山墙端部的第二个柱间。吊车梯若两台并列放在中柱时应加设连通平台（图 7-89）。

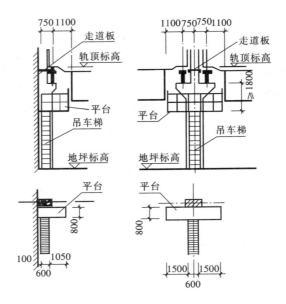

图 7-89　吊车梯

（3）消防、检修梯

消防梯和检修梯均为专用梯。消防梯的设置应符合《建筑设计防火规范》GB 50016—2014（2018 年版）的规定（可详见民用建筑的内容，图 7-90）。检修梯是为检修屋面的专用梯。

钢梯的宽度一般为 600mm，钢梯距墙面应留有 250mm 的空间。

（4）隔断

隔断主要用于厂房内部的办公室或专用工作间、临时存放间等处。隔断的类型包括木隔断、烧结普通砖隔断、金属网隔断、钢筋混凝土隔断、混合隔断等。混合隔断一般下部用烧结普通砖，上部用玻璃隔扇、木隔扇、金属网隔扇（图 7-91、图 7-92）。

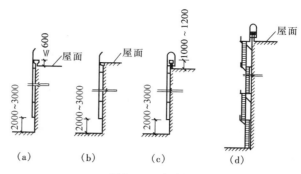

图 7-90　消防梯
(a) 有女儿墙、无转弯扶手；(b) 无女儿墙、无转弯扶手；
(c) 有女儿墙、有转弯扶手；(d) 多跑爬梯

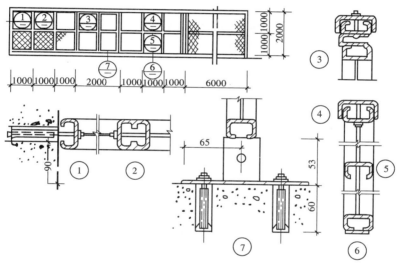

图 7-91　金属网隔断

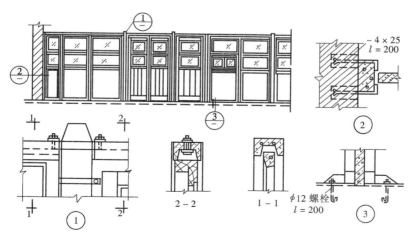

图 7-92　组合（钢筋混凝土和木材）隔断

第三节 轻型钢结构单层厂房简介

一、钢结构单层厂房的定位轴线

《厂房建筑模数协调标准》GB/T 50006—2010 对钢结构单层厂房规定：

1. 普通钢结构厂房

1）跨度：普通钢结构厂房的跨度小于 30m 时，应采用扩大模数 30M 数列，跨度大于或等于 30m 时，应采用扩大模数 60M 数列。

2）柱距：普通钢结构厂房的柱距宜采用扩大模数 15M 数列，且宜采用 6m、9m、12m。

3）柱顶高度：普通钢结构厂房自室内地面至柱顶的高度，应采用扩大模数 3M 数列。

4）牛腿高度：有吊车的普通钢结构厂房，自室内地面至支承吊车梁的牛腿面的高度，宜采用基本模数 1M（100mm）数列。

2. 轻型钢结构厂房

1）跨度：轻型钢结构厂房的跨度小于或等于 18m 时，应采用扩大模数 30M 数列，跨度大于 18m 时，宜采用扩大模数 60M 数列。

2）柱距：轻型钢结构厂房的柱距宜采用扩大模数 15M 数列，且宜采用 6m、7.5m、9m、12m。无吊车的中柱柱距宜采用 12m、15m、18m、24m。

3）柱网：当生产工艺需要时，轻型钢结构厂房可采用多排多列纵横式柱网，同方向柱距（跨度）尺寸宜取一致，纵横向柱距可采用扩大模数 5M 数列，且纵横向柱距相差不宜超过 25%。

4）柱顶高度：轻型钢结构厂房自室内地面至柱顶或房屋檐口的高度，应采用扩大模数 3M 数列。

5）牛腿高度：有吊车的轻型钢结构厂房，自室内地面至支承吊车梁的牛腿面的高度，宜采用扩大模数 3M（300mm）数列。

6）抗风柱柱距：轻型钢结构厂房山墙处的抗风柱柱距，应采用扩大模数 5M（500mm）数列。

二、轻型钢结构单层厂房的特点

轻型钢结构是由圆钢、角钢、薄壁型钢构成的结构。由于轻型钢结构厂房的屋面荷载小，致使构件的截面也相对偏小。钢结构材质均匀、受力合理、结构安全可靠。轻型钢结构的用钢量一般为 8～12kg/m²。

轻型钢结构厂房构造简单、施工速度快、外形简单、造型丰富、适应性强。

三、轻型钢结构单层厂房的组成

轻型钢结构单层厂房的结构是门式刚架系统。它由屋盖结构和墙架结构两部分组成。屋盖结构由构架上部的檩条、支撑、拉条和屋面系统构成；墙架结构包括墙檩、柱间支撑、拉条和墙面系统组成（图 7-93）。

1. 刚架

1）实腹式门式刚架：适用于荷载小、跨度为 9～36m，柱高为 4.5～9.0m，无吊车或吊车起重量较小的轻型钢结构厂房中。材料主要采用热轧工字钢、H 型钢和组合工字钢。刚架的梁、柱的截面均为工字形。梁高取跨度的 1/30～1/45，屋面坡度取 1/8～1/20。

2）格构式门式刚架：适用于跨度大、荷载重、高度高的轻型钢结构厂房中。刚架内力较小时，截面采用单腹杆或三腹杆的三角形；刚架内力较大时，截面可采用变截面的构件。

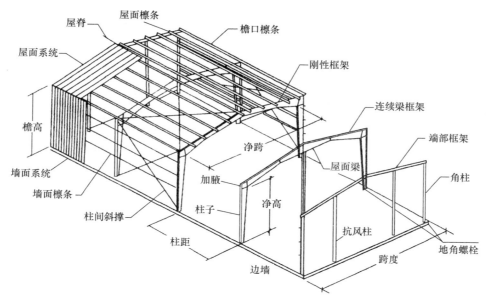

图 7-93　门式刚架厂房的组成

材料可采用普通角钢、冷弯薄壁槽钢、方形钢管和无缝钢管。梁高取跨度的 1/15～1/25，屋面坡度取 1/8～1/20。

2. 支撑

轻型钢结构单层厂房的支撑，一般采用十字交叉的圆钢。支撑的间距一般取 30～40m，不大于 60m。

四、轻型钢结构单层厂房的围护结构

轻型钢结构单层厂房的墙面与屋面一般均采用金属面夹芯板。这种板材的面材为彩色涂层钢板、铝合金板、不锈钢板等；芯材可以采用模塑型聚苯乙烯泡沫塑料（EPS 板）、挤塑型聚苯乙烯泡沫塑料（XPS 板）、硬质聚氨酯泡沫塑料、岩棉、玻璃棉等。墙板及屋面板的设计、选用、技术要求等均应以《金属面夹芯板应用技术规程》JGJ/T 453—2019 为准。

五、轻型钢结构单层厂房的防火处理

轻型钢结构单层厂房的防火处理应以《建筑钢结构防火技术规范》GB 51249—2017 的规定为准。

复 习 思 考 题

1. 工业建筑的分类方法有哪些？
2. 什么叫"冷加工车间"？什么叫"热加工车间"？
3. 钢筋混凝土单层工业厂房由哪些构件组成？
4. 单层工业厂房中有几种起重运输设备？特点是什么？
5. 钢筋混凝土单层工业厂房的定位轴线的相关内容有哪些？
6. 钢结构单层工业厂房的定位轴线的相关内容有哪些？
7. 简述轻型钢结构单层厂房的构造要点。

附加"二维码"资料

二维码材料（一）"居住建筑节能"的详细资料

二维码材料（二）"公共建筑节能"的详细资料

二维码材料（三）"轻质条板隔墙"详细资料

二维码材料（四）"自流平地面"详细资料

二维码材料（五）"辐射供暖、供冷地面"的详细资料

二维码材料（六）"屋面防水材料"的性能指标

二维码材料（七）"变形缝"的构造

二维码材料（八）太阳能光伏系统

二维码材料（九）"装配式住宅建筑"详细资料

二维码材料（十）"轻型模块化钢结构组合房屋"详细资料

二维码材料（十一）"多层厂房"简介

二维码材料（十二）当前推广使用的建筑装修材料

二维码材料（十三）当前限制使用和禁止使用的建筑材料
与建筑装修材料

参 考 文 献

[1] 中华人民共和国住房城乡建设部．中华人民共和国国家标准 GB 50352—2019．民用建筑统一设计标准［S］．北京：中国建筑工业出版社，2019．

[2] 中华人民共和国住房城乡建设部．中华人民共和国国家标准 GB/T 50002—2013．建筑模数协调标准［S］．北京：中国建筑工业出版社，2013．

[3] 中华人民共和国住房城乡建设部．中华人民共和国国家标准 GB/T 50504—2009．民用建筑设计术语标准［S］．北京：中国计划出版社，2009．

[4] 中华人民共和国住房城乡建设部．中华人民共和国国家标准 GB 50180—2018．城市居住区规划设计规范［S］．北京：中国建筑工业出版社，2018．

[5] 中华人民共和国住房城乡建设部．中华人民共和国国家标准 GB 50574—2010．墙体材料应用统一技术规范［S］．北京：中国建筑工业出版社，2010．

[6] 中华人民共和国住房城乡建设部．中华人民共和国国家标准 GB 50096-2011．住宅设计规范［S］．北京：中国建筑工业出版社，2011．

[7] 中华人民共和国建设部．中华人民共和国国家标准 GB 50368—2005．住宅建筑规范 ［S］．北京：中国建筑工业出版社，2006．

[8] 中华人民共和国建设部．中华人民共和国国家标准 GB 50038—2005．人民防空地下室设计规范［S］．北京：国家人民防空办公室，2005．

[9] 中华人民共和国住房城乡建设部．中华人民共和国国家标准 GB 50099—2011．中小学校设计规范［S］．北京：中国建筑工业出版社，2011．

[10] 中华人民共和国住房城乡建设部．中华人民共和国国家标准 GB 50073—2013．洁净厂房设计规范［S］．北京：中国计划出版社，2013．

[11] 中华人民共和国住房城乡建设部．中华人民共和国国家标准 GB 50011—2010(2016 年版)．建筑抗震设计规范［S］中国建筑工业出版社，2016．

[12] 中华人民共和国住房城乡建设部．中华人民共和国国家标准 GB 50003—2011．砌体结构设计规范［S］．北京：中国建筑工业出版社，2012．

[13] 中华人民共和国建设部．中华人民共和国国家标准 GB 50223—2018．建筑工程抗震设防分类标准［S］．北京：中国建筑工业出版社，2008．

[14] 中华人民共和国住房城乡建设部．中华人民共和国国家标准 GB 50007—2011．建筑地基基础设计规范［S］．北京：中国建筑工业出版社，2012．

[15] 中华人民共和国住房城乡建设部．中华人民共和国国家标准 GB 50009—2012．建筑结构荷载规范［S］．北京：中国建筑工业出版社，2012．

[16] 中华人民共和国住房城乡建设部．中华人民共和国国家标准 GB 50010—2010．混凝土结构设计规范［S］．北京：中国建筑工业出版社，2011．

[17] 中华人民共和国住房城乡建设部．中华人民共和国国家标准 GB 50016—2014(2018 年版)．建筑设计防火规范［S］．北京：中国计划出版社，2018．

[18] 中华人民共和国住房城乡建设部．中华人民共和国国家标准 GB 50222—2017．建筑内部装修设计防火规范［S］．北京：中国建筑工业出版社，2017．

[19] 中华人民共和国住房城乡建设部．中华人民共和国国家标准 GB 50118—2010．民用建筑隔声设计规范[S]．北京：中国建筑工业出版社，2010．

[20] 中华人民共和国住房城乡建设部．中华人民共和国国家标准 GB 50033—2013．建筑采光设计标准[S]．北京：中国建筑工业出版社，2013．

[21] 中华人民共和国住房城乡建设部．中华人民共和国国家标准 GB 50176-2016．民用建筑热工设计规范[S]．北京：中国建筑工业出版社，2016．

[22] 中华人民共和国住房城乡建设部．中华人民共和国国家标准 GB 50189—2015．公共建筑节能设计标准[S]．北京：中国建筑工业出版社，2015．

[23] 中华人民共和国住房城乡建设部．中华人民共和国国家标准 GB 50108—2008．地下工程防水技术规范[S]．北京：中国建筑工业出版社，2009．

[24] 中华人民共和国住房城乡建设部．中华人民共和国国家标准 GB 50345—2012．屋面工程技术规范[S]．北京：中国建筑工业出版社，2012．

[25] 中华人民共和国住房城乡建设部．中华人民共和国国家标准 GB 50207—2012．屋面工程质量验收规范[S]．北京：中国建筑工业出版社，2012．

[26] 中华人民共和国住房城乡建设部．中华人民共和国国家标准 GB 50693—2011．坡屋面工程技术规范[S]．北京：中国建筑工业出版社，2011．

[27] 中华人民共和国住房城乡建设部．中华人民共和国国家标准 GB 50037—2013．建筑地面设计规范[S]．北京：中国计划出版社，2013．

[28] 中华人民共和国住房城乡建设部．中华人民共和国国家标准 GB 50209—2010．建筑地面工程施工质量验收规范[S]．北京：中国计划出版社，2010．

[29] 中华人民共和国国家质量监督检验检疫总局．中华人民共和国国家标准 GB6566-2010．建筑材料放射性核素限量[S]．北京：中国标准出版社，2010．

[30] 中华人民共和国国家质量监督检验检疫总局．中华人民共和国国家标准 GB12955—2008．防火门[S]．北京：中国标准出版社，2008．

[31] 中华人民共和国国家质量监督检验检疫总局．中华人民共和国国家标准 GB16809—2008．防火窗[S]．北京：中国标准出版社，2008．

[32] 中华人民共和国住房城乡建设部．中华人民共和国国家标准 GB 50364—2018．民用建筑太阳能热水系统应用技术规范[S]．北京：中国建筑工业出版社，2018．

[33] 中华人民共和国住房城乡建设部．中华人民共和国国家标准 GB 50339—2006．智能建筑工程质量验收规范[S]．北京：中国建筑工业出版社，2013．

[34] 中华人民共和国住房城乡建设部．中华人民共和国国家标准 GB 51039—2014．综合医院建筑设计规范[S]．北京：中国计划出版社，2014．

[35] 中华人民共和国住房城乡建设部．中华人民共和国国家标准 GB 51286-2018．城市道路工程技术规范[S]．北京：中国建筑工业出版社，2018．

[36] 中华人民共和国住房城乡建设部．中华人民共和国国家标准 GB 50068—2018．建筑结构可靠性设计统一标准[S]．北京：中国建筑工业出版社，2018．

[37] 中华人民共和国住房城乡建设部．中华人民共和国国家标准 GB 51249—2017．建筑钢结构防火技术规范[S]．北京：中国计划出版社，2017．

[38] 中华人民共和国住房城乡建设部．中华人民共和国国家标准 GB/T 51231—2016．装配式混凝土建筑技术标准[S]．北京：中国建筑工业出版社，2017．

[39] 中华人民共和国住房和城乡建设部．中华人民共和国行业标准 JGJ/T 191—2009．建筑材料术语标准[S]．北京：中国建筑工业出版社，2010．

[40] 中华人民共和国住房和城乡建设部．中华人民共和国行业标准 JGJ 100—2015．车库建筑设计规范

[S]. 北京：中国建筑工业出版社，2015.

[41] 中华人民共和国建设部．JGJ/T 67—2019 办公建筑设计标准[S]. 北京：中国建筑工业出版社，2019.

[42] 中华人民共和国住房和城乡建设部．中华人民共和国行业标准 JGJ 36-2016. 宿舍建筑设计规范[S]. 北京：中国建筑工业出版社，2016.

[43] 中华人民共和国住房和城乡建设部．中华人民共和国行业标准 JGJ 39—2016. 托儿所、幼儿园建筑设计规范[S]. 北京：中国建筑工业出版社，2016.

[44] 中华人民共和国住房和城乡建设部．中华人民共和国行业标准 JGJ 58—2008. 电影院建筑设计规范[S]. 北京：中国建筑工业出版社，2008.

[45] 中华人民共和国住房和城乡建设部．中华人民共和国行业标准 JGJ/T 40—2019. 疗养院建筑设计标准[S]. 北京：中国建筑工业出版社，2019.

[46] 中华人民共和国住房和城乡建设部．中华人民共和国行业标准 JGJ 3—2010. 高层建筑混凝土结构技术规程[S]. 北京：中国建筑工业出版社，2011.

[47] 中华人民共和国住房和城乡建设部．中华人民共和国行业标准 JGJ 26-2018. 严寒和寒冷地区居住建筑节能设计标准[S]. 北京：中国建筑工业出版社，2018.

[48] 中华人民共和国住房和城乡建设部．中华人民共和国行业标准 JGJ 134—2010. 夏热冬冷地区居住建筑节能设计标准[S]. 北京：中国建筑工业出版社，2010.

[49] 中华人民共和国住房和城乡建设部．中华人民共和国行业标准 JGJ 75—2012. 夏热冬暖地区居住建筑节能设计标准[S]. 北京：中国建筑工业出版社，2013.

[50] 中华人民共和国住房和城乡建设部．中华人民共和国行业标准 JGJ 475—2019. 温和地区居住建筑节能设计标准[S]北京：中国建筑工业出版社，2019.

[51] 中华人民共和国住房和城乡建设部．中华人民共和国行业标准 JGJ 230—2010. 倒置式屋面工程技术规范[S]. 北京：中国建筑工业出版社，2011.

[52] 中华人民共和国住房和城乡建设部．中华人民共和国行业标准 JGJ 155—2013. 种植屋面工程技术规程[S]. 北京：中国建筑工业出版社，2013.

[53] 中华人民共和国住房和城乡建设部．中华人民共和国行业标准 JGJ 142—2012. 辐射供暖供冷技术规程[S]. 北京：中国建筑工业出版社，2012.

[54] 中华人民共和国住房和城乡建设部．中华人民共和国行业标准 JGJ/T 175—2018. 自流平地面工程技术规程[S]. 北京：中国建筑工业出版社，2018.

[55] 中华人民共和国住房和城乡建设部．中华人民共和国行业标准 JGJ 126-2015. 外墙饰面砖工程施工及验收规程[S]. 北京：中国建筑工业出版社，2015.

[56] 中华人民共和国住房和城乡建设部．中华人民共和国行业标准 JGJ/T 29—2015. 建筑涂饰工程施工及验收规程[S]. 北京：中国建筑工业出版社，2015.

[57] 中华人民共和国住房和城乡建设部．中华人民共和国行业标准 JGJ 102—2003. 玻璃幕墙工程技术规范[S]. 北京：中国建筑工业出版社，2003.

[58] 中华人民共和国住房和城乡建设部．中华人民共和国行业标准 JGJ 133—2001. 金属与石材幕墙工程技术规范[S]. 北京：中国建筑工业出版社，2001.

[59] 中华人民共和国住房和城乡建设部．中华人民共和国行业标准 JGJ/T 157—2014. 建筑轻质条板隔墙技术规程[S]. 北京：中国建筑工业出版社，2014.

[60] 中华人民共和国住房和城乡建设部．中华人民共和国行业标准 JGJ 144—2019. 外墙外保温工程技术规程[S]. 北京：中国建筑工业出版社，2019.

[61] 中华人民共和国住房和城乡建设部．中华人民共和国行业标准 JGJ 289—2012. 建筑外墙外保温防火隔离带技术规程[S]. 北京：中国建筑工业出版社，2012.

[62] 中华人民共和国住房和城乡建设部．中华人民共和国行业标准 JGJ/T 235—2011. 建筑外墙防水工程

技术规程[S]. 北京：中国建筑工业出版社，2011.

[63]　中华人民共和国住房和城乡建设部. 中华人民共和国行业标准 JGJ/T 14—2011. 混凝土小型空心砌块建筑技术规程[S]. 北京：中国建筑工业出版社，2011.

[64]　中华人民共和国住房和城乡建设部. 中华人民共和国行业标准 JGJ/T 17—2008. 蒸压加气混凝土建筑应用技术规程[S]. 北京：中国建筑工业出版社，2009.

[65]　中华人民共和国住房和城乡建设部. 中华人民共和国行业标准 JGJ/T 220—2010. 抹灰砂浆技术规程[S]. 北京：中国建筑工业出版社，2010.

[66]　中华人民共和国住房和城乡建设部. 中华人民共和国行业标准 JGJ/T 172—2012. 建筑陶瓷薄板应用技术规程[S]. 北京：中国建筑工业出版社，2012.

[67]　中华人民共和国住房和城乡建设部. 中华人民共和国行业标准 JGJ 214—2010. 铝合金门窗工程技术规范[S]. 北京：中国建筑工业出版社，2011.

[68]　中华人民共和国住房和城乡建设部. 中华人民共和国行业标准 JGJ 103—2008. 塑料门窗安装及验收规范[S]. 北京：中国建筑工业出版社，2008.

[69]　中华人民共和国住房和城乡建设部. 中华人民共和国行业标准 JGJ 237—2011. 建筑遮阳工程技术规程[S]. 北京：中国建筑工业出版社，2011.

[70]　中华人民共和国住房和城乡建设部. 中华人民共和国行业标准 JGJ 209—2018. 民用建筑太阳能光伏系统应用技术规范[S]. 北京：中国建筑工业出版社，2018.

[71]　中华人民共和国住房和城乡建设部. 中华人民共和国行业标准 JG/T231—2007. 建筑玻璃采光顶[S]. 北京：中国标准出版社，2008.

[72]　中华人民共和国住房和城乡建设部. 中华人民共和国行业标准 JGJ 255—2012. 采光顶与金属屋面技术规程[S]. 北京：中国建筑工业出版社，2012.

[73]　中华人民共和国住房和城乡建设部. 中华人民共和国行业标准 JGJ 345—2014. 公共建筑吊顶工程技术规程[S]. 北京：中国建筑工业出版社，2014.

[74]　 中华人民共和国住房和城乡建设部. 中华人民共和国行业标准 CJJ 142—2014. 建筑屋面雨水排水系统应用技术规程[S]北京：中国建筑工业出版社，2014.

[75]　中华人民共和国住房和城乡建设部. 中华人民共和国行业标准 JGJ 336—2016. 人造板材幕墙工程技术规范[S]. 北京：中国建筑工业出版社，2016.

[76]　中华人民共和国住房和城乡建设部. 中华人民共和国行业标准 JGJ 339—2015. 非结构构件抗震设计规范[S]. 北京：中国建筑工业出版社，2015.

[77]　中华人民共和国住房和城乡建设部. 中华人民共和国行业标准 JGJ 99—2015. 高层民用建筑钢结构技术规程[S]. 北京：中国建筑工业出版社，2015.

[78]　中华人民共和国住房和城乡建设部. 中华人民共和国行业标准 CJJ 14—2016. 城市公共厕所设计标准[S]. 北京：中国建筑工业出版社，2016.

[79]　中华人民共和国住房和城乡建设部. 中华人民共和国行业标准 JGJ 113—2015. 建筑玻璃应用技术规程[S]. 北京：中国建筑工业出版社，2015.

[80]　中华人民共和国住房和城乡建设部. 中华人民共和国行业标准 JGJ 450—2018. 老年人照料设施建筑设计标准[S]. 北京：中国建筑工业出版社，2018.

[81]　中华人民共和国住房和城乡建设部. 中华人民共和国行业标准 JGJ/T 453—2019. 金属面夹芯板应用技术规程[S]. 北京：中国建筑工业出版社，2019.

[82]　中国建筑标准设计研究院. 中华人民共和国其他标准 01J925—1 压型钢板、夹芯板屋面及墙体建筑构造[S]. 北京：中国计划出版社，2001.

[83]　中国建筑标准设计研究院. 中华人民共和国其他标准 07J103—8 双层幕墙[S]. 北京：中国计划出版社，2007.